中文版 Origin 2023 科技绘图与数据分析从入门到精通

（实战案例版）

449 分钟同步微视频讲解　221 个实例案例分析

☑二维绘图　☑三维绘图　☑数据管理　☑多图层管理　☑数据统计分析　☑推断性统计分析
☑实验数据分析　☑回归拟合分析　☑数字信号处理　☑数字图像处理　☑Origin 编程

天工在线　编著

中国水利水电出版社
www.waterpub.com.cn

·北京·

内 容 提 要

《中文版 Origin 2023 科技绘图与数据分析从入门到精通（实战案例版）》详细介绍了 Origin 2023 在科技绘图与数据分析方面的使用方法和应用技巧，它是一本 Origin 应用教程，同时包含了大量的 Origin 视频教程。

全书共 19 章，包含了 Origin 文件管理、工作表管理、数据的导入与导出、数据管理和处理、简单二维图形绘制、二维图形修饰处理、三维图形绘制、三维图形修饰处理、特殊图形、多图层图表管理、数据统计分析、推断性统计分析、实验数据分析与处理、回归拟合分析、数字信号处理、数字图像处理以及 Origin 编程等科技绘图与数据分析的全方位知识。本书在讲解过程中理论联系实际，重要知识点均配有实例操作，并配有详细的操作步骤，图文对应，可以提高读者的动手能力，并加深对知识点的理解。

本书配有 221 集微视频讲解。读者可以扫描二维码，随时随地看视频。另外，本书还提供了实例的源文件和初始文件，可以直接调用和对比学习。

本书适合作为高等院校或培训机构的教学用书，也适合作为广大科技工作者和工程技术人员的学习参考用书。

图书在版编目（CIP）数据

中文版Origin 2023科技绘图与数据分析从入门到精
通：实战案例版 / 天工在线编著. -- 北京 ：中国水利
水电出版社, 2023.11
（CAD/CAM/CAE/EDA微视频讲解大系）
ISBN 978-7-5226-1840-1

I. ①中... II. ①天... III. ①数值计算－应用软件
IV. ①O245

中国国家版本馆 CIP 数据核字(2023)第 191638 号

丛 书 名	CAD/CAM/CAE/EDA 微视频讲解大系	
书 名	中文版 Origin 2023 科技绘图与数据分析从入门到精通（实战案例版）	
	ZHONGWENBAN Origin 2023 KEJI HUITU YU SHUJU FENXI CONG RUMEN DAO JINGTONG	
作 者	天工在线 编著	
出版发行	中国水利水电出版社	
	（北京市海淀区玉渊潭南路 1 号 D 座 100038）	
	网址：www.waterpub.com.cn	
	E-mail：zhiboshangshu@163.com	
	电话：（010）62572966-2205/2266/2201（营销中心）	
经 售	北京科水图书销售有限公司	
	电话：（010）68545874、63202643	
	全国各地新华书店和相关出版物销售网点	
排 版	北京智博尚书文化传媒有限公司	
印 刷	三河市龙大印装有限公司	
规 格	203mm×260mm 16 开本 33.25 印张 908 千字 2 插页	
版 次	2023 年 11 月第 1 版 2023 年 11 月第 1 次印刷	
印 数	0001—4000 册	
定 价	99.80 元	

前　言

Preface

Origin 是 OriginLab 公司出品的专业函数绘图软件。自 1991 年问世以来，由于其操作简便、功能开放，既可以满足一般用户的制图需要，又可以满足高级用户的数据分析、函数拟合需要，很快就成为国际流行的分析软件之一，是公认的快速、灵活、易学的工程制图软件。该软件是全球超过 50 万名商业行业、学术界和政府实验室的科学家和工程师首选的数据分析和绘图软件。该软件目前新版本为 2023。

本书特点

↘ 内容合理，适合自学

本书主要面向 Origin 零基础的读者，充分考虑初学者的需求，内容讲解由浅入深、循序渐进，引领读者快速入门。在知识点上不求面面俱到，但求有效实用。本书的内容足以满足读者在实际设计工作中的各项需要。

↘ 视频讲解，通俗易懂

为了方便读者学习，本书中的大部分实例都录制了教学视频。视频录制时采用模仿实际授课的形式，在各知识点的关键处给出解释、提醒和注意事项，让读者在高效学习的同时，更多地体会 Origin 2023 功能的强大。

↘ 内容全面，实例丰富

本书详细介绍了 Origin 2023 的使用方法和操作技巧，全书共 19 章，内容包括 Origin 2023 概述、初识 Origin 2023、Origin 文件管理、工作表管理、数据的导入与导出、数据管理和处理、简单二维图形绘制、二维图形修饰处理、三维图形绘制、三维图形修饰处理、特殊图形、多图层图表管理、数据统计分析、推断性统计分析、实验数据分析与处理、回归拟合分析、数字信号处理、数字图像处理以及 Origin 编程等知识。本书的讲解过程采用理论联系实际的方式，书中配有详细的操作步骤，图文对应，不仅可以提高读者的动手能力，而且能够加深其对知识点的理解。

本书显著特色

↘ 体验好，随时随地学习

二维码扫一扫，随时随地看视频。书中提供了大部分实例的二维码，读者朋友可以通过手机扫一扫，随时随地观看相关的教学视频，也可以在计算机上下载相关资源后观看学习。

↘ 实例多，用实例学习更高效

实例丰富详尽，边做边学更快捷。跟着大量实例学习，边学边做，从做中学，可以使学习更深入、更高效。

> 入门易，全力为初学者着想

遵循学习规律，入门与实战相结合。万事开头难，本书的编写模式采用"基础知识+实例"的形式，内容讲解由浅入深、循序渐进，使初学者入门不是梦。

> 服务快，让你学习无后顾之忧

提供 QQ 群在线服务，随时随地可交流。提供公众号、QQ 群等多渠道贴心服务。

本书学习资源及获取方式

本书配带视频和源文件，所有资源均可通过下面的方法下载后使用。

（1）读者扫描右侧的二维码或关注微信公众号"设计指北"，发送"org0901"到公众号后台，获取资源下载链接，然后将此链接复制到计算机浏览器的地址栏中，根据提示下载即可。

（2）读者可加入 QQ 群 718036755（请注意加群时的提示）进行在线交流学习，作者不定时在群里答疑解惑，方便读者快速学习本书。

关于作者

本书由天工在线组织编写。天工在线是一个 CAD/CAM/CAE/EDA 技术研讨、工程开发、培训咨询和图书创作的工程技术人员协作联盟，包含 40 多位专职和众多兼职 CAD/CAM/CAE/EDA 工程的技术专家。其创作的很多教材成为国内具有引导性的旗帜作品，在国内相关专业方向的图书创作领域具有举足轻重的地位。

致谢

本书能够顺利出版，是作者、编辑和所有审校人员共同努力的结果，在此表示深深的感谢。同时，祝福所有读者在通往优秀工程师的道路上一帆风顺。

编　者

2023 年 10 月

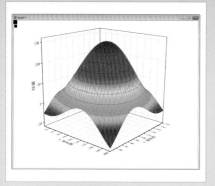
绘制徽标叠加曲面

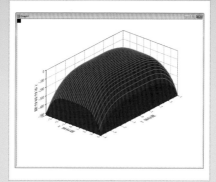
绘制曲面X基线图

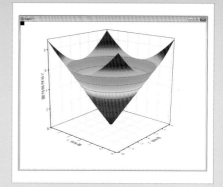
V型曲面颜色渲染

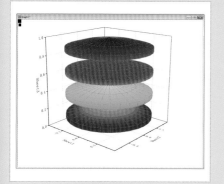
绘制变半径柱面曲面

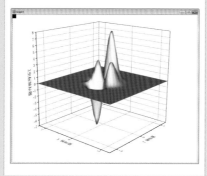
绘制山峰曲面

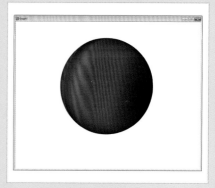
为三维球体添加光照

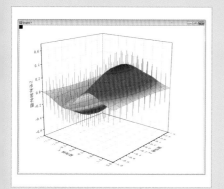
误差棒图设置

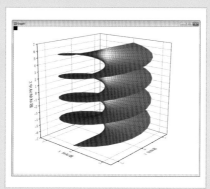
旋转螺旋曲面

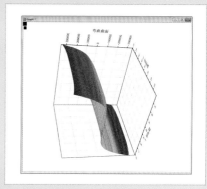
旋转弯曲曲面

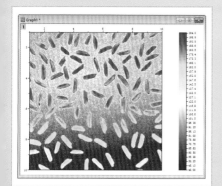
创建矩阵数据图像

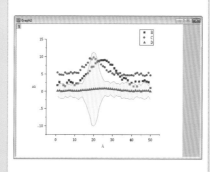
绘制Y误差图

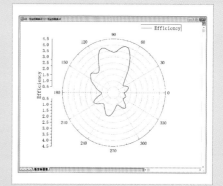
绘制极坐标折线图

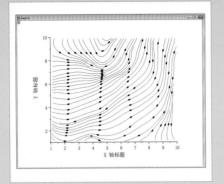

绘制空气流采样数据流线图

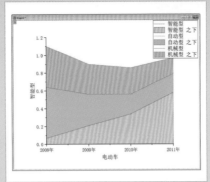

绘制数据分析图1

绘制数据分析图2

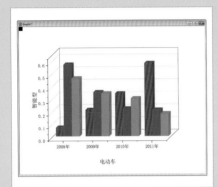

绘制条形分析图

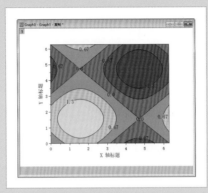

绘制驼峰曲面等高线图

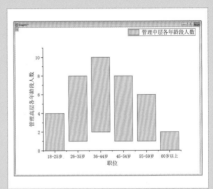

绘制柱状图

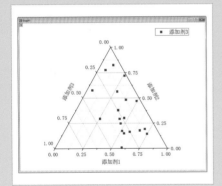

绘制添加剂配比三元图

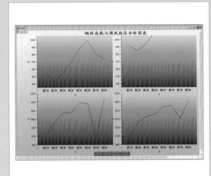

多图层图例设置

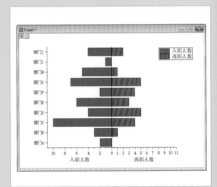

绘制部门流动人员统计图

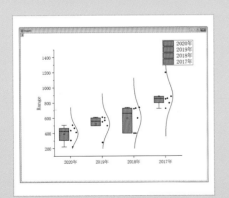

绘制上半年企业净利润扩展箱线图

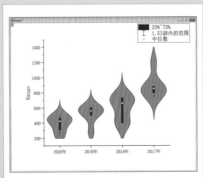

绘制上半年企业净利润小提琴图

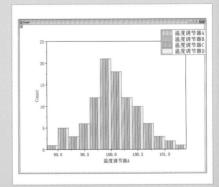

温度调节器液体温度分布1

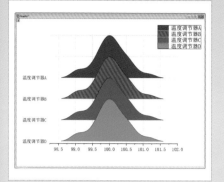

温度调节器液体温度分布2

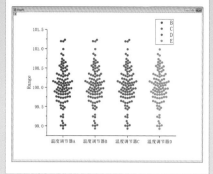

温度调节器液体温度分布3

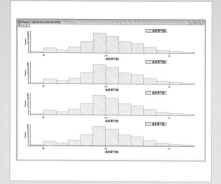

温度调节器液体温度描述统计分析1

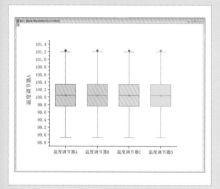

温度调节器液体温度描述统计分析2

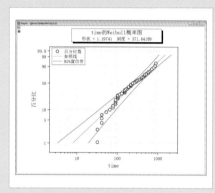

Weibull 拟合生存分析

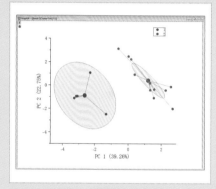

阳起石样品K-均值聚类分类分析

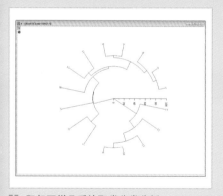

阳起石样品系统聚类分类分析

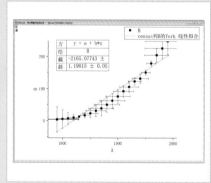

带误差线性拟合回归分析

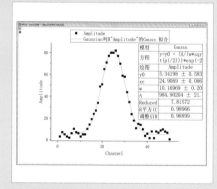

多峰函数拟合回归分析

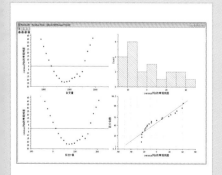

人口普查拟合曲线图1

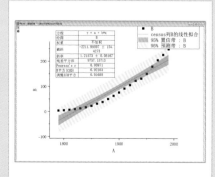

人口普查拟合曲线图2

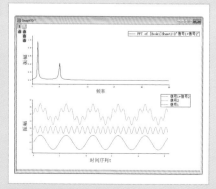

叠加信号 FFT 分析

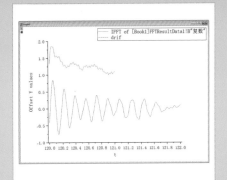

分析地震时建筑物楼层的位移信号

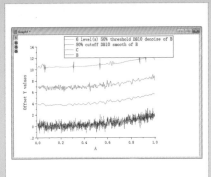

高斯白噪声信号平滑降噪处理

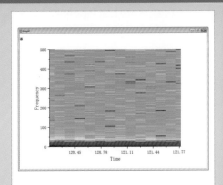

建筑物楼层的位移信号STFT变换

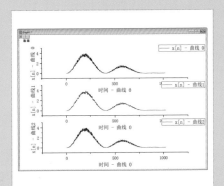

离散信号SG滤波器平滑处理

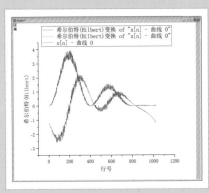

离散信号希尔伯特变换

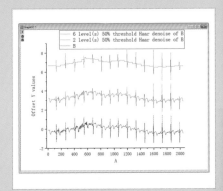

心电图信号降噪处理

创建二值图像

创建图像灰度图

图像叠加显示

图像滤波

图像明度和对比度调整

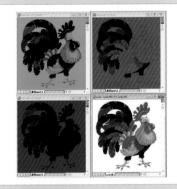

图像颜色通道转换

目 录

Contents

第 1 章　Origin 2023 概述

内容简介

Origin 是当前流行的图形可视化和数据分析软件, 软件功能强大, 可满足科技工作中的许多需要, 而且使用 Origin 步骤简单, 只需执行对应命令, 就可以获得满意的结果。

本章将着重介绍 Origin 2023 的主要功能、启动与退出操作, 以及不同的操作界面, 使读者对 Origin 2023 有一个初步的了解。

1.1　Origin 2023 基础

Origin 2023 是由 OriginLab 公司开发的一款图形可视化和数据分析软件, 既可以满足一般用户的制图需要, 又可以满足高级用户的数据分析、函数拟合需要。该软件是全球超过 50 万名商业行业、学术界和政府实验室的科学家和工程师首选的数据分析和绘图软件。

1.1.1　Origin 的主要功能

Origin 是一款应用广泛的绘图以及数据分析工具, 不但支持绘制各种各样的 2D/3D 图形, 还具有强大的数据分析功能。下面详细介绍 Origin 的主要功能。

1. 绘图功能

❧ 拥有超过 100 种内置和扩展的图形类型以及所有元素的点击式自定义, 可以轻松创建和自定义出版质量的图形。

❧ 可以添加额外的轴和面板, 添加、删除绘图等, 批量绘制具有相似数据结构的新图形, 将自定义图形保存为图形模板或将自定义元素保存为图形主题。

2. 迷你工具栏

Origin 2023 支持迷你工具栏, 可快速轻松地对图形、工作表或矩阵进行操作。

3. 输入功能

Origin 2023 通过充分利用处理器的多核架构实现速度的提升, 导入大文本文件既简单又快速。

4. 探索性分析

Origin 2023 通过与图形中的数据进行交互, 执行探索性分析。

❧ 使用感兴趣区域（ROI 框）以交互方式选择数据范围。

❧ 移动或调整 ROI 框大小时查看即时结果。

❧ 从分析中生成详细报告。

- 自定义视觉结果和报告设置的选项。
- 将设置另存为主题以供重复使用。
- 对图层或页面的全部数据图重复分析。
- 相同或不同的小工具可以在同一张图形中多次应用。
- 暂时隐藏 ROI 框以进行打印和导出。

5. 曲线和曲面拟合

Origin 2023 提供了各种用于线性、多项式和非线性曲线和曲面拟合的工具。

6. 峰值分析

Origin 2023 为峰分析提供了多种功能，从基线校正到峰发现、峰积分、峰解卷积和拟合。

7. 统计分析

Origin 提供了大量用于统计分析的工具，帮助用户以交互方式选择合适的统计测试，如描述性统计、非参数测试、方差分析、多变量分析等。

1.1.2　Origin 2023 的启动与退出

1. 启动

安装 Origin 2023 之后，就可以在操作系统中启动 Origin 2023 了，在 Windows 10 中启动 Origin 2023 有以下几种方法。

（1）单击桌面左下角的"开始"按钮，在"开始"菜单的程序列表中单击 Origin 2023，如图 1.1 所示。

（2）将"开始"菜单中的 Origin 2023 图标拖动到桌面上或"开始"屏幕中，创建 Origin 2023 快捷方式，如图 1.2 所示。双击该快捷方式，启动 Origin 2023 应用程序。

图 1.1　启动 Origin 2023

图 1.2　快捷方式

（3）在"开始"菜单的程序列表中定位到 Origin 2023，右击，在弹出的快捷菜单中选择"固定到'开始'屏幕"命令，即可在"开始"屏幕中显示快捷方式，如图 1.3 所示。

执行上述步骤，即可启动 Origin 2023 应用程序，进入 OriginPro 2023 的编辑窗口，如图 1.4 所示。

OriginPro 是 Origin 的专业版，其包含了 Origin 标准版本的所有功能，同时还有一些附加的高级分析工具和功能。

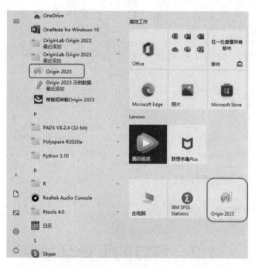

图 1.3　Origin 2023 "开始" 屏幕中的快捷方式

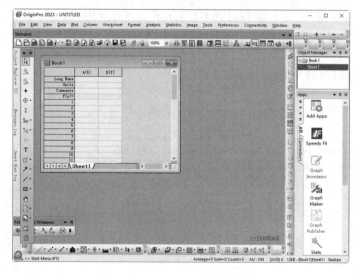

图 1.4　OriginPro 2023 的编辑窗口

2．退出

完成工作后，应正确退出 Origin 2023，可以采取以下方式之一退出。

❧ 按 Alt+F4 组合键。
❧ 单击 OriginPro 2023 的编辑窗口右上角的 "关闭" 按钮×。
❧ 选择菜单栏中的 "文件" → "退出" 命令。

1.1.3　切换语言

【执行方式】

菜单栏：选择菜单栏中的 Help（帮助）→change language（切换语言）命令。

【操作步骤】

执行上述命令，系统将打开 Utilities\System:language 对话框，在 Language Setting 下拉列表中选择 Chinese 选项，如图 1.5 所示，将英文版 Origin 2023 切换为中文版 Origin 2023，然后单击 OK 按钮关闭对话框。

接着打开 Attention!对话框，如图 1.6 所示，重启软件更新语言版本，单击"确定"按钮，关闭对话框。

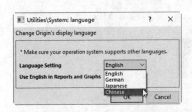

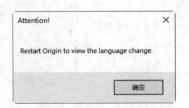

图 1.5　Utilities\System:language 对话框　　　　图 1.6　Attention!对话框

1.2　窗口的设计环境

Origin 包含大量基本窗口，这些窗口具有不同的作用，可以使用户直观、快捷、方便地分析数据。为了让用户对图形和数据分析软件有一个整体的认识和理解，下面简要介绍不同窗口的设计环境。

1.2.1　工作簿窗口的设计环境

工作簿主要用来记录和处理数据，Origin 大部分的操作都是在这个窗口中进行的，如图 1.7 所示。

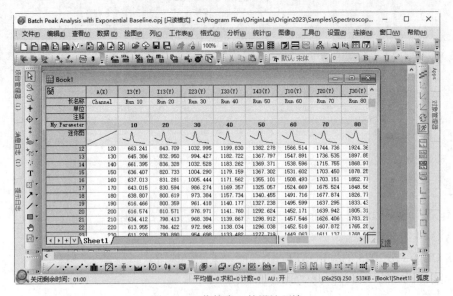

图 1.7　工作簿窗口的设计环境

1.2.2　图形窗口的设计环境

Origin 具有强大的绘图功能，不仅可以很方便地实现大量数据计算结果的可视化，而且可以很方便地修改和编辑图形界面。图形窗口是 Origin 中的图形编辑器，如图 1.8 所示，每个图形包含一个独立的编辑页，此页作为一个背景服务于不同的图形对象，包括层、轴、注解、数据测绘。

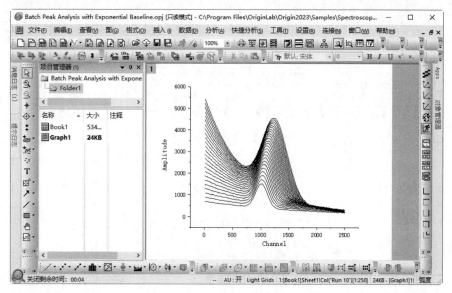

图 1.8 图形窗口的设计环境

1.2.3 矩阵窗口的设计环境

矩阵窗口与 Origin 工作簿类似，矩阵窗口由多个矩阵数据表构成，是一种用来组织和存放数据的窗口，如图 1.9 所示。

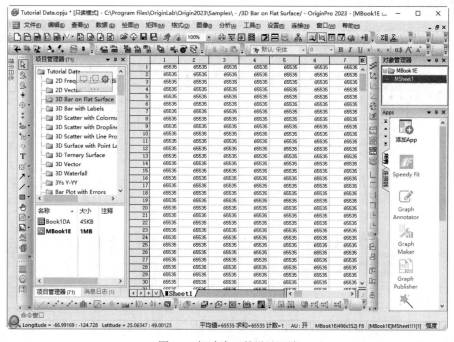

图 1.9 矩阵窗口的设计环境

1.2.4 备注窗口的设计环境

备注窗口可以记录用户使用过程中的文本信息，主要用于做标注、记录数据分析处理的过程等，如图 1.10 所示。

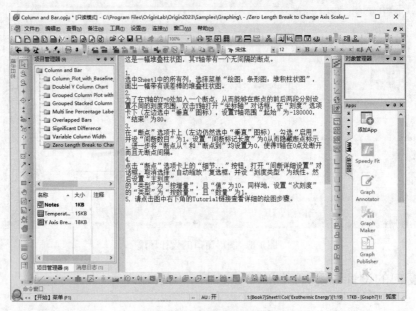

图 1.10 备注窗口的设计环境

1.2.5 布局窗口的设计环境

布局窗口用于组织和排列 Origin 的数据、图形等，以便于打印或输出，如图 1.11 所示。

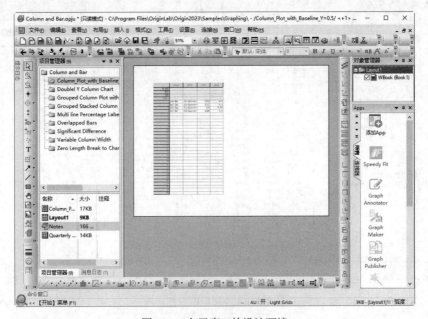

图 1.11 布局窗口的设计环境

1.2.6 函数窗口的设计环境

函数窗口主要用于绘制二维、三维函数以及参数函数图像，如图 1.12 所示。

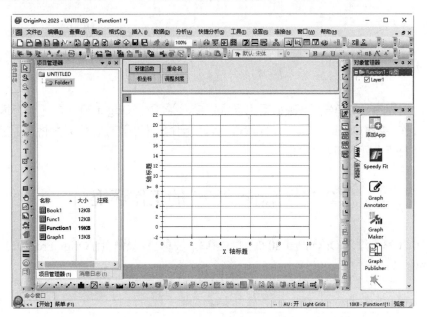

图 1.12 函数窗口的设计环境

第 2 章　初识 Origin 2023

内容简介

学习一个应用程序,应首先认识它的工作界面。本章将介绍 Origin 2023 的工作环境,以及 Origin 2023 中的帮助操作。掌握 Origin 2023 工作环境中各种项目栏的使用方法,可以为将来更好地运用 Origin 2023 完成复杂的任务打下坚实的基础。

2.1　Origin 2023 的工作环境

启动 Origin 2023,进入 OriginPro 2023 的主窗口,立即就能领略到 OriginPro 2023 工作环境的精致,如图 2.1 所示。

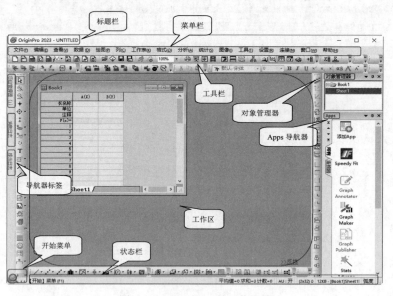

图 2.1　Origin 2023 的工作环境

Origin 2023 的工作环境由标题栏、菜单栏、工具栏、工作区、导航器标签、状态栏、对象管理器、开始菜单和 Apps 导航器等组成。

2.1.1　菜单栏

菜单栏位于标题栏的下方,使用菜单栏中的命令可以执行 Origin 的所有命令。

菜单栏和菜单命令随着窗口类型变化,菜单栏仅显示与活动窗口相关的菜单。例如,打开工作表窗口、图形窗口与矩阵窗口,用户界面中的菜单栏不同,如图 2.2 所示。

文件(F) 编辑(E) 查看(V) 数据(D) 绘图(P) 列(C) 工作表(W) 格式(O) 分析(A) 统计(S) 图像(I) 工具(T) 设置(I) 连接(N) 窗口(W) 社交(N) 帮助(H)

（a）工作表窗口

文件(F) 编辑(E) 查看(V) 图(G) 格式(O) 插入(I) 数据(D) 分析(A) 快捷分析(S) 工具(T) 设置(I) 连接(N) 窗口(W) 社交(N) 帮助(H)

（b）图形窗口

文件(F) 编辑(E) 查看(V) 数据(D) 绘图(P) 矩阵(M) 格式(O) 图像(I) 分析(A) 工具(T) 设置(I) 连接(N) 窗口(W) 社交(N) 帮助(H)

（c）矩阵窗口

图 2.2　菜单栏

扫一扫，看视频

★重点 动手学——菜单栏的折叠与展开

菜单是图形用户界面中的重要和通用的元素，几乎每个具有图形用户界面的程序都包含菜单，流行的图形操作系统也都支持菜单。菜单的主要作用是使程序功能层次化，而且用户在掌握了一个程序菜单的使用方法之后，可以举一反三地使用其他程序的菜单。

【操作步骤】

（1）选择菜单栏中的"设置"→"选项"命令，❶打开"选项"对话框，❷打开"其他"选项卡，❸勾选"启用折叠菜单"复选框，如图2.3所示。

（2）❹单击"确定"按钮，激活菜单折叠功能。

（3）选择菜单栏中的"工具"命令，显示菜单命令，由于菜单命令过多，使用下三角符号隐藏部分命令；❺单击下三角符号，展开下拉菜单，❻显示所有命令，如图2.4所示。

图 2.3　"选项"对话框

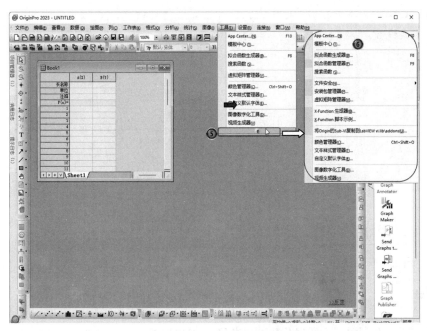

图 2.4　菜单的折叠与展开

2.1.2 开始菜单

开始菜单位于工作区左下角，在默认情况下包含查找命令。

【执行方式】

- ➥ 菜单栏：选择菜单栏中的"帮助"→"激活开始菜单"命令。
- ➥ 工具栏：单击工作区左下角的放大镜图标 。
- ➥ 快捷键：F1 键（当没有其他对话框打开时）。

【操作步骤】

执行上述命令，系统将弹出如图 2.5 所示的开始菜单。

（1）在"查找"文本框中输入关键字和短语，以返回相关的菜单条目、应用程序、常见问题解答、视频和 X 函数等，从而打开最近打开的文件、菜单和应用程序。若需要缩小搜索范围，在搜索词前面输入以下字母。

- ➥ m：仅搜索菜单条目。
- ➥ a：仅搜索应用程序。
- ➥ h：仅搜索帮助+FAQ。
- ➥ v：仅搜索视频。
- ➥ x：仅搜索 X 函数。
- ➥ p：搜索最近的项目。
- ➥ s：搜索示例项目。
- ➥ f：搜索函数条目。
- ➥ e：搜索菜单+应用程序+X 函数（仅限可执行文件）。

（2）单击"查找"文本框右侧的 按钮，打开"设置"对话框，如图 2.6 所示，可以限制搜索结果并调整其他搜索设置。

图 2.5 开始菜单　　　　　　　　　　图 2.6 "设置"对话框

2.1.3 工具栏

工具栏是一组具有一定功能的操作按钮的集合。工具栏位于工作区四周，上、下、左、右均可以放置。工具栏中包含大部分常用的菜单命令，用户也可以根据需要对工具栏中的按钮进行添加或删除，也可以根据指定规则创建新的工具栏。

1. 常用工具栏

Origin 2023 提供了丰富的工具栏，图 2.7 所示的常用工具栏介绍如下：

（1）"标准"工具栏[图 2.7（a）]。"标准"工具栏中为用户提供了一些常用的文件操作快捷方式，如打印、缩放、复制、粘贴等，以按钮图标的形式表示出来。如果将光标悬停在某个按钮图标上，则该按钮要完成的功能就会在图标下方显示出来，便于用户操作。

（2）"工作表数据"工具栏[图 2.7（b）]。"工作表数据"工具栏主要用于计算工作表中的行、列数据。

（3）"工具"工具栏[图 2.7（c）]。"工具"工具栏用于设置视图、在图中绘制需要的标注信息。

（4）"2D 图形"工具栏[图 2.7（d）]。"2D 图形"工具栏提供了一些常用的统计图绘制操作快捷方式。

（5）"3D 和等高线图形"工具栏[图 2.7（e）]。"3D 和等高线图形"工具栏用于绘制三维曲图、图像。

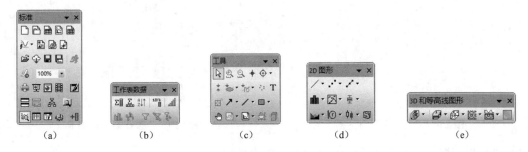

（a）　　　　（b）　　　　（c）　　　　（d）　　　　（e）

图 2.7　常用工具栏

2. 显示或隐藏工具栏

下面讲解如何设置工具栏及工具栏按钮的显示与隐藏。

【执行方式】

➥ 菜单栏：选择菜单栏中的"查看"→"工具栏"命令。

➥ 工具栏：单击任意工具栏右下角的❶"工具栏选项"按钮 ，在弹出的下一级菜单中选择❷"添加或删除按钮"命令，在弹出的下一级菜单中选择❸"自定义"命令，如图 2.8 所示。

➥ 快捷键：Ctrl+T 组合键。

图 2.8　工具栏命令

【操作步骤】

执行上述命令，系统将打开如图 2.9 所示的"自定义"对话框，在该对话框中可以对工具栏中的功能按钮进行设置，以便用户创建自己的个性工具栏。

【选项说明】

该对话框包括三个选项卡，下面分别进行介绍。

（1）"工具栏"选项卡。"工具栏"列表中显示了系统中所有的工具栏，取消或勾选工具栏前面的复选框，表示在用户界面中隐藏或显示该工具栏。同时，可以根据右侧按钮对工具栏的设置进行重置、导出和重新初始化等操作。

（2）"按钮组"选项卡。"组"列表中显示了所有工具栏中的按钮，在该列表中选择指定工具栏，在"按钮"栏中显示该工具栏中所有的按钮组合，在"按钮"选项组中显示选中按钮的功能，如图 2.10 所示。将工具按钮从"按钮"栏中拖动到工具栏中，从工具栏中添加该按钮；相反，将工具按钮从工具栏中拖到该栏中，从工具栏中删除该按钮。

图 2.9 "自定义"对话框

（3）"选项"选项卡。该选项卡中显示工具栏的基本编辑命令，如图 2.11 所示。

- ➴ 在工具栏上显示屏幕提示：勾选该复选框，将鼠标放置在按钮上时，显示该按钮的提示信息，主要用于介绍工具按钮的功能。
- ➴ 在屏幕提示中显示快捷键：勾选该复选框，在按钮提示信息中显示快捷键。
- ➴ 使用大图标：勾选该复选框，工具栏中的按钮使用大图标。
- ➴ 对大系统字体缩放工具栏：勾选该复选框，放大工具栏中必要的文本字体。
- ➴ 背景使用渐变色：勾选该复选框，工具栏使用渐变色为背景色。
- ➴ 强制停靠菜单栏：勾选该复选框，将工具栏固定在菜单栏下方。

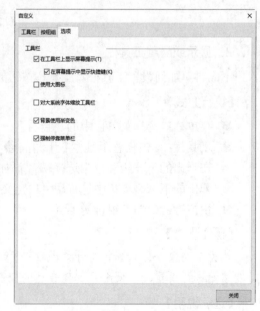

图 2.10 "按钮组"选项卡

图 2.11 "选项"选项卡

扫一扫，看视频

★重点 动手学——添加工具按钮

本例讲解如何为标准工具栏添加工具操作按钮，如图 2.12 所示。

【操作步骤】

（1）单击任意工具栏右下角的❶"工具栏选项"按钮⁼，在弹出的下拉菜单中选择❷"添加或删除按钮"命令。

（2）在下一级菜单中显示该工具栏组中的工具栏名称，选择❸"标准"工具栏，显示该工具栏中所有操作按钮，按钮名称前显示"√"符号，表示工具栏中显示该按钮图标，没有该符号表示工具栏中没有该按钮图标。

（3）选择❹"新建 Excel"命令，即可将对应的命令按钮添加到"标准"工具栏中，如图 2.13 所示。

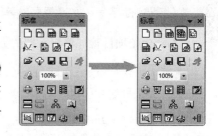

图 2.12　添加按钮

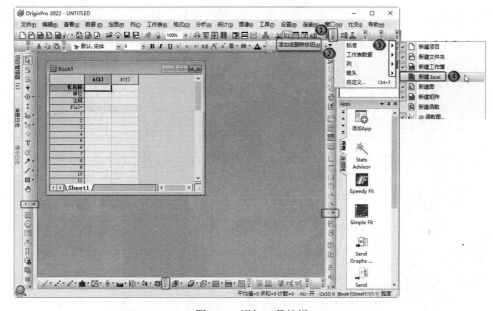

图 2.13　添加工具按钮

3. 切换工具栏的显示方式

工具栏的显示方式包括固定式和浮动式，两种方式可以相互转换。

➥ 双击固定显示工具栏的最左端部位可以将其切换为浮动方式，或通过将固定工具栏直接拖离工具栏区将其切换为浮动显示。

➥ 双击浮动工具栏的标题栏可将其切换为固定工具栏，或拖动浮动工具栏到工具栏区将其切换为固定工具栏。

4. 改变工具栏位置

改变工具栏位置最简单的方法是直接将工具栏从初始位置拖动到目的位置。

2.1.4　导航器

在 Origin 2023 中，为了便于使用设计过程中的快捷操作，需要安装多个导航器面板。导航器包括系统型导航器和编辑器导航器两种类型，系统型导航器在任何时候都可以使用，而编辑器导航器只有在相应类型的文件被打开时才可以使用。

扫一扫，看视频

★重点 动手学——设置导航器

本例介绍项目管理器导航器的显示与布局。

【操作步骤】

1. 显示导航器

（1）启动 Origin 2023 后，系统将自动激活"项目管理器"导航器、"消息日志"导航器、"提示日志"导航器、"对象管理器"导航器和 Apps 导航器。其中，"项目管理器"导航器、"消息日志"导航器、"提示日志"导航器❶隐藏显示，"对象管理器"导航器和 Apps 导航器❷固定显示。

（2）选择菜单栏中的"查看"→"结果日志""命令窗口"命令，显示"结果日志""命令窗口"导航器，在工作区显示❸浮动的"结果日志"导航器和❹隐藏的"命令窗口"导航器，如图 2.14 所示。

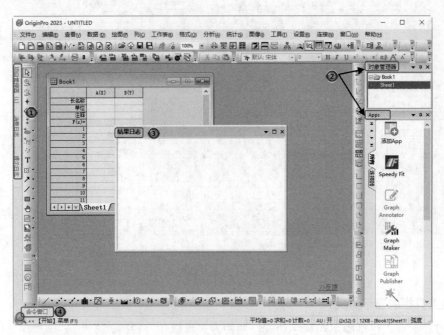

图 2.14　默认导航器显示

2. 调整导航器的位置

（1）将鼠标指针❶放置在"消息日志"标签上，❷自动显示该导航器，单击导航器右上角的"禁用自动隐藏"按钮📌［图 2.15（a）］，该导航器在工作区左侧❸固定显示，如图 2.15（b）所示。导航器下方显示两个标签，❹单击"项目管理器"标签，固定显示"项目管理器"导航器，如图 2.15（c）所示。

（2）打开"消息日志"导航器，❶向外拖动"项目管理器"标签栏，在"消息日志"导航器中显示方向按钮组，将导航器位置分为上、中、下、左、右，如图 2.16（a）所示。❷将该导航器拖动到"上"按钮▣，松开鼠标，❸将该导航器固定放置到"消息日志"导航器上方，如图 2.16（b）所示。

（3）❶向外拖动"提示日志"标签栏，在"消息日志"导航器中显示方向按钮组，将该导航器❷拖动到"上"按钮▣上［图 2.17（a）］，松开鼠标，将该导航器固定放置到❸"消息日志"导航器上方，如图 2.17（b）所示。

（4）❶拖动"结果日志"标签栏，在工作区中显示方向按钮组，将该导航器❷拖动到"下"按钮⬛上[图 2.18（a）]，松开鼠标，将该导航器固定放置到❸工作区下方，如图 2.18（b）所示。

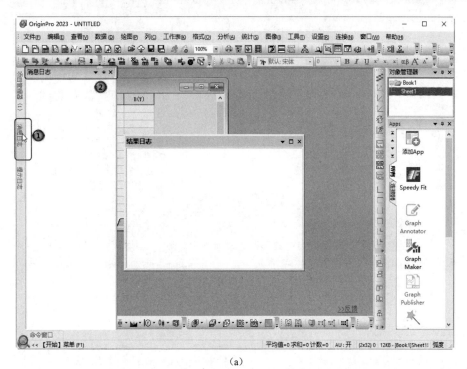

（a）

（b）

图 2.15　固定显示导航器

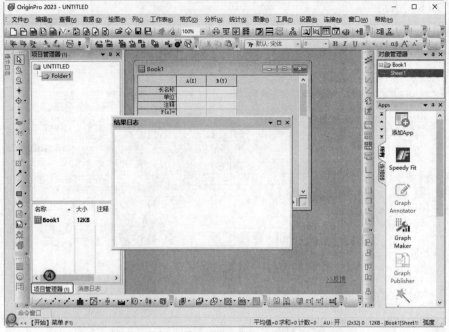

（c）

图 2.15（续）

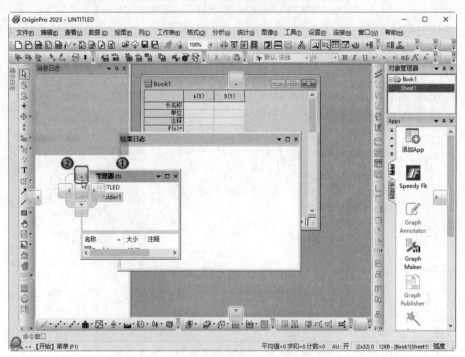

（a）

图 2.16　调整"项目管理器"导航器的位置

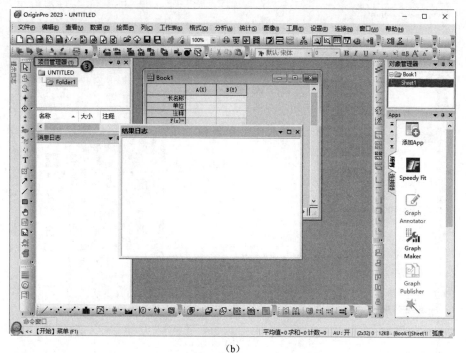

（b）

图 2.16（续）

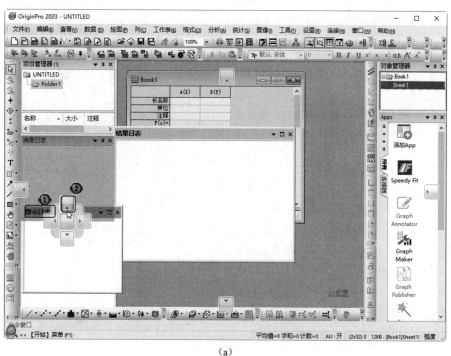

（a）

图 2.17 调整"提示日志"导航器的位置

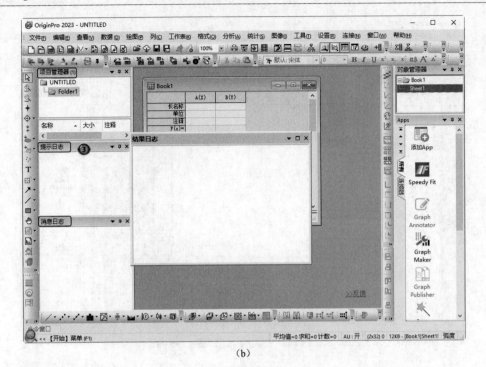

（b）

图 2.17（续）

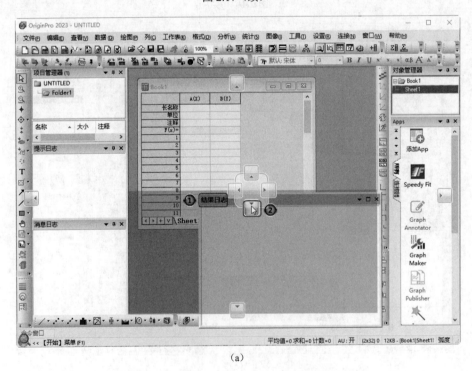

（a）

图 2.18　调整"结果日志"导航器的位置

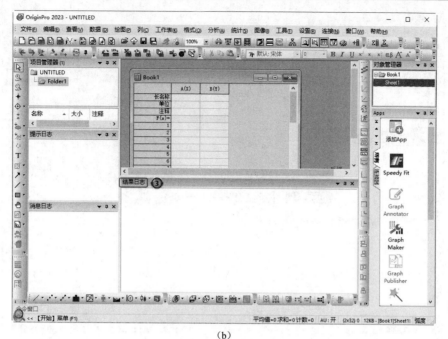

（b）

图 2.18（续）

（5）❶拖动"命令窗口"标签栏，在"结果日志"导航器中显示方向按钮组，将该导航器❷拖动到"左"按钮 ⬚ 上[图 2.19（a）]，松开鼠标，将该导航器固定放置到❸"结果日志"导航器左侧，如图 2.19（b）所示。

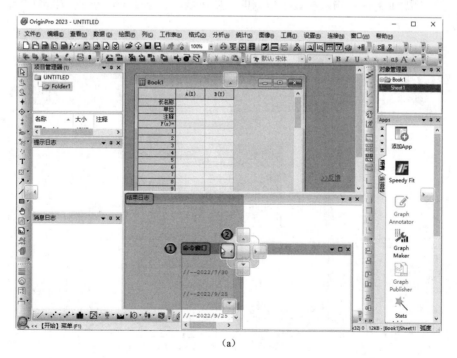

（a）

图 2.19　调整"命令窗口"导航器的位置

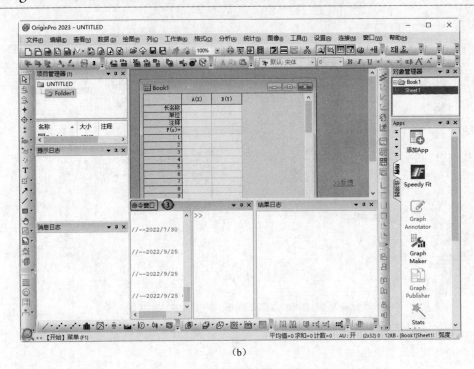

(b)

图 2.19（续）

2.1.5　工作区

工作区是用户编辑文件、输入和显示数据的主要区域，占据了 Origin 窗口的绝大部分区域，如图 2.20 所示。

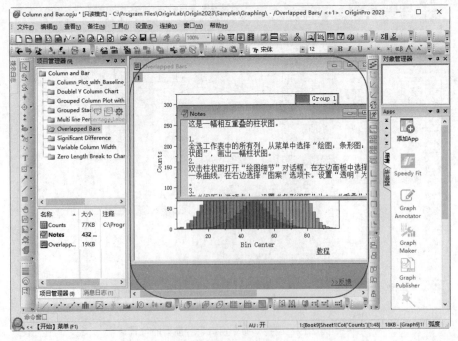

图 2.20　工作区

2.1.6 状态栏

状态栏位于应用程序窗口底部，用于显示与当前操作有关的状态信息。在状态栏中右击，弹出"状态栏自定义"快捷菜单，如图 2.21 所示，命令前添加"√"符号表示在状态栏显示该信息；相反，命令前没有"√"符号表示在状态栏不显示该信息。例如，自动更新、主题、选择、角度单位、平均值等信息均显示在状态栏中。

2.1.7 对象管理器

"对象管理器"导航器默认停靠在工作区的右侧，使用对象管理器可以对激活的图形窗口或工作簿窗口进行快速操作。

图 2.21 "状态栏自定义"
快捷菜单

2.1.8 Apps 导航器

在 Origin 中，Apps 导航器可以浏览可用的 App 和用关键词查找所需 App，并且可以一键下载和更新 App，此功能拓展了 Origin 的绘图和分析功能。

【执行方式】

↳ 菜单栏：选择菜单栏中的"查看"→Apps 命令。

↳ 工具栏：单击工作区右侧的 Apps 标签。

↳ 快捷键：Alt+F9 组合键。

【操作步骤】

执行上述命令，显示或隐藏 Apps 导航器。❶双击用户界面中的 Apps 标签[图 2.22（a）]，Apps 导航器由固定显示变为❷浮动显示，如图 2.22（b）所示。反之，双击浮动显示的 Apps 标签，Apps 导航器由浮动显示变为固定显示在原位置。该导航器包含两个选项卡：所有和连接器，如图 2.23 所示。

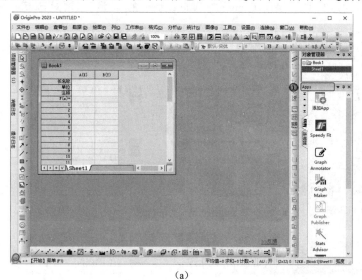

（a）

图 2.22 设置显示方式

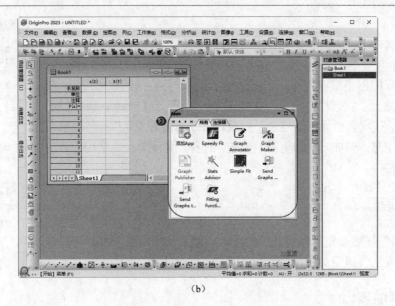

（b）

图 2.22（续）

（a）"所有"选项卡

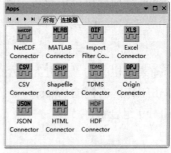

（b）"连接器"选项卡

图 2.23　Apps 导航器

单击"添加 App"按钮，打开 App Center 对话框，如图 2.24 所示，该对话框用来安装和更新 App。

图 2.24　App Center 对话框

2.2　定制工作环境

在数据分析绘图过程中,其效率和正确性往往与数据文件的工作环境的设置有着十分密切的联系。这一节中,将详细介绍数据文件工作环境的设置,以便读者能熟悉这些设置,为后面根据数据绘图打下一个良好的基础。

【执行方式】

➤ 菜单栏:选择菜单栏中的"设置"→"选项"命令。

➤ 快捷键:Ctrl+U 组合键。

【操作步骤】

执行上述命令,打开"选项"对话框,如图 2.25 所示。在该对话框中有 10 个选项卡,下面对常用的选项卡进行具体的介绍。

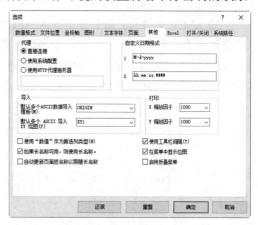

图 2.25 "选项"对话框

2.2.1 "数值格式"选项卡

该选项卡可以设置数字格式,如图 2.26 所示。

(1)转换为科学记数法:当数值为科学记数法格式时,设置指数位数的上限和下限。

(2)位数:设置小数位数或有效位数。

(3)分隔符:选择数值的书写形式是 Windows 设置还是其他。

(4)ASCII 导入分隔符(A):选择 ASCII 数值的书写形式是 Windows 设置还是其他。

(5)数据库导入使用的日期格式:定义从数据库导入的数据可以使用的日期格式。

(6)使用英文版报告表以及图表:勾选该复选框,创建的报告表以及图表中的文字为英文;不勾选该复选框,输出中文报告和图表。

(7)角度单位:选择角度的单位是弧度、角度还是百分度。

(8)报告中的数据位数:设置输出报告中的小数位数或有效位数。

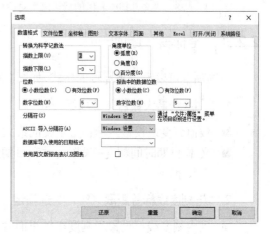

图 2.26 "数值格式"选项卡

2.2.2 "文件位置"选项卡

该选项卡用于选择打开或保存文件时对话框显示的路径,如图 2.27 所示。

图 2.27 "文件位置"选项卡

（1）跟随文件对话框更改：选择是否跟踪文件打开或保存时的路径。在下面的列表框内选择不同的组（文件类型）。

（2）"编辑"按钮：单击此按钮，打开"文件扩展名组的默认值"对话框，如图 2.28 所示。在该对话框中可以选择打开或保存文件时默认显示的路径和保存类型。勾选"应用于所有组"复选框，可以一次性修改所有文件类型。

（3）ASCII 文件类：用于设定导入 ASCII 文件时，对话框可以显示文件的种类。可以选择"添加""编辑"或是"删除"文件类型。单击"添加"按钮，打开"文件扩展名类型"对话框，如图 2.29 所示，在"描述"文本框中输入对文件的描述，在"规范"文本框中输入该文件的格式，如*.dat 表示可以接收后缀名为.dat 的文件。

图 2.28　"文件扩展名组的默认值"对话框

图 2.29　"文件扩展名类型"对话框

2.2.3　"坐标轴"选项卡

该选项卡可以设置坐标轴的格式，如图 2.30 所示。

1. "刻度线最大数目"选项组

- 数值刻度：设置坐标轴主刻度的最大个数。
- 文本/日期时间刻度：设置文本和日期字段的最大长度。

2. "与刻度线标签距离（%）"选项组

- 到内刻度线：设置当刻度在轴里面时，刻度离轴标签的距离，按百分比来计算。
- 到外刻度线：设置当刻度在轴外面时，刻度离轴标签的距离，按百分比来计算。
- 到轴标题：设置轴标签与轴标题之间的距离，按百分比来计算。

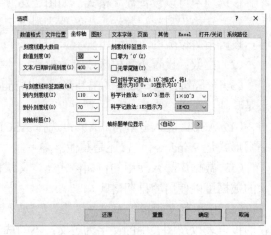

图 2.30　"坐标轴"选项卡

3. "刻度线标签显示"选项组

默认勾选"对科学记数法"复选框，表示当坐标轴以 LogX 为刻度时，刻度 1 的标签的显示方式由 1 变为 10°。

2.2.4　"图形"选项卡

该选项卡用于设定图像的参数，如图 2.31 所示。

1. "符号"选项组

- 符号边框宽度（%）：用于设定图像中点的方框大小，按点的百分比来计算。
- 默认符号的填充颜色：用于默认点的颜色。
- 线符号间距（%）：设定在线+符号图形中点与线之间的距离，按点的百分比来计算。
- 符号库中提供字符选项：用于设定在设定数据点样式时是否可选字体。

2. "Origin 划线"选项组

- 划线定义：设置虚线的格式。选择虚线的种类后，可以在后面设置格式。
- 页面预览时使用 Origin 划线：勾选该复选框，在页面视图模式下显示虚线。

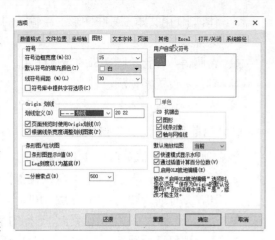

图 2.31 "图形"选项卡

- 根据线条宽度调整划线图案：勾选该复选框，依据虚线后的空隙按比例缩放虚线。

3. "条形图/柱状图"选项组

- 条形图显示 0 值：勾选该复选框，在图像的 Y=0 处显示一条线。
- Log 刻度以 1 为基底：勾选该复选框，当坐标轴刻度以 Log 方式显示时，以 1 为底数，用于对数值小于 1 时的柱状数据图中。

4. 二分搜索点

选择是否以对分法搜索点为标准，以提高搜索速度。当该值大于图像的点的数目时，使用连续搜索；否则，使用对分法搜索。默认值为 500。

5. "用户自定义符号"选项组

用于自定义图标。其中，Ctrl+X 为删除，Ctrl+C 为复制，Ctrl+V 为粘贴。可以先把图标复制到剪贴板，再粘贴到列表中，这些图标可以用来表示数据点。

6. "2D 抗锯齿"选项组

选择应用消除锯齿效果的对象，包括图形、线条对象以及轴与网格线。

7. "默认拖放绘图"选项组

- 快速模式显示水印：勾选该复选框，在快速模式下显示水印。
- 通过插值计算百分位数：勾选该复选框，在统计分析中，使百分数的分布平滑。
- 启用 OLE 就地编辑：勾选该复选框，激活嵌入式修改其他文件的功能（一般不推荐使用）。

2.2.5 "文本字体"选项卡

单击"文本字体"标签，打开该选项卡，用于设置文本格式，如图 2.32 所示。

1. "文本工具"选项组

- 字体：设置文本框内输入文字字体样式，默认为宋体；若选择带@的宋体，或者其他带@的字体,则使用文本工具在图形上新输入的中文显示为乱码。

➡ 希腊语：设置希腊字母的字体样式。

➡ 颜色：设置字体颜色。

➡ 大小：输入字体大小，默认值为 22。

2. "当前字体百分比"选项组

该选项组下的数值是以百分比来计算的。

➡ 行间距：用于设置行间距，默认设置行间距值为 10，则行间距即为字体高度的 10%。

➡ 下标&上标大小：用于设置上、下标的字体大小。

➡ 下标偏移：设置文字与下标之间的距离。

➡ 上标偏移：设置文字与上标之间的距离。

图 2.32 "文本字体"选项卡

3. 默认

用于设置显示文本的默认字体。例如，构建一个图形时，图像会显示对 X、Y 坐标的说明文字，这里定义图形的 X、Y 坐标说明的文本字体。

4. 原位编辑时使文字水平放置

勾选该复选框，可以对同一水平线上的文本使用不同的字体。

5. 简单选择模式

勾选该复选框，表示使用普通的选择模式。

6. 禁用原位编辑

勾选该复选框，双击文本时会打开修改文本的"文本对象-Legend"对话框，如图 2.33 所示；若未勾选该复选框，双击文本时则会直接在当前文本中进入编辑模式，如图 2.34 所示。

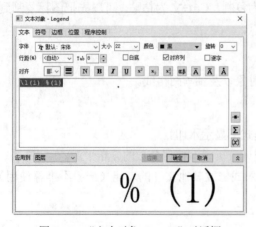

图 2.33 "文本对象-Legend"对话框

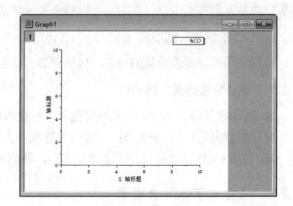

图 2.34 文本编辑

2.2.6 "页面"选项卡

单击"页面"标签，打开该选项卡，用于设置 Graph 图形页面输出选项，如图 2.35 所示。

1. "复制图"选项组

用于设置输出页或剪贴对象的格式。

（1）大小因子：设置输出或剪贴页到其他程序时的页面的大小，以百分比来计算，如输入 40 表示为原页面大小的 40%。

（2）边距设置：选择作为页面的边框的对象，默认值为"页面"，表示选择整个页面。

2. "网格间距"选项组

用于设置网格的大小，大小以像素计算。要显示网格，可选择"查看"→"图层网格"命令，显示网格间距大小为 20 和 40 的图层网格，如图 2.36 所示。

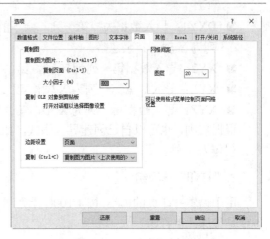

图 2.35　"页面"选项卡

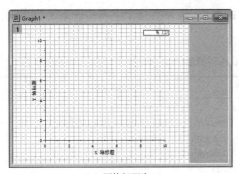

（a）网格间距为 20　　（b）网格间距为 40

图 2.36　显示图层网格

2.2.7　"其他"选项卡

该选项卡下的选项都是一些较细节的选项，如图 2.37 所示。

1. "代理"选项组

设置代理格式，包括直接连接、使用系统配置、使用 HTTP 代理服务器。

2. "导入"选项组

（1）默认多个 ASCII 数据导入模板：默认导入多个数据时，用来安装 ASCII 码的容器。

（2）默认多个 ASCII 导入 XY 绘图：设置导入多个数据时的格式。其中，D 表示忽略的列，X 表

图 2.37　"其他"选项卡

示导入作为 X 轴，Y 表示导入作为 Y 轴，Z 表示导入作为 Z 轴，E 表示前一个符号（X 或 Y）表示的列中错误的值，后面跟数字 N 表示把前面 N 列的格式应用到余下的列中。

软件中包含的集中预定的格式如下：

➥ XY1：导入数据作为 XY（即第一列为 X 轴，第二列为 Y 轴）或 XYY 或 XYYYYYYY…

- DXY1：导入数据去掉第一列，余下的作为 XY1 格式导入，即导入数据第一列为 X 轴，第二列为 Y 轴，其余忽略。
- XY2：导入数据第一列为 X 轴，第二列为 Y 轴，后面再有数据均按 XY 格式导入。
- XYE：导入数据第一列为 X 轴，第二列为 Y 轴，第三列为 Y 轴的错误的值，其余忽略。
- XYZ：导入数据第一列为 X 轴，第二列为 Y 轴，第三列为 Z 轴。

根据规则，也可以自己创建导入格式，如 XDYY3 表示导入数据第一列为 X 轴，然后每隔 1 列导入 2 列作为 Y 轴。

3. "打印"选项组

用于设置打印页的大小，按 1/1000 计算，默认值为 1000，表示 X 或 Y 为原页面大小的 1000/1000，也就是按原比例打印。

4. "自定义日期格式"选项组

用于日期格式的设置，两个单引号之间为直接显示的内容，另外有几个字符串表示不同的时间项，相关字符串说明见表 2.1。

表 2.1　表示时间项的字符串

字　符	时　间　项	字　符　串
M	月	m=月份的数字 mm=月份的数字（2 位），如 1 月为 01 mmm=英文月份的前 3 个字母 mmmm=英文月份
d	日	d=日的数字 dd=日的数字（2 位） ddd=英文星期的前 3 个字母 dddd=英文星期
y	年	y=年份的最后 1 位数字 yy=年份的最后 2 位数字 yyy=年份
h	时（按 12 小时显示）	h=时的数字 hh=时的数字（2 位）
H	时（按 24 小时显示）	H=时的数字 HH=时的数字（2 位）
m	分	m=分的数字 mm=分的数字（2 位）
s	秒	s=秒的数字 ss=秒的数字（2 位）
#	秒的小数位数	#=1 位小数 ##=2 位小数 ###=3 位小数 ####=4 位小数
t	表示下午	t=用 1 个字母 A 或 P 来表示 tt=用 2 个字母 AM 或 PM 来表示

- 使用"数值"作为首选列类型：控制选择列的内容的类型是数字还是文本，勾选该复选框，默认类型为数字。
- 如果长名称可用，则使用长名称：控制窗口名称显示的优选项。
- 自动更新页面短名称以跟随长名称：勾选该复选框，修改长名称后，自动通过长名称更新短名称。

- ↳ 使用工具栏间隔：控制是否显示工具栏间隔。
- ↳ 在菜单中显示位图：控制是否在菜单的命令侧边显示命令的图标。
- ↳ 启用折叠菜单：勾选该复选框，折叠菜单。

2.2.8 Excel 选项卡

该选项卡用于设置关于 Excel 的参数，如图 2.38 所示。

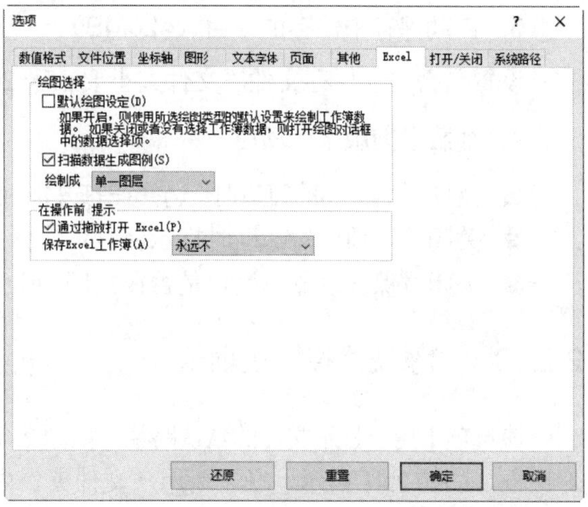

1．"绘图选择"选项组

（1）默认绘图设定：勾选该复选框，选择图像时自动使用默认的数据表；否则，选择图像时会打开对话框，供用户选择指定类型的数据表。

（2）扫描数据生成图例：勾选该复选框，使 Origin 在数据表缺失数据的情况下建立图像时，在每一列自动向上查找直到找到值。

（3）绘制成：要绘制多个图像时，选择绘图的范围，包括单一图层、多个图层和多个页面。

2．"在操作前提示"选项组

（1）通过拖放打开 Excel：控制是否在打开 Excel 表格时提示操作。

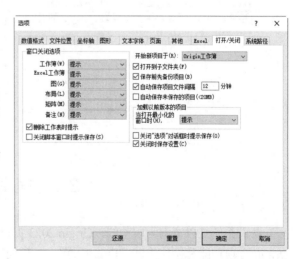

图 2.38　Excel 选项卡

（2）保存 Excel 工作簿：选择保存 Excel 时在什么情况下发出提示操作，包括永远不、保存项目之前和另存为之后。

2.2.9 "打开/关闭"选项卡

该选项卡用于设置打开或关闭操作时的参数，如图 2.39 所示。

1．"窗口关闭选项"选项组

该选项组下显示关闭不同类型窗口时是否提示的选项，包括隐藏并不提示、提示和删除并不提示。

- ↳ 删除工作表时提示：勾选该复选框，删除工作表时，显示提示信息。
- ↳ 关闭脚本窗口时提示保存：勾选该复选框，关闭脚本窗口时，显示提示保存的信息。

2．开始新项目于

默认值为 Origin 工作簿，用于设置在打开软件时，工作区中默认显示的窗口类型，包括 Origin 工作簿、Excel 工作簿、空图、矩阵、Origin.opj、无。

图 2.39　"打开/关闭"选项卡

3. 打开到子文件夹

设置是否在子文件夹打开项目。

4. 保存前先备份项目

设置是否在保存之前备份文件。

5. 自动保存项目文件间隔

设置自动保存的时间间隔，默认为每 12 分钟自动保存一次。

6. 自动保存未保存的项目（<20MB）

设置是否自动保存文件，文件大小要小于 20MB。

7. 加载以前版本的项目

- ↳ 当打开最小化的窗口时：选择在打开旧版本的工程时是打开为隐藏、打开为最小化，还是提示。
- ↳ 关闭"选项"对话框时提示保存：选择是否在保存参数设置时提示操作。
- ↳ 关闭时保存设置：设置是否在关闭 Origin 时自动保存参数设置。

2.2.10　"系统路径"选项卡

该选项卡用于显示文件的默认路径，如图 2.40 所示。单击"更改"按钮，打开"更改用户文件夹"[①]对话框，如图 2.41 所示，在"新用户文件夹"内修改默认路径。

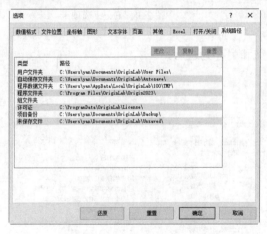

图 2.40　"系统路径"选项卡

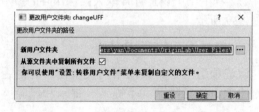

图 2.41　"更改用户文件夹"对话框

2.3　使用帮助系统

帮助系统是以查询为驱动的，Origin 2023 提供了强大、便捷的帮助系统，可以帮助用户快速了解 Origin 各项功能和操作方式。Origin 2023 一般使用在线帮助文档，这样可以帮助用户快速获取关于 Origin 2023 操作使用的帮助并查看在线培训和学习内容。

---

① 编辑注：此类对话框名称在正文中介绍时仅保留前面的中文，不再包括冒号及其后的英文，特殊情况除外，全书余同。

2.3.1 帮助文档

如果没有安装本地帮助文档，软件会自动勾选使用在线帮助文档，打开网页版的帮助文档；如果安装了本地帮助文档，则使用本地帮助文档进行自主学习。

【执行方式】

菜单栏：选择菜单栏中的"帮助"→Origin 命令。

【操作步骤】

执行上述命令，系统将弹出如图 2.42 所示的快捷菜单，选择帮助文档类型，显示相关的帮助文档。

选择"主帮助文档"命令，使用在线帮助文档，打开网页版的帮助文档，如图 2.43 所示。

图 2.42　快捷菜单

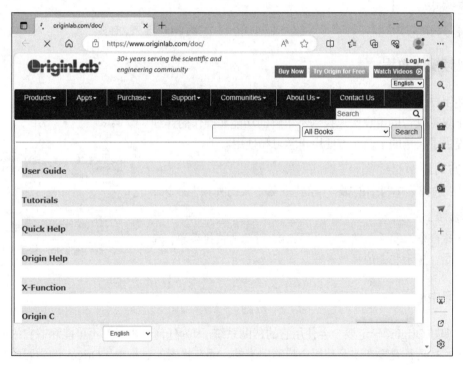

图 2.43　主帮助文档

2.3.2 Origin 演示数据

在 Origin 2023 自带的系统文件夹中存在大量不同用途的数据文件，方便大家学习时使用。

【执行方式】

菜单栏：选择菜单栏中的"帮助"→"打开文件夹"命令。

【操作步骤】

执行上述命令，系统将弹出如图 2.44 所示的快捷菜单，选择"示例文件夹"命令，打开示例文件夹（Samples 文件夹），其中存有大量的示例数据，如图 2.45 所示。

图 2.44　快捷菜单　　　　　　　　　　　图 2.45　示例文件夹

2.3.3　视频操作教程

为方便用户快速掌握 Origin 的操作，Origin 提供了丰富的视频教程，不仅可以帮助用户快速找到不了解的功能和操作的详细介绍，还提供了大量的示例，方便用户学习和使用。

【执行方式】

菜单栏：选择菜单栏中的 ❶ "帮助" → ❷ "入门视频" 命令。

【操作步骤】

执行上述命令，❸ 系统将弹出如图 2.46 所示的快捷菜单，选择相应的命令，显示相关的视频教程。

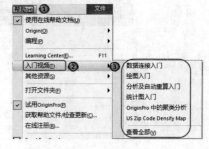

图 2.46　快捷菜单

2.3.4　学习中心

要想掌握好 Origin，一定要学会使用它的帮助系统，因为任何一本书都不可能涵盖它的所有内容，更多的命令、技巧都是要在实际使用中摸索出来的，而在摸索的过程中，Origin 的学习中心是必不可少的工具。

【执行方式】

↘ 菜单栏：选择菜单栏中的 "帮助" → Learning Center 命令。

↘ 快捷键：F11 键。

【操作步骤】

执行上述命令，系统将打开如图 2.47 所示的 Learning Center（学习中心）对话框，该对话框中包含 3 个选项卡：绘图示例、分析示例和学习资源，通过这 3 个选项卡可以快速调用绘图和分析实例模板。双击任一图片加载对应的绘图示例，最常用的是在搜索栏中根据关键词搜索。

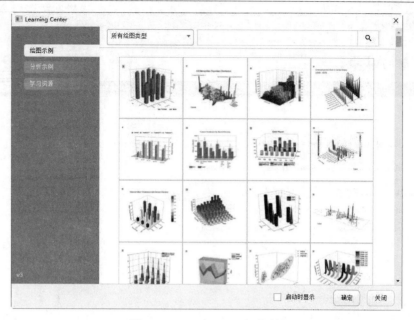

图 2.47 Learning Center 对话框

★重点 动手学——选择教程视频

【操作步骤】

（1）选择菜单栏中的"帮助"→Learning Center 命令，打开如图 2.48 所示的 Learning Center 对话框，①单击"学习资源"选项卡，显示 Origin 相关视频与教程。

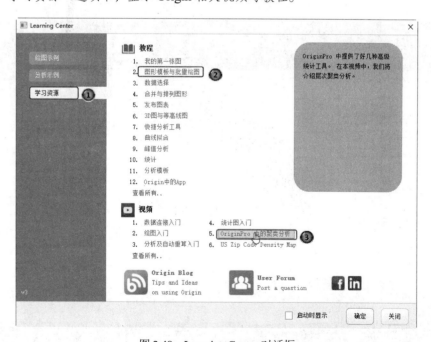

图 2.48 Learning Center 对话框

（2）②单击"教程"选项组下的"图形模板与批量绘图"选项，弹出在线帮助教程，如图 2.49 所示。③双击"视频"选项组下的"OriginPro 中的聚类分析"选项，弹出视频教程，如图 2.50 所示。

扫一扫，看视频

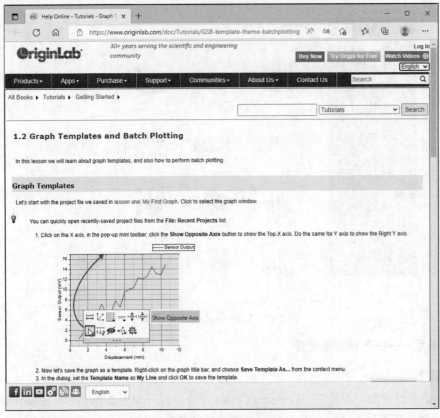

图 2.49　在线帮助教程

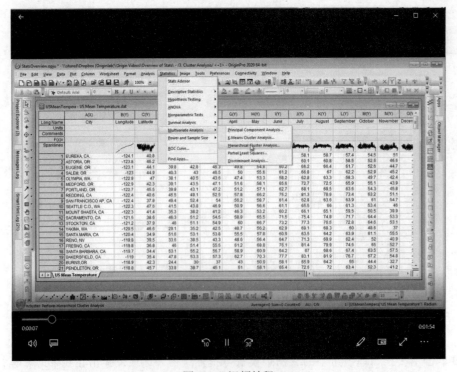

图 2.50　视频教程

第 3 章 Origin 文件管理

内容简介

本章详细阐述项目文件、目录文件夹和子窗口文件的定义并分别介绍如何进行文件管理，如文件的新建、打开、保存、删除等基本操作。

3.1 文件管理系统

Origin 2023 支持项目级别的文件管理，在一个项目文件中包括设计中生成的一切文件，放在一个项目文件中，这样非常便于文件的管理。Origin 2023 的"项目管理器"导航器提供了 3 种文件——项目文件、目录文件夹和设计时生成的窗口文件。下面简单介绍一下这 3 种文件类型。

1. 项目文件

一个项目文件类似于 Windows 系统中的"文件夹"，在项目文件中可以执行对文件的各种操作，如新建、打开、关闭、复制与删除等。图 3.1 所示为任意打开的一个.opju 项目文件。图中可以看出该项目文件包含了与整个设计相关的所有文件。

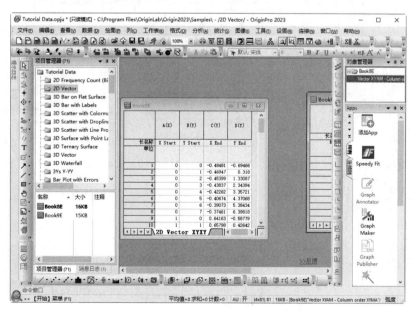

图 3.1　项目文件

2. 目录文件夹

目录文件夹只起到分类的作用。这样的创建方法有利于进行大型数据分析绘图的设计。

3. 窗口文件

Origin 是多窗口界面的应用程序，它将所有工作文件都保存在项目文件中，项目文件可以包含多个子窗口，如图像文件、工作簿文件等。各子窗口之间是相互关联的，可以实现数据的即时更新。设计时生成的窗口文件可以随项目文件一起存盘，也可以单独存盘，以便其他程序调用。需要注意的是，不同类型的窗口文件保存为不同的文件类型。

3.2　项目管理器

在 Origin 2023 中，项目管理器的作用是将一些相关的文件、数据、文档等集合起来，用图形与分类的方式进行管理。

3.2.1　项目管理器的组成

"项目管理器"导航器类似于资源管理器，显示出项目文件各部分名称以及它们之间的相互关系，如图 3.2 所示。项目管理器包含上、下两部分，❶上半部分以树形式显示整个项目文件及目录文件夹，❷下半部分以列表形式显示选中文件夹中的所有窗口文件，可以方便地切换各个窗口文件，如图 3.3 所示。

图 3.2　项目结构关系图

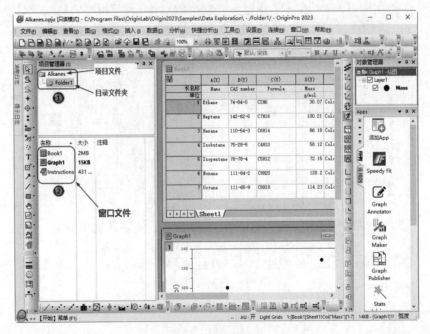

图 3.3　项目管理器

图中项目文件名称为 Alkanes，该项目文件下默认创建一个目录文件夹 Folder1，文件夹中包含工作簿文件 Book1、图像文件 Graph1、日志文件 Instructions1。

3.2.2 打开项目管理器

Origin 2023 通过项目管理器管理项目文件，包括设计中生成的一切文件。

【执行方式】

- ➥ 菜单栏：选择菜单栏中的"查看"→"项目管理器"命令。
- ➥ 工具栏：单击"标准"工具栏中的"项目管理器"按钮 。
- ➥ 快捷操作：单击用户界面左侧的"项目管理器"标签。
- ➥ 快捷键：Alt+1 组合键。

【操作步骤】

执行上述命令，系统会自动打开"项目管理器"导航器（若导航器已经打开，执行该命令将关闭导航器）。❶将鼠标指针放置在导航器标签上，❷自动显示导航器；若移开鼠标指针，导航器自动隐藏，如图 3.4 所示。

（a）　　　　　　　　　　　（b）

图 3.4　项目管理器的自动显示与隐藏

【选项说明】

导航器的右上角都有 3 个按钮，用于设置导航器的显示模式。

- ➥ ❶▼按钮：❷单击此按钮，弹出如图 3.5 所示的快捷菜单，用于选择导航器的各种显示方式，包括隐藏显示、自动隐藏显示、浮动显示和停靠显示等。
- ➥ 按钮：用于切换导航器的自动隐藏/禁用自动隐藏的显示方式。
- ➥ 按钮：用于关闭当前导航器。

3.2.3 文件图标管理

"项目管理器"下半部分显示窗口文件的图标，可以通过文件图标对窗口文件进行各种操作，如对文件进行排序，更改显示方式，紧凑视图，显示或隐藏导航窗格、详细信息窗格、预览窗格、文件扩展名、隐藏的项目。

图 3.5　快捷菜单

1. 图标显示格式

【执行方式】

快捷命令：右击，在弹出的快捷菜单中选择"查看"命令。

【操作步骤】

执行上述命令，系统会自动弹出如图 3.6 所示的快捷菜单，选择图标的显示方法，如图 3.7 所示。

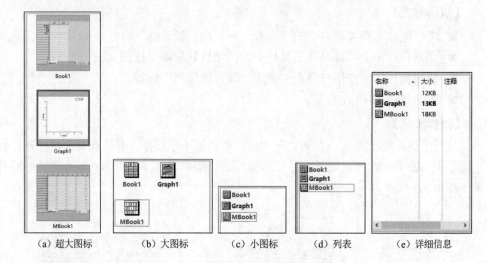

图 3.6　快捷菜单　　　　　　　　　　　　　图 3.7　文件的显示

（a）超大图标　　　（b）大图标　　　（c）小图标　　　（d）列表　　　（e）详细信息

2. 图标排列

【执行方式】

快捷命令：右击，在弹出的快捷菜单中选择"排列图标"命令。

【操作步骤】

执行上述命令，系统会自动弹出快捷菜单，显示图标的排列方法，包括按名称、按短名称、按类型、按大小、按视图、按修改时间、按创建时间、按从属、按长名称。

3.3　项目文件管理

项目文件类似于 Windows 系统中的"文件夹"，在项目文件中可以执行对文件的各种操作，如新建、打开、关闭、复制与删除等。

3.3.1　新建项目文件

当启动 Origin 时，软件会自动新建一个项目文件 UNTITLED，可以直接在该项目文件中进行设计，也可以再新建一个项目文件。

【执行方式】

➥ 菜单栏：选择菜单栏中的"文件"→"新建"→"项目"命令。

➥ 工具栏：单击"标准"工具栏中的"新建项目"按钮 ▯。

【操作步骤】

执行上述命令，关闭当前打开的项目文件，在系统根目录下自动新建了一个空白项目文件，该项目文件默认名称为 UNTITLED，该项目文件下默认创建一个目录文件夹 Folder1，该目录文件夹中自动带有一个工作簿文件 Book1，如图 3.8 所示。

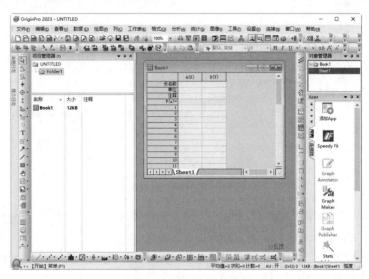

图 3.8　新建项目文件

3.3.2　打开项目文件

在 Origin 中，所有文件都是基于项目进行保存、编辑和管理的，因此在进行设计前，需要打开项目文件，然后再进行后续工作。

【执行方式】

- 菜单栏：选择菜单栏中的"文件"→"打开"命令。
- 工具栏：单击"标准"工具栏中的"打开"按钮 。
- 快捷键：Ctrl+O 组合键。

【操作步骤】

执行上述命令，系统将打开如图 3.9 所示的"打开"对话框。

【选项说明】

在"文件名"右侧的下拉列表框中可选择 Origin 文件、Origin 窗口、Origin 模板、ASCII 数据（*.dat，*.csv，*.txt）、记事本（*.txt）、编程（*.c，*.cpp，*.h，*.ogs）、图像（*bmp，*.gif，*.jpg，*.png，*.tif）几类文件格式。

（1）Origin 文件（*.opju，*.opj，*.og?，*.ot?）：存储所有数据的项目文件和窗口文件类型。Origin 2018 版中引入包含和 Unicode（UTF-8）兼容的文件类型，也就是说，旧版本非 Unicode 文件在后缀名中添加了 u 标识符。项目文件有两种，即非 Unicode 文件类型*.opj 和 Unicode 文件类型 *.opju。

（2）Origin 窗口（*.ogwu，*.oggu，*.ogmu）：打开工作簿（.ogw）、图形（.ogg）、矩阵（.ogm）等子窗口 Unicode 文件。

图 3.9　"打开"对话框

（3）Origin 窗口（*.ogw，*.ogg，*.ogm）：打开工作簿（.ogw）、图形（.ogg）、矩阵（.ogm）等子窗口非 Unicode 文件。

（4）Origin 模板（*.otpu，*.otwu，*.otmu）、Origin 模板（*.otp，*.otw，*.otm）：用于存储定制化数据处理和格式设置的一个集合[图（.otp）、工作表（.otw）、矩阵（.otm）]。

3.3.3　追加项目文件

追加项目文件是指将一个项目的文件添加到当前打开的项目中。

【执行方式】

- ↘ 菜单栏：选择菜单栏中的"文件"→"附加"命令。
- ↘ 快捷命令：右击，在弹出的快捷菜单中选择"追加项目"命令。

【操作步骤】

在"项目管理器"导航器中❶选择项目文件，执行上述命令，❷打开"打开"对话框，❸选择需要添加到项目中的文件，❹单击"打开"按钮，❺将文件添加到当前项目文件下，如图 3.10 所示。

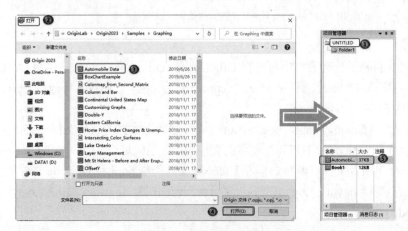

图 3.10　"打开"对话框

3.3.4 保存项目文件

项目文件只负责管理，在保存文件时，项目中各个文件是以单个文件的形式保存的。设计完毕或设计过程中都可以保存文件。

【执行方式】

- 菜单栏：选择菜单栏中的"文件"→"保存项目"命令。
- 工具栏：单击"标准"工具栏中的"保存项目"按钮 💾。
- 快捷键：Ctrl+S 组合键。

【操作步骤】

（1）执行上述命令，若文件已命名，则系统自动保存文件；若文件未命名（即为系统默认名 UNTITLED），❶则系统打开"另存为"对话框，如图 3.11 所示。❷用户可以在文件列表框中指定保存文件的路径，❸在"文件名"文本框中重新命名并保存，❹在"保存类型"下拉列表框中指定保存文件的类型*.opju，❺在"注释"文本框中为文件添加说明文字。

图 3.11 "另存为"对话框

（2）❻单击"保护项目"按钮，打开"密码"对话框，如图 3.12 所示，通过设置打开密码防止文件被盗。❼单击"隐藏文件夹"按钮，打开简单的"另存为"对话框，不显示文件浏览路径缩略图，如图 3.13 所示。

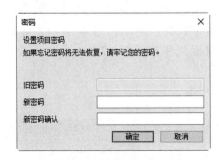

图 3.12 "密码"对话框

图 3.13 简单的"另存为"对话框

3.3.5　另存项目文件

已保存的项目也可以另存为新的文件名。

【执行方式】

菜单栏：选择菜单栏中的"文件"→"项目另存为"命令。

【操作步骤】

执行上述操作后，打开"另存为"对话框，将项目文件重命名并保存。项目文件名称有一定规则，具体如下：

（1）必须唯一，不允许重复命名。

（2）一般由字母和数字组成，可以用下划线，但不能包括空格，也不能是中文。

（3）必须以字母开头。

（4）不能有特殊字符，如!、@、%、&、*等。

（5）长度应适当控制，一般少于十几个字符。

3.4　目录文件夹管理

在 Origin 中，所有文件均是基于项目进行保存、编辑和管理的，但是项目文件下不能直接创建文件。项目文件中具有设计作用的文件按照一定规则分类保存在不同的文件夹下，这些文件夹称为目录文件夹。

3.4.1　新建目录文件夹

在进行目录文件夹操作前，需要新建一个项目文件，以方便对数据、图形的保存、后续修改等操作。目录文件夹里除了有文件，还可以放置文件夹。

【执行方式】

➷ 快捷命令：右击，在弹出的快捷菜单中选择"新建文件夹"命令。

➷ 工具栏：单击"标准"工具栏中的"新建文件夹"按钮 📄。

【操作步骤】

在"项目管理器"导航器上半部分选择项目文件，执行上述命令，在项目文件下一级创建一个文件夹，目录文件夹默认名称为 Folder2，此时文件夹进入编辑状态，如图 3.14 所示，可以直接对文件夹进行重命名。在空白处单击，放弃重命名操作，创建新文件夹 Folder2，结果如图 3.15 所示。

📢 提示：

　　选择创建的文件夹，在"项目管理器"导航器上右击，在弹出的快捷菜单中选择"重命名"命令，此时文件夹名称进入编辑状态，如图 3.14 所示。

在"项目管理器"导航器上半部分选择目录文件夹 Folder1，执行上述命令，在目录文件夹 Folder1 下一级创建一个文件夹，子目录文件夹默认名称为 Folder1，如图 3.16 所示。

图 3.14 编辑文件夹   图 3.15 新建目录文件夹   图 3.16 新建子目录文件夹

3.4.2 删除目录文件夹

删除目录文件夹不是只删除该文件夹一个对象，而是删除该文件夹及其中所有的文件和文件夹。

【执行方式】

➥ 快捷命令：右击，在弹出的快捷菜单中选择"删除文件夹"命令。

➥ 快捷键：Delete 键。

在"项目管理器"导航器上选择项目文件下的文件夹，执行上述命令，删除选中的文件夹。

3.4.3 保存为项目文件

在 Origin 中，目录文件夹也可以直接保存为项目文件。

【执行方式】

快捷命令：右击，在弹出的快捷菜单中选择"保存为项目文件"命令。

【操作步骤】

在"项目管理器"导航器上半部分❶选择文件夹，如图 3.17 所示，执行上述命令，❷打开"另存为"对话框，如图 3.18 所示，❸输入项目文件的文件名，❹单击"保存"按钮，❺将该文件夹及文件夹下的文件保存为项目，如图 3.19 所示。

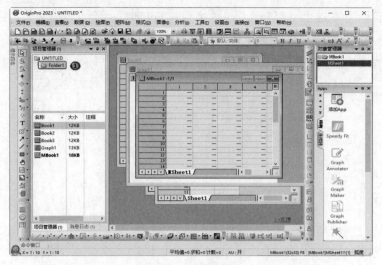

图 3.17　选择文件夹

图 3.18　"另存为"对话框

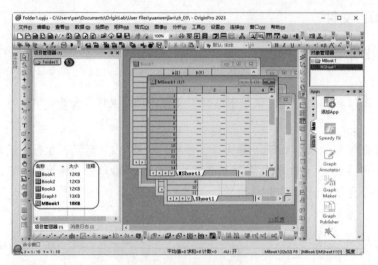

图 3.19　保存的项目文件

3.4.4　选择目录文件夹

文件夹是用来协助管理文件的，它提供了指向对应文件的路径地址。

在 Origin 中，"文件夹和窗口"工具栏提供专门的命令选择前后文件夹路径，如图 3.20 所示。

图 3.20　"文件夹和窗口"工具栏

下面简单介绍该工具栏中常用的按钮。

- ↴ 前一个文件夹 ◀：按照层次关系，跳转到当前文件夹的上一级文件夹。
- ↴ 后一个文件夹 ▶：按照层次关系，跳转到当前文件夹的下一级文件夹。
- ↴ 返回到上一个文件夹 ⬓：按照选择顺序，跳转到当前文件夹的前一个选择的文件夹。

★重点　动手学——新建项目文件

源文件：yuanwenjian\ch_03\RESOURCE.opju

扫一扫，看视频

本例讲解如何创建项目文件并按照功能对需要创建的文件进行分类，分别保存在不同的文件夹中。

【操作步骤】

（1）启动 Origin 2023，将鼠标指针放置在"项目管理器"导航器标签上，自动显示导航器，单击右上角的"禁用自动隐藏"按钮 ⬚，在工作区左侧固定显示"项目管理器"导航器。项目管理器中自动创建项目文件 UNTITLED，该项目文件下默认创建一个文件夹 Folder1，该文件夹中包含工作簿文件 Book1，如图 3.21 所示。

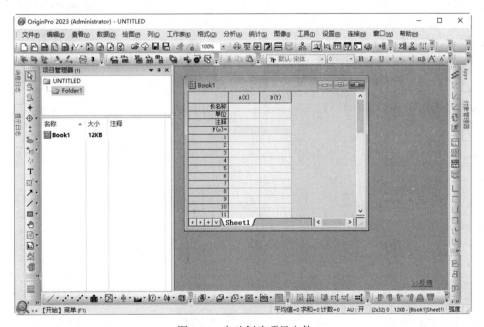

图 3.21　自动创建项目文件

（2）在"项目管理器"导航器上 ❶选中项目文件 UNTITLED，右击，❷在弹出的快捷菜单中选择"新建文件夹"命令，在项目文件 UNTITLED 下创建与文件夹 Folder1 同级的文件夹 Folder2，此时文件夹名称自动进入编辑状态，❸输入文件夹新名称 Water Design。使用同样的方法，❹继续创建同级的文件夹 XW Design、YC Design、ZS Design，如图 3.22 所示。

（3）在"项目管理器"导航器上❶选中项目文件 UNTITLED 下的文件夹 Folder1，右击，❷在弹出的快捷菜单中选择"重命名"命令，此时文件夹名称进入编辑状态，❸输入文件夹新名称 KS Design，如图 3.23 所示。

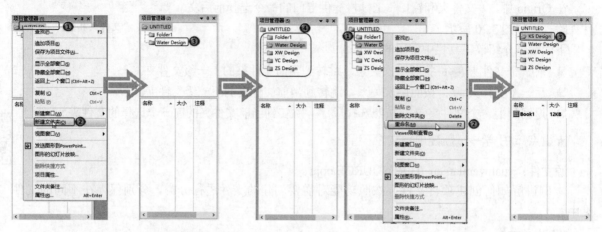

图 3.22　创建目录文件夹　　　　　　　　　　　　　　　　图 3.23　文件夹重命名

（4）选择菜单栏中的"文件"→"保存项目"命令，打开"另存为"对话框，在文件列表框中指定保存文件的路径，在"文件名"文本框内输入 RESOURCE，如图 3.24 所示，单击"保存"按钮，保存项目文件，如图 3.25 所示。

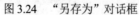

图 3.24　"另存为"对话框　　　　　　　　　　　　　图 3.25　保存项目文件

（5）选择菜单栏中的"文件"→"关闭"命令，关闭项目文件 RESOURCE.opju。此时，项目管理器中不是空白的，而是在系统根目录下自动新建了一个空白项目文件 UNTITLED，如图 3.26 所示。

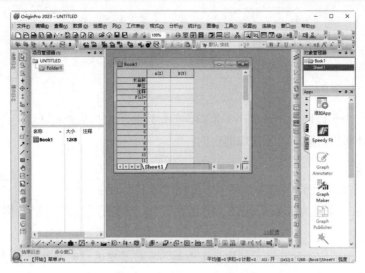

图 3.26 关闭项目文件

3.5 子窗口操作

在 Origin 中，窗口多用来查看、分析、赋值。工作区可以同时显示一个或多个不同类型的窗口，每个窗口被称为子窗口。

3.5.1 创建子窗口

在 Origin 中，包含不同的创建子窗口的命令，选择指定命令，直接在工作区创建浮动的子窗口。每次启动 Origin，用户界面默认打开一个 Book1 的工作表窗口，这个窗口是最基本的子窗口。

【执行方式】

➥ 菜单栏：选择菜单栏中的"文件"→"新建"命令，如图 3.27 所示。

➥ 工具栏：单击"标准"工具栏中的新建不同类型窗口的按钮，如图 3.28 所示。

➥ 快捷命令：在"项目管理器"导航器中右击，在弹出的快捷菜单中选择"新建窗口"命令，如图 3.29 所示。

图 3.27 菜单栏命令

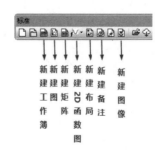

图 3.28 工具栏按钮

图 3.29 快捷菜单

【操作步骤】

执行上述命令，选择对应的子窗口命令，创建子窗口。

3.5.2 激活子窗口

在 Origin 工作区内可以同时打开多个子窗口，但是这些子窗口只能有一个处于激活状态，所有对子窗口的操作都是针对当前激活的子窗口而言的。

【执行方式】

- 快捷命令：右击，在弹出的快捷菜单中选择“激活”命令。
- 快捷操作：在工作区单击窗口或在“项目管理器”导航器中双击窗口名称。

【操作步骤】

默认情况下，工作区的子窗口按照“项目管理器”导航器中的排列顺序叠加显示，❶自动激活最后创建的子窗口，❷激活的子窗口边界会添加紫色边框，如图 3.30（a）所示。在“项目管理器”导航器中❸选择要激活的子窗口，❹执行上述命令[图 3.30（b）]，❺激活选中的子窗口，如图 3.30（c）所示。

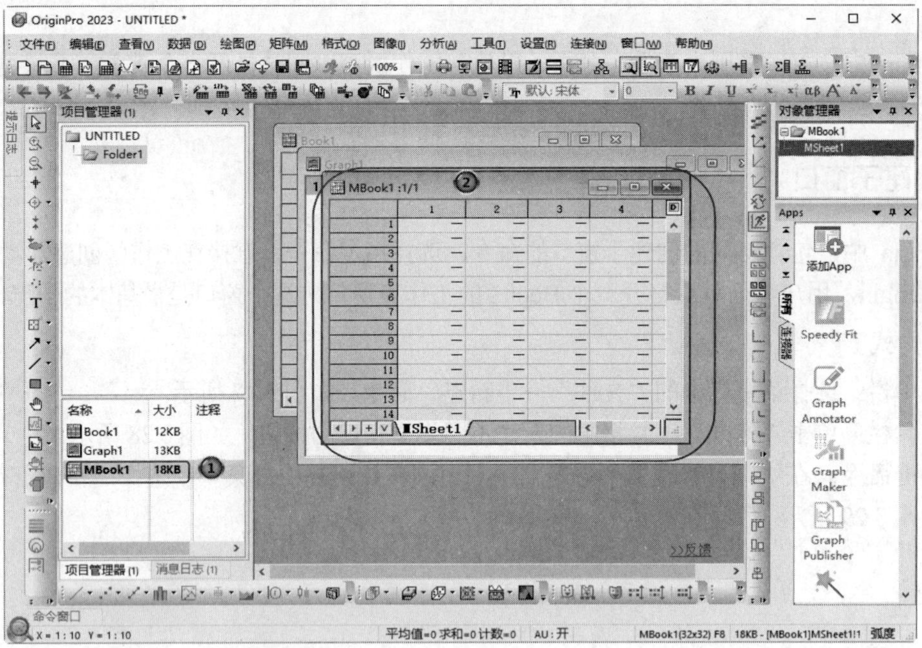

（a）

图 3.30 激活子窗口

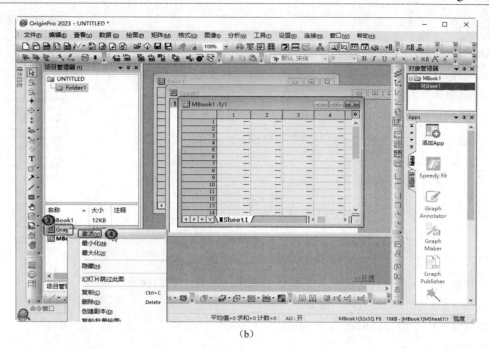

（b）

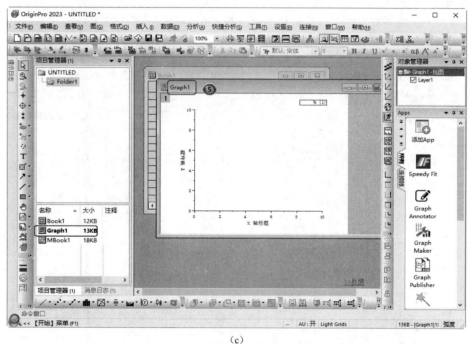

（c）

图 3.30（续）

激活子窗口后，将鼠标指针放置在窗口边框上，向内或向外拖动窗口边框即可改变窗口大小。

3.5.3　选择子窗口

在 Origin 中，对多个子窗口进行操作时，需要一次性选择多个窗口。

【执行方式】

❧ 快捷命令：右击，在弹出的快捷菜单中选择"选择全部窗口"命令。

❧ 快捷操作：在"项目管理器"导航器中按 Shift 键，依次选择窗口。

❧ 快捷键：Ctrl+A 组合键。

【操作步骤】

执行上述命令，选中所有的子窗口，如图 3.31 所示。

3.5.4 显示子窗口

一般情况下，新建的窗口文件在工作区以适当大小浮动显示，子窗口与所有文件一样，可以切换显示方式。

【执行方式】

❧ 快捷命令：在"项目管理器"导航器中右击，在弹出的快捷菜单中选择"最小化""最大化"命令。

❧ 快捷操作：单击窗口标题栏右上角的"最小化"按钮 、"最大化"按钮 。

图 3.31 选择所有的窗口

【操作步骤】

执行上述命令，实现窗口在工作区的最小化、最大化显示，如图 3.32 所示。

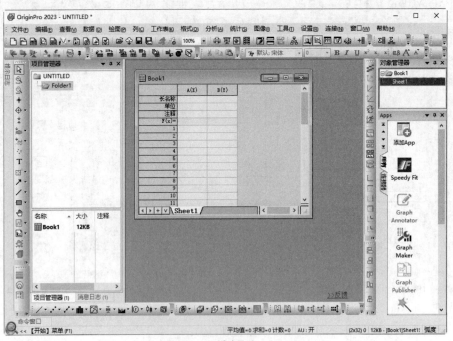

（a）浮动显示

图 3.32 窗口的显示方式

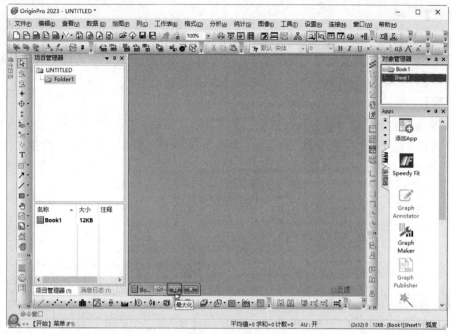

（b）最小化显示

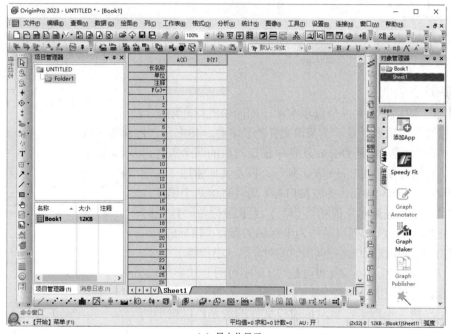

（c）最大化显示

图 3.32（续）

3.5.5　子窗口属性

子窗口属性是关于子窗口的一些描述性的信息，可以用来帮助查找和整理子窗口，这些属性未包含在窗口的实际内容中，而是提供了有关窗口文件的信息。

51

【执行方式】

→ 菜单栏：选择菜单栏中的"文件"→"属性"命令。

→ 快捷命令：在"项目管理器"导航器中右击，在弹出的快捷菜单中选择"属性"命令。

→ 快捷键：Alt+Enter 组合键。

【操作步骤】

执行上述命令，打开"窗口属性"对话框，主要显示该窗口文件的基本信息，如图 3.33 所示。单击"文件夹"按钮，打开"文件夹属性"对话框，如图 3.34 所示，显示该窗口文件所在文件夹的属性。单击"窗口"按钮，返回"窗口属性"对话框。

图 3.33 "窗口属性"对话框

图 3.34 "文件夹属性"对话框

【选项说明】

"窗口属性"对话框包含 3 个选项卡，下面简单进行介绍。

（1）"属性"选项卡：显示该窗口文件的长名称、短名称、注释等参数。

"长名称"与"短名称"是 Origin 软件中窗口对象的两个属性，除工作簿外，其他对象（如 Sheet 表、列等）以及其他窗口（如矩阵窗口、图形窗口、布局窗口、备注窗口等）均具有这两个属性。

长名称用于详细描述对象的相关信息，无长度限制。绘图时如果某列的长名称不为空，则自动作为坐标轴的标目（轴标题）。短名称是程序内部调用或用户编程调用时的对象名（小于等于 17 个字符），只能用字母开头的英文（可含数字），不可用非法字符[汉字、全角、运算符保留字（如+、-、*、/、%、^）等]。

（2）"用户树"选项卡：显示该窗口文件的关系，以树形结构显示。

（3）"信息"选项卡：显示该窗口文件的类型、大小、创建时间、位置等基本信息，如图 3.35 所示。

图 3.35 "信息"选项卡

3.5.6 重命名子窗口

创建的子窗口都有其默认名称，在进行项目设计时，需要根据数据的目的修改子窗口名称，这种操作可以更好地显示子窗口的设计意图。

【执行方式】

⬋ 快捷操作：在"项目管理器"导航器中两次单击窗口名称，或者在窗口名称上右击，在弹出的快捷菜单中选择"重命名"命令。

⬋ 快捷键：F2 键。

【操作步骤】

在"项目管理器"导航器中选中子窗口，执行上述命令，①进入编辑状态[图 3.36（a）]，②直接输入文件新名称[图 3.36（b）]，输入完毕后，按 Enter 键或在空白处单击，③结束重命名，如图 3.36（c）所示。

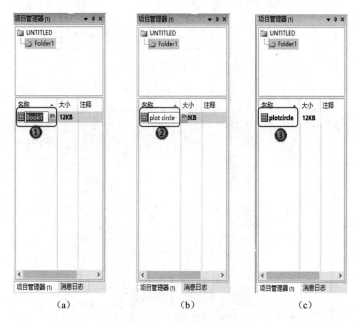

图 3.36 重命名子窗口

★重点 动手学——新建窗口文件

源文件：yuanwenjian\ch_03\RESOURCE.opju

本例讲解如何在项目文件中创建不同用途的窗口文件。

扫一扫，看视频

【操作步骤】

（1）选择菜单栏中的"文件"→"打开"命令，打开"打开"对话框，在文件列表框中单击选择文件的路径，在"文件名"文本框内显示文件名称 RESOURCE，将该文件选中，如图 3.37 所示，单击"打开"按钮，打开项目文件 RESOURCE.opju，在 KS Design 目录文件夹下显示默认创建的空白工作簿文件 Book1，如图 3.38 所示。

（2）在"项目管理器"导航器上半部分①选择 Water Design，②单击"标准"工具栏中的"新建工作簿"按钮 ，在"项目管理器"导航器下半部分③添加空白工作簿文件 Book2，④同时在工作区中显示浮动的活动窗口，如图 3.39 所示。

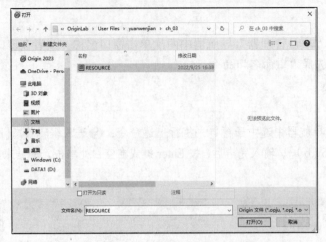

图 3.37　"打开"对话框

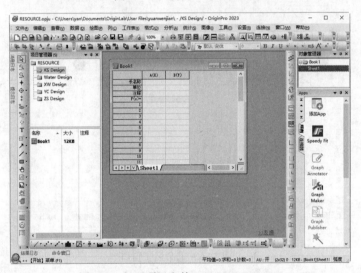

图 3.38　打开项目文件 RESOURCE.opju

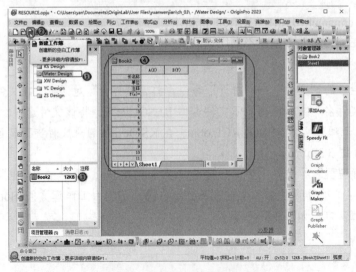

图 3.39　新建工作簿窗口文件

（3）在"项目管理器"导航器中右击，在弹出的快捷菜单中选择"新建窗口"命令，在弹出的子菜单中分别选择"图""矩阵""备注""布局"命令，分别新建图形文件、矩阵文件、备注文件、布局文件，如图 3.40 所示。

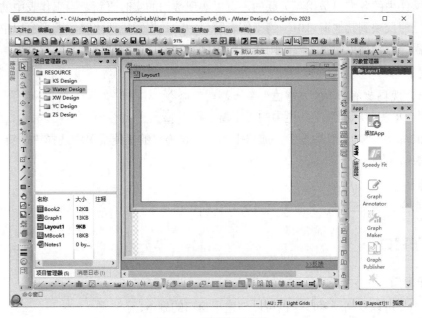

图 3.40　新建窗口文件

（4）在"项目管理器"导航器中选中工作簿文件 Book2，右击，在弹出的快捷菜单中选择"重命名"命令，直接输入文件新名称 target，双击该文件图标，激活该窗口并将该窗口文件置为当前，如图 3.41 所示。

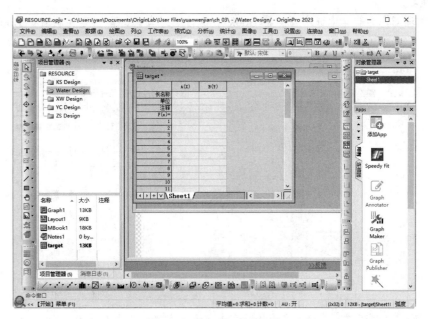

图 3.41　重命名工作簿文件

（5）单击"标准"工具栏中的"保存项目"按钮，保存项目文件。

3.5.7 刷新子窗口

一个项目文件中的各窗口是相互关联的，可以实现数据的实时更新。当工作表中的数据被改动之后，其变化能立即反映到其他窗口中，当工作表窗口中的数据发生变化时，图形窗口中所绘数据点可以立即得到更新。若数据更新不及时，则需要使用刷新功能，使数据信息立即得到更新。

【执行方式】

➥ 菜单栏：选择菜单栏中的"窗口"→"刷新"命令。
➥ 工具栏：单击"标准"工具栏中的"刷新"按钮 ✎。
➥ 快捷命令：在"项目管理器"导航器中右击，在弹出的快捷菜单中选择"刷新"命令。
➥ 快捷键：F5 键。

【操作步骤】

执行上述命令，刷新窗口，更新窗口中的数据及绘图结果。

3.5.8 复制子窗口

1. 复制子窗口

在 Origin 中，可以复制子窗口，也可以创建子窗口的副本。

【执行方式】

➥ 工具栏：单击"标准"工具栏中的"复制当前窗口"按钮 ▤。
➥ 快捷命令：在"项目管理器"导航器中右击，在弹出的快捷菜单中选择"复制""粘贴"命令。

【操作步骤】

在"项目管理器"导航器中选中窗口❶Book1，执行上述命令，❷创建复制窗口 Book2，如图 3.42 所示。

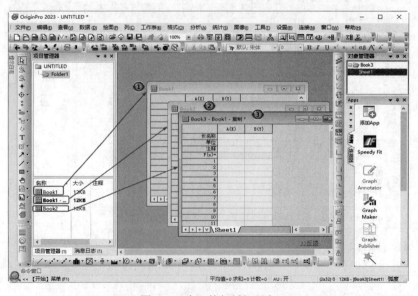

图 3.42　窗口的复制与副本

2．创建子窗口的副本

【执行方式】

➥ 菜单栏：选择菜单栏中的"窗口"→"创建副本"命令。

➥ 快捷命令：在"项目管理器"导航器中右击，在弹出的快捷菜单中选择"创建副本"命令。

【操作步骤】

在"项目管理器"导航器中选中窗口 Book1，执行上述命令，❸创建选中窗口的副本 Book3 - Book1 - 复制，如图 3.42 所示。

3.5.9 排列子窗口

当在 Origin 中同时打开多个窗口时，窗口层叠排列，如图 3.43 所示。可以通过设置将这些窗口按照不同的方式排列。最简单的排列方法为横向排列与纵向排列。

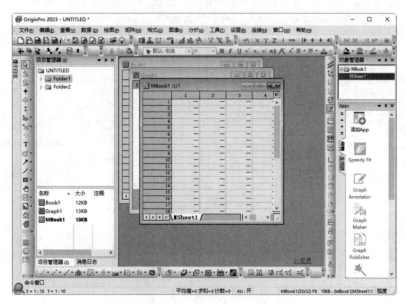

图 3.43 多个子窗口显示

1．横向平铺

【执行方式】

菜单栏：选择菜单栏中的"窗口"→"横向平铺"命令。

【操作步骤】

执行上述命令，即可将当前打开的所有窗口水平平铺显示，如图 3.44 所示。

2．纵向平铺

【执行方式】

菜单栏：选择菜单栏中的"窗口"→"纵向平铺"命令。

【操作步骤】

执行上述命令，即可将当前打开的所有窗口垂直平铺显示，如图 3.45 所示。

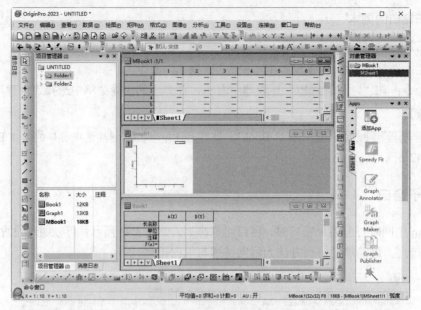

图3.44　横向平铺窗口

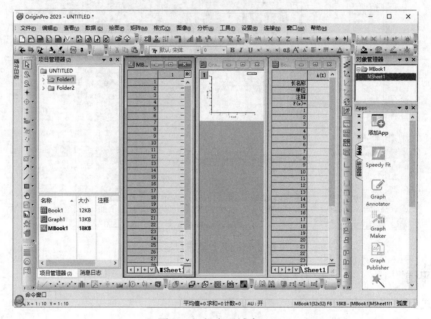

图3.45　纵向平铺窗口

3．排列窗口

【执行方式】

菜单栏：选择菜单栏中的"窗口"→"排列窗口"命令。

【操作步骤】

执行上述命令，打开"排列窗口"对话框，可以更详细地设置窗口的排列方式，如图3.46所示。

【选项说明】

在"排列窗口"对话框中可以选择根据主题或指定顺序排列窗口，下面介绍该对话框中的常用选项。

（1）列：默认排列1列窗口，取消勾选"自动"复选框，设置窗口排列的列数。

（2）排列顺序：指定窗口排列依据，包括按窗口激活顺序、按项目管理器的顺序、按窗口名称升序和按窗口名称降序。

（3）方向：选择排列优先方向，包括水平方向优先和垂直方向优先。

（4）竖直方向窗口重叠：勾选该复选框，激活"偏移值（标题栏高度=10）"文本框，如图3.47所示，设置竖直方向重叠窗口的偏移值。

（5）包括最小化的窗口：勾选该复选框，进行排列的窗口中包括最小化的窗口。

图3.46 "排列窗口"对话框　　　　图3.47 激活"偏移值（标题栏高度=10）"文本框

扫一扫，看视频

★重点 动手练——窗口排列

Origin 中包含示例文件，用于帮助用户进行学习，本例打开教程项目文件，演示窗口文件的排列方法。

【操作提示】

（1）选择"帮助"→"打开文件夹"→"示例文件夹"命令，打开 sample 文件夹，打开项目文件 Tutorial Data.opju。

（2）选择不同文件夹，执行横向平铺、纵向平铺操作。

（3）利用"排列窗口"命令，选择不同的排列顺序、排列方向，显示不同的结果。

3.5.10　隐藏子窗口

为了防止误删窗口文件，可以在工作区中隐藏不常用的子窗口。

【执行方式】

快捷命令：在"项目管理器"导航器中右击，在弹出的快捷菜单中选择"隐藏"命令。

【操作步骤】

（1）在"项目管理器"导航器中选中窗口，执行上述命令，在工作区中隐藏选中的窗口，如图3.48所示。此时，"项目管理器"导航器中隐藏的文件图标虚化。

（2）在"项目管理器"导航器中选中隐藏的文件图标，右击，在弹出的快捷菜单中选择"显示"命令，显示上一步隐藏的窗口，结果如图3.49所示。

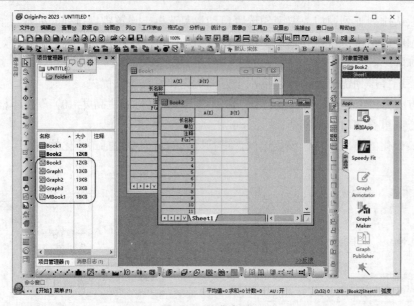

图 3.48　隐藏窗口

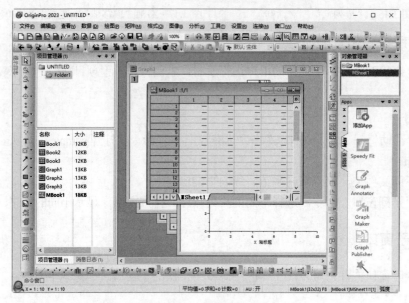

图 3.49　显示窗口

3.5.11　删除子窗口

在 Origin 中，子窗口的删除操作是不可撤销的，因此该命令应慎用。

【执行方式】

❧　快捷命令：在"项目管理器"导航器中右击，在弹出的快捷菜单中选择"删除"命令。

❧　快捷键：Delete 键。

【操作步骤】

执行上述命令，删除选中的子窗口文件。

3.5.12　保存子窗口

一般情况下，子窗口不是独立存在的，而是封装保存在项目文件中的。若有特殊要求，可以将子窗口保存为文件，使其独立存在。

【执行方式】

➥ 菜单栏：选择菜单栏中的"文件"→"将窗口另存为"命令。

➥ 快捷命令：在"项目管理器"导航器右击，在弹出的快捷菜单中选择"另存为"命令。

【操作步骤】

执行上述命令，打开"保存窗口为"对话框，可以将图形窗口、工作簿窗口或矩阵窗口保存为文件，如图 3.50 所示。

图 3.50　"保存窗口为"对话框

★重点 动手学——保存窗口文件

源文件：yuanwenjian\ch_03\RESOURCE.opju
本例演示如何在项目文件中保存窗口文件。

扫一扫，看视频

【操作步骤】

（1）选择菜单栏中的"文件"→"打开"命令，打开"打开"对话框，打开项目文件 RESOURCE.opju。

（2）在"项目管理器"导航器中选中图形文件 Graph1，右击，在弹出的快捷菜单中选择"重命名"命令，直接输入文件新名称 2DPlot，双击该文件图标，激活该窗口并将该窗口文件置为当前，如图 3.51 所示。

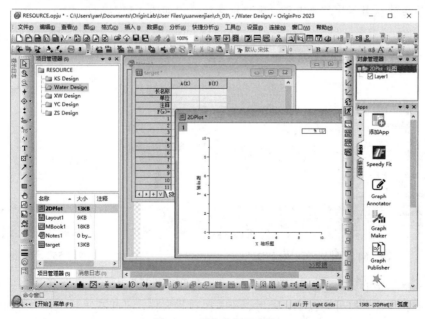

图 3.51　重命名图形文件

（3）在"项目管理器"导航器中选择图形文件 2DPlot，右击，在弹出的快捷菜单中选择 Save As（另存为）命令，打开"保存窗口为"对话框，单击"文件路径"文本框右侧的 ⋯ 按钮，打开 Save As（另存为）对话框，选择文件路径，如图 3.52 所示。单击"保存"按钮，关闭该对话框，返回"保存窗口为"对话框，在"窗口注释"文本框内输入"二维图形绘制"，其余参数选择默认，如图 3.53 所示，单击"确定"按钮，关闭该对话框。

图 3.52　Save As（另存为）对话框　　　　　　图 3.53　"保存窗口为"对话框

（4）在"项目管理器"导航器中选择工作簿文件 target，右击，在弹出的快捷菜单中选择"另存为"命令，打开"保存窗口为"对话框，单击"文件路径"文本框右侧的 ⋯ 按钮，打开 Save As（另存为）对话框，选择文件路径。单击"保存"按钮，关闭该对话框，返回"保存窗口为"对话框，在"窗口注释"文本框内输入"指标数据"，其余参数选择默认，如图 3.54 所示，单击"确定"按钮，关闭该对话框。

（5）在"项目管理器"导航器中显示窗口保存结果，如图 3.55 所示。

图 3.54　"保存窗口为"对话框　　　　　　图 3.55　保存结果

（6）选择菜单栏中的"文件"→"打开"命令，打开"打开"对话框，如图 3.56 所示，选择打开图形文件 2DPlot。单击"打开"按钮，此时，不关闭项目文件，直接在项目文件中打开图形文件，如图 3.57 所示。

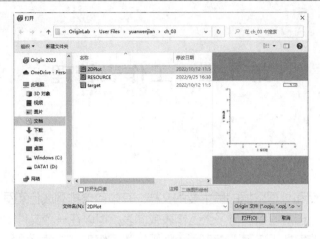

图 3.56 "打开"对话框

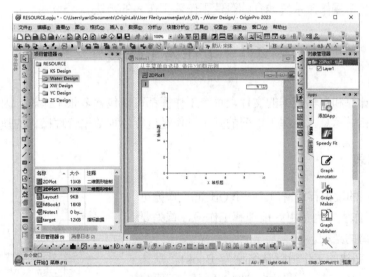

图 3.57 打开图形文件

（7）单击"标准"工具栏中的"保存项目"按钮，保存该项目文件。

（8）选择菜单栏中的"文件"→"关闭"命令，关闭项目文件 RESOURCE.opju。此时，项目管理器中不是空白的，而是在系统根目录下自动新建了一个空白项目文件 UNTITLED。

（9）选择菜单栏中的"文件"→"打开"命令，打开"打开"对话框，选择打开工作簿文件 target。单击"打开"按钮，此时不关闭项目文件，直接在默认项目文件中打开工作簿文件，如图 3.58 所示。

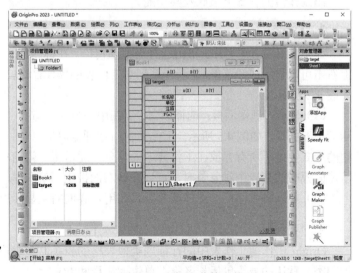

图 3.58 打开工作簿文件

第 4 章　工作表管理

内容简介

工作表是 Origin 存储和处理数据的最主要的文档，其中包含排列成行和列的单元格。工作簿是存储数据的文件，每一个工作簿可以包含多张工作表或图表，可以在一个文件中管理各种类型的数据。

Origin 的工作表主要包括工作簿工作表、矩阵工作簿工作表。本章将详细介绍所有工作簿中工作表的创建、保存等基本操作，系统地介绍管理工作簿工作表的方法。

4.1　工作簿工作表

工作簿是用来计算和存储数据的文件，每个工作簿都可以包含多张工作表，因此可以在单个文件中管理各种类型的相关信息。掌握工作簿的基本操作是进行各种数据管理操作的基础。

4.1.1　认识工作表

工作簿是最常用的数据存放窗口。一个 Origin 工作簿可以容纳 1～255 张工作表。为了更好地理解工作簿，首先要充分了解工作簿窗口的结构。

在 Origin 中，新建的工作簿默认名称为 Book1，默认包含一张工作表 Sheet1，其工作界面如图 4.1 所示。下面简单介绍工作簿的各部分组成及其功能。

1. 标题栏

显示长名称、短名称。单击选择可拖动窗口。在标题栏上右击可以显示快捷菜单，显示一系列对工作表的操作命令，如图 4.2 所示。

（1）显示管理器面板：选择该命令，在用户界面下方显示管理器面板，如图 4.3 所示。工作簿窗口管理器以树形结

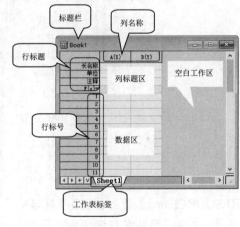

图 4.1　工作簿的组成

构的形式提供了所有存放在工作簿中的信息。通常工作簿窗口管理器由左、右面板组成。当用户选择了左面板中的某一个对象❶时，可以在❷右面板中了解和编辑该对象。

（2）显示脚本面板：选择该命令，在用户界面右侧显示脚本面板，如图 4.4 所示。

2. 行标题

Origin 工作簿工作表中的行标题类似表格的表头，是表格的开头部分，用于对一些问题的性质进行归类。默认的表头包括长名称、单位、注释和 F(x)。

图 4.2 标题栏快捷菜单

图 4.3 显示管理器面板

（1）长名称。列的名称包括长名称和短名称，短名称即显示在列头上的名字；长名称是对列的详细表述，相当于标题。短名称是必需的，长名称是可选的；短名称有 17 个字符的限制，长名称的长度没有限制，绘图时如果有长名称，就会自动作为坐标轴名称。

（2）单位。列数据的单位，与长名称一起自动成为坐标轴的标题。例如，A 列定义为自变量 X，长名称为 Time，单位为 sec，则绘图时 x 轴坐标显示为 Time（sec）。

（3）注释。对数据的注释，直接输入即可。如果需要多行，可以在行尾按 Ctrl+Enter 组合键换行，绘图时会以注释第一行作为图例。

以上各项除了打开显示输入外，也可以单击某行，右击并选择相应的快捷命令进行设置。选择"视图"命令，打开子菜单，如图 4.5 所示，可以打开或关闭工作表各种行标题（表头）的显示，包括默认选项和扩展选项。

❧ 分页预览线：以蓝色边框显示数据区边界，如图 4.6 所示。

❧ 迷你图：用于在表格中预览各列数据的曲线特征。

❧ 用户参数：主要保存实验的具体参数（如温度、压力、波长、反应时间等）。

❧ 采样间隔：在某些情况下，通过实验获得的数据量非常大，这时就需要设置采样间隔，以减少数据量。这也是在工作表中设置相同 X 增量的快速方法。

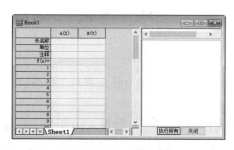

图 4.4 显示脚本面板

图 4.5 "视图"子菜单

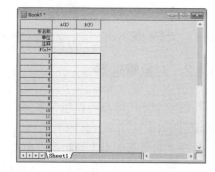

图 4.6 显示分页预览线

3. 列名称

显示列标题与绘图属性。默认情况下，表格的列标签区域隐藏了一些标签，如长名称、单位、注释、F(x)以及迷你图。

4. 列标题区

填写 X、Y 轴标题（单位），注释，参数，F(x)公式，迷你图等。

5. 行标号

显示工作表数据表格行的编号，从 1 开始。

6. 数据区

显示输入数据的数据区域。

7. 工作表标签

右击工作表标签（如 Sheet1），通过快捷命令可以创建副本、插入新表、插入图表等；拖动标签可以调节顺序；双击标签可以修改名称。

★重点 动手学——设置工作表的工作界面

本例以显示迷你图为例，演示工作界面的设置。

扫一扫，看视频

【操作步骤】

（1）在工作簿窗口标题栏上右击，在弹出的快捷菜单中选择"视图"→"迷你图"命令，如图 4.7 所示，在工作表表头中添加"迷你图"行，如图 4.8 所示。

（2）在工作表"迷你图"标签上右击，在弹出的快捷菜单中选择"隐藏"命令，隐藏迷你图，结果如图 4.9 所示。

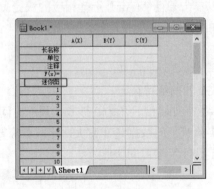

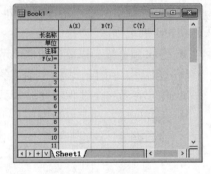

图 4.7　选择快捷命令　　　　　图 4.8　显示迷你图　　　　　图 4.9　隐藏迷你图

4.1.2　对象管理器

每一个工作簿都可以包含多张工作表，管理多种类型的数据，可以通过对象管理器对工作表进行管理。

在"对象管理器"导航器上单击选择工作表 Sheet1，自动弹出浮动工具栏，如图 4.10 所示。单击工具栏底部的"…"按钮，打开"自定义浮动工具栏"对话框，如图 4.11 所示。在该对话框显示按钮图标与按钮名称，同时可以控制全部或指定操作按钮的显示或隐藏。

在"对象管理器"导航器中选择工作表标签 Sheet1，右击，弹出如图 4.12 所示的快捷菜单，可以进行将工作表作为一个整体的操作，即工作表的添加、删除、移动、复制、命名等。

<table>
<tr><td>图 4.10　浮动工具栏</td><td>图 4.11　"自定义浮动工具栏"对话框</td><td>图 4.12　快捷菜单</td></tr>
</table>

4.1.3　创建工作簿

工作表工作簿是 Origin 最基本的一种工作簿，有两种常用的创建方法，一种是直接创建，另一种是使用模板创建。

1．直接创建

【执行方式】

↘ 工具栏：选择"标准"工具栏中的"新建工作簿"按钮 ▥。

↘ 快捷命令：在"项目管理器"中右击，在弹出的快捷菜单中选择"新建窗口"→"工作表"命令。

【操作步骤】

执行上述命令，系统将直接在工作区创建工作表工作簿窗口 Book2（默认已经创建工作表文件 Book1），如图 4.13 所示。

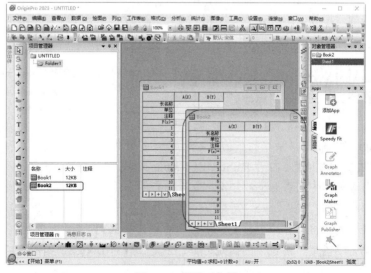

图 4.13　新建工作簿

2. 使用模板创建

Origin 2023 提供了一些应用模板，这些模板是已经设置好格式的工作簿，打开这些应用模板可以直接使用模板中设置的各种格式。

【执行方式】

菜单栏：选择菜单栏中的"文件"→"工作簿"→"构造"命令。

【操作步骤】

执行上述命令，系统将打开如图 4.14 所示的"新建工作表"对话框。

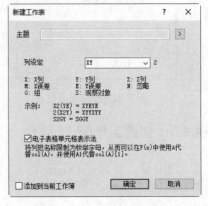

- ↘ 列设定：选择模板中的列设置参数，包括 XY、XYE、WNE、XYZ、SGy、S2Gy、X2(YE)、2(X2Y)。
- ↘ 电子表格单元格表示法：在 Excel 电子表格中，A1 表示第 A 列第 1 行的单元格；在 Origin 中，col(A)[1] 表示第 A 列第 1 行的单元格。勾选该复选框，使用 A1 代替 col(A)[1]。
- ↘ 添加到当前工作簿：勾选该复选框，将设置的模板应用到当前工作簿中。

图 4.14　"新建工作表"对话框

4.1.4　重命名工作簿

【执行方式】

- ↘ 菜单栏：选择菜单栏中的"格式"→"工作簿"命令。
- ↘ 快捷键：Alt+Enter 组合键。

【操作步骤】

执行上述命令，系统将打开如图 4.15 所示的"窗口属性"对话框，自动激活"属性"选项卡下的"长名称"文本框，输入工作簿窗口文件的长名称。

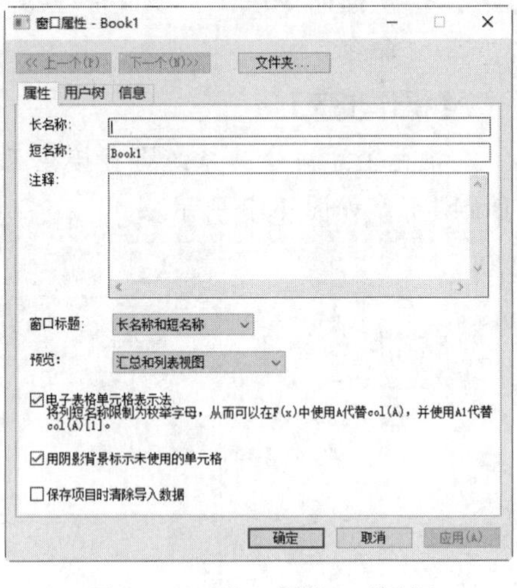

★**重点 动手学——新建工作簿**

源文件：yuanwenjian\ch_04\ RESOURCE.opju
本例演示工作簿文件的创建与重命名等基本操作。

【操作步骤】

（1）启动 Origin 2023，选择菜单栏中的"文件"→"打开"命令，系统打开"打开"对话框，打开 RESOURCE.opju 文件，在"项目管理器"导航器中双击 target 文件，激活该文件。

图 4.15　"窗口属性"对话框

（2）选择菜单栏中的"文件"→"新建"→"工作簿"→"构造"命令，系统将打开如图 4.16 所示的"新建工作表"对话框，在"列设定"下拉列表中选择 XYE 选项，表示创建包含 X、Y、E 3 列的工作簿模板，单击"确定"按钮，关闭对话框，创建工作簿 Book2，如图 4.17 所示。

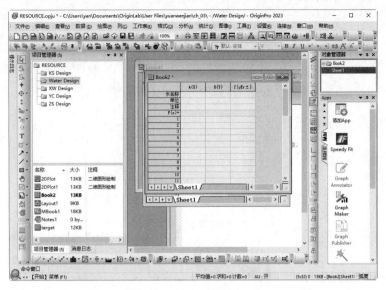

图 4.16 "新建工作表"对话框

图 4.17 创建工作簿 Book2

（3）选择菜单栏中的"格式"→"工作簿"命令，系统将打开"窗口属性"对话框，如图 4.18 所示，自动激活"属性"选项卡下的"长名称"文本框，输入 rasing_rate。单击"确定"按钮，关闭对话框，对工作簿 Book2 进行重命名，结果如图 4.19 所示。

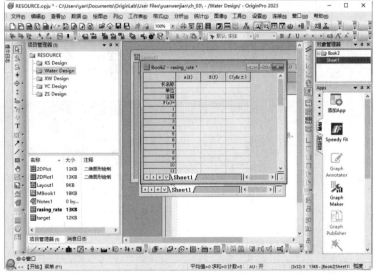

图 4.18 "窗口属性"对话框

图 4.19 工作簿文件

（4）在"项目管理器"导航器下半部分选择 rasing_rate，按下鼠标左键将其拖动到上半部分 XW Design 中，如图 4.20 所示，松开鼠标左键，将其从 Water Design 目录文件夹下移动到 XW Design 中，结果如图 4.21 所示。

（5）单击"标准"工具栏中的"保存项目"按钮 ，保存项目文件。

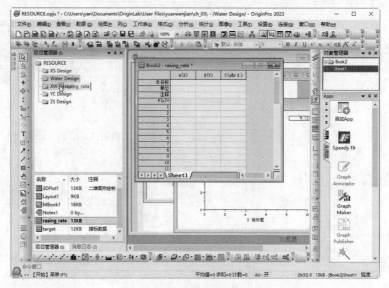

图 4.20　拖动工作簿

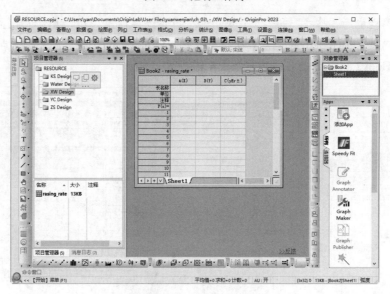

图 4.21　拖动结果

4.1.5　拆分工作簿

每一张工作表可以存放 1000000 行和 10000 列的数据。每个项目包含的工作簿数量是没有限制的，因此可以在一个项目中管理数量巨大的实验数据。

对于包含多张工作表的工作簿窗口，可以根据指定的方法将工作簿拆分为多个单页工作簿。

【执行方式】

菜单栏：选择菜单栏中的"工作表"→"拆分工作簿"命令。

【操作步骤】

执行上述命令，系统将打开如图 4.22 所示的"拆分工作簿"

图 4.22　"拆分工作簿"对话框

对话框，将多页工作簿拆分为多个单页工作簿。

【选项说明】

（1）拆分：在该下拉列表中选择要拆分的工作簿对象，包括当前工作簿、当前文件夹中的所有工作簿、当前文件夹中的所有工作簿（包括子文件夹）、当前文件夹中的所有工作簿（打开的）、当前项目中所有工作簿。

（2）拆分模式：文件拆分模式，包括复制、拖曳，结果如图 4.23 所示。

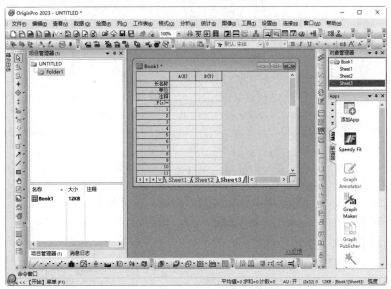

（a）单工作表工作簿

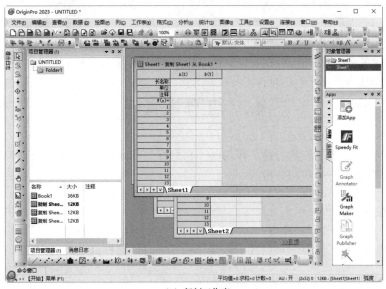

（b）复制工作表

图 4.23　拆分工作簿

（c）拖曳工作表

图 4.23（续）

（3）保留原工作簿：勾选该复选框，保留拆分前的多页工作簿。

（4）使用工作表名称命名工作簿：勾选该复选框，使用给定工作表的名称对新建的单页工作簿进行命名。

（5）匹配选项：单击该选项左侧的"+"号，展开该选项，对符合匹配条件的工作簿进行拆分，如图 4.24 所示。

❧ 关键字搜索范围：选择需要搜索的文本对象，默认选择"无"。

❧ 关键字：在该文本框内输入关键字，通过在工作簿长名称、工作簿短名称、工作簿注释中搜索。

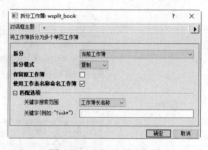

图 4.24　展开匹配选项

4.2　工作表管理

工作表通常也被称为电子表格，是工作簿的一部分。工作表由若干排列成行和列的单元格组成，使用工作表可以对数据进行组织和分析。

4.2.1　插入工作表

在默认情况下，每个工作簿中只包含 1 张工作表 Sheet1。根据需要，用户可以在一个工作簿中插入多张工作表。

【执行方式】

❧ 快捷操作：单击工作表标签左侧的"添加工作表"按钮⊞，如图 4.25 所示。

❧ 快捷命令：在工作表标签上右击，在弹出的快捷菜单中选择"插入""添加"命令，如图 4.26 所示。

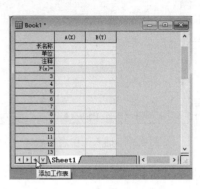

图 4.25 "添加工作表"按钮

图 4.26 选择"插入""添加"命令

【操作步骤】

执行上述命令即可在当前活动工作表（左）右侧插入一张新的工作表。新工作表的名称依据活动工作簿中工作表的数量自动命名为 Sheet2。

★重点 动手学——创建多张工作表

源文件： yuanwenjian\ch_04\RESOURCE.opju
本例演示在工作簿文件中创建多张不同的工作表。

扫一扫，看视频

【操作步骤】

（1）启动 Origin 2023，选择菜单栏中的"文件"→"打开"命令，系统打开"打开"对话框，打开 RESOURCE.opju 文件，在"项目管理器"导航器中双击 target 文件，激活该文件下的工作表 Sheet1。

（2）在工作簿窗口标题栏上右击，弹出快捷菜单，选择"视图"→"采样间隔""迷你图""筛选器"命令，在工作表表头中添加"采样间隔""迷你图""筛选器"行，如图 4.27 所示。

（3）单击工作表标签左侧的"添加工作表"按钮 ，在当前活动工作表右侧插入一张新的工作表 Sheet2，如图 4.28 所示。

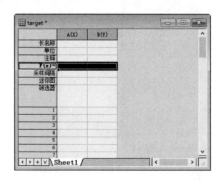

图 4.27 添加行标题

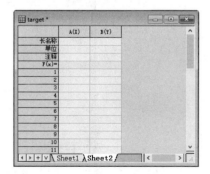

图 4.28 插入工作表 Sheet2

（4）选择"插入"命令，在当前工作表 Sheet2 前插入工作表 Sheet3，如图 4.29 所示。

（5）选择"添加"命令，在当前工作表 Sheet3 标签最右侧后插入工作表 Sheet4，将鼠标指针放在窗口边框上，向右拖动窗口边框即可改变窗口大小。单击标签栏中的"上一个"按钮 ，在标签栏显示所有标签，结果如图 4.30 所示。

图 4.29　插入工作表 Sheet3

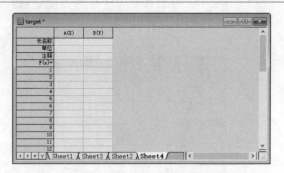

图 4.30　插入工作表 Sheet4

（6）选择"添加图形为新的工作表"命令，在当前工作表 Sheet4 后插入图形工作表 2DPlot，如图 4.31 所示。

（7）选择"添加矩阵为新的工作表"命令，在当前工作表 2DPlot 后插入矩阵工作表 MBook1，如图 4.32 所示。

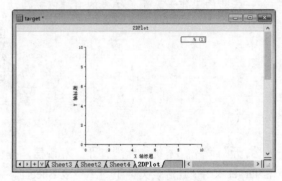

图 4.31　插入图形工作表

图 4.32　插入矩阵工作表

（8）选择"添加备注为新的工作表"命令，在当前工作表 MBook1 后插入备注工作表 Notes1，如图 4.33 所示。

图 4.33　插入备注工作表

（9）单击"标准"工具栏中的"保存项目"按钮 ，保存项目文件。

4.2.2　选择工作表

在实际应用中，一个工作簿通常包含多张工作表，用户可能要在多张工作表中编辑数据，或对不同工作表的数据进行汇总计算，这就要在不同的工作表之间进行切换。

工作表标签用于显示工作表的名称，位于工作簿窗口底部。单击工作表标签，可以在工作表之间进行切换。

★重点 动手学——切换显示工作表

源文件：yuanwenjian\ch_04\ RESOURCE.opju
本例演示在工作簿文件中的多张工作表之间进行切换。

【操作步骤】

（1）启动 Origin 2023，选择菜单栏中的"文件"→"打开"命令，系统打开"打开"对话框，打开 RESOURCE.opju 文件，在"项目管理器"导航器中双击 target 文件，激活该文件下的工作表 Sheet1。

（2）单击工作表 Sheet1 的名称标签即可进入对应的工作表。工作表的名称标签位于工作簿窗口底部，如图 4.34 所示，其中高亮显示的工作表为 Sheet1 活动工作表。

图 4.34　工作表的名称标签

（3）如果要选择多张连续的工作表，可以在选中一张工作表之后，按下 Shift 键单击最后一张要选中的工作表 Sheet4，如图 4.35 所示。

（4）如果要选择不连续的工作表，可以在选中一张工作表之后，按下 Ctrl 键单击其他要选中的工作表 Sheet4，如图 4.36 所示。

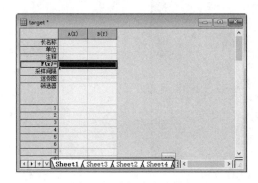

图 4.35　选择多张工作表

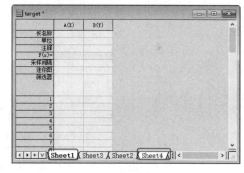

图 4.36　选择不连续的工作表

📢 提示：

单击任何一张工作表的名称标签即可取消选中多张工作表。

4.2.3　重命名工作表

如果一个工作簿中包含多张工作表，给每张工作表指定一个具有代表意义的名称是很有必要的。

★重点 动手学——工作表的重命名

源文件：yuanwenjian\ch_04\RESOURCE.opju
本例演示工作簿文件中工作表的重命名。

【操作步骤】

（1）启动 Origin 2023，选择菜单栏中的"文件"→"打开"命令，系统打开"打开"对话框，打开 RESOURCE.opju 文件，在"项目管理器"导航器中双击 target 文件，激活该文件下的工作表 Sheet1。

（2）双击工作表名称标签 Sheet1，进入编辑状态[图 4.37（a）]，输入新的名称"预算表"[图 4.37（b）]，然后按 Enter 键，结果如图 4.37（c）所示。

（a）

（b）

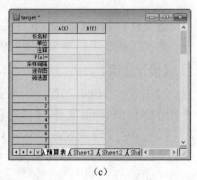
（c）

图 4.37　重命名工作表

（3）使用同样的方法将 Sheet2、Sheet3、Sheet4 重命名为工资表、财务报表、收支表，结果如图 4.38 所示。

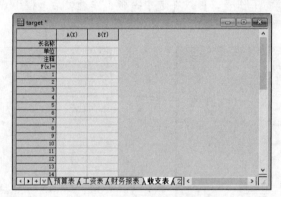

图 4.38　重命名多张工作表

（4）单击"标准"工具栏中的"保存项目"按钮 ，保存项目文件。

4.2.4　更改工作表标签颜色

为便于用户快速识别或组织工作表，Origin 2023 提供了一项非常有用的功能——工作表标签，可以给不同工作表标签命名并指定不同的颜色。

【执行方式】

快捷命令：在工作表标签上右击，在弹出的快捷菜单中选择"名称和备注"命令。

【操作步骤】

执行上述命令，打开"名称和备注"对话框，如图 4.39 所示。在"名称"文本框内输入工作表新名称；在"标签"文本框内输入工作表标签；在"备注"文本框内输入工作表中的说明信息；在"标签颜色"下拉列表中单击下拉小三角，弹出颜色色板，设置工作表标签颜色，如图 4.40 所示。

图 4.39 "名称和备注"对话框

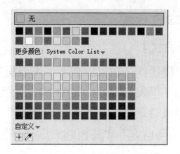

图 4.40 设置工作表标签颜色

扫一扫，看视频

★重点 动手学——工作表标签管理

源文件：yuanwenjian\ch_04\RESOURCE.opju

本例演示如何设置工作簿文件中工作表的标签颜色。

【操作步骤】

（1）启动 Origin 2023，选择菜单栏中的"文件"→"打开"命令，系统打开"打开"对话框，打开 RESOURCE.opju 文件，在"项目管理器"导航器中双击 target 文件。

（2）选择工作表名称标签"财务报表"，右击，在弹出的快捷菜单中选择"名称和备注"命令，打开"名称和备注"对话框，如图 4.41 所示。

（3）在"标签颜色"下拉列表中单击下拉小三角，弹出颜色色板，在色板中选择需要的颜色即可改变工作表标签的颜色。

（4）单击"确定"按钮，关闭对话框。工作表标签效果如图 4.42 所示。

图 4.41 "名称和备注"对话框

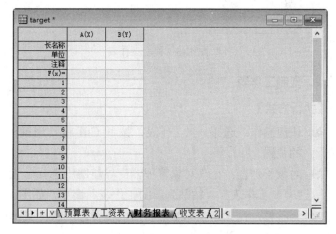

图 4.42 设置标签颜色效果图

（5）单击"标准"工具栏中的"保存项目"按钮 ，保存项目文件。

4.2.5 移动和复制工作表

在实际应用中，可能需要在同一个工作簿中移动工作表或制作两张相似的工作表，或者将一个工作簿中的工作表移动或复制到另一个工作簿中。

1. 移动工作表

【执行方式】

❧ 快捷操作：用鼠标拖放工作表标签。在"对象管理器"导航器中①选择工作表 Sheet5，②拖动工作表 Sheet5，如图 4.43 所示。

❧ 对象管理器：在"对象管理器"导航器中选择一张工作表，右击，在弹出的快捷菜单中选择"移至前方""移至起点""移至终点"命令，如图 4.44 所示。

【操作步骤】

执行上述命令，可以将工作表③移动到工作簿中指定的位置，如图 4.43 所示。

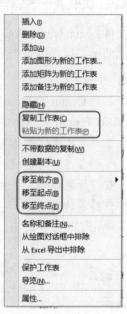

图 4.43　移动工作表　　　　　　　图 4.44　快捷命令

2. 复制工作表

【执行方式】

❧ 快捷操作：选择一张工作表，按下 Ctrl 键，用鼠标拖放，可以将工作表复制到工作簿中指定的位置。

❧ 对象管理器：在"对象管理器"导航器中选择一张工作表，右击，在弹出的快捷菜单中选择"复制工作表""粘贴为新的工作表"命令，如图 4.44 所示。

❧ 标签栏：在工作表标签上右击，在弹出的快捷菜单中选择"复制工作表""粘贴为新的工作表"命令。

【操作步骤】

执行上述命令，在相同或不同工作簿中制作两张相似的工作表。

★重点 动手学——工作表位置调整

扫一扫，看视频

源文件：yuanwenjian\ch_04\RESOURCE.opju
本例演示如何在工作簿文件中对工作表进行移动与复制。

【操作步骤】

1．打开文件

启动 Origin 2023，选择菜单栏中的"文件"→"打开"命令，系统打开"打开"对话框，打开 RESOURCE.opju 文件，在"项目管理器"导航器中双击 target 文件，激活该文件。

2．移动工作表

（1）用鼠标选中要移动的工作表标签"预算表"，按住鼠标左键不放，鼠标所在位置会出现一个"移动"图标，如图 4.45 所示。

（2）按住鼠标左键不放，在工作表标签之间移动鼠标，"移动"图标会随鼠标移动，如图 4.46 所示。

（3）将鼠标移动到目标位置"财务报表"上，释放鼠标左键，工作表即可移动到"财务报表"后面的位置，如图 4.47 所示。

图 4.45　按住鼠标左键选取工作表　　　图 4.46　移动工作表标签　　　　　图 4.47　移动后的效果
　　　　　　标签

3．复制工作表

（1）按住 Ctrl 键的同时，在要复制的工作表标签"预算表"上按住鼠标左键不放，此时鼠标所在位置显示一个带"＋"号的"白板"图标。在工作表标签之间移动鼠标，带"＋"号的"白板"图标也随之移动。

（2）移动到目标位置"预算表"之后，松开 Ctrl 键及鼠标左键即可在指定位置生成一张工作表副本"预算表 1"，如图 4.48 所示。

图 4.48　复制工作表的效果

4．保存文件

单击"标准"工具栏中的"保存项目"按钮，保存项目文件。

4.2.6　删除工作表

如果不再使用某张工作表，可以将其删除。

【执行方式】

❧ 快捷命令：选择一张工作表，右击，在弹出的快捷菜单中选择"删除"命令。

❧ 快捷操作：用鼠标拖放工作表标签。

❧ 快捷键：Delete 键。

【操作步骤】

执行上述命令，可以删除选择的工作表。

📢 **注意:**

> 删除工作表具有永久性，不能通过"撤销"命令恢复。

删除多张工作表的方法与此类似，不同的是在选定工作表时要按住 Ctrl 键或 Shift 键以选择多张工作表。

4.2.7 隐藏工作表

隐藏工作表可以避免对重要的数据和机密数据的误操作。

【执行方式】

快捷命令：在工作簿窗口（或"对象管理器"导航器中）选中工作表名称标签，右击，在弹出的快捷菜单中选择"隐藏"命令。

【操作步骤】

选中要隐藏的工作表，执行上述命令，在工作簿窗口中隐藏工作表，其名称标签也随之隐藏，在对象管理器中，工作表名称显示为灰色，如图 4.49 所示。

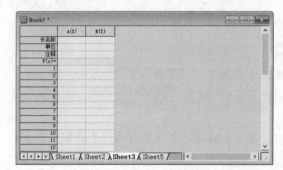

图 4.49　隐藏工作表之后的效果

📢 **注意:**

> 并非任何情况下都可以隐藏工作表。如果工作簿的结构处于保护状态，就不能隐藏其中的工作表。此外，隐藏的工作表仍然处于打开状态，其他文档仍然可以利用其中的数据。

4.2.8 显示工作表

隐藏工作表和显示工作表是一对逆操作。

【执行方式】

快捷命令：在"对象管理器"导航器中选中工作表名称，右击，在弹出的快捷菜单中选择"显示"命令。

【操作步骤】

执行上述命令，在工作簿窗口中显示隐藏的工作表，其名称标签也随之显示，在对象管理器中，工作表名称显示为黑色（恢复），如图 4.50 所示。

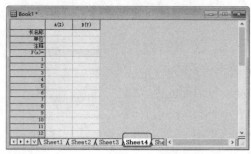

图 4.50　取消隐藏

4.2.9　保护工作表

尽管隐藏工作表可以在一定程度上保护工作表，但是其他文档仍然可以引用其中的数据信息。为了保护工作表中的数据不被篡改，可以对工作表或工作表的部分区域进行保护。

【执行方式】

快捷命令：在工作簿窗口（或"对象管理器"导航器中）选中工作表名称，右击，在弹出的快捷菜单中选择"保护工作表"命令。

【操作步骤】

执行上述命令即可打开"受保护工作表选项"对话框，如图 4.51 所示。

【选项说明】

从该对话框中可以看出，除了可以设置数据屏蔽，还可以非常详尽地限制可以对工作表进行的操作，具体如下：

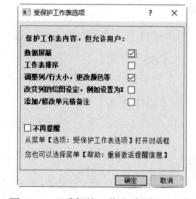

图 4.51　"受保护工作表选项"对话框

- ↘ 工作表排序。
- ↘ 调整列/行大小，更改颜色等。
- ↘ 改变列的绘图设定，例如设置为 X。
- ↘ 添加/修改单元格备注。

单击"确定"按钮，关闭对话框。至此，工作表已经设置保护，工作表名称前显示"锁定"图标🔒，如图 4.52 所示。

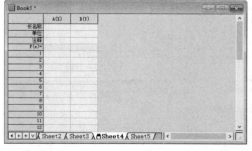

图 4.52　保护工作表

如果修改工作表中的数据，数据不发生变化。

如果要取消对工作表的保护，选中该工作表，右击，在弹出的快捷菜单中选择"保护工作表"命令，即可撤销对工作表的保护。

4.2.10 拆分工作表

当工作表中的数据很多时，尽管可以来回滚动窗口底部或右侧的滚动条查看数据，但是经常会出现能看见前面的内容却看不见后面的内容，能看见左边的内容却看不见右边的内容的情况。使用拆分工作表功能可以轻松地解决这个问题。

【执行方式】

菜单栏：选择菜单栏中的"工作表"→"拆分工作表"命令。

【操作步骤】

执行上述命令，系统将打开如图 4.53 所示的"拆分工作表"对话框，可以通过"拆分模式"中的选项按列数、行数、列标签或参考列拆分工作表。

图 4.53 "拆分工作表"对话框

4.2.11 合并工作表

有时为了实现某些操作，需要将不同工作表中的数据合并到一张工作表中。

【执行方式】

菜单栏：选择菜单栏中的"工作表"→"合并工作表"命令。

【操作步骤】

执行上述命令，系统将打开"合并工作表"对话框，可以按列数、行数合并工作表。

扫一扫，看视频

★重点 动手练——物理实验数据的拆分与合并

源文件：yuanwenjian\ch_04\物理实验测试数据.opju、物理实验数据的拆分与合并.opju

在某次物理实验中，测得摩擦系数不同情况下 4 组路程与时间的数据。根据不同的要求演示工作表的拆分与合并，结果如图 4.54 所示。

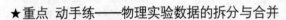

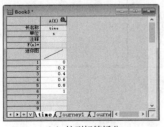
（a）实验数据

（b）按列数拆分

（c）按列标签拆分

（c）合并工作表

图 4.54 拆分与合并结果

【操作提示】

（1）启动软件，导入项目文件，激活工作簿 Book1。

（2）按照列数（2 列）拆分工作表，输出工作簿 Book2。

（3）按照列标签拆分工作表，输出工作簿 Book3。

（4）合并工作簿 Book3，输出工作簿 Book4。

（5）保存项目文件。

4.3 单元格管理

工作表是一张二维表格，由行和列构成，行和列相交形成的方格称为单元格，如图 4.55 所示，使用工作表可以对数据进行组织和分析。

单元格中可以填写数据，是存储数据的基本单位，也是用来存储信息的最小单位。单元格的基本操作包括单元格选择和数据输入，其操作方式与 Excel 等电子表格相同。

图 4.55 工作表结构

4.3.1 选定单元格区域

在输入和编辑单元格内容之前，必须使单元格处于活动状态。所谓活动单元格，是指可以进行数据输入的选定单元格，特征是被黑色粗边框围绕的单元格，如图 4.56 中的 A[4] 单元格。

1. 区域选择

通过键盘和鼠标选定单元格区域的操作见表 4.1。

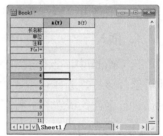

图 4.56 活动单元格

表 4.1 单元格区域的选定操作

选 定 内 容	操 作
单个单元格	单击相应的单元格，或用方向键移动光标到相应的单元格
连续单元格区域	单击选定该区域的第一个单元格，然后按下鼠标左键拖动，直至选定最后一个单元格
不相邻的单元格或单元格区域	先选定一个单元格或区域，然后按住 Ctrl 键选定其他的单元格或区域
较大的单元格区域	先选定该区域的第一个单元格，然后按住 Shift 键单击区域中的最后一个单元格
整行	单击行号
整列	单击列号
相邻的行或列	沿行号或列号拖动鼠标
不相邻的行或列	先选中第一行或列，然后按住 Ctrl 键选定其他的行或列
增加或减少活动区域中的单元格	按住 Shift 键并单击新选定区域中的最后一个单元格，在活动单元格和单击的单元格之间的矩形区域将成为新的选定区域
取消单元格选定区域	单击工作表中其他任意一个单元格

2. 扩展选择范围

【执行方式】

浮动工具栏：选择浮动工具栏中的"扩展选择范围到数据的最后一行"按钮 ⬇️。

【操作步骤】

选中某个单元格，执行上述命令即可选中从当前行到数据的最后一行，如图 4.57 所示。

图 4.57　扩展选择范围

4.3.2　插入单元格

单元格是由行和列组成的，因此插入单元格区域也就是插入行和列，这样可以避免覆盖原有的内容。

1. 插入行

在 Origin 中，工作表中的行即实验记录，行号从 1 开始，默认为 32 行。在工作表中单击行号，即可选择该行，选择行后才能对行进行基本操作，如插入行、删除行。要插入 n 行，可以采用单行的操作进行多次，或选择 n 行后，再执行一次插入操作。

【执行方式】

➷ 菜单栏：选择菜单栏中的"编辑"→"插入行"命令。

➷ 快捷命令：右击，在弹出的快捷菜单中选择"插入行"命令。

【操作步骤】

选中某行，执行上述命令即可在当前活动工作表中该行的上方插入一行，如图 4.58 所示。

图 4.58　插入行

工作表默认的行高和列宽通常不符合需要，可以使用鼠标拖动或菜单命令进行调整。

2. 添加列和插入列

（1）添加列。工作表默认有两列，即 A(X)、B(Y)，其中，列名分别为 A 和 B，自动定义列 A 为

X（轴），B 为 Y（轴）。添加列一般情况下是自动在列最后添加，新的列名会按英文字母（A、B、C、…、X、Y、Z、AA、BB、CC、…）的顺序自动命名，如果前面有一些列被删除，则自动补足字母顺序，默认情况下所有新列被定义为 Y。

【执行方式】

- ⬎ 菜单栏：选择菜单栏中的"列"→"添加新列"命令。
- ⬎ 快捷操作：单击"标准"工具栏中的"添加新列"按钮 +▤。
- ⬎ 快捷命令：在工作表空白区域右击，在弹出的快捷菜单中选择"添加新列"命令。
- ⬎ 快捷键：Ctrl+D 组合键。

图 4.59　添加新列

【操作步骤】

执行上述命令即可在工作表中列标题最后面添加新列 C(Y)，如图 4.59 所示。

（2）插入列。如果不希望列添加在最后面，可以采用插入列的操作。

【执行方式】

- ⬎ 菜单栏：选择菜单栏中的"编辑"→"插入"命令。
- ⬎ 快捷操作：选中列后，在该列上显示浮动的快捷工具栏，如图 4.60 所示，❷在自定义工具栏中单击"插入"按钮 ▣。

【操作步骤】

在工作表中❶单击选择 B(Y)列，执行上述命令即可在工作表中该列前❸插入新列 B(Y)列，当前列自动递增更名为 C(Y)，如图 4.60 所示。

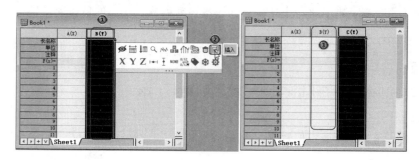

图 4.60　插入新列

采用上面的操作若干次，则会追加或插入若干列。

4.3.3　清除或删除单元格

清除单元格只是删除单元格中的内容、格式或注释，单元格仍然保留在工作表中；删除单元格则是从工作表中移除这些单元格，调整周围的单元格，填补删除后的空缺。删除单元格实际上是删除选中要删除的单元格所在行或列。

1．删除行

【执行方式】

- ⬎ 菜单栏：选择菜单栏中的"编辑"→"删除行"命令。

➥ 快捷命令：右击，在弹出的快捷菜单中选择"删除行"命令。

➥ 快捷键：Delete 键。

【操作步骤】

在工作表中选中一行或多行，执行上述命令即可在当前活动工作表中删除行。

2．删除列

【执行方式】

➥ 菜单栏：选择菜单栏中的"编辑"→"删除"命令。

➥ 快捷命令：在工作表空白区域右击，在弹出的快捷菜单中选择"删除"命令。

➥ 工具栏：在自定义工具栏中单击"删除"按钮 🗑。

➥ 快捷键：Delete 键。

【操作步骤】

在工作表中单击选择一列，执行上述命令，删除该列。

3．清除列

删除列后数据不能恢复，而且与这些数据有关的一系列图形、分析结果也会随之变化。如果只是希望删除列数据，则可以选择清除列操作。

【执行方式】

菜单栏：选择菜单栏中的"编辑"→"清除"命令。

【操作步骤】

在工作表中单击选择一列，执行上述命令，删除该列中的数据，保留该列。

4．清除工作表内容

【执行方式】

菜单栏：选择菜单栏中的"工作表"→"清除工作表"命令。

【操作步骤】

执行上述命令，清除工作表中的数据。

5．清除单元格内容

选中要清除的单元格区域，按 Delete 键即可清除指定单元格区域的内容。

6．删除单元格

上面只介绍删除直接选择的行和列的操作，在"工作表"菜单栏中还包括一些命令，通过合并和删除行与列达到删除单元格的目的。

图 4.61 "移除/合并重复行"对话框

➥ 移除/合并重复行：选择该命令，打开如图 4.61 所示的"移除/合并重复行"对话框，根据参照列中的重复项删除或合并工作表中的行。

➥ 删减列：选择该命令，打开如图 4.62 所示的"删减列"对话框，通过选择删减方式设置需要删减的列数，达到删除活动单元格所在列的目的。

➥ 删减行：选择该命令，打开如图 4.63 所示的"删减行"对话框，通过选择删减方式设置需要删减的行数，达到删除活动单元格所在行的目的。

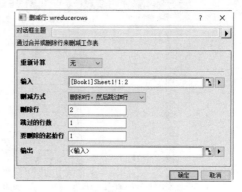

图 4.62 "删减列"对话框   图 4.63 "删减行"对话框

★重点 动手学——新建物理实验数据项目

源文件：yuanwenjian\ch_04\物理实验测试.opju

在某次物理实验中，测得在摩擦系数不同的情况下的路程与时间数据。利用 Origin 创建项目文件，设置工作表窗口的工作环境。

【操作步骤】

1．创建项目文件

（1）启动 Origin 2023，项目管理器中自动创建项目文件 UNTITLED，该项目文件下默认创建一个文件夹 Folder1，该文件夹中包含工作簿文件 Book1。

（2）选择菜单栏中的"文件"→"保存项目"命令，打开"另存为"对话框，在文件列表框中指定保存文件的路径，在"文件名"文本框内输入"物理实验测试"，在"注释"文本框内输入"路程和时间的关系"，如图 4.64 所示，单击"保存"按钮，保存项目文件，如图 4.65 所示。

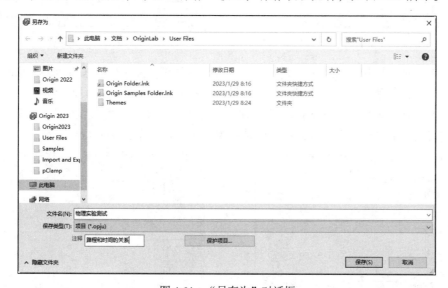

图 4.64 "另存为"对话框

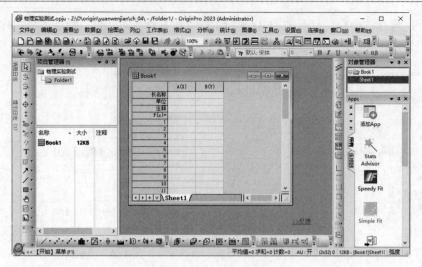

图4.65　保存项目文件

2. 设置表头

（1）在工作簿窗口标题栏上右击，弹出快捷菜单，选择"视图"→F(x)命令，或按 Ctrl+Shift+U 组合键，在工作表表头中取消 F(x)行的显示，如图4.66所示。

（2）在工作表中单击选择B(Y)列，选择菜单栏中的"编辑"→"插入"命令，在工作表中该列后插入新列 C(Y)、D(Y)、E(Y)列，如图4.67所示。

图4.66　隐藏 F(x)行

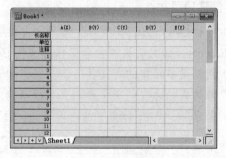

图4.67　插入新列

（3）双击单元格"长名称"行 A(X)列，激活长名称单元格，为该列数据添加注释 time，表示该列用于定义实验时间；使用同样的方法定义其余路程列的长名称，结果如图4.68所示。

（4）双击单元格"单位"行 A(X)列，激活单位单元格，为该列数据添加单位 s，表示实验时间列单位为秒；使用同样的方法定义其余路程列的单位为米（m），结果如图4.69所示。

图4.68　定义长名称

图4.69　定义单位

3. 保存项目文件

单击"标准"工具栏中的"保存项目"按钮 ，保存项目文件。

4.3.4 命名单元格

如果经常需要引用某些区域的数据，为单元格区域命名是一个高效、便捷的方法。

1. 定义单元格名称

一般情况下，每一个单元格的名称由该单元格所处的工作表的行和列决定，如果有需要，可以为单元格定义名称并添加注释。

【执行方式】

➘ 菜单栏：选择菜单栏中的"数据"→"定义名称"命令。

➘ 浮动工具栏：选择自定义浮动工具栏中的"定义名称"按钮 。

➘ 快捷键：Ctrl+L 组合键。

【操作步骤】

在工作表中选中单元格，执行上述命令，打开"新名称"对话框，如图 4.70 所示。在"引用位置"行显示单元格所在位置，在"名称"文本框内输入单元格新名称，在"范围"下拉列表中选择单元格应用范围；在"注释"文本框内输入单元格的注释信息。

完成设置后，单击"确定"按钮关闭该对话框，单元格没有变化，在"对象管理器"导航器下显示定义名称的单元格，如图 4.71 所示。

2. 删除单元格名称

【执行方式】

➘ 菜单栏：选择菜单栏中的"数据"→"名称管理器"命令。

➘ 快捷键：Ctrl+F3 组合键。

【操作步骤】

执行上述命令，打开"名称范围管理器"对话框，如图 4.72 所示，在列表中显示该工作表中所有已命名的单元格。

　　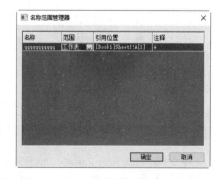

图 4.70 "新名称"对话框　　图 4.71 "对象管理器"导航器　　图 4.72 "名称范围管理器"对话框

在名称列表中选中要删除的名称，右击，在弹出的快捷菜单中选择"删除"命令，删除单元格名称。单击"关闭"按钮关闭对话框。

4.3.5 单元格格式

设置单元格内容的格式可以增强工作簿数据的可读性，应用的格式并不会影响Origin用来进行计算的实际单元格数值。

1. 对话框设置

【执行方式】

❧ 菜单栏：选择菜单栏中的"格式"→"单元格"命令。

❧ 快捷命令：右击，在弹出的快捷菜单中选择"单元格格式"命令。

【操作步骤】

选中单元格，执行上述命令，打开"单元格格式"对话框，如图4.73所示。下面介绍该对话框中的部分选项。

❧ 字体：在该下拉列表中选择单元格中文本的字体，默认为宋体。

❧ 字体大小：在该下拉列表中选择单元格中文本的字体大小。

❧ 颜色：在该下拉列表中选择单元格中文本的字体颜色。

❧ 填充颜色：在该下拉列表中选择单元格中的填充颜色。

2. 设置字体格式

在"格式"工具栏中包含一系列按钮，用于设置单元格字体格式，设置字体、字号、加粗、倾斜、下划线、颜色等，如图4.74所示。

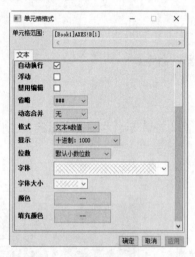

图4.73 "单元格格式"对话框

图4.74 设置字体格式

扫一扫，看视频

★重点 动手练——物理实验测试数据单元格设置

源文件：yuanwenjian\ch_04\物理实验测试数据.opju、设置物理实验测试数据格式.opju
本练习演示如何设置指定单元格的格式，如图4.75所示。

【操作提示】

（1）启动软件，导入工作表文件。

（2）在工作表中选择 A1～A6 单元格，设置单元格字体大小为 14，颜色为黑色，填充色为浅黄色。

（3）在工作表中选择 B1～E6 单元格，设置单元格字体大小为 14，颜色为黑色，填充色为橙色。

（4）保存项目文件。

图 4.75　结果示例

4.3.6　应用条件格式

所谓条件格式，是指如果满足指定的条件，Origin 自动在满足条件的单元格上应用底纹、字体、颜色等格式。当需要突出显示公式的计算结果，或追踪单元格的值时，利用条件格式可以极大地增强数据表的可读性。

【执行方式】

➡ 菜单栏：选择菜单栏中的"工作表"→"条件格式"→"高亮"命令。

➡ 快捷命令：右击，在弹出的快捷菜单中选择"条件格式"→"高亮"命令。

【操作步骤】

选中单元格，执行上述命令，打开"高亮"对话框，如图 4.76 所示。在该对话框中使用自定义的规则将条件格式应用于工作表单元格。

【选项说明】

（1）范围：在该选项中显示应用条件格式的单元格数据选择范围，单击右侧的箭头按钮，可以重新选择单元格范围。

（2）名称：Origin 内置了一些单元格样式，使用内置的样式可以快速设置单元格的格式。

图 4.76　"高亮"对话框

（3）应用颜色到工作表：勾选该复选框，将选择的内置格式中的颜色格式应用到工作表。

（4）规则：设置要进行管理的规则，更改条件的运算符、数值、公式及文本颜色格式和背景颜色格式。

★重点 动手练——物理实验测试数据条件格式设置

源文件：yuanwenjian\ch_04\设置物理实验测试数据格式.opju、设置物理实验测试数据条件格式.opju

本练习演示如何将指定条件格式应用到单元格中，如图 4.77 所示。

【操作提示】

（1）启动软件，打开项目文件。

（2）在工作表中选择 B1～E6 单元格，设置条件规则为小于或等于 0.5，将指定条件格式应用于工作表单元格。

（3）保存项目文件。

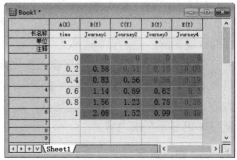

图 4.77　结果示例

第 5 章　数据的导入与导出

内容简介

数据分析的前提是必须有数据，从数据来源来讲，不仅可以在 Origin 中进行数据录入工作，还可以将日常工作中常用的 Excel 表格数据、文本格式数据导入 Origin 中进行分析，这样不仅减少了相当大的工作量，而且避免了因复制和粘贴可能引起的错误。

本章从最简单的数据输入开始介绍，详细介绍数据导入，为后面数据的绘图和统计分析打下坚实的基础。

5.1　数　据　输　入

Origin 工作表支持多种数据类型，不同类型的数据还能以多种格式显示。熟练掌握常用数据类型的输入方法与技巧对保证数据准确性和提升办公效率至关重要。

5.1.1　手动输入数据

选定单元格之后，就可以在单元格中输入文本、数字、时间等数据内容了。在工作表中，只能在活动单元格中输入数据。本节简要介绍几种常用的单元格数据的输入方法。

1. 输入文本

工作表中通常会包含文本，如汉字、英文字母、数字、空格以及其他键盘能输入的合法符号，文本通常不参与计算。

（1）直接输入文本。

1）单击要输入文本的单元格，然后在单元格或编辑栏中输入文本，如图 5.1 所示。

2）文本输入完成后，按 Enter 键或单击空白处结束输入，文本在单元格中默认左对齐。

（2）修改输入的文本。如果要修改单元格中的内容，单击单元格，在单元格或编辑栏中选中要修改的字符后，按 Backspace 键或 Delete 键删除，然后重新输入。

（3）处理超长文本。如果输入的文本超过了列的宽度，将自动进入右侧的单元格显示，如图 5.2 所示；如果右侧相邻的单元格中有内容，则超出列宽的字符自动隐藏，如图 5.3 所示，调整列宽到合适宽度即可显示全部内容。

图 5.1　输入文本

2. 输入数字

在单元格中输入数字的方法与输入文本相同，不同的是数字默认在单元格中右对齐。Origin 把 0~9 的数字以及含有正号、负号、货币符号、百分号、小数点、指数符号、小括号等数据看成是数字类型。数字自动沿单元格右对齐，如图 5.4 所示。

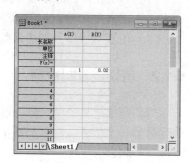

图 5.2　文本超宽时自动进入右侧单元格　　图 5.3　超出列宽的字符自动隐藏　　图 5.4　数字自动右对齐

3. 输入特殊符号

选中要设置格式的单元格，右击，在弹出的快捷菜单中选择"字符表"命令，打开"字符表"对话框，如图 5.5 所示。选择对应的符号，单击"插入"按钮，在单元格内插入对应的符号。

如果需要插入更多的符号，单击图 5.5 中的"高级"按钮，打开扩展的"字符表"对话框，在该对话框中可以设置多种符号类型的格式。例如，"$"（美元）符号的选项如图 5.6 所示。

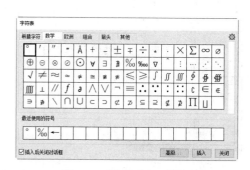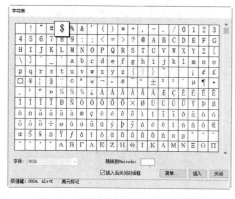

图 5.5　"字符表"对话框　　　　　　　图 5.6　扩展的"字符表"对话框

扫一扫，看视频

★重点　动手练——输入金属的含量数据

源文件：yuanwenjian\ch_05\金属的含量.opju

光谱仪用来测量材料中某种金属含量随温度的变化情况，制备了 9 件试块（它们的成分、金属含量、均匀性等各不相同），对每一试块测量两次（加热前后），得到 9 对观察值，见表 5.1。本练习根据表格中的数据创建金属含量数据文件，如图 5.7 所示。

表 5.1　观察值

加　热　前	加　热　后	加　热　前	加　热　后
0.2	0.1	0.7	0.59
0.3	0.21	0.8	0.68
0.4	0.52	0.9	0.77
0.5	0.32	1	0.89
0.6	0.78	—	—

【操作提示】

（1）启动软件，保存项目文件为"金属的含量.opju"。

（2）在 A 列中输入加热前数据。

（3）在 B 列中输入加热后数据。

5.1.2　剪切或复制数据

剪切是指把某个单元格（或区域）的内容从当前的位置删除，放到另外一个位置；而复制是指当前内容不变，在另外一个位置生成一个副本。

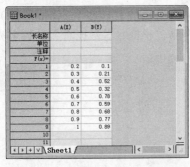

图 5.7　输入金属加热前后的含量数据

1. 剪切单元格

【执行方式】

➥ 菜单栏：选择菜单栏中的"编辑"→"剪切"命令。

➥ 快捷命令：右击，在弹出的快捷菜单中选择"剪切"命令。

➥ 快捷键：Ctrl+X、Ctrl+V 组合键。

【操作步骤】

选定要剪切的单元格，执行上述命令，在要粘贴单元格区域的位置右击，在弹出的快捷菜单中选择"粘贴"命令即可粘贴单元格中的数据，如图 5.8 所示。

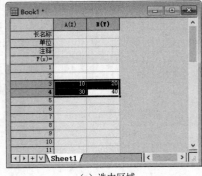　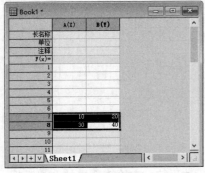

（a）选中区域　　　　　　　　　　　　　　　（b）粘贴目的位置

图 5.8　剪切操作

2. 复制单元格

【执行方式】

➥ 菜单栏：选择菜单栏中的"编辑"→"复制"命令。

➥ 快捷命令：右击，在弹出的快捷菜单中选择"复制"命令。

➥ 快捷键：Ctrl+C、Ctrl+V 组合键。

【操作步骤】

选定要复制的单元格，执行上述命令，在要粘贴单元格区域的位置右击，在弹出的快捷菜单中选择"粘贴"命令即可粘贴单元格中的数据，如图 5.9 所示。

（a）选中区域

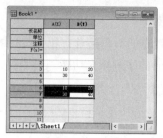
（b）粘贴目的位置

图 5.9　复制操作

5.1.3　自动填充数据

如果需要填充的数据有相同部分，或者具有某种规律，则可以使用快速填充工具。

1. 填充相同数据

在实际应用中，用户可能要在某个单元格区域输入大量相同的数据，采用以下两种方法可以快速填充单元格区域。

（1）使用键盘快速填充。

1）选择要填充相同数据的单元格区域，如图 5.10 所示的 A 列单元格。

2）输入要填充的数据，如 2022/10/24，如图 5.11 所示。

3）输入完成后，按 Ctrl+Enter 组合键。选中的单元格都填充了日期"2022/10/24"，如图 5.12 所示。

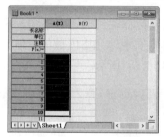

图 5.10　选中单元格

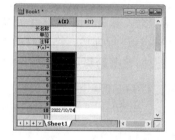

图 5.11　输入数据

图 5.12　填充相同数据

（2）使用鼠标快速填充。

1）选中包含需要复制数据的单元格，单元格右下角显示一个绿色的方块（称为"填充柄"），将鼠标指针移到绿色方块上，鼠标指标由空心十字形变为黑色十字形，如图 5.13（a）所示。

2）按下鼠标左键拖动，如图 5.13（b）所示。选择要填充的单元格区域后释放鼠标左键即可在选择区域的所有单元格中填充相同的数据，如图 5.13（c）所示。

（a）

（b）

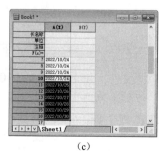

（c）

图 5.13　填充相同数据

95

2. 序列填充

有时需要填充的数据是具有相关信息的集合，称为一个系列，如行号系列、数字系列、文本系列等。使用 Origin 的序列填充功能，可以很便捷地填充有规律的数据。

【执行方式】

- ↳ 菜单栏：选择菜单栏中的"列"→"填充列"命令。
- ↳ 快捷命令：在工作表空白区域右击，在弹出的快捷菜单中选择"填充列"命令。
- ↳ 工具栏：单击"工作表数据"工具栏中的按钮。

【操作步骤】

在工作表中选择整列或单元格区域，执行上述命令，弹出如图 5.14 所示的子菜单，显示序列填充列命令。

- ↳ 行号：自动填充行号。
- ↳ 均匀随机数：自动填充服从均匀分布的随机数。
- ↳ 正态随机数：自动填充服从正态分布的随机数。

图 5.14 "填充列"子菜单

- ↳ 一组数字：输入等差序列，相邻两项相差一个固定的值，这个值称为增量。
- ↳ 一组日期/时间数据：根据设置填入日期，可以设置为以日、工作日、月或年为单位。
- ↳ 任意的数列或文本列：根据制定的序列文本填充文本。

3. 快速填充

如果希望根据已有数据实现数据填充，首先选中这些单元格，将鼠标移动到选区右下角，出现"+"光标，如图 5.15（a）所示。使用鼠标进行拖放，拖放时按 Ctrl 键则实现单元格区域的复制，如图 5.15（b）所示；按 Alt 键则会自动根据数据趋势进行填充，如图 5.15（c）所示。

 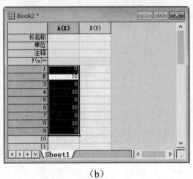 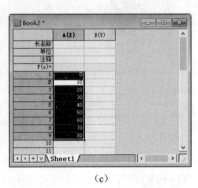

（a）　　　　　　　　　（b）　　　　　　　　　（c）

图 5.15　快速填充

扫一扫，看视频

★重点 动手学——输入物理实验数据

源文件：yuanwenjian\ch_05\物理实验测试.opju、物理实验测试数据.opju

在某次物理实验中，测得在摩擦系数不同的情况下，路程与时间的数据见表 5.2。利用 Origin 在工作表中直接输入路程数据。

表 5.2　不同摩擦系数下路程和时间的关系

时间/s	路程 1/m	路程 2/m	路程 3/m	路程 4/m
0	0	0	0	0
0.2	0.58	0.31	0.18	0.08
0.4	0.83	0.56	0.36	0.19
0.6	1.14	0.89	0.62	0.30
0.8	1.56	1.23	0.78	0.36
1.0	2.08	1.52	0.99	0.49

【操作步骤】

1. 打开项目文件

启动 Origin 2023，选择菜单栏中的"文件"→"打开"命令，打开"打开"对话框，选择"物理实验测试"选项，单击"打开"按钮，打开该项目文件，在项目管理器中打开工作簿文件Book1。

2. 输入数据

（1）在 B 列中数据区单击要输入数据的单元格（行号为 1），然后根据表 5.2 中路程 1 的数据在B(Y)列中输入实验数据，如图 5.16 所示。

（2）使用同样的方法在 C(Y)列、D(Y)列、E(Y)列中输入路程 2、路程 3、路程 4 的数据，结果如图 5.17 所示。

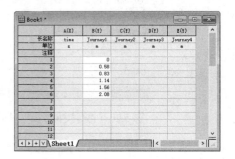

图 5.16　输入 B（Y）列数据

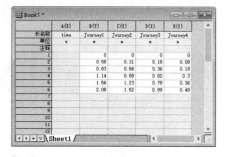

图 5.17　输入其余数据

3. 填充数据

实验时间为 0~1 之间增量为 0.2 的等差序列，可以使用填充列的方法输入数据。

（1）在工作表中单击列名 A 列，选择菜单栏中的"列"→"填充列"→"一组数字"命令，打开"一组数字"对话框。在"起始"文本框内输入 0，在"结束"文本框内输入 1，在"增量"文本框内输入 0.2，其余参数选择默认值。此时，在"一个序列组的元素个数"行显示填充的序列元素个数为 6，如图 5.18 所示。

（2）单击"确定"按钮，关闭对话框，在 A(X)列中填充实验时间数据，如图 5.19 所示。

4. 保存项目文件

单击"标准"工具栏中的"保存项目"按钮 ■，保存项目文件。

图 5.18　"一组数字"对话框

图 5.19　填充实验时间

5.1.4　替换数据

如果要替换工作表中的数据，可以执行以下操作。

【执行方式】

➥ 菜单栏：选择菜单栏中的"编辑"→"替换"命令。

➥ 快捷键：Ctrl+H 组合键。

【操作步骤】

（1）在工作表中选中单元格区域，执行上述命令，打开如图 5.20 所示的"查找和替换"对话框。

（2）在"数据类型"选项组中选择要查找的对象是数字还是字符串；在"条件"选项组中设置要查找的内容和条件符号；在"替换为"文本框中输入替换文本；在"在里面查找"下拉列表中选择查找范围。

（3）单击"全部替换"按钮，在指定范围内替换全部查找对象；单击"查找下一个"按钮，在指定范围内跳转到下一个符合条件的查找对象上；单击"替换"按钮，在指定范围内替换选中的查找对象；单击"关闭"按钮，关闭该对话框。

图 5.20　"查找和替换"对话框

5.2　数 据 导 入

Origin 强大的数据导入功能支持多种格式的数据，包括 ASCII、Excel、NI TDM、DIADem、NetCDF、SPC 等。

5.2.1　通过剪贴板导入数据

Origin 作为一个科学作图和数据分析软件，直接在工作表中录入数据并不是一种有效率的数据输入方式，用户可以选择通过剪贴板导入数据。

剪贴板是很多数据分析软件中导入和导出数据的媒介，Origin 也不例外。剪贴板操作需要"复制""粘贴"这一对组合命令才可以完成。

1．Origin 内部操作

通过剪贴板可以在 Origin 的不同工作表之间、不同工作簿之间进行复制粘贴，进行数据的录入操作。

（1）复制。鉴于 Origin 工作表中包括标题行[包括注释、标签、单位、公式 F(x)等]和数据，因此在进行复制的过程中划分比较详细，可以分别复制不同的参数数据。

【执行方式】

菜单栏：选择菜单栏中的"编辑"→"复制"命令。

【操作步骤】

执行上述命令，弹出级联子菜单，如图 5.21 所示，通过不同的命令复制不同的数据。

图 5.21　级联子菜单

- 复制：选择该命令，进行普通复制，仅复制数据，同时，剪贴板中复制的对象格式与原对象相同。
- 全精度复制：选择该命令，进行精确复制。不仅可以复制显示的内容，还可以复制完整的数据。该命令对于复制格式化的值以及复制未显示的数字格式很有效。
- 复制数据及标签行：选择该命令，进行带标识符行复制，复制数据时也一并复制标识符行"注释"。
- 复制公式：选择该命令，只复制公式行 F(x)。
- 复制标签行：选择该命令，只复制标签行"注释"。
- 复制公式和标签行：选择该命令，复制公式行 F(x)和标签行"注释"。
- 复制所有：选择该命令，复制标题行中的所有行和数据。

（2）粘贴。粘贴是剪贴板导出数据的最直接操作，根据工作表中的对象分为不同的粘贴命令。

【执行方式】

菜单栏：选择菜单栏中的"编辑"→"粘贴"命令。

【操作步骤】

执行上述命令，弹出级联子菜单，选择不同的粘贴命令，如图 5.22 所示。

图 5.22　级联子菜单

- 粘贴：选择该命令，直接粘贴原始数据。
- 转置粘贴：选择该命令，粘贴时，数据表中的行与列转置，即原表中的行变成目标表中的列，原表中的列变成目标表中的行。
- 粘贴链接：选择该命令，从一张表粘贴内容的同时粘贴链接，即建立链接关系。例如，从表 1 复制数据粘贴到表 2 时选择粘贴链接，那么两张表中的单元格就形成了链接关系。当改变表 1 单元格内的数值时，表 2 对应的单元格内的数值也随之改变。
- 转置粘贴链接：选择该命令，粘贴链接，同时行与列转置。
- 选择性粘贴：选择该命令，弹出选项窗口，选择后再粘贴。

2．外部文件导入

打开外部文件，选中需要复制的数据，如图 5.23（a）所示，按 Ctrl+C 组合键。切换到 Origin，单击要输入文本的单元格，如图 5.23（b）所示。按 Ctrl+V 组合键即可在单元格中粘贴数据，如图 5.23（c）所示。

(a)

(b)

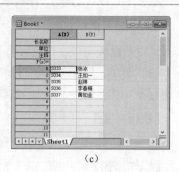
(c)

图 5.23　复制并粘贴外部数据

扫一扫，看视频

★重点 动手学——粘贴物理实验测试数据

源文件： yuanwenjian\ch_05\设置物理实验测试数据格式.opju、粘贴物理实验测试数据.opju

本例根据物理实验中路程与时间的数据，演示如何使用复制和粘贴命令在工作表中导入数据。

【操作步骤】

（1）打开项目文件。启动 Origin 2023，将源文件下的"物理实验测试数据.opju"文件拖放到工作区，导入项目文件，打开工作表 Book1/Sheet1，如图 5.24 所示。

（2）单击工作表标签左侧的"添加工作表"按钮 ，在当前活动工作表 Sheet1 右侧插入一个新的工作表 Sheet2，双击工作表标签，将其修改为"普通复制粘贴"。

（3）使用同样的方法，在当前工作簿文件中插入工作表"普通复制转置粘贴""普通复制粘贴链接""仅复制注释""带注释复制""复制所有"，如图 5.25 所示。

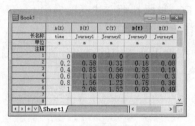
图 5.24　打开项目文件

图 5.25　新建工作表

（4）在"对象管理器"中单击 Sheet1，如图 5.26 所示，打开工作表 Sheet1，单击标题栏，激活工作表 Sheet1。在工作表中单击左上角的空白单元格，选择该工作表中的所有内容。

（5）选择菜单栏中的"编辑"→"复制"命令，在剪贴板中复制数据。打开工作表"普通复制粘贴"，激活 A1 单元格，选择菜单栏中的"编辑"→"粘贴"命令，通过剪贴板在该工作表中导入不带任何格式的数据，如图 5.27 所示。

图 5.26　对象管理器

图 5.27　普通复制粘贴

（6）复制工作表 Sheet1 中的数据，打开工作表"普通复制转置粘贴"，激活 A1 单元格，选择菜单栏中的"编辑"→"转置粘贴"命令，通过剪贴板在该工作表中导入转置后的数据，如图 5.28 所示。

（7）复制工作表 Sheet1 中的数据，在"对象管理器"中单击"普通复制粘贴链接"，打开工作表"普通复制粘贴链接"，激活 A1 单元格，选择菜单栏中的"编辑"→"粘贴链接"命令，通过剪贴板在该工作表中导入链接数据，如图 5.29 所示。

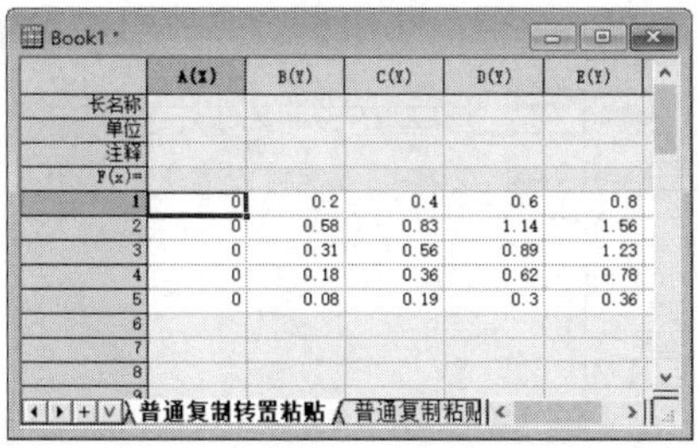

<table>
<tr><td>图 5.28　普通复制转置粘贴</td><td>图 5.29　普通复制粘贴链接</td></tr>
</table>

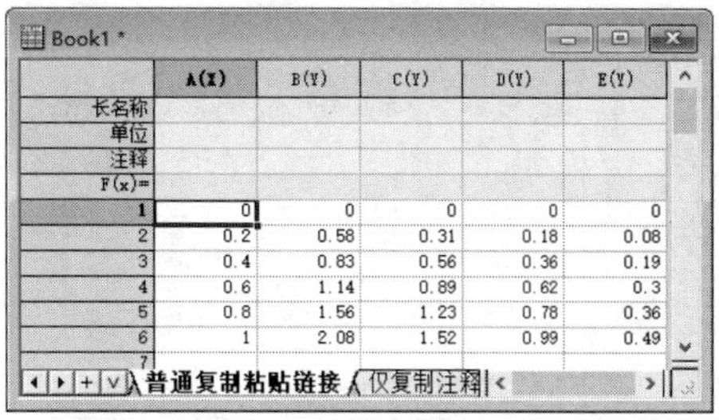

◆ **知识拓展：**

打开工作表 Sheet1，修改单元格 A1 中的数据 0 为 0.1，工作表"普通复制粘贴链接"中单元格 A1 中的数据为 0.1，其余工作表中单元格 A1 中的数据保持不变，为 0，如图 5.30 所示。

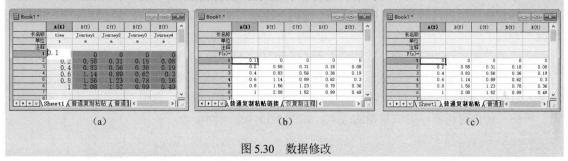

图 5.30　数据修改

（8）在"对象管理器"中单击打开工作表 Sheet1，在"注释"行添加注释，如图 5.31 所示。选中注释行，选择菜单栏中的"编辑"→"复制"→"复制标签行"命令，复制工作表 Sheet1 中的标签行文本数据。打开工作表"仅复制注释"，激活"注释"行，选择菜单栏中的"编辑"→"粘贴"命令，通过剪贴板在该工作表中导入注释行数据，如图 5.32 所示。

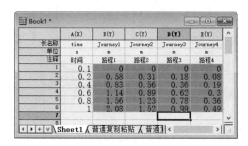

图 5.31　添加注释

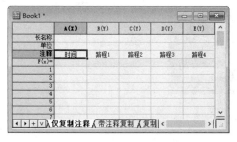

图 5.32　仅复制注释数据

（9）全选工作表 Sheet1 中的数据，选择菜单栏中的"编辑"→"复制"→"复制数据及标签行"命令，复制工作表 Sheet1 中带标签行的数据。打开工作表"带注释复制"，激活"长名称"行，选择菜单栏中的"编辑"→"粘贴"命令，通过剪贴板在该工作表中导入标签行文本数据，如图 5.33 所示。

（10）全选工作表 Sheet1 中的数据，选择菜单栏中的"编辑"→"复制"→"复制所有"命令。打开工作表"复制所有"，激活"长名称"行，选择菜单栏中的"编辑"→"粘贴"命令，通过剪贴板在该工作表中导入标题行数据，如图 5.34 所示。

（11）选择菜单栏中的"文件"→"项目另存为"命令，将当前项目文件保存为"粘贴物理实验测试数据.opju"。

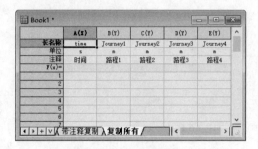

图 5.33　复制带注释数据　　　　　　　　　　图 5.34　复制标题行

5.2.2　拖放式的导入

Origin 支持拖放导入的功能，拖放式的导入是一个智能化的操作。具体来说，就是将文件用鼠标拖到目标软件界面后再放开，然后由软件"智能"地进行相应的处理，这在 Windows 平台中是很方便的操作方式。

直接将数据文件通过拖放的方式导入到 Origin 中，有 3 种方式。

（1）在 Origin 窗口没有激活前，将数据文件拖到 Windows 任务栏中 Origin 位置，如图 5.35（a）所示。启动 Origin，打开"提示信息"对话框，如图 5.35（b）所示。选中"是"单选按钮，单击"确定"按钮关闭该对话框，完成数据的导入，如图 5.35（c）所示。

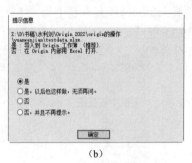
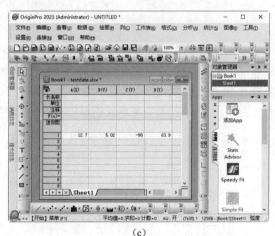

（a）　　　　　　　　　　（b）　　　　　　　　　　（c）

图 5.35　方法 1

（2）将文件拖放到 Origin 的项目管理器中，如图 5.36（a）所示，打开"提示信息"对话框，选中"是"单选按钮，单击"确定"按钮关闭该对话框，完成数据的导入，如图 5.36（b）所示。

（3）将文件拖放到 Origin 工作空间的空白处，如果拖到工作簿，则处理数据导入，同时也会完成数据导入，如图 5.37 所示。

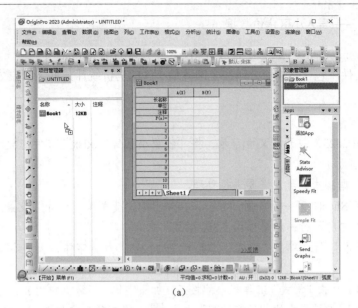

(a)

(b)

图 5.36 方法 2

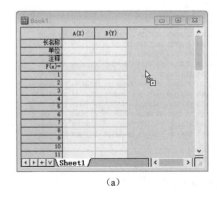

(a)

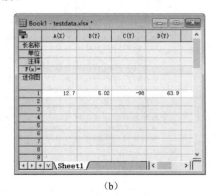

(b)

图 5.37 方法 3

★重点 动手学——导入小区房价数据

源文件： yuanwenjian\ch_05\物业小区房价.xlsx、小区房价数据.opju

本例在 Excel 文件中包含某物业公司在全国各地小区的房价统计数据，经过数据导入，得到 Origin 工作表数据。

【操作步骤】

（1）启动 Origin 2023，打开源文件目录，将"物业小区房价.xlsx"文件拖放到工作表中，导入数据文件，如图 5.38 所示。

仔细观察发现数据有些混乱，需要进行整理。

（2）选择工作表 Sheet1 第一行数据，右击，在弹出的快捷菜单中选择"设置为长名称"命令，将该行数据填充到"长名称"行，结果如图 5.39 所示。

（3）选择"长名称"行，单击"样式"工具栏中的按钮，加粗字体，设置字体大小为 12，字体颜色为红色。

（4）选择数据区，单击"样式"工具栏中的按钮，加粗字体，将数据左对齐，结果如图 5.40 所示。

（5）单击"标准"工具栏中的"保存项目"按钮 ，保存项目文件为"小区房价数据.opju"。

图 5.38　导入文件　　　　　图 5.39　设置长名称　　　　　图 5.40　数据整理

★重点 动手练——导入空气流采样数据

源文件： yuanwenjian\ch_05\wind.xlsx、导入空气流采样数据.opju

本练习将某地区空气流采样数据保存在 Excel 文件中，该文件中包含 4 张工作表 Sheet1、Sheet2、Sheet3、Sheet4，分别显示 4 组采样数据，如图 5.41 所示。本练习利用复制粘贴导入和拖动导入两种方法练习数据的导入，如图 5.42 所示。

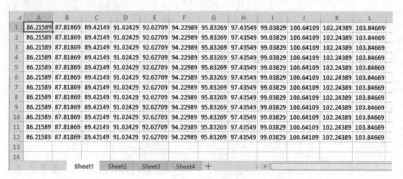

图 5.41　数据文件

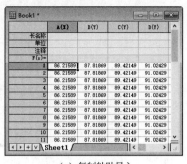

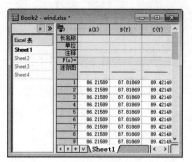

(a) 复制粘贴导入　　　　　　　　　　　　(b) 拖动导入

图 5.42　示例结果

【操作提示】

（1）启动 Origin 2023 软件，默认打开工作簿 Book1 中的 Sheet1 工作表，新建工作簿 Book2。

（2）打开 wind.xlsx 文件，将工作表 Sheet1 置为当前。

（3）全选 Excel 工作表 Sheet1，复制粘贴到 Origin 工作簿 Book1 中的 Sheet1 工作表中。

（4）将 wind.xlsx 文件拖动到工作簿 Book2 空白区域，在工作簿 Book2 中自动加载 4 张工作表 Sheet1、Sheet2、Sheet3、Sheet4 中的数据。

（5）保存项目文件为"导入空气流采样数据.opju"。

5.2.3　导入 ASCII 文件

ASCII 格式文件由表头和实验数据构成，其中表头经常被省略。实验数据部分由行和列构成，行代表一条实验记录，列代表一种变量的数值，列与列之间采用一定的符号隔开。根据导入 ASCII 文件的个数，Origin 采用两种方法进行导入处理。

1. 导入单个 ASCII 文件

【执行方式】

- 菜单栏：选择菜单栏中的"数据"→"从文件导入"→"单个 ASCII 文件"命令。
- 工具栏：单击"标准"工具栏中的"导入单个 ASCII 文件"按钮 ；单击"导入"工具栏中的"导入单个 ASCII 文件"按钮 。
- 快捷键：Ctrl+K 组合键。

【操作步骤】

执行上述命令，打开 ASCII 对话框，如图 5.43 所示，在该对话框中选择单个*.dat 文件。单击"打开"按钮，关闭该对话框，直接在工作簿窗口中显示导入的 ASCII 数据，如图 5.44 所示。

2. 导入多个 ASCII 文件

【执行方式】

- 菜单栏：选择菜单栏中的"数据"→"从文件导入"→"多个 ASCII 文件"命令。
- 工具栏：单击"标准"工具栏中的"导入多个 ASCII 文件"按钮 。

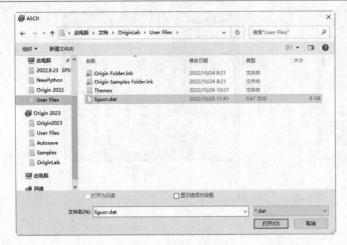

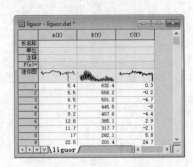

图 5.43　ASCII 对话框　　　　　　　　　　　图 5.44　导入的 ASCII 数据

【操作步骤】

（1）执行上述命令，打开 ASCII 对话框，如图 5.45 所示，在该对话框中选择多个*.dat 文件。单击"添加文件"按钮，一次添加一个 DAT 文件，执行多次操作，即可添加多个 DAT 文件，列表框内显示要导入的 ASCII 文件的名称、大小、修改信息等。

（2）单击"确定"按钮，关闭该对话框，打开 ASCII：impASC 对话框，如图 5.46 所示，该对话框提供了对需要导入的 ASCII 文件相关参数的设置，如标题行、文件结构、列等，设置好后，可以单击"对话框主题"右侧的▶按钮，在弹出的快捷菜单中选择"另存为"命令，对文件设置保存为一个主题，方便以后调用。

图 5.45　ASCII 对话框　　　　　　　　　　图 5.46　ASCII：impASC 对话框

【选项说明】

1．ASCII 导入选项

（1）输出到结果日志：勾选该复选框，在"结果日志"导航器中显示文件导入结果日志信息。

（2）文件名：在列表内显示当前需要导入的文件，还可以对文件名信息进行处理，单击右侧的

"…"按钮，打开 ASCII 对话框，添加或删除现有的数据文件。

（3）文件信息：在该选项下显示导入文件的文件大小、行列数等基本信息。

2. 导入设置

（1）添加迷你图：用于设置是否添加迷你图，可以选择不添加、添加或者少于 50 列时添加；默认选项即少于 50 个数据自动添加。

（2）第一个文件导入模式：当包含多个文件时，需要单独设置第一个文件的导入模式。默认为"替代当前数据"，其他选择包括新建簿（工作簿）、新建表（工作表）、新建列、新建行等。

（3）多文件（第一个除外）导入模式：其余文件格式导入模式相同，默认为"新建簿"，对于导入多个 ASCII 文件，每个文件对应一个工作簿。

（4）模板名称：选择导入文件的工作簿模板文件。

（5）标题行：单击该选项前的"+"按钮，展开该选项组，显示表头的相关参数，如图 5.47 所示，包括自动确定标题行、从底部开始计算行序号、长名称、单位、注释、系统参数、用户参数等。

（6）文件结构：单击该选项前的"+"按钮，展开该选项组，显示文件结构的相关参数，如图 5.48 所示。

1）数据结构：该下拉列表中包括 3 种格式：分隔符-单个字符、分隔符-多个字符、固定宽度。

固定宽度较简单，输入每列字符数即可。分隔符即采用逗号、制表符或空格等分开数据的格式。大部分实际数据存放以分隔符方式为主，固定列宽方式更浪费存储空间，效率较低。

2）分隔符：Origin 中的分隔符包括未知、制表符/空格、制表符、逗号、分号、空格和其他。

图 5.47　"标题行"展开选项

图 5.48　"文件结构"展开选项

如果用户能够确定分隔符为逗号、分号、制表符或空格中的一种，则直接选择该项；如果确定有分隔符但不是以上几种，则可以选择"其他"项进行定制，添加"其他分隔符"选项，直接在该文本框内输入分隔符的符号，常用的其他分隔符如引号、冒号和斜线。

如果不能确定分隔符，也可以选择"未知"，则 Origin 会搜索数据文件，尽量找到有效的分隔标志。

3）数字分隔符：实际数据中逗号和小数点出现的格式。数据中有些内容会与分隔符有冲突。例如，一般情况下，逗号可以作为分隔符，但对于数据 1,000 代表 1000，而不是代表 1 和 000 两个数值，此时，逗号不作为分隔符使用。因此在处理时软件会适当对指定的分隔符加以识别区分。

4）自定义日期格式：指定日期格式数据的格式。

5）自定义时间格式：指定时间格式数据的格式。

6）数据转置：勾选该复选框，数据将进行转置后输出。

（7）列：设置数据列的处理。单击该选项前的"+"按钮，展开该选项组，如图 5.49 所示。

1）列数：指定列数。默认为 0，表示列数由文件本身决定，若选择了其他数值，则只会导入相应数目的列，多余的列会被软件忽略，而不够的部分会自动补充为空列。

2）自动确定列类型：自动设定各列数据格式。Origin 中最常用的数据格式是数字、字符和日期等。勾选该复选框，则由 Origin 自动将格式定义为相应的数据类型，导入后不用再设置列的数据格式；取消勾选该复选框，则导入时不进行自定义，即原本导入，可以完整地保留所有信息。

3）数据结构的最小行数：指定最少行数据以便软件搜索和识别数据结构，以保证这些行的数据结构一致。

4）数据结构的最大行数：指定最多行数据以便软件搜索和识别数据结构。

5）列的绘图设定：选择数据列的绘图属性，在下拉列表中选择现有模板或自定义，将列数据导入后自动设定各列的变量类型（X 变量、Y 变量或误差变量等）。

（8）重命名工作表和工作簿：设置导入文件所在的工作簿工作表名称、注释。单击该选项前的"+"按钮，展开该选项组，如图 5.50 所示。

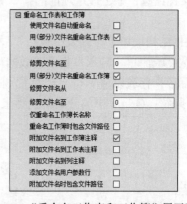

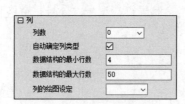

图 5.49　"列"展开选项　　　　　　　　　图 5.50　"重命名工作表和工作簿"展开选项

（9）部分导入：表示导入部分数据而不是全部数据。单击该选项前的"+"按钮，展开该选项组，指定从第几行到第几行导入，或是从第几列开始导入到哪一列结束，还可以选择跳过几行的数据，此时还要选择连续导入多少行，再跳过、再导入，重复设定直到哪一行结束，如图 5.51 所示。

1）部分列："起始""结束"选项指定从哪一列导入另一列；"读取""跳过"选项指定跳过多少行然后连续读取多少行数据，不断重复。

2）部分行：指定从哪一行导入另一行，跳过多少行然后连续读取多少行。

（10）其他：设置导入文件所在的工作簿工作表名称、注释。单击该选项前的"+"按钮，展开该选项组，如图 5.52 所示。

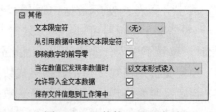

图 5.51　"部分导入"展开选项　　　　　　　图 5.52　"其他"展开选项

1）文本限定符：是否使用引号限定。

2）从引用数据中移除文本限定符：如果数据有引号，则删除引号。

3）移除数字的前导零：删除数据开头的 0。

4）当在数值区发现非数值时：如果处理数据区域的非数据数值，通常是当成文本读入，以后再处理。

5）允许导入全文本数据：勾选该复选框，可以导入数据均为文本的文件。

6）保存文件信息到工作簿中：勾选该复选框，文件导入时提取源文件的信息并将其保存在项目文件中。

（11）脚本：通过输入脚本编程，对导入文件进行操作，如图 5.53 所示。

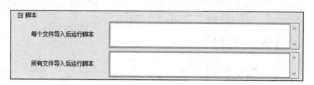

图 5.53　"脚本"展开选项

3．输出

指定输出数据范围，默认显示当前工作簿工作表。

扫一扫，看视频

★重点　动手学——添加导入文件类型

Origin 中可以导入的文件类型很多，"从文件导入"菜单命令下只能显示有限的文件类型；若有需要，可以在该菜单命令下选择"添加/删减文件类型"命令。

【操作步骤】

（1）选择菜单栏中的"数据"→"从文件导入"→"添加/删减文件类型"命令，打开"导入菜单自定义"对话框，默认勾选"显示'添加/删减文件类型'菜单"复选框，在子菜单中显示"添加/删减文件类型"命令。

（2）在左侧"文件类型"列表中显示所有可用文件类型，其中，显示为灰色字体的选项表示已经添加到子菜单中，显示为黑色字体的选项表示未添加到子菜单中。

（3）选择"单个 ASCII 文件"选项，单击→按钮，将该选项添加到右侧"数据"列表中，如图 5.54 所示。单击"确定"按钮，关闭该对话框。选择菜单栏中的"数据"→"从文件导入"命令，显示级联子菜单，可以发现在其中添加了"单个 ASCII 文件"命令，如图 5.55 所示。

使用同样的方法在级联子菜单中添加"逗号分隔（CSV）"命令，结果如图 5.56 所示。

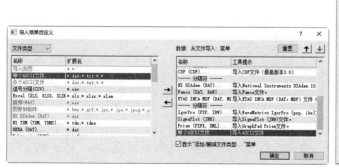

图 5.54　"导入菜单自定义"对话框

图 5.55　添加菜单命令

图 5.56　添加 CSV 菜单命令

★重点 动手学——导入 CSV 文件

源文件：yuanwenjian\ch_05\钢材消耗与国民经济表.csv、钢材消耗与国民经济表.ogwu

Text/CSV 文件的目的是实现简单的数据存储，其是一个纯文本文件，广泛应用于在程序之间转移表格数据等场景中，其能够兼容各类程序。

本例演示如何导入 CSV 文件"钢材消耗与国民经济表.csv"中的数据，如图 5.57 所示。

	A	B	C	D	E
1		A钢材消费量	B钢材消费量	C钢材消耗量	国民收入
2	第1年	549	910	1025	1555
3	第2年	429	851	1316	1917
4	第3年	538	942	1539	2051
5	第4年	698	1097	1561	2111
6	第5年	872	1284	1785	2286
7	第6年	988	1502	1762	2311
8	第7年	807	1394	960	2003
9	第8年	738	1303	1902	2435

图 5.57　钢材消耗与国民经济表

【操作步骤】

1. 创建项目文件

（1）启动 Origin 2023，项目管理器中自动创建项目文件 UNTITLED，该项目文件下默认创建一个文件夹 Folder1，该文件夹中包含工作簿文件 Book1。

（2）选择菜单栏中的"数据"→"从文件导入"→"逗号分隔（CSV）"命令，打开 CSV 对话框，选择"钢材消耗与国民经济表"，单击"添加文件"按钮，在文件列表中显示导入的 CSV 文件信息，如图 5.58 所示。

（3）单击"确定"按钮，关闭该对话框，打开"逗号分隔（CSV）"对话框，如图 5.59 所示，设置导入 CSV 文件需要的参数。

（4）单击"确定"按钮，关闭该对话框，在当前工作表中导入数据，标题栏行中自定义添加"迷你图"，显示每列数据对应的简略图。同时，项目文件下默认的工作簿 Book1 工作表 Sheet1 自动重命名为 CSV 文件名称"钢材消耗与国民经济表"，结果如图 5.60 所示。

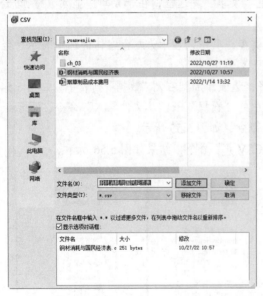

图 5.58　CSV 对话框

图 5.59　"逗号分隔（CSV）"对话框

2. 保存窗口文件

选择菜单栏中的"文件"→"保存窗口为"命令，打开"保存窗口为"对话框，在"文件路径"下拉列表中指定保存文件的路径，在"文件名"文本框内输入"钢材消耗与国民经济表"，如图 5.61 所示，单击"确定"按钮，保存工作簿文件。

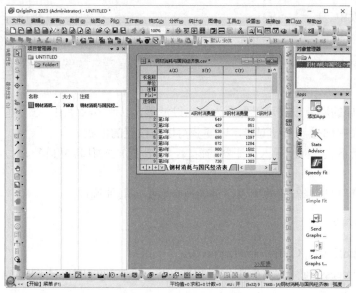

图 5.60　导入 CSV 文件数据　　　　　　图 5.61　"保存窗口为"对话框

5.2.4　文件向导导入

在 Origin 中，通过"导入向导"对话框可以自动根据文件类型识别导入数据，同时还可以设置更精确的参数。

【执行方式】

➥ 菜单栏：选择菜单栏中的"数据"→"从文件导入"→"导入向导"命令。

➥ 工具栏：单击"标准"工具栏中的"导入向导"按钮 📥。

➥ 快捷键：Ctrl+3 组合键。

【操作步骤】

执行上述命令，打开"导入向导-来源"对话框，如图 5.62 所示，通过处理各种格式和参数设置完成数据的导入。

【选项说明】

（1）"数据类型"选项组。在该选项组下选择导入文件类型，包括 3 个选项：ASCII、二进制、用户自定义，可以选择 ASCII 码文件、二进制文件或用户自定义文件。

（2）"数据源"选项组。

1）文件：单击文件选择按钮"…"，选择数据源为一个或多个文件，其选择方式与选择多个 ASCII 文件一样。

2）剪贴板：选择剪贴板作为数据源，首先从 Excel、Word、Internet Explorer 网页或其他

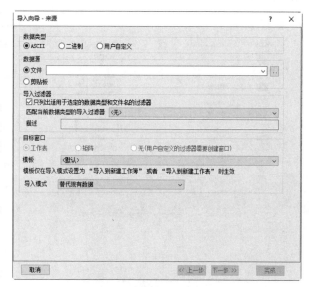

图 5.62　"导入向导-来源"对话框

Windows 软件中选择数据并复制到剪贴板中。

📢 提示：

> 选择从剪贴板中导入与直接在数据表中粘贴的区别是，直接粘贴只能处理简单的数据结构；如果数据结构较复杂，建议使用导入向导的"剪贴板"功能。

（3）"导入过滤器"选项组。导入向导的所有设置可以保存为导入过滤器，以便多次使用。在"匹配当前数据类型的导入过滤器"下拉列表中选择一个过滤器，以便获得以前设置的参数。

（4）"目标窗口"选项组。在该选项组下选择应用导入过滤器的窗口，包括工作表窗口、矩阵窗口。

1）模板：导入模板。

2）导入模式：导入数据存放位置，可以选择新建数据表、替换现有数据或其他选项。

扫一扫，看视频

★重点 动手学——导入 ASCII 文件数据

源文件：yuanwenjian\ch_05\Chirp Signal.dat、Chirp Signal.opju

Origin 中示例文件夹 Sample/Signal Processing 中包含啁啾信号数据文件 Chirp Signal.dat，本例演示使用向导导入该文件中的数据。

【操作步骤】

1．创建项目文件

（1）启动 Origin 2023，项目管理器中自动创建项目文件 UNTITLED，该项目文件下默认创建一个文件夹 Folder1，该文件夹中包含工作簿文件 Book1。

（2）选择菜单栏中的"数据"→"从文件导入"→"导入向导"命令，打开"导入向导-来源"对话框，在"数据类型"选项组下选择文件类型为 ASCII，在"数据源"选项组下"文件"选项的右侧单击"…"按钮，打开"导入多个 ASCII 文件"对话框，在 Signal Processing 文件夹下选择 ASCII 文件 Chirp Signal.dat，如图 5.63 所示，单击"添加文件"按钮，添加该文件。

（3）单击"确定"按钮，关闭该对话框，返回"导入向导-来源"对话框，显示导入的文件，如图 5.64 所示。

图 5.63　"导入多个 ASCII 文件"对话框

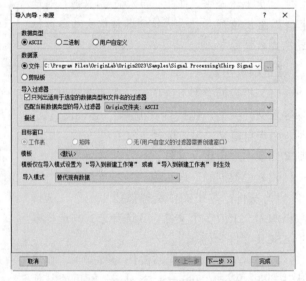

图 5.64　"导入向导-来源"对话框

📢 **提示:**

如果文件格式简单,直接单击"完成"按钮,完成导入;如果需要详细设置,则需要单击"下一步"按钮,根据向导对话框一步一步地进行详细设置。

(4)单击"下一步"按钮,打开"导入向导-标题线"对话框,如图 5.65 所示,用于工作表中表头的设置。

(5)单击"下一步"按钮,打开"导入向导-提取变量"对话框,如图 5.66 所示,用于工作表中变量的设置。

图 5.65 "导入向导-标题线"对话框

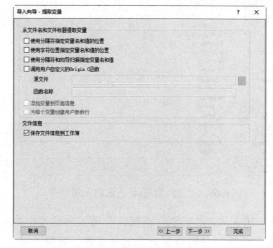

图 5.66 "导入向导-提取变量"对话框

(6)单击"下一步"按钮,打开"导入向导-文件名选项"对话框,如图 5.67 所示,用于工作表与工作簿的重命名设置。

(7)单击"下一步"按钮,打开"导入向导-数据列"对话框,如图 5.68 所示,用于工作表中数据列的分隔符与数据格式的设置。重点是对于日期和时间的格式定义,如果没有定义,则会当成数值(根据年、月、日计算出来的整数)读入。

图 5.67 "导入向导-文件名选项"对话框

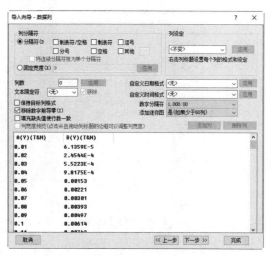

图 5.68 "导入向导-数据列"对话框

（8）单击"下一步"按钮，打开"导入向导-数据选取"对话框，如图 5.69 所示，用于工作表部分数据的导入设置。

（9）单击"下一步"按钮，打开"导入向导-保存过滤器"对话框，如图 5.70 所示，用于工作表中过滤器的保存设置。

图 5.69　"导入向导-数据选取"对话框

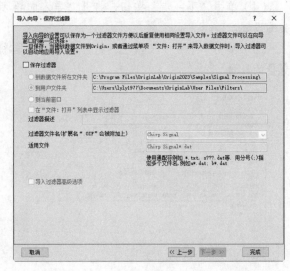

图 5.70　"导入向导-保存过滤器"对话框

（10）单击"完成"按钮，关闭该对话框，在当前工作表中导入数据，标题栏行中自定义添加"迷你图"，显示每列数据对应的简略图。同时，项目文件下默认的工作簿 Book1 工作表 Sheet1 自动重命名为 ASCII 文件名称 Chirp Signal，结果如图 5.71 所示。

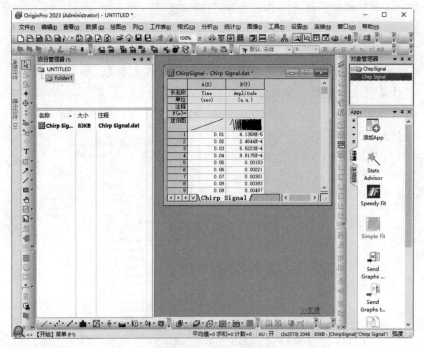

图 5.71　导入文件数据

2. 保存项目文件

选择菜单栏中的“文件”→“保存项目”命令，打开“另存为”对话框，在文件列表框中指定保存文件的路径，在“文件名”文本框内输入 Chirp Signal，单击“保存”按钮，保存项目文件。

5.2.5　数据连接器连接

在 Origin 中，数据连接器是从文件或网页导入数据的新机制。通过数据连接器导入的数据被锁定编辑，从而确保数据的完整性。导入的数据和导入数据的图不会随项目一起保存，但是可重算的分析输出都会随项目一起保存。

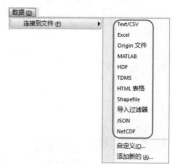

【执行方式】

菜单栏：选择菜单栏中的“数据”→“连接到文件”命令。

【操作步骤】

执行上述命令，弹出级联子菜单，如图 5.72 所示，创建数据连接器，完成各种格式的文件数据的导入，可导入文件类型包括 Text/CSV、Excel、Origin 文件、MATLAB、HDF、TDMS、HTML 表格等，其连接信息保存在工作簿/工作表中。

图 5.72　级联子菜单

★重点 动手学——导入 Excel 数据

扫一扫，看视频

源文件：yuanwenjian\ch_05\工业污染治理投资.xlsx、工业污染治理投资.opju

Excel 中的 XLS 或 XLSX 文件是最常用且便于存取的数据文件，本例演示如何导入如图 5.73 所示的 Excel 文件“工业污染治理投资.xlsx”中的数据。

	A	B	C	D	E	F	G
1	指标	2017	2016	2015	2014	2013	2012
2	工业污染治理完成投资(万元)	681.53	819.00	773.68	997.65	849.66	500.45
3	治理废水项目完成投资(万元)	76.37	108.23	118.41	115.24	124.88	140.34
4	治理废气项目完成投资(万元)	446.26	561.47	521.80	789.39	640.91	257.71
5	治理固体废物项目完成投资(万元)	12.74	46.67	16.14	15.05	14.04	24.74
6	治理噪声项目完成投资(万元)	1.28	0.62	2.78	1.09	1.76	1.16
7	治理其他项目完成投资(万元)	144.86	101.99	114.52	76.86	68.06	76.48
8	工业污染治理本年竣工项目数(个)	--	--	--	--	--	--

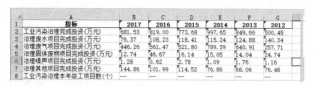

图 5.73　工业污染治理投资数据

【操作步骤】

1. 创建项目文件

启动 Origin 2023，项目管理器中自动创建项目文件 UNTITLED，该项目文件下默认创建一个文件夹 Folder1，该文件夹中包含工作簿文件 Book1。

2. 导入 Excel 文件

（1）选择菜单栏中的“数据”→“连接到文件”→ Excel 命令，打开“打开”对话框，选择“工业污染治理投资”文件，如图 5.74 所示。单击“打开”按钮，打开“Excel 导入选项”对话框，如图 5.75 所示。

（2）在“Excel 表格”中选择文件中要连接的工作表，默认选择 Sheet1；默认勾选“主标题行”选项后的“自动”复选框，自动识别 Excel 中的标题参数数据并添加到 Origin 工作表标题行中；“列标签”选项用于设置数据列的名称、单位与注释；“部分导入”选项用于设置需要导入的行列范围。

（3）单击 ⊙... 按钮，打开“其他选项”对话框，如图 5.76 所示，用于进行迷你图与脚本运行参数设置。

图 5.74　"打开"对话框

图 5.75　"Excel 导入选项"对话框

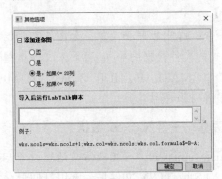

图 5.76　"其他选项"对话框

（4）单击"确定"按钮，关闭该对话框，在当前工作表中导入数据，同时，项目文件下默认的工作簿 Book1 自动重命名为 Excel 文件名称"工业污染治理投资.xlsx"，结果如图 5.77 所示。

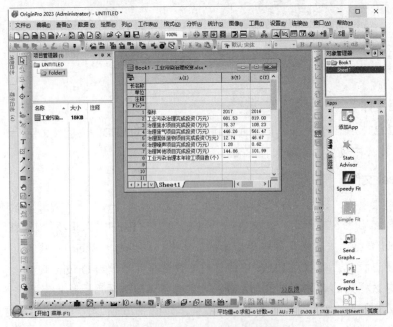

图 5.77　导入工业污染治理投资数据

3. 保存项目文件

选择菜单栏中的“文件”→“保存项目”命令，打开“另存为”对话框，在文件列表框中指定保存文件的路径，在“文件名”文本框内输入“工业污染治理投资”，单击“保存”按钮，保存项目文件。

扫一扫，看视频

★重点 动手练——利用数据连接器导入 CSV 文件

源文件： yuanwenjian\ch_05\烟草制品成本费用.csv、烟草制品成本费用. opju

现有“烟草制品成本费用.csv”文件，用于保存不同年份烟草制品企业、亏损企业、亏损金额等数据，如图 5.78 所示。本练习利用数据连接器导入该文件并将数据保存到 Origin 项目文件中，如图 5.79 所示。

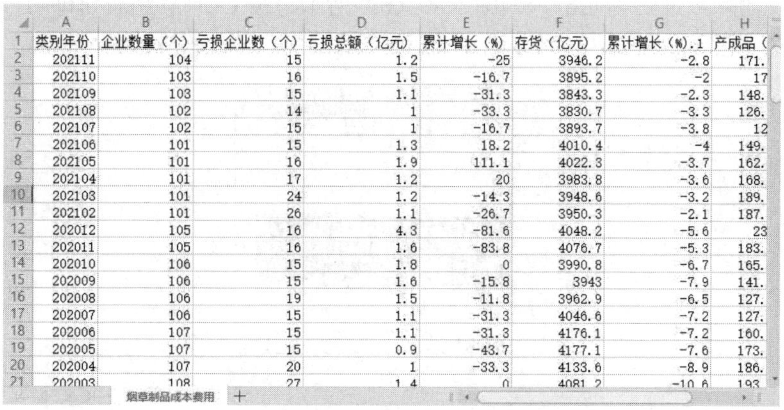

	A	B	C	D	E	F	G	H
1	类别年份	企业数量（个）	亏损企业数（个）	亏损总额（亿元）	累计增长（%）	存货（亿元）	累计增长（%）.1	产成品（
2	202111	104	15	1.2	-25	3946.2	-2.8	171.
3	202110	103	16	1.5	-16.7	3895.2	-2	17
4	202109	103	15	1.1	-31.3	3843.3	-2.3	148.
5	202108	102	14	1	-33.3	3830.7	-3.3	126.
6	202107	102	15	1	-16.7	3893.7	-3.8	12
7	202106	101	15	1.3	18.2	4010.4	-4	149.
8	202105	101	16	1.9	111.1	4022.3	-3.7	162.
9	202104	101	17	1.2	20	3983.8	-3.6	168.
10	202103	101	24	1.2	-14.3	3948.6	-3.2	189.
11	202102	101	26	1.1	-26.7	3950.3	-2.1	187.
12	202012	105	16	4.3	-81.6	4048.2	-5.6	23
13	202011	105	16	1.6	-83.8	4076.7	-5.3	183.
14	202010	106	15	1.8	0	3990.8	-6.7	165.
15	202009	106	15	1.6	-15.8	3943	-7.9	141.
16	202008	106	19	1.5	-11.8	3962.9	-6.5	127.
17	202007	106	15	1.1	-31.3	4046.6	-7.2	127.
18	202006	107	15	1.1	-31.3	4176.1	-7.2	160.
19	202005	107	15	0.9	-43.7	4177.1	-7.6	173.
20	202004	107	20	1	-33.3	4133.6	-8.9	186.
21	202003	108	27	1.4	0	4081.2	-10.6	193

图 5.78　烟草制品成本费用数据文件

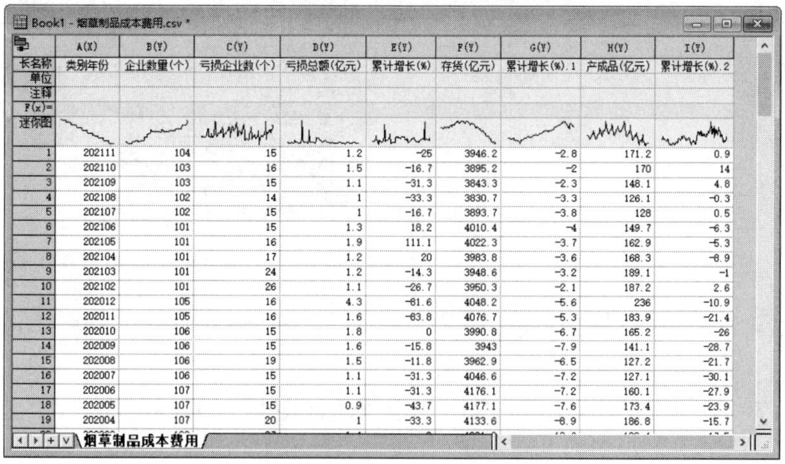

	A(X)	B(Y)	C(Y)	D(Y)	E(Y)	F(Y)	G(Y)	H(Y)	I(Y)
长名称	类别年份	企业数量(个)	亏损企业数(个)	亏损总额(亿元)	累计增长(%)	存货(亿元)	累计增长(%).1	产成品(亿元)	累计增长(%).2
单位									
注释									
F(x)=									
迷你图									
1	202111	104	15	1.2	-25	3946.2	-2.8	171.2	0.9
2	202110	103	16	1.5	-16.7	3895.2	-2	170	14
3	202109	103	15	1.1	-31.3	3843.3	-2.3	148.1	4.8
4	202108	102	14	1	-33.3	3830.7	-3.3	126.1	-0.3
5	202107	102	15	1	-16.7	3893.7	-3.8	128	0.5
6	202106	101	15	1.3	18.2	4010.4	-4	149.7	-6.3
7	202105	101	16	1.9	111.1	4022.3	-3.7	162.9	-5.3
8	202104	101	17	1.2	20	3983.8	-3.6	168.3	-8.9
9	202103	101	24	1.2	-14.3	3948.6	-3.2	189.1	-1
10	202102	101	26	1.1	-26.7	3950.3	-2.1	187.2	2.6
11	202012	105	16	4.3	-81.6	4048.2	-5.6	236	-10.9
12	202011	105	16	1.6	-83.8	4076.7	-5.3	183.9	-21.4
13	202010	106	15	1.8	0	3990.8	-6.7	165.2	-26
14	202009	106	15	1.6	-15.8	3943	-7.9	141.1	-28.7
15	202008	106	19	1.5	-11.8	3962.9	-6.5	127.2	-21.7
16	202007	106	15	1.1	-31.3	4046.6	-7.2	127.1	-30.1
17	202006	107	15	1.1	-31.3	4176.1	-7.2	160.1	-27.9
18	202005	107	15	0.9	-43.7	4177.1	-7.6	173.4	-23.9
19	202004	107	20	1	-33.3	4133.6	-8.9	186.8	-15.7

图 5.79　烟草制品成本费用数据

【操作提示】

（1）启动 Origin 2023 软件，默认打开工作簿 Book1 中的 Sheet1 工作表。

（2）选择菜单栏中的“数据”→“连接到文件”→Text/CSV 命令，打开“CSV 导入选项”对话框，添加迷你图，在当前工作表中导入 CSV 文件数据。

（3）保存项目文件。

5.3 数据输出

数据经过转换后，最后需要将结果以用户要求的形式输出，在 Origin 中，数据可以输出为 ASCII 文件、Excel 文件、图形图像文件等。

5.3.1 通过剪贴板导出文件

在 Origin 中还可以将工作表中的数据通过剪贴板导出到 Excel、CSV 等数据文件中。

打开 Origin 文件，选中需要复制的数据，按 Ctrl+C 组合键，如图 5.80（a）所示。切换到 Excel 工作表中，单击要输入数据的单元格，如图 5.80（b）所示，按 Ctrl+V 组合键即可在单元格中粘贴数据，如图 5.80（c）所示。

(a)

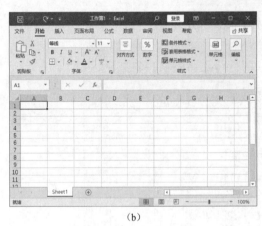

(b)

(c)

图 5.80 复制粘贴外部数据

5.3.2 输出 ASCII 文件

ASCII 格式是 Windows 平台中最简单的文件格式，常用的扩展名为*.txt 或*.dat，几乎所有的软件都支持 ASCII 格式的输出，Origin 也不例外。ASCII 格式的特点是由普通的数字、符号和英文字母构成，不包含特殊符号，一般结构简单，可以直接使用记事本程序打开。

【执行方式】

菜单栏：选择菜单栏中的"文件"→"导出"→ASCII 命令。

【操作步骤】

执行上述命令，打开 ASCIIEXP 对话框，如图 5.81 所示，选择文件路径，输出 ASCII 格式的 DAT 文件。

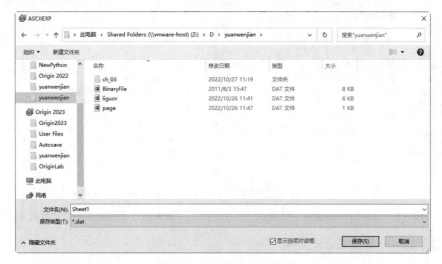

图 5.81　ASCIIEXP 对话框

★重点 动手学——导出测试数据 ASCII 文件

源文件：yuanwenjian\ch_05\物理实验测试数据.opju
现有物理实验测试数据，本例演示如何使用导出命令演示导出工作表数据。

扫一扫，看视频

【操作步骤】

（1）启动 Origin 2023，将源文件下的"物理实验测试数据.opju"文件拖放到工作区，导入项目文件。

（2）选择菜单栏中的"文件"→"导出"→ASCII 命令，打开 ASCIIEXP 对话框，选择文件路径，输出 ASCII 格式的 DAT 文件"物理实验测试数据.dat"。

（3）单击"保存"按钮，关闭该对话框，打开 ASCII：expASC 对话框，输出当前工作表中的数据，如图 5.82 所示。

- 在"文件类型"下拉列表中显示输出文件类型 DAT。
- 在"文件路径"下拉列表中显示输出的 ASCII 文件的路径。
- 在"编码"下拉列表中选择数据编码格式，包括自动、ANSI、UTF-8、Unicode、Unicode Big Endian，默认选择"自动"。
- 勾选"只输出被选择的数据"复选框，则只输出工作表中的部分数据（使用鼠标选择）。
- 在"分隔符"下拉列表中选择识别的分隔符符号，默认值为 TAB。
- 在"标签"选项组中显示输出数据包含的标题行参数，包括短名称、长名称、单位、注释、用户参数、采样间隔等参数。
- 在"选项"选项组中显示输出数据的其余设置参数，如是否输出行标签和索引，是否按照全精度输出等。

（4）单击"确定"按钮，关闭该对话框，在指定路径下输出 ASCII 文件"物理实验测试数据.dat"，如图 5.83 所示。

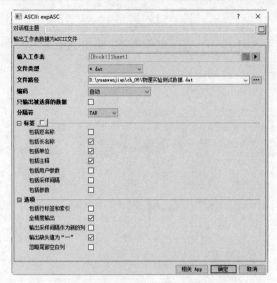

图 5.82　ASCII：expASC 对话框

time	Journey1	Journey2	Journey3	Journey4
s	m	m	m	m
0	0	0	0	0
0.2	0.58	0.31	0.18	0.08
0.4	0.83	0.56	0.36	0.19
0.6	1.14	0.89	0.62	0.3
0.8	1.56	1.23	0.78	0.36
1	2.08	1.52	0.99	0.49

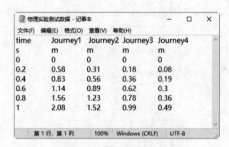

图 5.83　“物理实验测试数据.dat”文件

扫一扫，看视频

★重点 动手练——导出 Excel 文件

源文件：yuanwenjian\ch_05\物理实验测试数据.opju、物理实验测试数据.xlsx

本练习演示如何使用导出命令导出工作表数据，输出 Excel 文件，如图 5.84 所示。

	A	B	C	D	E
1	time	Journey1	Journey2	Journey3	Journey4
2	s	m	m	m	m
3	0	0	0	0	0
4	0.2	0.58	0.31	0.18	0.08
5	0.4	0.83	0.56	0.36	0.19
6	0.6	1.14	0.89	0.62	0.3
7	0.8	1.56	1.23	0.78	0.36
8	1	2.08	1.52	0.99	0.49

图 5.84　Excel 数据文件

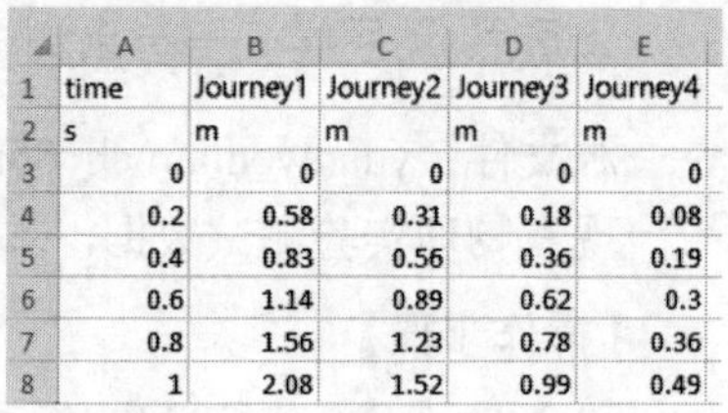

【操作提示】

（1）启动 Origin 2023 软件，打开项目文件“物理实验测试数据.opju”。

（2）利用 Excel 命令在当前工作表中导出所有数据，保存输出文件“物理实验测试数据.xlsx”。

第6章　数据管理和处理

内容简介

作为一款数据分析工具软件，Origin 具有强大的数据管理功能，可以对数据进行多种方式的编辑与管理。同时，Origin 中独特的列管理十分重要。

本章从列的基本操作入手，通过对列数据进行设置，延伸到数据的基本操作，从简单的数据管理到复杂的数据处理，带领大家由浅入深地学习数据的各种操作。

6.1　列管理操作

Origin 中的列具有特定的物理意义，需要使用专门的命令进行操作。关于列的基本操作包括列的选择、位置移动等。

6.1.1　选择列

选择列可以直接用鼠标选择，也可以通过对话框设置选择条件。

1. 直接选择

单击列标题，全选当前列数据；按 Ctrl 键的同时单击列标题可以选择多个列数据；单击左上角列标题（空白区域），可以全选所有列数据，如图 6.1 所示。

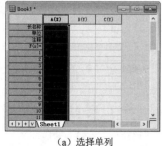
（a）选择单列

（b）选择多列

（c）选择所有列

图 6.1　选择列数据

2. 通过对话框选择

【执行方式】

菜单栏：选择菜单栏中的"列"→"选择列"命令。

【操作步骤】

执行上述命令，打开"选择"对话框，如图 6.2 所示，通过设置条件，选择符合条件的列。在"模式"下拉列表中选择匹配条件模式，包括按列标签、选择 N 列并跳过 M 列、按 LabTalk 脚本。

（a）按列标签

（b）选择 N 列并跳过 M 列

（c）按 LabTalk 脚本

图 6.2　"选择"对话框

（1）选择"按列标签"选项，在"标签行"对指定参数（长名称、单位、注释）进行筛选，在"字符"文本框中输入关键字。

（2）选择"选择 N 列并跳过 M 列"选项，定义 N、M=、开始列参数。

（3）选择"按 LabTalk 脚本"选项，通过 x、j 组合的脚本语言定义列。

单击"选择"按钮，在工作表中自动选择符合条件的列，选中列标为黑色底色，如图 6.3 所示；单击"隐藏"按钮，隐藏符合条件的列。

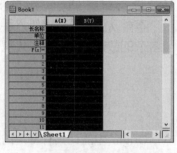

图 6.3　选中列

6.1.2　移动列

移动列即调整列在工作表中的位置。

【执行方式】

- ☞ 菜单栏：选择菜单栏中的"列"→"移动列"命令，弹出如图 6.4 所示的子菜单。
- ☞ 快捷命令：在工作表空白区域中右击，在弹出的快捷菜单中选择"移动列"命令，弹出如图 6.4 所示的子菜单。
- ☞ 工具栏：单击"标准"工具栏中的按钮，如图 6.5 所示。

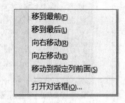

图 6.4　"移动列"子菜单

图 6.5　"移动列"按钮

【操作步骤】

执行上述命令，显示下列移动命令。

- ☞ 移到最前：移到最左边。
- ☞ 移到最后：移到最右边。
- ☞ 向右移动：向右移动一列。
- ☞ 向左移动：向左移动一列。
- ☞ 移动到指定列前面：移动到指定列前。

6.1.3 交换列

交换列即对调两列在工作表中的位置。

【执行方式】

菜单栏：选择菜单栏中的"列"→"交换列"命令。

【操作步骤】

执行上述命令，打开"交换列"对话框，如图 6.6 所示，在"列"选项右侧单击"在工作表中选择"按钮 ，选择需要交换的两列，单击"确定"按钮，直接交换两列。

在工作表中选择需要交换的两列，执行上述命令，直接交换两列的位置，结果如图 6.7 所示。

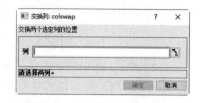

图 6.6 "交换列"对话框

（a）交换前

（b）交换后

图 6.7 交换两列

6.1.4 隐藏列

对于大量杂乱数据，为了方便数据后期的分析与处理，有时候需要暂时将不需要使用的数据进行隐藏。

【执行方式】

- 工具栏：单击浮动工具栏中的"隐藏"按钮 。
- 快捷命令：右击，在弹出的快捷菜单中选择"隐藏或取消隐藏列"→"隐藏"命令，如图 6.8 所示。

★重点 动手学——设置物理测试实验列数据

图 6.8 快捷命令

源文件：yuanwenjian\ch_06\物理实验测试数据.opju、物理测试实验列数据.opju

本例根据某次物理测试实验列数据进行列数据的交换、移动和隐藏，得到指定的工作表数据。

扫一扫，看视频

【操作步骤】

（1）启动 Origin 2023，打开源文件目录，将"物理实验测试数据.opju"文件拖放到工作区中，导入项目文件，如图 6.9 所示。

（2）依次选择 A(X)、B(Y)列，选择菜单栏中的"列"→"交换列"命令，交换 A(X)、B(Y)列的位置，变为 A(Y)、B(X)列，结果如图 6.10 所示。

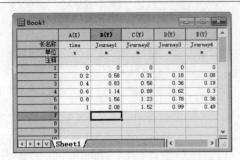

图 6.9　导入文件

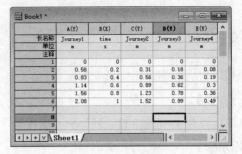

图 6.10　交换列

（3）选择 B(X) 列，选择菜单栏中的"列"→"移动列"→"移到最后"命令，将 B(X) 列移动到最后，变为 E(X) 列，结果如图 6.11 所示。

（4）选择 E(X) 列，单击浮动工具栏中的"隐藏"按钮，隐藏选中的列数据，结果如图 6.12 所示。

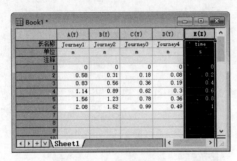

图 6.11　移动列

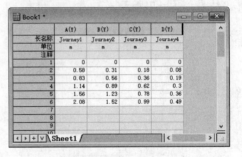

图 6.12　隐藏列

（5）选择菜单栏中的"文件"→"项目另存为"命令，打开"另存为"对话框，在"文件名"文本框内输入"物理测试实验列数据"，单击"保存"按钮，保存项目文件。

6.1.5　堆叠列

在使用 Origin 的过程中，可以通过选择要堆叠的多列将其堆叠成一列或多列，同时在堆叠列前添加标识列。

【执行方式】

菜单栏：选择菜单栏中的"工作表"→"堆叠列"命令。

【操作步骤】

执行上述命令，打开"堆叠列"对话框，将多个列的值堆叠成为一组中的多行，如图 6.13 所示。

【选项说明】

1．"需堆叠的列"选项

单击右侧的三角按钮，弹出如图 6.14 所示的快捷菜单，用于选择需要堆叠的列。

2．"组标识"选项

在"组别行"中选择标识列参数，默认为长名称。

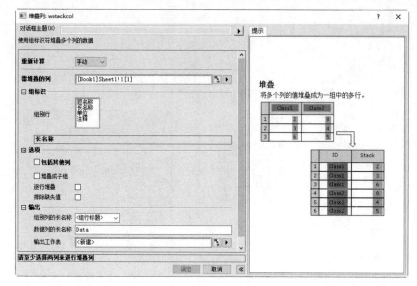

图 6.13 "堆叠列"对话框　　　　　　　　　　　图 6.14 快捷菜单

3. "选项"选项组

- ↘ 包括其他列：勾选该复选框，添加需要堆叠的列。
- ↘ 堆叠成子组：勾选该复选框，设置堆叠后的列数。默认不勾选该复选框的情况下，堆叠为 1 列。
- ↘ 逐行堆叠：勾选该复选框，先堆叠一行数据，再堆叠下一行数据。默认不勾选该复选框的情况下，按照列进行堆叠。
- ↘ 排除缺失值：勾选该复选框，删除堆叠列中的缺失值。

4. "输出"选项组

设置输出的堆叠后的列数据的参数，包括组别列的长名称、数据列的长名称、输出工作表。
单击"输出工作表"右侧的三角按钮 ▶，弹出快捷菜单，用于选择堆叠后的列数据输出位置。

★重点 动手学——堆叠物理测试实验列数据

源文件：yuanwenjian\ch_06\物理实验测试数据.opju、堆叠物理实验测试列数据 opju
本例堆叠某次物理测试实验列数据，得到指定的工作表数据。

扫一扫，看视频

【操作步骤】

（1）启动 Origin 2023，打开源文件目录，将"物理实验测试数据.opju"文件拖放到工作区，导入项目文件。

（2）在工作表 Sheet1 中选中 B(Y)～E(Y)列数据，选择菜单栏中的"工作表"→"堆叠列"命令，打开"堆叠列"对话框，如图 6.15 所示。

（3）单击"确定"按钮即可创建名为 StackCols1 的堆叠工作表，如图 6.16 所示。

（4）在工作表 StackCols1 中选中所有列数据，选择菜单栏中的"工作表"→"拆分堆叠列"命令，打开"拆分堆叠列：wunstackcol"对话框，"组别列"选择 A 列，如图 6.17 所示。

（5）单击"确定"按钮即可创建名为 UnstackCols1 的拆分堆叠工作表，如图 6.18 所示。

（6）保存项目文件。选择菜单栏中的"文件"→"项目另存为"命令，保存项目文件为"堆叠物理测试实验列数据.opju"。

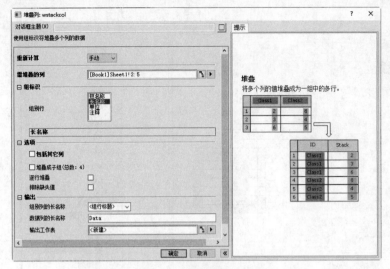

图 6.15 "堆叠列"对话框

图 6.16 堆叠工作表

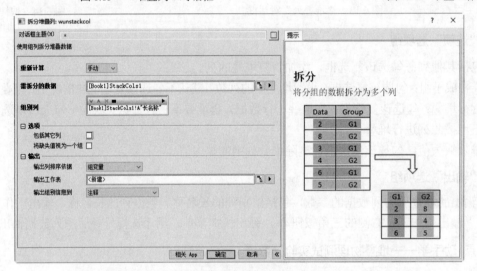

图 6.17 "拆分堆叠列"对话框

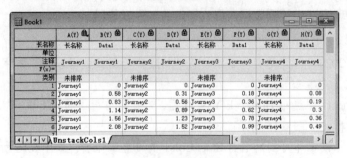

图 6.18 创建 UnstackCols1 工作表

6.1.6 改变列宽

调整列宽大小最直接的方法是通过鼠标拖动列边框实现，另外，还可以根据数据的长度自动进行调整。

【执行方式】

工具栏：单击浮动工具栏中的"调整大小以显示全部"按钮 ⊞。

【操作步骤】

选中列，执行上述命令，自动调整列宽，以显示完整数据为标准，如图6.19所示。

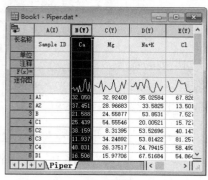
（a）调整前

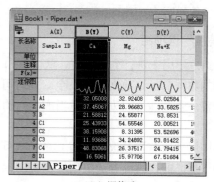
（b）调整后

图6.19 调整列宽

提示：

列宽还可以使用"列属性"对话框进行设置，如图6.20所示。

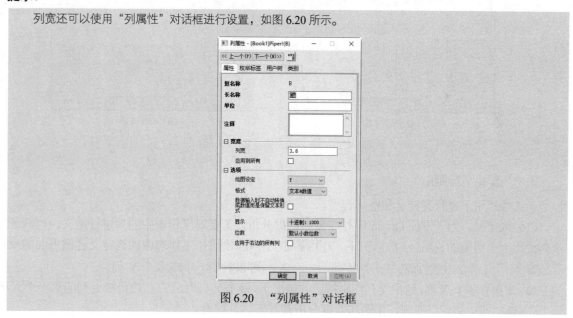

图6.20 "列属性"对话框

6.1.7 列属性设置

为了对列进行详细的定义和格式设置，需要对列属性进行设置。

【执行方式】

快捷命令：右击，在弹出的快捷菜单中选择"属性"命令。

【操作步骤】

在工作表中选中列，执行上述命令，打开"列属性"对话框，如图6.21所示。

【选项说明】

打开"属性"选项卡，下面介绍该选项卡中的常用选项。

1. 表头的设置

该部分主要介绍工作表表头的设置，包括名称（短名称、长名称）和单位等说明。

2. "宽度"选项组

该选项组主要用于进行列宽设置，默认值为 5.6，如果列的宽度比要显示的数据窄，则数据显示不全。此时可以将鼠标移动到列的边界位置，通过拖动列边界线适当加大列的宽度，如图 6.22 所示。

勾选"应用到所有"复选框，将其余所有列设置为该列的列宽；不勾选该复选框，只设置选中列的宽度。

图 6.21　"列属性"对话框

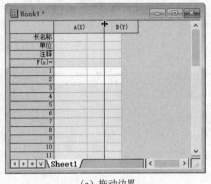

（a）拖动边界

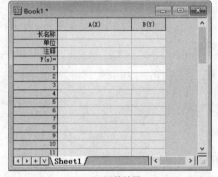

（b）调整结果

图 6.22　调整列宽

3. "选项"选项组

该选项组用于进行列定义和格式设置。

（1）列定义。为了方便 Origin 进行作图和数据分析，需要对工作表中的列进行定义，也就是为每个列给出一个明确的说明。一般情况下，如果需要使用数据绘图，工作表中的列定义遵循下面的规定。

- 一个工作表中至少应有一个 X 列，一个 X 列可以对应一个或多个 Y 列。
- 如果有多个 X 列，则在没有特别指定的情况下，每个 Y 列对应它左边最接近列的第一个 X 列，即"左边最近"原则，作图和数据分析都基于这种假设。
- 对于多 X 列和多 Y 列，从左到右第一个 X 列显示为 X1、X2、…，Y 列显示为 Y1、Y2、…。

在"绘图设定"下拉列表中选择列定义，在数据表上显示设置结果。包括 X（x 轴坐标）、Y（y 轴坐标）、Z（z 轴坐标）、标签（数据点标志）、忽略（不指定）、X 误差、Y 误差，其中，X（自变量）和 Y（因变量）是最基本的类型。

如果选中的是多列，则在"绘图设定"下拉列表中的列定义类型还可以选择 XYY、XY XY、XYY XYY、XYYY XYYY 等常用设置，如图 6.23 所示。

（2）格式设置。

1）在"格式"下拉列表中指定当前列中数据的类型。

➥ 数值：数值型数据，只能输入阿拉伯数字，在"显示"
下拉列表中选择科学记数法等显示数值数据。

➥ 文本：字符型数据，将被当作文本处理，不能参与计算、
绘图等。

➥ 时间：时间型数据，采用24小时制，格式为小时：分：
秒：分秒，以半角冒号间隔开，具体的格式可以在"显
示"下拉列表中选择。

➥ 日期：日期型数据，只能输入客观存在的日期，以空格、
斜线或连字符连接，对于不完整的日期，系统默认为当
前日期，因此一般输入完整的日期。在"显示"下拉列
表中选择具体的格式。

➥ 月：只能输入月份的英文名称，在"显示"下拉列表中
选择输入月份的格式，如January可以表示为J、Jan、
January。

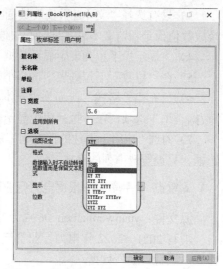

图6.23 "绘图设定"下拉列表

➥ 星期：输入星期的英文名称，在"显示"下拉列表中选择输入星期的格式，如Monday可表示
为M、Mon、Monday。

➥ 文本&数值：工作表中列数据的默认类型，可以接收任何类型的数据，系统会自动识别。但字
符型数据进行运算时将视为空值。

➥ 颜色：只能输入颜色值对应的十六进制格式，如#FD0000。

📢 **注意：**

> 如果将数据指定为其中任意一种类型，则输入其他类型的数据时可能显示不正确。例如，指定当前为"数值"，若输入"数据"等字符型数据则不能显示。

2）在选择数据的相关类型后，可以在"显示"下拉列表中选择对应显示的格式，图6.24所示为
时间和日期的显示格式。

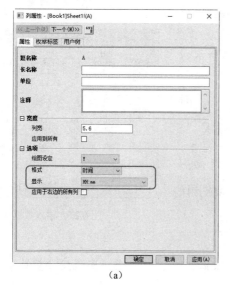

(a)

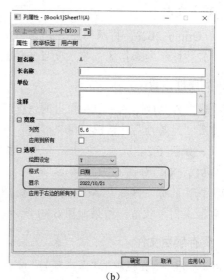

(b)

图6.24 时间和日期的显示格式

3）只有选择"文本&数值"数据类型，才显示"数据输入时不自动转换成数值而是保留文本形式"选项，勾选该复选框，将输入数值识别为文本。

4）"显示"下拉列表中显示数据类型对应的数据格式。

5）在"位数"下拉列表中选择小数位数的设置方法。

图 6.25 "数据类型"选项

6）只有当"格式"选项为"文本 & 数值"或者"数值"时，才显示"数据类型"选项，在下拉列表中显示数据的位数，一般包括 9 种数据位数，如图 6.25 所示。

7）勾选"应用于右边的所有列"复选框，将选中列右侧的所有列设置为该列的格式；不勾选该复选框，只设置选中列的格式。

扫一扫，看视频

★重点 动手学——根据电力行业景气度分析数据设置日期列数据

源文件：yuanwenjian\ch_06\电力行业景气度分析数据.xlsx、电力行业景气度分析数据.opju

现有 2021—2022 年电力行业景气度分析数据，如图 6.26 所示。本例根据导入数据创建 Origin 工作表，设置日期列数据。

	A	B	C	D	E	F	G	H
1	日期	发电机组产量	发电量	太阳能发电量	水力发电量	风力发电量	核能发电量	火力发电量
2	单位	万千瓦	亿千瓦时	亿千瓦时	亿千瓦时	亿千瓦时	亿千瓦时	亿千瓦时
3	2022年12月	2616.4	7578.5	161.6463	747.1	723	397.3	5549.5
4	2022年11月	1901.4	6666.7	157.5236	779.5	602	373.6	4754.1
5	2022年10月	1934.4	6610	189.965	993.5	613.3	360.1	4453.1
6	2022年9月	2183.6	6830	201.7567	989.9	476.1	323.5	4838.7
7	2022年8月	1174.7	8248	206.3579	1226.5	462.6	363.2	5989.3
8	2022年7月	894.7783	8059.2	210.8024	1462.6	456.4	369.7	5559.6
9	2022年6月	1667.8851	7090.3	205.5882	1481.2	524.3	326.6	4552.6
10	2022年5月	1486.3	6410.2	206.6928	1217	594.6	346.9	4045.1
11	2022年4月	919.2	6085.7	205.4837	917.9	627.8	326.7	4007.7
12	2022年3月	1517.4	6701.7	186.4825	805.2	672.6	349.8	4687.7
13	2021年12月	1874.1	7233.7	141.8389	715.1	571.2	372.8	5432.8
14	2021年11月	1713.3	6540.4	141.9184	901	516.2	336.2	4645
15	2021年10月	1485.9129	6393.5	135.8596	1193.7	464.9	335.3	4263.7
16	2021年9月	1251.3	6751.2	148.3	1408.8	340.3	332.4	4521.4
17	2021年8月	1365.3	7383.5	158.9	1370.2	322.1	365.3	5166.9
18	2021年7月	1107.9	7586.2	162.2	1422.2	379.7	382.2	5239.7

图 6.26 电力行业景气度分析数据

【操作步骤】

1. 导入文件

启动 Origin 2023，将源文件下的"电力行业景气度分析数据.xlsx"文件拖放到工作区，导入项目文件，如图 6.27 所示。

2. 列属性设置

（1）选中 A(X)列，右击，在弹出的快捷菜单中选择"属性"命令，打开"列属性"对话框，在"格式"下拉列表中选择"日期"选项，如图 6.28 所示。单击"应用"按钮，将设置结果应用于选中的 A(X)，如图 6.29 所示。

（2）按住鼠标左键拖动 A(X)列右侧的边框，调整 A(X)列的列宽。删除该列单位值，结果如图 6.30 所示。

图 6.27 输入数据

3. 保存项目文件

单击"标准"工具栏中的"保存项目"按钮，保存项目文件为"电力行业景气度分析数据.opju"。

图 6.28　"列属性"对话框

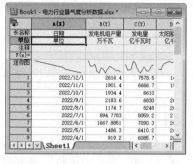

图 6.29　设置属性

图 6.30　调整列宽

★重点 动手学——根据互联网络发展状况统计报告创建 Origin 工作表

源文件：yuanwenjian\ch_06\互联网络用户统计数据.opju

扫一扫，看视频

中国互联网络信息中心（CNNIC）在京发布第 50 次《中国互联网络发展状况统计报告》（以下简称《报告》）。《报告》显示，截至 2022 年 6 月，我国网民规模为 10.51 亿，互联网普及率达 74.4%。截至 2022 年 6 月，我国短视频的用户规模增长最为明显，达 9.62 亿，较 2021 年 12 月增长 2805 万，占网民整体的 91.5%。即时通信用户规模达 10.27 亿，较 2021 年 12 月增长 2042 万，占网民整体的 97.7%。网络新闻用户规模达 7.88 亿，较 2021 年 12 月增长 1698 万，占网民整体的 75.0%。网络直播用户规模达 7.16 亿，较 2021 年 12 月增长 1290 万，占网民整体的 68.1%。在线医疗用户规模达 3.00 亿，较 2021 年 12 月增长 196 万，占网民整体的 28.5%。

本例根据上面的统计数据创建 Origin 工作表。

【操作步骤】

1. 创建项目文件

启动 Origin 2023，项目管理器中自动创建项目文件 UNTITLED，该项目文件下默认创建一个文件夹 Folder1，该文件夹中包含工作簿文件 Book1。

2. 输入数据

（1）在工作簿窗口标题栏上右击，在弹出的快捷菜单中选择"视图"→"注释"/F(x)命令，在工作表列参数中取消"注释"/F(x)行的显示。

（2）在工作表中空白处右击，在弹出的快捷菜单中选择"添加新列"命令，在工作表中该列后插入新列 C(Y)、D(Y)列，如图 6.31 所示。

（3）双击单元格"长名称""单位"行，为数据添加名称和单位，结果如图 6.32 所示。

（4）双击数据区，根据长名称输入每列数据，调整列宽，以完整地显示所有数据，结果如图 6.33 所示。

图 6.31　添加新列

图 6.32　定义列参数

图 6.33　输入数据

3. 属性设置

（1）选中 B(Y)列，右击，在弹出的快捷菜单中选择"属性"命令，打开"列属性"对话框，在"位数"下拉列表中选择"设置小数位数="选项，在"小数位"文本框中输入 2，如图 6.34 所示。单击"应用"按钮，将小数位数设置结果应用于选中的 B(Y)列。

（2）选中 D(Y)列，右击，在弹出的快捷菜单中选择"属性"命令，打开"列属性"对话框，在"位数"下拉列表中选择"设置小数位数="选项，在"小数位"文本框中输入1。单击"应用"按钮，将小数位数设置结果应用于D(Y)列。单击"确定"按钮，关闭该对话框，工作表数据设置结果如图6.35所示。

图 6.34　"列属性"对话框

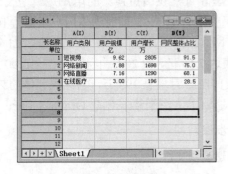

图 6.35　设置属性

4. 单元格格式设置

（1）选中"长名称"行，右击，在弹出的快捷菜单中选择"插入"→"用户参数"命令，打开"插入自定义参数"对话框，在"名称"文本框内输入"表头"，如图 6.36 所示。单击"确定"按钮，关闭该对话框，在工作表列标签插入表头行，如图 6.37 所示，输入"互联网络用户统计数据"。

（2）选中"表头"行，选择菜单栏中的"格式"→"合并单元格"命令，合并表头行。单击"样式"工具栏中的▤按钮，将文字居中显示，结果如图 6.38 所示。

（3）选中"表头"行，选择菜单栏中的"格式"→"单元格"命令，打开"单元格格式"对话框，设置表头行文字字体为黑体、字体大小为 20、字体颜色为红色、填充颜色为白色，如图 6.39 所示。单击"确定"按钮，关闭该对话框，表头行样式设置结果如图 6.40 所示。

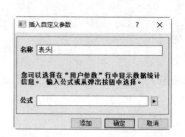

图 6.36 "插入自定义参数"对话框

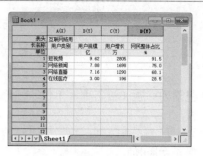

图 6.37 插入表头

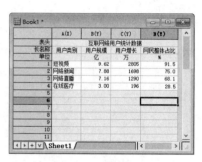

图 6.38 合并表头行

图 6.39 "单元格格式"对话框

（4）选中"长名称""单位"行，单击"样式"工具栏中的按钮，设置文字字体为华文彩云、字体大小为 12、字体颜色为红色，加粗字体。

（5）选中"用户类别"列，选择菜单栏中的"格式"→"单元格"命令，打开"单元格格式"对话框，设置文字字体为华文隶书、字体大小为 12，添加字体下划线，字体颜色为洋红，填充颜色为青色。

（6）选中其余数据列，选择菜单栏中的"格式"→"单元格"命令，打开"单元格格式"对话框，设置文字字体为 Times New Roman、字体大小为 12、字体颜色为黑色、填充颜色为洋红，结果如图 6.41 所示。

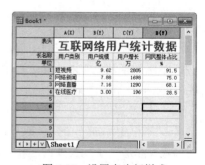

图 6.40 设置表头行样式

图 6.41 设置其余单元格样式

（7）选择菜单栏中的"文件"→"导出"→Excel 命令，导出"互联网络用户统计数据.xlsx"文件。

（8）选择菜单栏中的"文件"→"导出"→ASCII 命令，导出"互联网络用户统计数据.dat"文件。

5. 保存项目文件

单击"标准"工具栏中的"保存项目"按钮 ，保存项目文件为"互联网络用户统计数据.opju"。

6.2 列数据设置

列属性包括列标题（长名称、单位、注释）、宽度、列类型、列值和迷你图等，可以通过"列"菜单进行设置。

6.2.1 设置单列列值

如果要创建或转换一个或多个工作表数据列，可以将列值设置为一个数学表达式。

【执行方式】

❏ 菜单栏：选择菜单栏中的"列"→"设置列值"命令。

❏ 工具栏：单击"工作表数据"工具栏中的"设置列值"按钮 ❐ 。

❏ 快捷键：Ctrl+Q 组合键。

【操作步骤】

在工作表中选择要设置列值的单个列或单个列中的一个单元格区域，执行上述操作，打开如图 6.42 所示的"设置值"对话框。

【选项说明】

"设置值"对话框包括菜单栏、用于定义输出范围的控件、用于在表达式中搜索和插入 LabTalk 函数的工具、用于定义单行数学表达式的列公式文本框、用于对单行表达式中使用的变量进行数据预处理和定义的"执行公式前运行脚本"文本框。

（1）菜单栏命令的功能简要介绍如下：

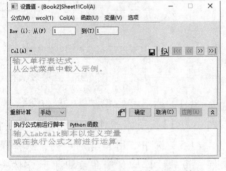

图 6.42 单列的"设置值"对话框

❏ 公式：加载已保存的公式到列公式文本框中。可以通过
   "公式"→"保存"或"公式"→"另存为"命令保存列公式文本框中的公式。

❏ wcol：使用此选项卡可以添加工作表列，列按列索引列出。

❏ Col：类似于 wcol 选项卡，但是列按列名（包括长名称，如果存在）列出。

❏ 函数：将 LabTalk 函数添加到表达式中。在"函数"选项卡中包含 Origin 中的函数，当将鼠标指针悬停在菜单列表中的某个函数上时，状态栏中会显示函数描述。如果选择了一个函数，会弹出包含函数详细说明的智能提示，单击其中的链接，会显示完整的函数说明、语法、示例等。Origin 中的函数按功能进行分类，见表 6.1。

❏ 变量：用于在列公式文本框或"执行公式前运行脚本"文本框中添加一个变量或常量。

❏ 选项：允许在工作表的公式行（F(X)行）直接编辑列公式、添加关于列公式的注释，或者在设置的列值中保留文本（不将文本视为缺失值）。

表 6.1 函数按功能进行分类

分 类	功 能 简 介
字符串	用于处理字符串的转换、截取、判断、搜索等操作
数学	用于处理函数的基本数学运算和插值等高等数学运算

分　类	功能简介
专业数学	用于处理贝塔函数等专业类别的数学运算
三角/双曲	用于计算各种三角函数
日期和时间	在公式中分析和处理日期值和时间值
逻辑	进行逻辑判断或者进行复合检验
信号处理	包含信号处理函数
统计	包含统计类函数
分布	包含各种分布函数和概率密度计算函数
数据生成	包含生成数据的函数
查找与参考（R）	用于查找数据和数据索引
数学操作	用于清除重复数据、替换指定数据等
特殊 NAG	包含一些特殊函数
拟合函数	用于拟合分析
其他	用于其他数学分析
工程	用于工程分析
复数	用于复数计算
金融	进行一般的金融计算

（2）在 Row(i) 右侧的文本框中定义输出范围。

（3）在列公式文本框 Col(A) 中添加单行数学表达式以生成数据，可以使用函数、条件运算符和变量。列公式文本框中的内容可以手动输入，也可以使用 Origin 软件中的内置公式设置。

📢 提示：

> Origin 2023 默认启用电子表格单元格表示法，与 Microsoft Excel 类似，使用列短名称+行索引号寻址单元。例如，col(A) 可以简化成 A，col(A)[1] 可以简化为 A1。读者需要注意的是，此表示法仅可用于定义列公式，不能在 Before Formula Scripts（执行公式前运行脚本）文本框中使用，也不能在 LabTalk 脚本中使用。

（4）在"执行公式前运行脚本"文本框中输入对列公式文本框中的表达式中使用的变量进行数据预处理和定义的 LabTalk 脚本。

（5）设置完成，单击"确定"按钮关闭对话框。

6.2.2　设置多列列值

如果要同时设置多列的值，首先需要选中多列或多列中的单元格区域。

【执行方式】

↘ 菜单栏：选择菜单栏中的"列"→"设置多列值"命令。

↘ 快捷键：Ctrl+Shift+Q 组合键。

【操作步骤】

（1）执行上述命令，打开"设置值-多列"对话框。该对话框与单列的"设置值"对话框类似，不同的是可以通过列索引指定列的范围。

（2）除了使用"设置值"对话框设置列值，利用工作表中的 F(x)=列标签行也可以设置列值的表达式。

1）双击 F(x)=列标签行中的单元格。

2）输入表达式以输出列值。当输入表达式时，支持简化的电子表格单元格表示法。

在 F(x)=列标签行输入的任何表达式都会直接输入到"设置值-多列"对话框中，反之亦然。

扫一扫，看视频

★ 重点 动手学——生成温度调节器液体温度数据

源文件：yuanwenjian\ch_06\温度调节器液体温度.xlsx、温度调节器液体温度数据.opju

4 个温度调节器放置在贮存着某种液体的容器内，调节器整定在 $d°C$，液体的温度 X_1、X_2、X_3、X_4（以 $°C$ 计）是随机变量，服从正态分布，其中，$X_1 \sim X_1(100, 0.5^2)$，$X_2 \sim X_2(100, 2^2)$，$X_3 \sim X_3(80, 2^2)$，$X_4 \sim X_4(80, 0.5^2)$。

本例利用函数创建温度调节器液体温度数据。

【操作步骤】

1. 设置工作环境

（1）启动 Origin 2023，单击"标准"工具栏中的"新建项目"按钮 ，创建一个新的项目，默认包含一个工作簿文件 Book1。

（2）在工作表区域灰色地方右击，在弹出的快捷菜单中选择"添加新列"命令，在当前工作表末尾添加新列 C(Y)、D(Y)、E(Y)，在"长名称"栏输入每列数据名称，结果如图 6.43 所示。

2. 设置等差函数列值

（1）在工作表中选中 A(X)列，选择菜单栏中的"列"→"设置列值"命令，打开"设置值"对话框，在"函数"→"数据生成"子菜单下显示各种数据生成函数，如图 6.44 所示。

图 6.43 输入每列数据名称

图 6.44 "数据生成"函数命令

（2）选择等差函数 data，在 Col(A)=栏自动添加函数 data(x1,x2,inc)，如图 6.45 所示。其中，x1 表示起始值，x2 表示终值，inc 表示增量。本例中需要添加测量次数，从 1 到 100，如图 6.46 所示。

（3）单击"确定"按钮，在 A(X)中添加 100 个等差数列值，如图 6.47 所示。

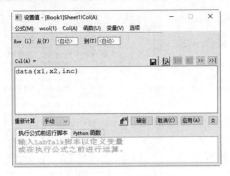 

图 6.45 等差函数　　　　　　　　　图 6.46 设置函数

3. 设置正态随机函数列值

（1）在工作表中选中 B(Y)列，选择菜单栏中的"列"→"设置列值"命令，打开"设置值"对话框，在"函数"→"数据生成"子菜单下选择正态随机函数 normal，在 Col(B)=栏自动添加函数 normal(npts)，设置函数参数 normal(100)*0.5+100，表示该列中包含 100 个随机值，其中均值为 100，标准差为 0.5，如图 6.48 所示。

（2）单击"确定"按钮，在 B(Y)列中添加 100 个正态随机数，如图 6.49 所示。

（3）使用同样的方法在 C(Y)列中添加 100 个正态随机数，函数表达式为 normal(100)*2+100；在 D(Y)列中添加 100 个正态随机数，函数表达式为 normal(100)*2+80；在 E(Y)列中添加 100 个正态随机值，函数表达式为 normal(100)*0.5+80，结果如图 6.50 所示。

图 6.47 等差数列值　　　　　　　　图 6.48 "设置值"对话框

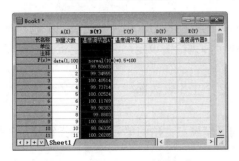 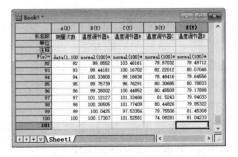

图 6.49 生成 1 列正态随机数　　　　图 6.50 生成 4 列正态随机数

📢注意：

正态随机函数生成的数值是随机的，每次生成的数值不同，因此读者运行过程中生成的数据可能与书中不同，这种情况是允许的。

（4）选择菜单栏中的"文件"→"导出"→Excel 命令，选择文件路径，输出.xlsx 格式的 Excel 文件"温度调节器液体温度.xlsx"。

（5）单击"保存"按钮，关闭该对话框，输出当前工作表中的数据，如图 6.51 所示。

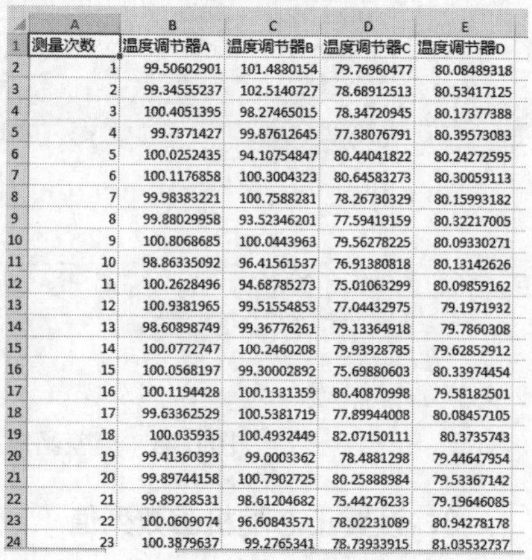

4．保存项目文件

单击"标准"工具栏中的"保存项目"按钮 ⊞，保存项目文件为"温度调节器液体温度数据.opju"。

图 6.51　导出数据

6.2.3　添加列数据迷你图

列数据趋势线缩略图又称迷你图，可以显示列数据的趋势特征，方便用户直观地了解数据的特征。

【执行方式】

➤ 菜单栏：选择菜单栏中的"列"→"添加/更新迷你图"命令。

➤ 工具栏：单击"列"工具栏中的"添加迷你图"按钮 ⊣�。

➤ 浮动工具栏：单击浮动工具栏中的"添加迷你图"按钮 �ᴡᴡ。

【操作步骤】

选中要添加迷你图的列，执行上述命令，打开相应的对话框，如图 6.52 所示。

设置要添加迷你图的数据列和绘图类型后，单击"确定"按钮，关闭对话框。

如果选中的列中包含数据，则立刻显示添加的迷你图；如果选中的列中不包含数据，也会添加迷你图行，一旦该列中填充了数据，即可显示迷你图。

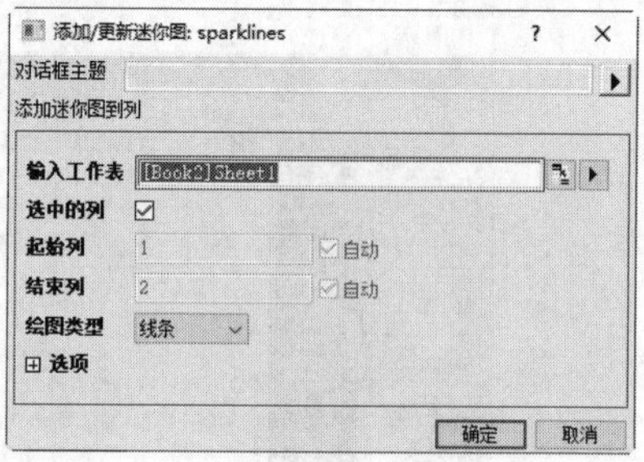

图 6.52　"添加/更新迷你图"对话框

6.2.4　列绘图属性设定

在 Origin 中，列标题上的(X)、(Y)、(Z)等标签表示列的绘图设定。每种绘图类型都包含自己的数据要求（例如，一条简单的线要求一个 X 和一个 Y 数据）和列绘图设定，这些设定将会与保存在图形模板中的设置协同作用，以快速绘制图形。

在绘制二维图形时，需要绘图设定为 Y 的一个或者多个工作表数据列。设为 Y 的数据会与其左边设为 X 的数据自动绘图。

如果要设置整张工作表的列类型，将鼠标指针移到工作表左上角的单元格中，指针显示为黑色斜向箭头 ↘ 时，单击可选中整张工作表。

【执行方式】

➤ 菜单栏：选择菜单栏中的"列"→"设置为"命令，如图 6.53 所示。

➤ 工具栏：单击"列"工具栏，如图 6.54 所示。

➤ 浮动工具栏：单击浮动工具栏中的按钮，如图 6.55 所示。

➥ 快捷命令：右击，在弹出的快捷菜单中选择"设置为"命令。

【操作步骤】

选中要进行列绘图设定的单个或多个列，执行上述命令，在弹出的级联菜单中选择列绘图属性，如图 6.53 所示。

图 6.53　选择列绘图属性

图 6.54　"列"工具栏按钮

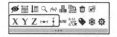

图 6.55　浮动工具栏按钮

根据级联菜单中的命令可以设置选中列的绘图设定。

➥ X：将选中的列设置为 X 列。

➥ Y：将选中的列设置为 Y 列。

➥ Z：将选中的列设置为 Z 列。

➥ 标签：将选中的列设置为标签列。

➥ 忽略：忽略选中的列。

➥ Y 误差图：将选中的列设置为 Y 误差列。

➥ X 误差：将选中的列设置为 X 误差列。

➥ 自定义：选择该命令，打开如图 6.56 所示的对话框，可以自定义选中的多个列的列类型结构。

图 6.56　"自定义"对话框

在"列"文本框默认显示选中的列地址，单击右侧的"从工作表选择"按钮 ，可以在工作表中重新选择设置类型的列；在"设定"文本框中输入列结构类型，单击"确定"按钮完成设置。

★重点 动手学——设定物理实验数据列绘图属性

源文件：yuanwenjian\ch_06\设定物理实验数据列绘图属性.opju

现有物理实验数据，本例通过实验数据使用列绘图设定绘制 3 条折线，然后修改列类型结构，绘制 2 条折线。

扫一扫，看视频

【操作步骤】

（1）启动 Origin 2023，单击"标准"工具栏中的"新建项目"按钮 ⬜，新建一个工作表。

（2）在默认的 A、B 两列单元格中输入数据。然后选中 B 列，在菜单栏中选择"列"→"添加新列"命令，新建的 C 列自动设置为 Y 列。使用同样的方法添加 D 列，如图 6.57 所示。

（3）在 C 列和 D 列中输入数据，如图 6.58 所示。

图 6.57　插入列

图 6.58　输入数据

（4）选中 A 列到 D 列，右击，在弹出的快捷菜单中选择"绘图"→"折线图"→"折线图"命令，绘制折线图，如图 6.59 所示。

从图中可以看到，设为 Y 的 B、C、D 3 列数据自动与其左边设为 X 的 A 列数据关联绘图。

接下来修改列结构，使用新的列绘图设定绘图。

（5）选中 A 列到 D 列，选择菜单栏中的"列"→"设置为"→"自定义"命令，打开"自定义"对话框。在"设定"文本框中输入 2(XY)，即将选中的 4 个数据列的类型结构修改为 XYXY，如图 6.60 所示。

（6）设置完毕后，单击"确定"按钮，可以看到选中的数据列类型依次修改为 XYXY，Y 列自动与其左侧的 X 列关联，如图 6.61 所示。

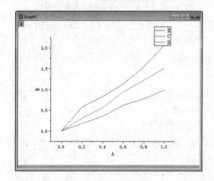

图 6.59　折线图

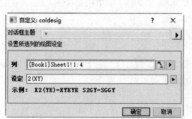

图 6.60　修改列类型结构

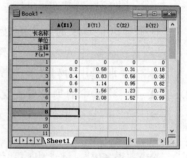

图 6.61　修改列类型结构的效果

提示：

选中 A 列到 D 列后，右击，利用如图 6.62 所示的快捷菜单也可以实现上述的列绘图设定。

图 6.62　使用快捷菜单修改列绘图设定

（7）选中 A 列到 D 列，右击，在弹出的快捷菜单中选择"绘图"→"折线图"→"折线图"命令，绘制折线图，如图 6.63 所示。

（8）保存项目文件。选择菜单栏中的"文件"→"保存项目"命令，打开"另存为"对话框，在"文件名"文本框内输入"设定物理实验数据列绘图属性"，单击"保存"按钮，保存项目文件。

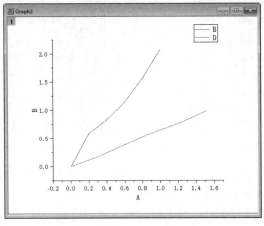

图 6.63　绘制折线图

6.3　数 据 处 理

数据处理是从大量的、可能杂乱无章的、难以理解的、缺失的数据中抽取并推导出某些特定的有价值、有意义的数据的过程。数据处理是数据分析的基础，普遍应用于社会生产和社会生活的各个领域。

6.3.1　数据合并

在数据处理的实际应用中，有时需要将多个表合并起来进行数据的处理和分析，Origin 的"工作表"菜单下提供了几种方法来实现数据合并功能。

- ⬎ 复制列到：将指定列数据复制到其余位置（不在同一张工作表中也可以复制）。
- ⬎ 堆叠工作簿中具有相同标签的列：堆叠列的简化操作，将具有相同标签的列进行合并操作。
- ⬎ 标签行匹配合并工作表：将具有相同标签的行合并。
- ⬎ 列匹配汇总工作表：将具有相同标签的列合并。
- ⬎ 移除/合并重复行：移除或合并具有重复数据的行。
- ⬎ 删减列：删除指定列数据。
- ⬎ 删减行：删除指定行数据。
- ⬎ 转置：将数据进行行列转换，是数据转换的一种。

★重点 动手学——液体温度数据的合并与拆分

源文件：yuanwenjian\ch_06\温度调节器液体温度数据.opju、液体温度数据的合并与拆分.opju
本例根据温度调节器液体温度数据进行列数据的交换、移动和隐藏，得到指定的工作表数据。

【操作步骤】

（1）启动 Origin 2023，打开源文件目录，将"温度调节器液体温度数据.opju"文件拖放到工作区

扫一扫，看视频

中，导入项目文件，如图 6.64 所示。

（2）选择 C(Y)列，右击，在弹出的快捷菜单中选择"插入"命令，在当前列前添加新列 C(Y)，当前列变为 D(Y)列，结果如图 6.65 所示。使用同样的方法在每个温度传感器值列前添加空白列。

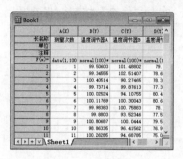

图 6.64　导入文件

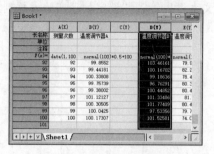

图 6.65　插入空白列

（3）选择 A(X)列，选择菜单栏中的"列"→"复制列到"命令，打开"复制列到"对话框，如图 6.66 所示，将测量次数 A 列复制到空白 C 列。

（4）使用同样的方法将测量次数 A 列复制到每个温度传感器值列前的空白列中，结果如图 6.67 所示。

图 6.66　"复制列到"对话框

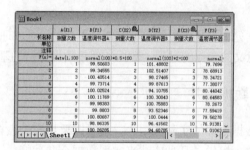

图 6.67　复制列

（5）选择菜单栏中的"工作表"→"拆分工作表"命令，打开"拆分工作表"对话框，在"拆分模式"选项组中选择"按列数"进行拆分。弹出工作簿 Book2，生成 4 张工作表 Sheet1～Sheet4，如图 6.68 所示。

（6）选择菜单栏中的"工作表"→"合并工作表"命令，在工作簿 Book3 中显示拆分的 4 张工作表合并后的数据，结果如图 6.69 所示。

图 6.68　拆分工作表

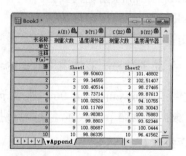

图 6.69　合并工作表

（7）选择菜单栏中的"文件"→"项目另存为"命令，打开"另存为"对话框，在"文件名"文本框内输入"液体温度数据的合并与拆分"，单击"保存"按钮，保存项目文件。

★重点 动手练——合并基建统计数据

源文件：yuanwenjian\ch_06\基建统计数据.xlsx、合并基建统计数据.opju

在基建统计数据 Excel 表格文件中包含铁路机车产量、公路客运量和城市桥梁数目 3 张工作表。本练习演示如何对工作表中的数据进行合并，如图 6.70 所示。

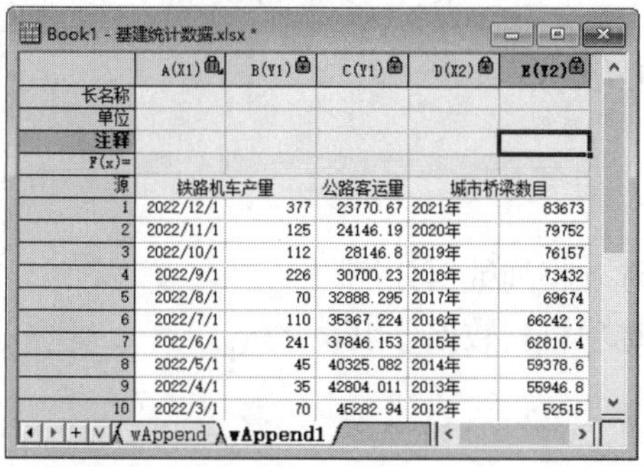

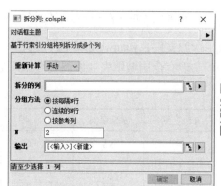

(a) 合并前 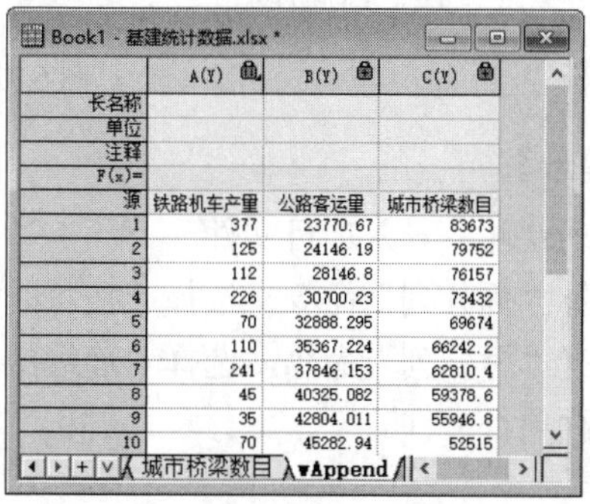　　　　　　　　　　　　(b) 合并后

图 6.70　数据合并结果

【操作提示】

（1）启动软件，导入 Excel 文件。
（2）选择"合并工作表"命令，合并整张工作表。
（3）选择"合并工作表"命令，选择指定列（B 列）进行合并。
（4）保存项目文件。

6.3.2　数据分组

数据分组是指根据统计研究任务的要求和研究现象总体的内在特点，将统计总体按照一定的标准划分为若干个性质不同但又有联系的组成部分的一种统计方法，是统计学的基本统计方法之一。

【执行方式】

菜单栏：选择菜单栏中的"工作表"→"拆分列"命令。

【操作步骤】

执行上述操作，打开如图 6.71 所示的"拆分列"对话框，基于行索引分组将列拆分成多个列。

★重点 动手练——温度测量数据分组

源文件：yuanwenjian\ch_06\温度调节器液体温度数据.opju、温度测量数据分组.opju

现有 100 组 4 种温度调节器测量的液体温度数据，本练习利用这些数据演示按照行对工作表中的数据进行分组，如图6.72所示。

图 6.71　"拆分列"对话框

（a）指定间隔拆分	（b）连续拆分

图 6.72 数据拆分结果

【操作提示】

（1）启动软件，导入项目文件。

（2）选择"拆分列"命令，选择"按每隔 N 行"选项将列数据分组。

（3）选择"拆分列"命令，选择"连续的 N 行"选项将列数据分组。

（4）保存项目文件。

6.3.3　数据提取

在数据的分析过程中，并不是所有的数据都是我们想要的，这就需要提取部分数据，从源数据中抽取部分或全部数据到目标系统，从而在目标系统中再进行数据加工利用。

【执行方式】

菜单栏：选择菜单栏中的"工作表"→"工作表查询"命令。

【操作步骤】

执行上述命令，打开"工作表查询"对话框，如图 6.73 所示，使用 LabTalk 条件表达式从当前工作表中屏蔽或者提取需要的数据。

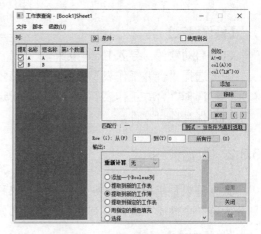

图 6.73　"工作表查询"对话框

扫一扫，看视频

★重点 动手学——抽取失业率调查数据

源文件：yuanwenjian\ch_06\失业率调查数据.opju

现有全国城镇失业率调查数据，见表 6.2。本例根据需要提取指定的数据用于数据分析。

表 6.2　现有全国城镇失业率调查数据

日　　期	失业率/%	日　　期	失业率/%	日　　期	失业率/%	日　　期	失业率/%
2023 年 01 月	5.5	2022 年 09 月	5.5	2022 年 05 月	5.9	2022 年 01 月	5.3
2022 年 12 月	5.5	2022 年 08 月	5.3	2022 年 04 月	6.1	2021 年 12 月	5.1
2022 年 11 月	5.7	2022 年 07 月	5.4	2022 年 03 月	5.8	2021 年 11 月	5
2022 年 10 月	5.5	2022 年 06 月	5.5	2022 年 02 月	5.5	2021 年 10 月	4.9

【操作步骤】

（1）启动 Origin 2023，单击"标准"工具栏中的"新建项目"按钮 ，创建一个新的项目，默认包含一个工作簿文件 Book1。根据表格中的数据在工作表 Sheet1 中输入数据，结果如图 6.74 所示。

（2）选择菜单栏中的"工作表"→"工作表查询"命令，打开"工作表查询"对话框，如图 6.75 所示。

- ↳ 在"列"列表中勾选"失业率"复选框。
- ↳ 在"条件"列表中输入 col(B)>=6 表达式。
- ↳ 在"输出"列表中选中"提取到新的工作表"单选按钮。

（3）单击"应用"按钮，从当前工作表中提取失业率大于等于 6% 的数据，将结果输出到工作表 Extracted From Sheet1 中，结果如图 6.76 所示。

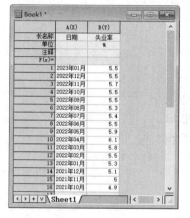

图 6.74　输入数据

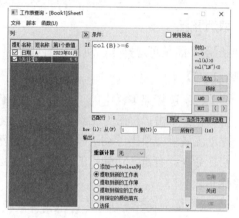

图 6.75　"工作表查询"对话框

（4）在"条件"列表中输入 col(B)<=5 表达式，单击"应用"按钮，在工作表 Extracted From Sheet2 中输出失业率小于等于 5% 的数据，结果如图 6.77 所示。

（5）单击"关闭"按钮，关闭对话框。

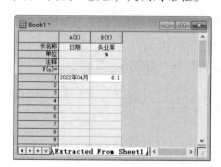

图 6.76　提取数据 1

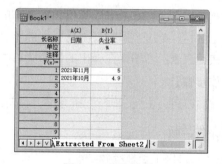

图 6.77　提取数据 2

（6）单击"标准"工具栏中的"保存项目"按钮 ，保存项目文件为"失业率调查数据.opju"。

6.3.4　数据屏蔽

数据屏蔽功能是图形分析软件 Origin 的一大基本功能，目的是保护敏感数据或异常值处理。屏蔽数据后对这些特殊数据进行标记，并且在进行数据分析时不使用这些数据。

1. 直接屏蔽

屏蔽数据最简单的方法是选择指定区域的数据，然后执行"屏蔽"命令。这种方法的优点是简单，缺点是对数据的选择缺乏灵活性。

【执行方式】

- ⤷ 菜单栏：选择菜单栏中的"列"→"屏蔽"→"应用"命令。
- ⤷ 工具栏：单击"屏蔽"工具栏中的"屏蔽"按钮 🔲。
- ⤷ 浮动工具栏：单击浮动工具栏中的"屏蔽/取消屏蔽数据"按钮 😈。
- ⤷ 快捷命令：右击，在弹出的快捷菜单中选择"屏蔽"→"应用"命令。

【操作步骤】

选中数据区域，执行上述命令，选中数据被屏蔽，数据变为红色。

2. 取消屏蔽

数据屏蔽功能是可逆操作，可以随时取消屏蔽。

【执行方式】

- ⤷ 菜单栏：选择菜单栏中的"列"→"屏蔽"→"移除屏蔽"命令。
- ⤷ 工具栏：单击"屏蔽"工具栏中的"移除屏蔽"按钮 🔲。
- ⤷ 浮动工具栏：单击浮动工具栏中的"屏蔽/取消屏蔽数据"按钮 😈。
- ⤷ 快捷命令：右击，在弹出的快捷菜单中选择"屏蔽"→"移除"命令。

【操作步骤】

选中数据区域，执行上述命令，取消屏蔽数据的屏蔽效果，此时，数据由红色变为默认的黑色。

3. 设置屏蔽颜色

默认情况下，屏蔽数据变为红色，用来与正常数据进行区分。对于多组屏蔽数据，为了加以区分，可以将屏蔽数据按照循环次序设置为不同的颜色。

【执行方式】

- ⤷ 菜单栏：选择菜单栏中的"列"→"屏蔽"→"更改颜色"命令。
- ⤷ 工具栏：单击"屏蔽"工具栏中的"更改屏蔽颜色"按钮 😊。
- ⤷ 快捷命令：右击，在弹出的快捷菜单中选择"屏蔽"→"更改颜色"命令。

【操作步骤】

选中屏蔽数据区域，执行上述命令，按照次序循环更改屏蔽数据的颜色。

4. 条件屏蔽

Origin 还提供了条件屏蔽功能，根据设置条件对数据进行筛选，对筛选后的数据进行屏蔽。

【执行方式】

菜单栏：选择菜单栏中的"列"→"按条件屏蔽"命令。

【操作步骤】

选中数据区域，执行上述命令，打开"按条件屏蔽"对话框，如图 6.78 所示，对选中数据进行筛选，将符合条件的数据进行屏

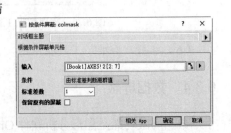

图 6.78 "按条件屏蔽"对话框

蔽，数据默认变为红色。

【选项说明】

1. "条件"下拉列表

该下拉列表中包含下面几个条件选项。

（1）由标准差判断离群值：选择该选项后，可以设置标准差数计算需要屏蔽的数值范围值。

（2）>：选择该选项后，直接屏蔽大于指定数值的数据。

（3）>=：选择该选项后，直接屏蔽大于等于指定数值的数据。

（4）<：选择该选项后，直接屏蔽小于指定数值的数据。

（5）<=：选择该选项后，直接屏蔽小于等于指定数值的数据。

（6）=：选择该选项后，直接屏蔽等于指定数值的数据。

（7）IQR 的异常值：如果数据低于下限（Lower Limit）或高于上限（Upper Limit），就可以将此数据点称为异常值。其中，$Lower\ Limit = Q1 - 1.5 * IQR$、$Upper\ Limit = Q3 + 1.5 * IQR$。选择该选项后，可以设置 IQR 的乘数。

2. "保留原有的屏蔽"复选框

勾选该复选框后，若选择数据中已经存在屏蔽数据，则保留屏蔽数据，叠加两次屏蔽结果。

★重点 动手学——屏蔽音频信号异常值

扫一扫，看视频

源文件：yuanwenjian\ch_06\音频信号采集数据.ogwu、屏蔽音频信号异常值.opju

现有某次音频信号采集数据，本例利用屏蔽功能屏蔽大于等于 1 的信号采集数据。

【操作步骤】

（1）启动 Origin 2023，在源文件中选择"音频信号采集数据.ogwu"，将其拖动到工作表中，在工作簿文件 Book2 中显示数据，如图 6.79 所示。

（2）在 Book2 中选中 B 列，在菜单栏中选择"绘图"→"基础 2D 图"→"散点图"命令，绘图结果如图 6.80 所示。

（3）返回工作簿窗口 Book2，选中 B 列，选择菜单栏中的"列"→"按条件屏蔽"命令，打开"按条件屏蔽"对话框，如图 6.81 所示，在"条件"下拉列表中选择">="选项，在"数值"文本框内输入 1。

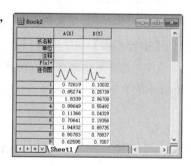

图 6.79　导入数据

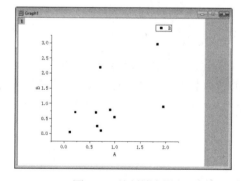

图 6.80　绘制散点图

图 6.81　"按条件屏蔽"对话框

（4）单击"确定"按钮，关闭该对话框。在工作簿窗口 Book2 中直接屏蔽大于等于 1 的数据，屏蔽数据默认变为红色，如图 6.82 所示。图形窗口中屏蔽数据点同样变为红色（矩形框内的数据点），数据点屏蔽图如图 6.83 所示。

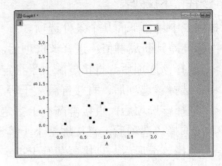

图 6.82　数据屏蔽结果　　　　　　　　　　图 6.83　数据点屏蔽图

（5）保存项目文件。选择菜单栏中的"文件"→"保存项目"命令，打开"另存为"对话框，在"文件名"文本框内输入"屏蔽音频信号异常值"，单击"保存"按钮，保存项目文件。

6.3.5　数据排序

在实际应用中，有时会对工作表中的数据按某种方式进行排序，以查看特定的数据，发现一些明显的特征或趋势，找到解决问题的线索，增强可读性。

1. 嵌套排序

【执行方式】

工具栏：单击"工作表"工具栏中的"排序"按钮 。

【操作步骤】

（1）选中要排序的列，执行上述命令，打开"嵌套排序"对话框，如图 6.84 所示，在左侧选择需要排序的数据列。

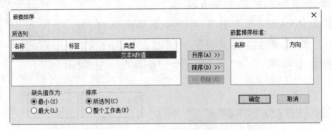

图 6.84　"嵌套排序"对话框

（2）单击"升序"按钮，将需要进行升序排列的数据添加到右侧"嵌套排序标准"列表框中。
（3）单击"降序"按钮，将需要进行降序排列的数据添加到右侧"嵌套排序标准"列表框中。
（4）单击"确定"按钮，按照排序标准将数据列进行从小到大（升序）或从大到小（降序）排列。

2. 直接排序

【执行方式】

　菜单栏：选择菜单栏中的"工作表"→"升序""降序"命令。

➥ 快捷命令：右击，在弹出的快捷菜单中选择"排序"→"升序""降序"命令。

【操作步骤】

选中要排序的列，执行上述命令，直接对选择的数据进行升序、降序排列。

★重点 动手练——物理实验测试数据排序

源文件：yuanwenjian\ch_06\物理实验测试数据.opju、物理实验测试数据排序.opju
本练习演示如何对工作表中的数据进行降序排列，如图 6.85 所示。

【操作提示】

（1）启动软件，导入项目文件，添加迷你图。
（2）选择"降序"命令，将工作表数据进行降序排列。
（3）保存项目文件。

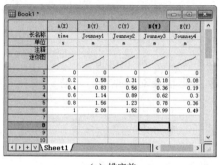　　　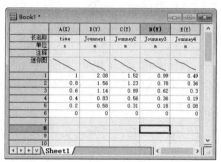

　（a）排序前　　　　　　　　　　　　　　　（b）降序排列

图 6.85　数据降序排列结果

🔊 **提示：**

> 还可以选择菜单栏中的"列"→"倒序"命令，直接对选择的数据进行倒序排列。

6.3.6　数据透视表

数据透视表是一种交互式的数据统计表，其可以灵活地以多种不同的方式展示数据的特征，是对明细数据进行全面分析的最佳工具。

【执行方式】

菜单栏：选择菜单栏中的"工作表"→"数据透视表"命令。

【操作步骤】

执行上述命令，打开"数据透视表"对话框，如图 6.86 所示，创建数据透视表，可以方便地调整分类汇总的依据。

【选项说明】

1. 透视表行数据

选择在数据透视表中指定为行方向的源数据。

图 6.86　"数据透视表"对话框

2．透视表列数据

选择在数据透视表中指定为列方向的源数据。

3．汇总方式

选择需要的用于计算分类汇总的函数。

4．合并较小数

选择汇总数据的合并方向。

5．选项

设置汇总数据需要显示的行、列选项。

6．输出数据透视表到

选择数据透视表的输出位置。

扫一扫，看视频

★重点 动手学——物业小区数据汇总

源文件：yuanwenjian\ch_06\小区房价数据.opju、物业小区数据汇总.opju
现有某物业公司旗下管理小区的平均房价数据，本例根据需要对数据进行汇总。

【操作步骤】

（1）启动 Origin 2023，打开源文件目录，将"小区房价数据.opju"文件拖放到工作区中，导入项目文件，如图 6.87 所示。

（2）选择菜单栏中的"工作表"→"数据透视表"命令，打开"数据透视表"对话框，在"透视表行数据"列表中选择 C(Y)列，在"透视表列数据"列表中选择 A(X)列，其余参数为默认，如图 6.88 所示。

（3）单击"确定"按钮，将汇总结果输出到数据透视工作表 Pivot1 中，统计不同城市中城区小区个数，结果如图 6.89 所示。

（4）激活工作表 Sheet1，选择菜单栏中的"工作表"→"数据透视表"命令，打开"数据透视表"对话框，在"透视表行数据"列表中选择 C(Y)列，在"透视表列数据"列表中选择 A(X)列，在"透视表数值数据"列表中选择 D(Y)列，在"汇总方式"下拉列表中选择"均值"选项，其余参数为默认，如图 6.90 所示。

图 6.87 导入数据

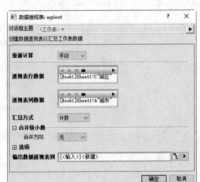

图 6.88 "数据透视表"对话框 1

图 6.89 透视表数据 1

（5）单击"确定"按钮，将汇总结果输出到数据透视工作表 Pivot2 中，显示不同城市城区的平均房价，结果如图 6.91 所示。

图 6.90 "数据透视表"对话框 2

图 6.91 透视表数据 2

（6）选择菜单栏中的"文件"→"项目另存为"命令，将当前项目文件保存为"物业小区数据汇总.opju"。

第 7 章　简单二维图形绘制

内容简介

在科技文章中，数据曲线图主要有二维图和三维图两种形式。二维曲线图是将平面上的数据连接起来的平面图形，数据点可以由工作表的单元格区域或矩阵提供。Origin 绘图功能灵活强大，可以便捷地绘制精美的数据图形，为大量数据的可视化提供了应用平台。

本章将介绍 Origin 2023 的二维图形绘制工具和常用的二维曲线绘制方法。希望通过本章的学习，读者能够掌握使用 Origin 进行二维绘图的操作。

7.1　图　形　窗　口

图形窗口是 Origin 数据可视化的平台，这个窗口和工作簿窗口是相互独立的。如果能熟练掌握图形窗口的各种操作，读者便可以根据自己的需要获得各种高质量的图形。

图形窗口为一个编号为 Graph*n* 的图形窗口，其中 *n* 是一个正整数，新建图形窗口的编号是在原有编号基础上加 1，如图 7.1 所示。

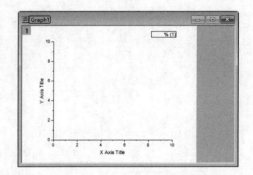

图 7.1　空白的图形窗口

7.1.1　图形窗口组成

在图形窗口 Graph1 中，图表的基本组成包括页面区域和灰色区域，如图 7.2 所示。下面具体介绍页面区域的不同组成部分。

- ↘ 页面区域：整个图表及其包含的元素，具体指窗口中的整个白色区域。
- ↘ 绘图区：以坐标轴为界并包含全部数据系列的矩形框区域。
- ↘ 网格线：可以添加到图表中以易于查看和计算数据的线条，是坐标轴上刻度线的延伸并穿过绘图区。主要网格线标出了轴上的主要间距，用户还可以在图表上显示次要网格线，用以标识主要间距之间的间隔。

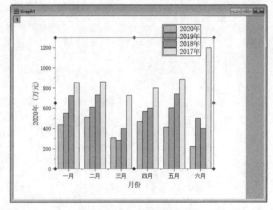

图 7.2　图表的基本组成示例

- ↘ 数据标志：图表中的条形、面积、圆点、扇面或其他符号，代表源于数据表单元格的单个数据点或值，如图 7.2 中的条形。具有相同样式的数据标志代表一个数据系列。

- 数据系列：源自数据表的行或列的相关数据点。图表中的每个数据系列具有唯一的颜色或图案，并且在图表的图例中表示。例如，图 7.2 中的图表有 4 个数据系列，土黄色系列（左数第 1 个）表示 2020 年企业净利润、绿色系列（左数第 2 个）表示 2019 年企业净利润、紫色系列（左数第 3 个）表示 2018 年企业净利润、黄色系列（左数第 4 个）表示 2017 年企业净利润。

- 分类名称：通常将工作表数据中的行或列标题作为分类名称。例如，在图 7.2 的图表中，"一月"至"六月"为分类名称。

- 图例：图例是一个位于右上角的方框，用于标识数据系列或分类的图案或颜色。

- 图表数据系列名称：通常将工作表数据中的行或列标题作为系列名称，出现在图表的图例中。在图 7.2 的图表中，行标题"2017 年""2018 年""2019 年"和"2020 年"以系列名称出现。

7.1.2　浮动工具栏

在 Origin 2023 中，大多数的二维图形都有一套"快速编辑"的浮动工具，利用浮动工具可以交互式修改常用的图形属性，定制图形外观。

浮动工具栏中的编辑工具取决于所选对象。根据所选对象的不同，浮动工具栏分为 5 种，分别对应于页面、图层、图形、文本或图形对象，以及坐标轴 5 个层级的图形属性。

1．绘图区工具栏

在图形窗口中，单击绘图区即可自动在单击的位置显示相应的浮动工具栏，如图 7.3 所示。利用该浮动工具栏可以进行缩放绘图区的图框、设置图层坐标轴、设置刻度线和坐标轴标题样式等常用操作。

单击浮动工具栏下方的"…"按钮，如图 7.4 所示，打开"自定义浮动工具栏"对话框，如图 7.5 所示，显示浮动工具栏中的命令按钮及其说明。

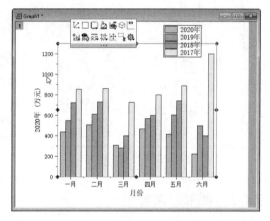

图 7.3　绘图区浮动工具栏

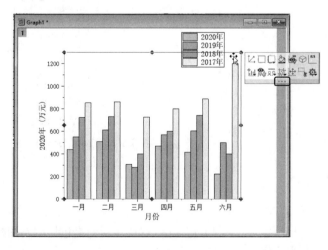

图 7.4　浮动工具栏

图 7.5　"自定义浮动工具栏"对话框

2. 坐标轴浮动工具栏

通过浮动工具栏中的按钮快速地完成坐标轴的许多常规属性的编辑，对于更复杂的轴属性，可以使用轴对话框进行编辑。

在图形窗口中，单击坐标轴即可自动在单击的位置显示相应的浮动工具栏，如图 7.6 所示。与所有的浮动工具栏一样，它显示的可用的工具会因绘图类型和所选对象的不同而不同。利用该浮动工具栏可以进行缩放坐标轴、设置刻度线和坐标轴标题样式等常用操作。

3. 图形浮动工具栏

在图形上单击，自动弹出图形浮动工具栏，如图 7.7 所示，通过工具栏中的命令按钮可以设置所画数据点的类型、大小、颜色以及数据点之间连线的类型、粗细、颜色等。

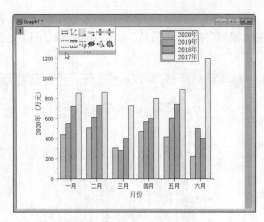

图 7.6　坐标轴浮动工具栏

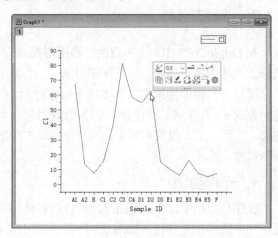

图 7.7　图形浮动工具栏

7.1.3　图形元素管理

每张图形都由页面、图层、坐标轴、文本和数据相应的曲线构成，可以根据需要在图形窗口中显示不同的元素。

【执行方式】

菜单栏：选择菜单栏中的"查看"→"显示"命令。

【操作步骤】

执行上述命令，弹出子菜单，如图 7.8 所示。每个子菜单命令对应图形窗口中的每一个元素，选择任意一个命令，在该命令前显示"√"符号，在图形窗口中显示该元素对象；再次选择该命令，不显示"√"符号，在图形窗口中隐藏该元素。

图 7.8　"显示"子菜单

★重点 动手学——图表元素的显示与隐藏

源文件：yuanwenjian\ch_07\图表元素的显示与隐藏.oggu

扫一扫，看视频

框架是指绘图区中的坐标轴边界组成的矩形框区域。在图形窗口中，默认显示元素包括图层图标、锁图标、坐标轴标签与数据。本例演示图形窗口中框架和坐标轴标签的显示与隐藏。

【操作步骤】

（1）启动 Origin 2023，在项目管理器中打开工作簿文件 Book1。

（2）在项目管理器下半部分右击，在弹出的快捷菜单中选择"新建窗口"→"图"命令，新建图形窗口文件 Graph1，如图 7.9 所示。

（3）打开图形窗口，选择菜单栏中的"查看"→"显示"→"框架"命令，自动在绘图区显示图形框架，如图 7.10 所示。

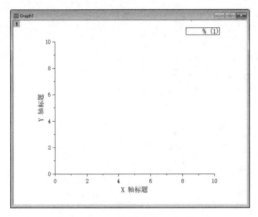

图 7.9　新建图形窗口文件

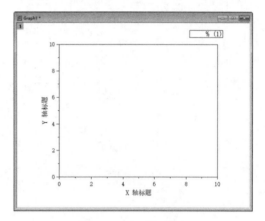

图 7.10　显示图形框架

📢 **注意：**

> 框架独立于坐标轴，框架的显示与隐藏不影响坐标轴的显示与样式。

（4）选择菜单栏中的"查看"→"显示"→"标签"命令，自动在绘图区隐藏坐标轴标签，如图 7.11 所示。

（5）保存窗口文件。选择菜单栏中的"文件"→"保存窗口为"命令，打开"保存窗口为"对话框，在文件列表框中指定保存文件的路径，在"文件名"文本框内输入"图表元素的显示与隐藏"，单击"确定"按钮，保存图形文件。

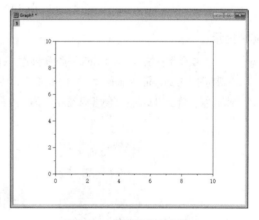

图 7.11　隐藏坐标轴标签

7.2　图形模板绘图

二维绘图命令是学习用 Origin 作图的最重要的部分，本节中将详细介绍一些 Origin 2023 内置的图形模板中常用的绘图命令。

7.2.1　二维图形模板库

Origin 二维图形模板库中保存了大量内置二维绘图模板，可以用于科学实验中的数据分析，实现数据的多用途处理。

【执行方式】

 ↘ 菜单栏：选择菜单栏中的"绘图"→"模板库"命令。

 ↘ 工具栏：单击"2D 图形"工具栏中的"模板库"按钮 图。

【操作步骤】

执行上述命令，打开"模板库"对话框，显示系统和用户所需的所有图形模板，如图 7.12 所示。

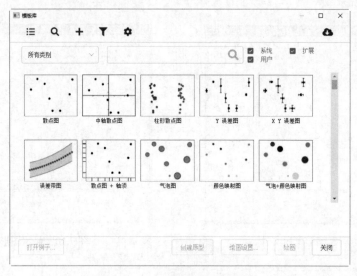

图 7.12 "模板库"对话框

📢 提示：

为便于用户快速掌握 Origin 的绘图操作，Origin 2023 内置了大多数二维图和三维图的例图。选择菜单栏中的"帮助"→Learning Center（学习中心）命令，或者直接按 F11 键，即可打开如图 7.13 所示的 Learning Center 对话框，以查看示例及相关的数据和绘图步骤。

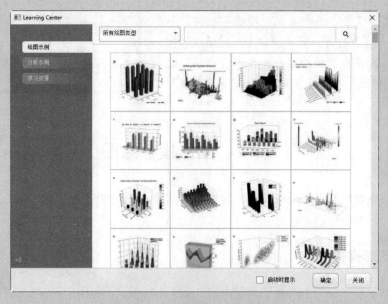

图 7.13 Learning Center 对话框

7.2.2　"图表绘制"对话框

Origin 2023 还提供了一种比内置的常用图形模板更为强大和灵活的绘图方法——"图表绘制"对话框。

"图表绘制"对话框是一个灵活的一体化绘图工具，不需要考虑列绘图设定就能创建图形，可以绘制使用内置的图形模板不能绘制的图形（如 Y 对 Y 图），还可以对现有图形中的数据图进行操作，如创建多种绘图类型的组合图形，添加、删除和替换数据图，对数据图进行分组或取消分组，重新排列图层中的数据图等。

下面以绘制折线图为例，介绍"图表绘制"对话框的使用方法。

【执行方式】

- 菜单栏：选择菜单栏中的"绘图"→"基础 2D 图"→"折线图"命令，如图 7.14 所示。
- 工具栏：单击"2D 图形"工具栏中的"折线图"按钮 ，在弹出的下拉列表中选择"折线图"选项 ，如图 7.15 所示。
- 快捷命令：选择列数据，右击，在弹出的快捷菜单中选择"绘图"→"折线图"→"折线图"命令，如图 7.16 所示。

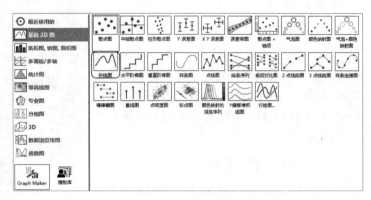

图 7.14　折线图模板

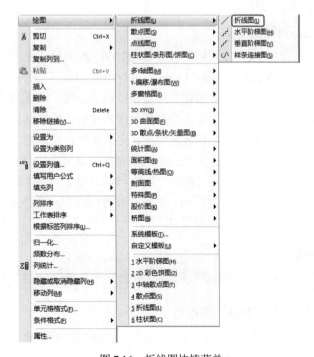

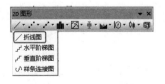

图 7.15　折线图工具栏按钮

图 7.16　折线图快捷菜单

【操作步骤】

执行上述命令，打开"图表绘制：选择数据来绘制新图"对话框，如图 7.17 所示。根据指定参数设置完成后，单击"确定"按钮，关闭对话框，即可看到使用工作表中指定数据列绘制的一个成组的折线图，左上角显示图层图标。

绘图时系统自动缩放坐标轴以便显示所有数据点。若绘制多条曲线，则系统会自动以不同图标和颜色显示并自动根据列名生成图例和坐标轴名称。

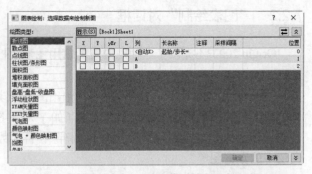

图 7.17　"图表绘制：选择数据来绘制新图"对话框

【选项说明】

1．"可用数据"面板

单击"显示可用数据"按钮 ，展开对话框顶部的"可用数据"面板，显示绘图数据的来源，如图 7.18 所示。默认选择"当前工作簿"，表示绘图使用的数据都是通过当前工作簿工作表数据创建的。

2．"绘图类型"列表

显示多种二维绘图命令，这里默认选择"折线图"命令，在该列表中切换不同命令可执行对应的绘图操作。

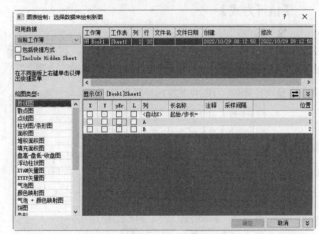

图 7.18　显示"可用数据"面板

3．列属性列表

在右侧列表中设置列属性，如 X、Y、Z 属性，在不改变工作表中列类型的情况下，指定任意数据列为 X、Y、Z、Error、Label 列进行绘图。

（1）单击"显示"按钮，弹出快捷命令，用于分配列类型，分配方式包括短名称相同的列、长名称相同的列、从第一工作表的列和使用列索引去绘制其他列。

（2）如果要使用工作表列绘图设定的属性，或重新切换回自定义绘图分配，单击"切换到默认模式"按钮 ⇄。如果工作表使用正确的列绘图设定（如 XYXY），但只是想绘制具有相同长名称的列，可以单击"切换到自定义模式"按钮 ⇄，只显示可用于绘图的列 B(Y)列（如对于 2D 图形，X 列将被隐藏起来），如图 7.19 所示。然后对列进行排序，选择具有相同长名称的所有列并一起绘图。Y 列将与其相应的 X 列一起进行绘图。

🔊 **注意：**

> 在对话框中进行绘图分配时，每次只允许选择一个 X 列。如果数据表中有多个 X 列，应多次添加。

4．"图形列表"面板

（1）单击"显示绘图列表"按钮 ⊻，展开对话框底部的"图形列表"面板，可以看到图形数据的详细信息，如图 7.20 所示。

图 7.19 默认模式　　　　　　　图 7.20 展开"图形列表"面板

（2）当绘制多个数据图时，绘制的数据图默认组合在一起，图组中的所有数据图均具有相同的绘图类型。如果要对数据图取消分组，在"组"节点上右击，在弹出的快捷菜单中选择"解散分组"命令。解散分组后，可以更改单个数据图的类型。

（3）需要替换图中的数据与图形类型时，在对话框底部的"图形列表"面板中选中相应的图，相应绘图所用的 X 列和 Y 列将显示在中间的图形设置面板中。

　　❧ 在左侧"绘图类型"列表中选择一个新的绘图类型，然后单击"替换"按钮。

　　❧ 在右侧"显示"列表中对绘图列（X、Y、yEr）与工作表中的数据列（A、B）进行选择，然后单击"替换"按钮。

（4）如果要改变数据图的图层，拖动数据图图标到目标位置释放。

★重点 动手学——绘制金属含量趋势图

扫一扫，看视频

源文件：yuanwenjian\ch_07\金属的含量.opju、金属含量趋势图.opju

本例使用工作表中的金属含量数据绘制散点图、阶梯图、点线图、线段图，分析金属含量的变化趋势。

【操作步骤】

（1）启动 Origin 2023，打开源文件目录，将"金属的含量.opju"文件拖放到工作区中，导入项目文件。

（2）在工作表中单击选中 B 列数据，单击"2D 图形"工具栏中的"散点图"按钮 ⸫，在图形窗口 Graph1 中绘制散点图，如图 7.21 所示。

（3）在工作表中单击选中 B 列数据，单击"2D 图形"工具栏中的"水平阶梯图"按钮 ⌐，在图形窗口 Graph2 中绘制水平阶梯图，如图 7.22 所示。

（4）在工作表中单击选中 B 列数据，单击"2D 图形"工具栏中的"点线图"按钮 ⸰，在图形窗口 Graph3 中绘制点线图，如图 7.23 所示。

（5）在工作表中单击选中 B 列数据，单击"2D 图形"工具栏中的"2 点线段图"按钮 ⸰，在图形窗口 Graph4 中绘制线段图，如图 7.24 所示。

（6）保存项目文件。选择菜单栏中的"文件"→"保存项目"命令，打开"另存为"对话框，在"文件名"文本框内输入"金属含量趋势图"，单击"保存"按钮，保存项目文件。

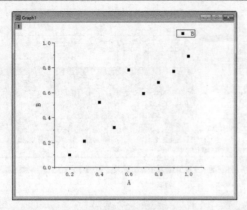

图 7.21　散点图

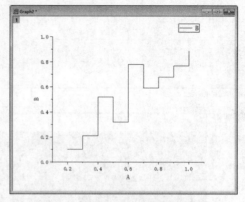

图 7.22　水平阶梯图

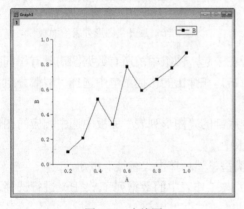

图 7.23　点线图

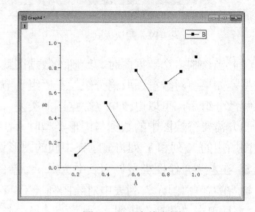

图 7.24　2 点线段图

扫一扫，看视频

★重点 动手学——绘制物理实验测试数据折线图

源文件：yuanwenjian\ch_07\物理实验测试数据.opju、物理实验测试数据折线图.opju
本例使用"图表绘制"对话框绘制物理实验测试数据的折线图。

【操作步骤】

（1）启动 Origin 2023，打开源文件目录，将
"物理实验测试数据.opju"文件拖放到工作区中，
导入项目文件。

（2）在工作表中不选择任何数据，选择菜单
栏中的"绘图"→"基础 2D 图"→"折线图"
命令，打开"图表绘制：选择数据来绘制新图"
对话框。单击右上角的"显示可用数据"按钮 ⤒，
展开"可用数据"面板，如图 7.25 所示。

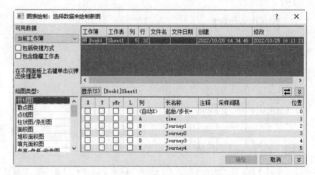

图 7.25　"图表绘制：选择数据来绘制新图"对话框

🔊 注意：

　　如果要利用"图表绘制：选择数据来绘制新图"对话框创建图形，首先要确保在当前工作表中没有选择任何
数据，然后选择需要的绘图类型。

（3）在"可用数据"下拉列表中选择数据源，本例选择"当前工作簿"。

（4）在"绘图类型"列表中选择需要的绘图类型，本例选择"折线图"。

（5）在右侧列表框的"显示"选项卡中分配列类型。

在这里可以看到，利用"图表绘制：选择数据来绘制新图"对话框可以在不改变工作表中列类型的情况下指定任意数据列为 X、Y、Error、Label 列进行绘图。

本例设置 A 列（time）为 X 列，B 列到 D 列（Journey1、Journey2、Journey3、Journey4）为 Y 列，然后单击对话框右下角的"显示绘图列表"按钮 ⌄，展开"图形列表"面板，单击"添加"按钮，在底部面板中可以看到图形数据的详细信息，如图 7.26 所示。

（6）设置完成后单击"确定"按钮关闭对话框，即可看到使用工作表中的数据绘制的一个成组的折线图，左上角显示图层图标，如图 7.27 所示。

（7）保存项目文件。选择菜单栏中的"文件"→"保存项目"命令，打开"另存为"对话框，在"文件名"文本框内输入"物理实验测试数据折线图"，单击"保存"按钮，保存项目文件。

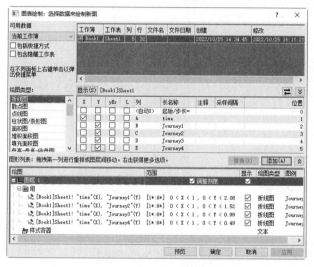

图 7.26　设置"图表绘制：选择数据来绘制新图"对话框

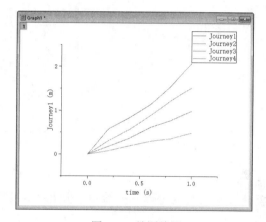

图 7.27　绘图结果

📢 注意：

> 绘图完成后，在图形窗口左上角的任意一个图层图标上右击，在弹出的快捷菜单中选择"图表绘制"命令即可打开现有图形窗口的"图表绘制：选择数据来绘制新图"对话框。

★重点 动手练——绘制钢材消耗分析图表

源文件：yuanwenjian\ch_07\钢材消耗与国民经济表.csv、钢材消耗分析图表.opju

本练习演示如何利用 Origin 2023 基础二维图形模板绘制关于多组钢材消耗量的图表，如图 7.28 所示。 *扫一扫，看视频*

【操作提示】

（1）启动软件，导入文件数据。

（2）选择"Y 偏移堆积线图"命令，弹出图形窗口 Graph1，绘制 3 种钢材消耗量随时间的变化图。

（3）选择"行绘图"命令，弹出图形窗口 Graph2，绘制每年 3 种钢材消耗量的变化图。

（4）选择"柱形散点图"命令，弹出图形窗口 Graph3，绘制每年 3 种钢材消耗量的变化图。

（5）保存项目文件。

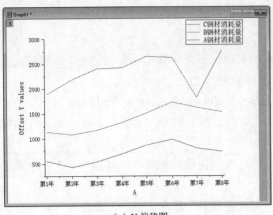

（a）Y 偏移图

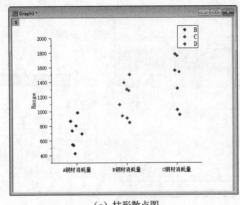

（b）行偏移图

（c）柱形散点图

图 7.28　绘图结果示例

扫一扫，看视频

★重点 动手学——绘制电机组发电量气泡图

源文件： yuanwenjian\ch_07\电力行业景气度分析数据.opju、电机组发电量气泡图.opju

气泡图以工作表为数据来源，选择一个或多个 Y 列或至少一个 Y 列的一部分，多个 Y 列在图层中分组，如果存在关联的 X 列，则 X 列提供 X 值；否则，使用 Y 列的采样间隔或行号。

现有 2021—2022 年电力行业景气度分析数据，本例演示如何利用 Origin 2023 的基础二维图形模板绘制电机组-发电量气泡图。

【操作步骤】

（1）启动 Origin 2023，将源文件中的"电力行业景气度分析数据.opju"文件拖放到工作区，导入项目文件。

（2）在"项目管理器"导航器中激活当前工作簿文件，在工作表中选择发电机组产量（B(Y)）数据列、发电量（C(Y)）数据列，如图 7.29 所示。

📢 **提示：**

> 此时，也可以选择 A(X)、B(Y)、C(Y) 列，生成图形效果与选择 B(Y)、C(Y) 列相同。

（3）选择菜单栏中的"绘图"→"基础 2D 图"→"气泡图"命令，在当前工作簿中创建图形文件 Graph1 并自动在该图形文件中绘制 B(Y)、C(Y) 列的气泡图，如图 7.30 所示。

🔊 提示：

为避免 X 轴标签重叠，将刻度标签旋转 60°显示，具体方法在后面章节讲解，这里不再赘述。

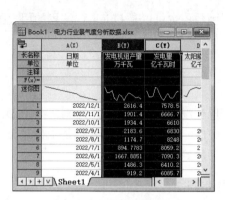

图 7.29　选择数据

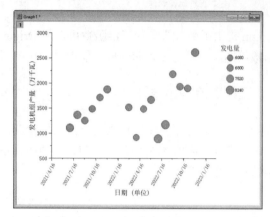

图 7.30　气泡图绘图结果

（4）单击"标准"工具栏中的"保存项目"按钮 ，保存项目文件为"电机组发电量气泡图.opju"。

★重点 动手练——绘制电力行业景气颜色映射图气泡图

源文件：yuanwenjian\ch_07\发电机组发电量气泡图.opju、发电机组发电量颜色映射图气泡图.opju

扫一扫，看视频

本练习演示如何利用 Origin 2023 基础二维图形模板绘制颜色映射图和带颜色的气泡图，如图 7.31 所示。

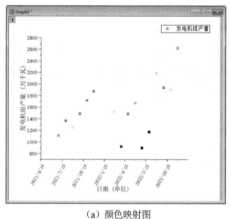

（a）颜色映射图

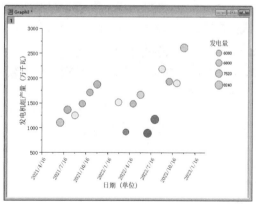

（b）带颜色的气泡图

图 7.31　绘图结果示例

【操作提示】

（1）启动软件，导入项目文件数据。

（2）在工作表中选择 B(Y)、C(Y)列，选择"颜色映射图"命令，弹出图形窗口 Graph2，显示图形，保存窗口文件为"发电机组发电量颜色映射气泡图.oggu"。

（3）在工作表中选择 B(Y)、C(Y)列，选择"气泡+颜色映射图"命令，弹出图形窗口 Graph3，显示图形，保存窗口文件为"发电机组发电量颜色映射图气泡图.oggu"。

（4）保存项目文件。

7.3 函 数 绘 图

Origin 提供了函数绘图功能，函数可以是 Origin 内置函数，也可以是 Origin C 编程的用户函数。通过函数绘图，可以将函数的图形方便地显示在图形窗口中。

7.3.1 工作表绘制函数图

在 Origin 中，除了基于工作表给定的数据绘图，还可以在没有数据的情况下绘制二维（2D）函数图、二维（2D）参数函数图、三维（3D）函数图和三维（3D）参数函数图，这 4 种函数的类型与对应的函数形式见表 7.1。

表 7.1 函数类型与对应的函数形式

类 型	函 数 形 式
2D 函数图	$y = f(x)$
2D 参数函数图	$x = f_1(t)$
	$y = f_2(t)$
3D 函数图	$z = f(x, y)$
3D 参数函数图	$x = f_1(u, v)$
	$y = f_2(u, v)$
	$z = f_3(u, v)$

【执行方式】

➥ 菜单栏：选择菜单栏中的"绘图"→"函数图"命令，打开函数图模板，如图 7.32 所示。
➥ 菜单栏：选择菜单栏中的"文件"→"新建"→"函数图"命令，弹出"函数图"子菜单，如图 7.33 所示。

图 7.32 函数图模板

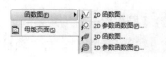

图 7.33 "函数图"子菜单

扫一扫，看视频

★重点 动手学——绘制 2D 函数图

源文件：yuanwenjian\ch_07\Function plot1.opju
本例使用"创建 2D 函数图"对话框绘制函数图。

【操作步骤】

（1）选择菜单栏中的"文件"→"新建"→"函数图"→"2D 函数图"命令，打开如图 7.34 所示的"创建 2D 函数图"对话框。

（2）在"函数"选项卡中定义 x 的取值范围和取值点数，默认取值范围为 $0 \sim 2\pi$，取值点为 100 个。本例中采用默认参数。

（3）在 Y(x)=文本框中输入函数。本例中输入 cos(x)+sqrt(x)，如图 7.35 所示。

（4）单击"确定"按钮，关闭"创建 2D 函数图"对话框即可看到绘制的函数图形，如图 7.36 所示。

  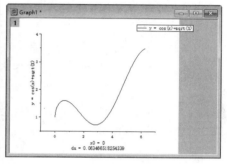

图 7.34　"创建 2D 函数图"对话框　　　图 7.35　输入函数　　　　　图 7.36　函数图形

（5）保存项目文件。选择菜单栏中的"文件"→"保存项目"命令，打开"另存为"对话框，在"文件名"文本框内输入 Function plot1，单击"保存"按钮，保存项目文件。

【选项说明】

（1）在输入函数时，单击"插入数学公式"按钮 ，在弹出的子菜单中可以很方便地添加某个公式分类下的具体函数，如图 7.37 所示。单击即可将相应函数添加到函数编辑文本框中。

（2）如果希望在一个独立的窗口中输入函数，单击"显示在单独的窗口中"按钮 ，打开如图 7.38 所示的函数编辑窗口。在这里，可以很方便地编辑函数并查看函数的各个数据点。设置完成后单击"确定"按钮，返回"创建 2D 函数图"对话框。

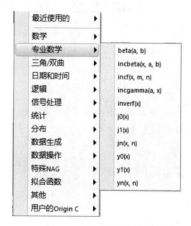 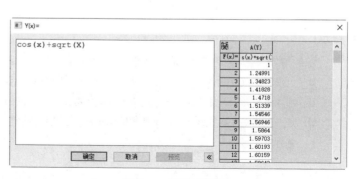

图 7.37　选择数学公式　　　　　　　　图 7.38　函数编辑窗口

★重点 动手学——绘制多个函数图

源文件：yuanwenjian\ch_07\Function plotN.opju

本例使用"创建 2D 函数图"对话框在函数图中绘制多条图形曲线。

【操作步骤】

（1）选择菜单栏中的"文件"→"新建"→"函数图"→"2D 函数图"命令，打开"创建 2D 函数图"对话框。

（2）在"函数"选项卡中定义 x 的取值范围和取值点数，默认取值范围为 0～2π，取值点为 100 个。本例中采用默认参数。

（3）单击"插入数学公式"按钮 ▶ ，在弹出的子菜单中选择"三角/双曲"→sin(x)选项，如图 7.39 所示。

（4）在 Y(x)=文本框中显示插入的函数 sin(x)，如图 7.40 所示。

（5）单击"添加"按钮，新建图形窗口 Graph1，显示正弦图曲线。

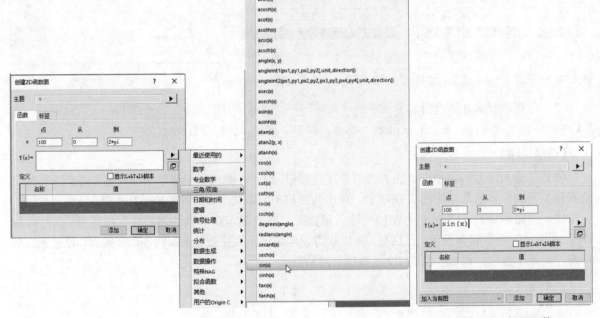

图 7.39　选择函数公式　　　　　　　　　　　图 7.40　插入函数

提示：

输入函数公式后，在"创建 2D 函数图"对话框左下角中显示 3 个选项。

> 创建新图：选择该项，新建图形窗口并在新的图形窗口中显示新的图形曲线。

> 加入当前图：选择该项，在当前图形窗口中叠加显示新的图形曲线。

> 加入当前图表并重新调整轴标度：选择该项，在当前图形窗口中叠加显示新的图形曲线并自动调整坐标轴刻度的显示。

（6）此时，"创建 2D 函数图"对话框在左侧下拉列表中显示图形窗口下拉列表，选择"加入当前图"选项。

（7）单击"插入数学公式"按钮 ▶ ，在弹出的子菜单中选择"三角/双曲"→cos(x)选项，在 Y(x)=

文本框中显示插入的函数 cos(x)，如图 7.41 所示。

（8）单击"添加"按钮，在新建图形窗口 Graph1 中添加余弦图曲线，如图 7.42 所示。

（9）单击"确定"按钮，关闭"创建 2D 函数图"对话框。

（10）保存窗口文件。选择菜单栏中的"文件"→"保存窗口为"命令，打开"保存窗口为"对话框，在"文件名"文本框内输入 Function plotN，单击"确定"按钮，保存图形文件。

图 7.41　插入函数

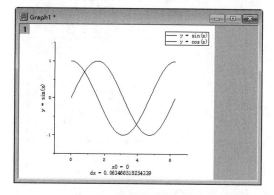

图 7.42　叠加显示函数图形

★重点 动手学——绘制 2D 参数函数图

源文件：yuanwenjian\ch_07\Parement Function plot.opju

本例利用 Origin 2023 内置的函数图模板绘制 2D 参数函数图形。

扫一扫，看视频

【操作步骤】

（1）选择菜单栏中的"绘图"→"函数图"→"新建 2D 参数函数图"命令，打开"创建 2D 参数函数图"对话框，如图 7.43 所示。

（2）在"函数"选项卡中定义 t 的取值范围和取值点数。本例设置取值范围为−π 到 π，取值点为 100 个。

（3）分别在 X(t)=和 Y(t)=文本框中输入函数，如图 7.44 所示。

图 7.43　"创建 2D 参数函数图"对话框

图 7.44　输入函数

（4）单击"确定"按钮，关闭"创建 2D 参数函数图"对话框，即可看到绘制的函数图形，如图 7.45 所示。

对于 2D 参数函数图、3D 函数图和 3D 参数函数图，在创建函数图的同时会自动新建一个工作簿生成相应的数据，如图 7.46 所示。

（5）保存项目文件。选择菜单栏中的"文件"→"保存项目"命令，打开"另存为"对话框，在"文件名"文本框内输入 Parement Function plot，单击"保存"按钮，保存项目文件。

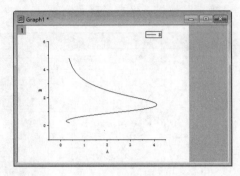

图 7.45　绘图结果

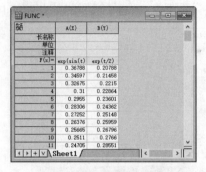

图 7.46　数据图对应的数据

7.3.2　图形窗口绘制函数图

前面介绍了在工作簿窗口中绘制函数图、参数函数图的操作步骤，本小节介绍在图形窗口中绘制函数图的方法，绘制参数函数图的方法与绘制函数图类似，这里不再赘述。

【执行方式】

菜单栏：选择菜单栏中的"插入"→"函数图"命令。

扫一扫，看视频

★重点 动手学——缩放函数图

源文件：yuanwenjian\ch_07\函数图自动缩放.opju

Origin 的绘图函数可以根据需要绘制的曲线数据的范围自动选择合适的坐标系，使曲线尽可能清晰地显示出来。所以，一般情况下用户不必自己选择绘图坐标。但是对于有些图形，如果用户感觉自动选择的坐标不合适，则可以利用缩放命令选择新的坐标系。

本例使用"创建 2D 函数图"对话框绘制函数图，根据函数图自动调整坐标系。

【操作步骤】

（1）启动 Origin 2023，项目管理器中自动创建项目文件 UNTITLED，该项目文件下默认创建一个文件夹 Folder1，该文件夹中包含工作簿文件 Book1。

（2）在项目管理器下半部分右击，在弹出的快捷菜单中选择"新建窗口"→"图"命令，新建图形窗口文件 Graph1。

（3）选择菜单栏中的"插入"→"函数图"命令，打开"创建 2D 函数图"对话框。打开"函数"选项卡，单击"插入数学公式"按钮 ▶，在弹出的子菜单中选择"数学"→exp(x)、"三角/双曲"→cos(x)选项，单击将其添加到 Y(x)=函数编辑文本框中，最终得到函数表达式 exp(-x)*cos(4*pi*x)，如图 7.47 所示。

（4）单击"确定"按钮，关闭"创建 2D 函数图"对话框，即可看到绘制的函数图形，如图 7.48 所示。

图 7.47　插入函数公式

（5）单击绘图区浮动工具栏中的"重新缩放"按钮 ，自动在绘图区进行缩放，调整图形使其合理地显示，结果如图 7.49 所示。

（6）保存窗口文件。选择菜单栏中的"文件"→"保存窗口为"命令，打开"保存窗口为"对话框，在文件列表框中指定保存文件的路径，在"文件名"文本框内输入"函数图自动缩放"，单击"确定"按钮，保存图形文件。

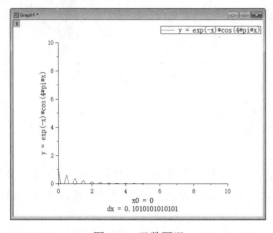

图 7.48　函数图形

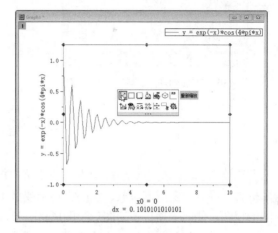

图 7.49　缩放图形

7.3.3　创建函数工作表

在 Origin 中，绘制函数图前不需要使用数据，但是绘制完成的函数图中包含与图形对应的数据，可以将这些数据提取到工作表中。

【执行方式】

快捷命令：右击，在弹出的快捷菜单中选择"创建数据集 F1 的副本"命令。

★重点　动手学——提取 2D 函数图数据

扫一扫，看视频

源文件：yuanwenjian\ch_07\Function plot1.opju、Function plot2.opju
本例根据函数曲线创建对应的函数数据工作表。

【操作步骤】

（1）启动 Origin 2023，打开源文件目录，将 Function plot1.opju 文件拖放到工作区中，导入项目文件。

（2）打开函数窗口 Graph1，在函数曲线上右击，在弹出的快捷菜单中选择"创建数据集 F1 的副本"命令，自动创建一个"Func1-F1 复制"工作簿窗口，如图 7.50 所示。

（3）在工作簿窗口"Func1-F1 复制"的工作表中选择 A(X)、B(Y)列，选择菜单栏中的"绘图"→"基础 2D 图"→"样条图"命令，在当前工作簿中创建图形文件 Graph2 并自动在该图形文件中绘制 A(X)、B(Y)数据列的样条图，如图 7.51 所示。

可以看出，图形文件 Graph1（图 7.36）、Graph2 中的图形完全相同，因此新建的"Func1-F1 复制"工作簿中包含的数据是绘制函数图形时使用的数据。

（4）保存项目文件。选择菜单栏中的"文件"→"保存项目"命令，打开"另存为"对话框，在"文件名"文本框内输入 Function plot2，单击"保存"按钮，保存项目文件。

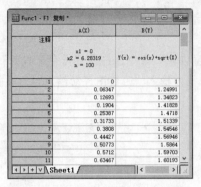

图 7.50　"Func1-F1 复制" 工作簿窗口

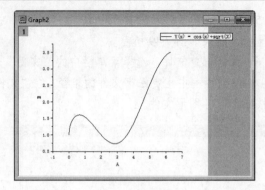

图 7.51　样条图

7.4　绘图主题

所谓绘图主题，是指 Origin 中内置的或用户自定义的图形格式信息集合，使用一整套预先定义的绘图格式，同时改变图形对象、线段、一个或多个图形窗口的绘图格式，从而可以快速创建同一格式的图形视图，使同一项目中的图形绘图风格一致。

Origin 2023 提供了丰富的内置主题，包括图形、系统增量列表、工作表、对话框和绘制数学函数的主题，本节仅介绍图形主题。用户可以直接应用或修改内置的主题绘图格式，也可以根据需要重新定义系统主题绘图格式，应用于所有用户创建的图形。

7.4.1　应用绘图主题

一个 Origin 主题是一个包含一系列对象属性的文件。使用主题可以快速更改现有图形中的一个或多个对象的属性，或者将一组一致的属性应用于选定的图形窗口，而无须重新创建一组设置，或者逐一应用这些设置到单个图形窗口。

在 Origin 2023 中，应用主题格式有以下两种常用方式。

1. 复制粘贴格式

该种方式是指从一个对象复制一个主题并将其粘贴到另一个相同类型的对象上。

【执行方式】

➥ 菜单栏：选择菜单栏中的"编辑"→"复制格式"命令。

➥ 快捷命令：右击，在弹出的快捷菜单中选择"复制格式"命令，如图 7.52 所示。

【操作步骤】

（1）在图形窗口右击一个对象（如一个绘图），执行上述命令，然后在子菜单中选择要复制的具体选项。

📢 提示：

　　所有图形对象都具有特定于对象类型的可自定义属性集，可以复制、粘贴的主题属性根据所选对象不同而不同。

（2）如果要将复制的格式应用于单个图形，则在目标图形上右击，在弹出的快捷菜单中选择"粘贴格式"命令。

（3）如果要将复制的格式应用于当前项目的多个图形窗口，则保持源图形窗口处于激活状态，然后选择菜单栏中的"编辑"→"粘贴格式（高级）"命令，打开如图 7.53 所示的"应用格式"对话框，在 Origin 项目中选择编辑或选择性地将格式应用于一个或多个图形窗口。

图 7.52　"复制格式"子菜单　　　　　　图 7.53　"应用格式"对话框

2．保存为命名主题

该种方式是指将一个对象中的格式保存为命名主题，然后将该命名主题应用于之后的类似对象。

【执行方式】

快捷命令：在坐标轴范围之外的页面空白处右击，在弹出的快捷菜单中选择"保存格式为主题"命令。

【操作步骤】

（1）激活图形窗口，执行上述操作，打开"保存格式为主题"对话框，如图 7.54 所示。

（2）在"新主题的名称"文本框中输入一个名称，用于区分主题。

（3）在"描述"文本框中输入几个描述本主题的词。

（4）如果不希望以后所有绘图都应用该主题，建议不要勾选"设置为系统主题"复选框。

（5）如果要编辑主题的具体内容，可以单击右侧的"编辑主题的相关细节"按钮，展开底部的列表框，如图 7.55 所示，用于修改具体的格式选项。设置完成后单击"确定"按钮，关闭对话框。

图 7.54　"保存格式为主题"对话框

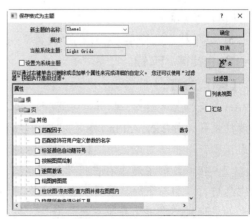

图 7.55　展开底部的列表框

3. 主题管理器

保存主题之后，如果要将该主题应用于其他图形，可以打开"主题管理器"对话框进行调用。

【执行方式】

◥ 菜单栏：选择菜单栏中的"设置"→"主题管理器"命令。

◥ 快捷键：F7 键。

【操作步骤】

执行上述操作，打开"主题管理器"对话框，如图 7.56 所示。在这里可以看到系统所有的主题。选中要应用的主题，单击"立即应用"按钮即可将选中的主题格式应用到新的图表中。

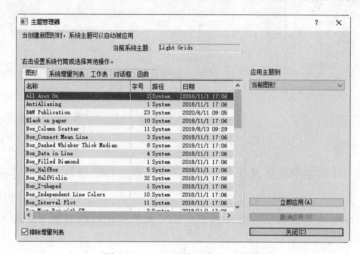

图 7.56 "主题管理器"对话框

7.4.2 编辑绘图主题

如果要修改某一主题的格式，可以利用主题管理器进行编辑。主题管理器可以方便地查看 Origin 内置的主题绘图格式、用户自定义主题和系统主题并进行编辑，将图形主题同时应用于项目文件的多个图形。

在图形窗口中修改图形元素的格式，如将图形的坐标轴刻度文本的字体修改为"楷体"。

【执行方式】

◥ 菜单栏：选择菜单栏中的"设置"→"主题管理器"命令。

◥ 快捷键：F7 键。

【操作步骤】

（1）执行上述操作，打开"主题管理器"对话框。在列表中选中要进行修改的主题（如 Tick All In），在"应用主题到"下拉列表框中修改主题的应用范围，单击"立即应用"按钮即可将修改应用于图形。

（2）在修改的主题上右击打开如图 7.57 所示的快捷菜单，可以对选中的主题进行复制、删除、编辑、合并或将其设置为系统主题等操作。

如果选择"设置为系统主题"命令，则将选中的主题保存为系统主题，以后每次创建新的图形将自动应用系统主题，不管使用的图形模板是否保存

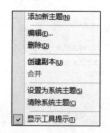

图 7.57 主题快捷菜单

了相应的设置。

提示:

> 如果不希望系统主题自动应用于图形,可以在菜单栏中选择"文件"→"保存模板为"命令,将图形另存为模板,并取消勾选"允许系统主题覆盖"复选框。

7.5　图形布局与输出

图形的输出是 Origin 计算机绘图的最后一个环节,正确的输出需要正确的布局设置。"一图胜万言",图是形象、直观地表达信息的强有力方式。Origin 不仅有强大的图表计算功能,而且提供便捷的图片、图形编辑功能,支持智能图形和图表等对象。通过设置图文布局,可以创建美观、图文并茂的版面。

7.5.1　生成新 Layout 窗口

在 Origin 中,有一类特定的版面布局设计窗口——Layout 窗口,其可以将多个图形或表格在上面进行随意排列。

【执行方式】

- ❥ 菜单栏:选择菜单栏中的"文件"→"新建"→"布局"命令。
- ❥ 工具栏:单击"标准"工具栏中的"新建布局"按钮 📄。
- ❥ 快捷命令:在"项目管理器"导航器中右击,在弹出的快捷菜单中选择"新建窗口"→"布局"命令。

【操作步骤】

执行上述命令,直接在当前项目文件下新建一个布局窗口,默认名称为 Layout1,如图 7.58 所示。

7.5.2　添加布局对象

因为 Layout 排版是基于图形的,可以将整个窗口视作一张白纸,布局的第一步是添加指定的对象,包括图形、工作表和文本等。

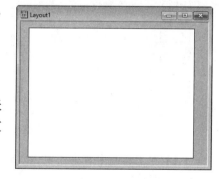

图 7.58　新建布局窗口

【执行方式】

- ❥ 菜单栏:选择菜单栏中的"插入"菜单,如图 7.59 所示。
- ❥ 快捷命令:右击,弹出的快捷菜单如图 7.60 所示。

【操作步骤】

执行上述命令,选择在当前布局窗口中添加图形、工作表和文本等对象。

图 7.59　"插入"菜单　　　　图 7.60　快捷菜单

扫一扫，看视频

★重点 动手学——绘制网店进销存分析图

源文件： yuanwenjian\ch_07\网店进销存账单.xlsx、网店进销存分析图.opju

现有某网店产品两日的销量数据，本例利用分析结果中的工作表和图表进行布局显示，为分析图表添加图文说明。

【操作步骤】

（1）启动 Origin 2023，打开源文件目录，将"网店进销存账单.xlsx"文件拖放到工作区中，导入数据文件，如图 7.61 所示。

（2）在工作表中单击选中 A(X)、B(Y)、C(Y)列数据，单击"2D 图形"工具栏中的"点线图"按钮，在图形窗口 Graph1 中绘制点线图，显示第一日产品入库、出库趋势，如图 7.62 所示。

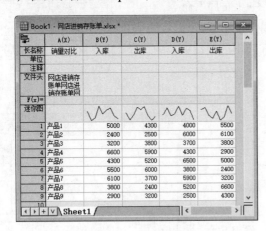

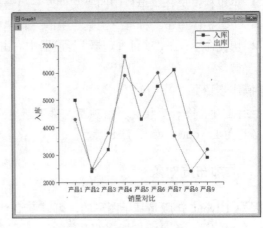

图 7.61　导入数据　　　　图 7.62　点线图 1

（3）在工作表中单击选中 A(X)、D(Y)、E(Y)列数据，单击"2D 图形"工具栏中的"点线图"按钮，在图形窗口 Graph2 中绘制点线图，显示第二日产品入库、出库趋势，如图 7.63 所示。

（4）选择菜单栏中的"文件"→"新建"→"布局"命令，在当前项目文件下新建一个布局窗口，默认名称为 Layout1。

（5）在布局窗口中右击，在弹出的快捷菜单中选择"添加图形窗口"命令，打开"图形浏览器"对话框，在列表中自动显示当前项目文件夹下的图形窗口，单击选择图形窗口 Graph1，如图 7.64 所示。单击"确定"按钮，Origin 在布局窗口 Layout1 中添加图形窗口 Graph1。

（6）使用同样的方法在布局窗口中添加图形窗口 Graph2，如图 7.65 所示。

（7）在布局窗口中右击，在弹出的快捷菜单中选择"添加工作表"命令，自动添加项目中的工作表数据，如图 7.66 所示。

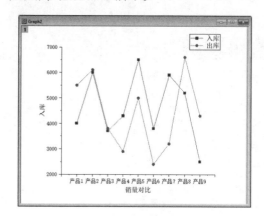

图 7.63　点线图 2

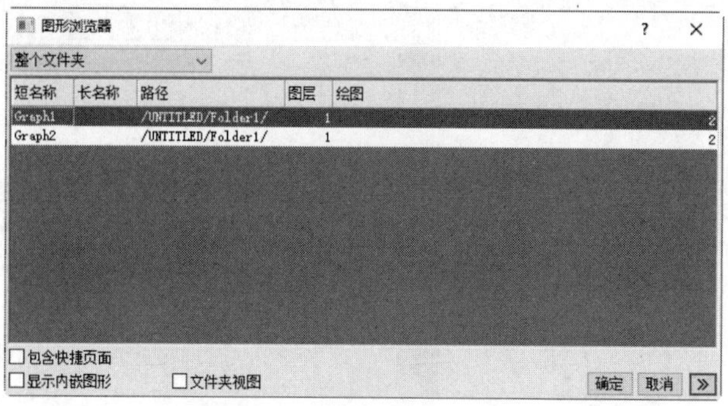

图 7.64　"图形浏览器"对话框

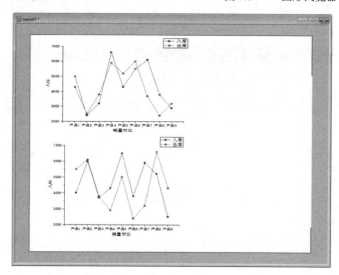

图 7.65　添加图形窗口 Graph2

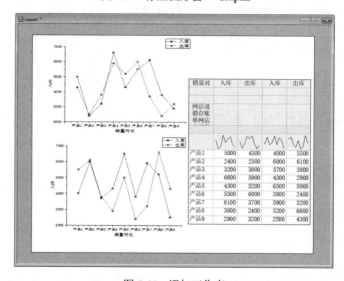

图 7.66　添加工作表

（8）在布局窗口中右击，在弹出的快捷菜单中选择"添加文本"命令，自动在当前位置添加文本数据，设置文字大小和文字颜色，结果如图 7.67 所示。

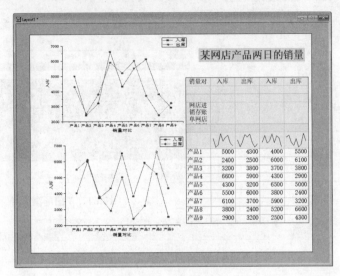

图 7.67　添加文本

（9）保存项目文件。选择菜单栏中的"文件"→"项目另存为"命令，保存项目文件为"网店进销存分析图.opju"。

7.5.3　图形输出

Origin 可以导入多种数据，相应地，还可以把 Origin 图形（或布局）输出到多种格式的图像文件中，用于显示和重复分析。

1. 输出常用图像

【执行方式】

➤ 菜单栏：选择菜单栏中的"文件"→"导出图（高级）"命令。

➤ 快捷键：Ctrl+Shift+G 组合键。

【操作步骤】

执行上述命令，打开"导出图"对话框，如图 7.68 所示，输出常用的图像文件格式，包括 PNG、BMP、JPEG、TIFF、EMF、SVG。

图 7.68　"导出图"对话框

2. 输出矢量图

【执行方式】

➤ 菜单栏：选择菜单栏中的"文件"→"导出图（高级）"命令。

➤ 快捷键：Ctrl+G 组合键。

【操作步骤】

执行上述命令，打开"导出图（高级）"对话框，如图 7.69 所示，输出多种格式的位图和矢量图。

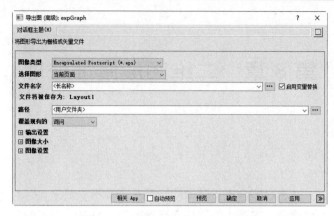

图 7.69　"导出图（高级）"对话框

★重点 动手练——输出网店进销存分析图

扫一扫，看视频

源文件：yuanwenjian\ch_07\网店进销存分析图.opju
本练习演示如何将布局窗口中的图形输出为图像文件，如图 7.70 所示。

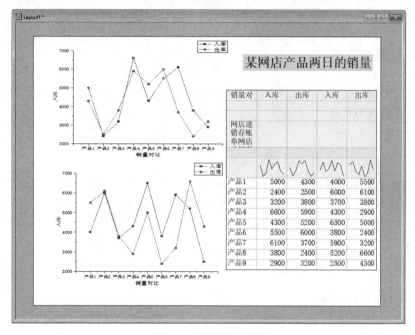

图 7.70　绘图结果示例

【操作提示】

启动软件，导入项目文件，将布局窗口 Layout1 输出为 PNG 图像文件。

第 8 章　二维图形修饰处理

内容简介

通过前面章节的学习，读者可能会感觉简单的绘图命令并不能满足我们对可视化的要求。为了让绘制的图形看起来美观并且易懂，本章提供了许多修饰图形的命令，用于对二维图形进行美化。

8.1　图形属性设置

Origin 中的图形都是科学或者工程图形，这些图形具有确定的物理意义，因此图形的规范化和格式化设置非常重要。

8.1.1　图形页面属性设置

每个 Origin 图形窗口都包含一个可以编辑的图形页面，即图形窗口内包含图形的白色区域。设置页面也就是设置页面中的元素。

【执行方式】

- ❧ 菜单栏：选择菜单栏中的"格式"→"页面属性"命令。
- ❧ 快捷操作：双击图形页面（选择图形页面时，一般选择坐标轴范围以外的白色区域，若选择坐标轴范围以内的白色区域，则表示选择绘图区，而不是图表区）。
- ❧ 快捷键：F2 键。

【操作步骤】

执行上述命令，打开"绘图细节-页面属性"对话框，设置页面区域的属性，如图 8.1 所示。

图 8.1　"绘图细节-页面属性"对话框

【选项说明】

页面是绘图的背景，其中包括一些必要的图形元素，如图层、坐标轴、文本和数据图等。该对话框中包含 5 个选项卡，用于设置这些图形元素的属性，下面分别进行介绍。

1．"打印/尺寸"选项卡

（1）在"尺寸"选项组中输入图形页面区域的宽度和高度，同时还可以制定尺寸单位，默认值为毫米。

（2）在"打印时使用打印机默认尺寸" 选项组下设置页面打印显示大小。默认情况下，图形页面的尺寸由默认打印机驱动程序的可打印区域指定，位于页面外部的内容[图 8.2（a）右侧的灰色区域]不会打印或导出。

按住 Ctrl 键，滚动鼠标滚轮即可缩小和放大图形页面，效果如图 8.2（b）和图 8.2（c）所示。

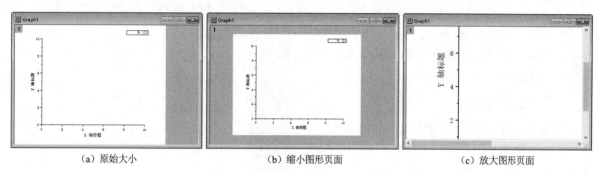

（a）原始大小   （b）缩小图形页面   （c）放大图形页面

图 8.2   图形页面的缩小和放大

2．"其他"选项卡

在"视图模式"选项组中显示 Origin 中的 4 个视图。

3．"图层"选项卡

设置图层及图层中各个元素的属性。

4．"显示"选项卡

设置页面颜色与图形的显示。

5．"图例/标题"选项卡

在"图例更新模式"下拉列表中选择需要的更新模式，如图 8.3 所示。

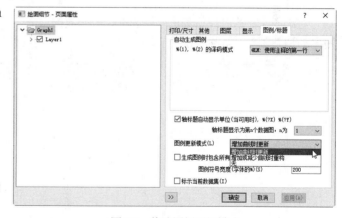

图 8.3   修改图例更新模式

8.1.2 坐标轴属性设置

坐标轴的设置在所有设置中是最重要的，因为这是达到图形规范化和实现各种特殊需要的最核心要求。没有坐标轴的数据将毫无意义，不同坐标轴的图形将无从比较。

【执行方式】

➥ 菜单栏：选择菜单栏中的"格式"→"轴"→"X 轴"/"Y 轴"/"Z 轴"命令。

➥ 工具栏：单击坐标轴浮动工具栏中的"轴对话框"按钮 ✿，弹出如图8.4所示的选项列表，选择"轴对话框"命令。

➥ 快捷命令：右击，在弹出的快捷菜单中选择"坐标轴"命令。

➥ 快捷操作：直接双击坐标轴刻度线。

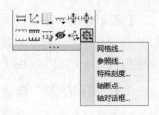

图8.4 "轴对话框"选项列表

【操作步骤】

执行上述命令，打开相应的坐标轴对话框，可以设置坐标轴的类型、位置、刻度线标记、标签位置等选项。

【选项说明】

从图中可以看到，在这里可以非常详尽地设置坐标轴各个属性的参数。在左侧面板中选择一个或者多个（按住 Ctrl 键选择）要自定义属性的轴图标，然后选择相应的选项卡和选项进行设置。

默认打开"刻度"选项卡，坐标轴上的刻度指定了数值的范围、数值出现的间隔和坐标轴之间相互交叉的位置。

1. "显示"选项卡

该选项卡用于控制坐标轴的显示，如图8.5所示。坐标轴按方向分为水平与垂直，"水平"选项中包含左、右轴；"垂直"选项中包含上、下轴。由于系统默认的只有左边和底部的坐标轴，因此，如果需要右边和顶部的坐标轴，可以在该选项卡中进行设置。

勾选"各轴各自调整刻度"复选框，根据数据图自动调整刻度，如图8.6所示。

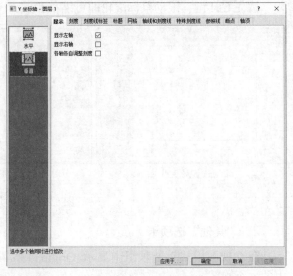

图8.5 "显示"选项卡

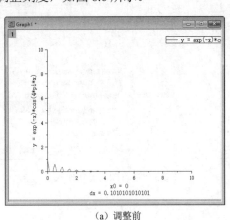

（a）调整前　　　　　　　　　　（b）调整后

图8.6 刻度调整前后图形

2. "刻度"选项卡

该选项卡主要用于设置坐标刻度的相关属性，包括主要和次要刻度，如图8.7所示。

➥ 起始、结束：可以设置坐标值的起始范围和坐标值的结束范围。

- 类型：可以对坐标轴或坐标值进行特殊设置，如对数或指数形式，如图 8.8 所示。
- 调整刻度：基本刻度值包括固定值与常规值。
- 重新调整页边距：输入页边距与整个页面的比值。
- 翻转：勾选该复选框，翻转带刻度的坐标轴。对于垂直坐标轴，进行上、下翻转；对于水平坐标轴，进行左、右翻转。
- 主刻度：设置长刻度的类型。默认选择"按增量"进行定义刻度，可以直接定义增量（间隔）值或者根据锚点刻度值计算。
- 次刻度：设置短刻度的类型。默认选择"按数量"进行定义刻度，可以定义计数（数量值）。

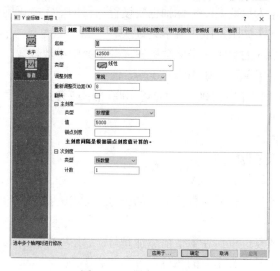

图 8.7　"刻度"选项卡

图 8.8　刻度类型下拉列表

3．"刻度线标签"选项卡

该选项卡用于设置坐标轴上的数据（标签）的显示形式，如是否显示、显示类型、颜色、大小、小数点位置、有效数字等，如图 8.9 所示。

图 8.9　"刻度线标签"选项卡

（1）在左侧列表中选择坐标轴。有 4 个坐标轴，分别是下轴（底部 X 轴坐标）、上轴（顶部 X 轴坐标）、左轴（左边 Y 轴坐标）和右轴（右边 Y 轴坐标）。

（2）对左轴和右轴使用相同的选项。图形默认的有下轴和左轴两个坐标，当图形包含左轴和右轴时，勾选该复选框，只需指明左轴或右轴中的一个即可。

（3）显示。默认勾选该复选框，在该选项卡中显示参数子选项卡，包括显示、格式、表格式刻度标签和次刻度标签。

1）"显示"子选项卡。

➥ 类型：数据类型，默认状态下与数据源数据保持一致，本例中为数字型，也可以修改显示格式，如强制显示为日期型等。如果源数据为日期型，坐标轴也要设置为日期型才能正确显示。

➥ 显示：主要用于显示呈现数据的格式，如十进制、科学记数法等。

➥ 设置小数位数：勾选该复选框后，填入的数字为坐标轴标签（数值）的小数位数。

➥ 显示单位：主要用于显示数据的数量级单位，如 10^2、10^3 等。

➥ 除以因子：整体数值除以一个数值，典型的为 1000，即除以 1000 倍；或者 0.001，即乘以 1000 倍，这个选项对于长度单位来说是很有用的。

➥ 公式：使用公式代替指定的标签数值。

➥ 前缀：标签的前缀，如在刻度前加入单位¥等。

➥ 后缀：标签的后缀，如在刻度后加入单位 mm、eV 等。

➥ 正号：当标签数值为正值时，勾选该复选框后在数值前添加正号，如 10 显示为+10；默认不勾选该复选框。

➥ 负号：当标签数值为负值时，勾选该复选框后在数值前添加负号。

2）"格式"子选项卡：设置坐标轴上标签（文字）的颜色、方向和大小。

3）"表格式刻度标签"子选项卡：用于启用表格式布局并根据参数进行设置。

4）"次刻度线标签"子选项卡：用于设置次刻度线标签的显示或隐藏，还可以定义刻度线的显示位置。

4．"标题"选项卡

➥ 显示：勾选"显示"复选框，激活设置选项，设置图形中的坐标轴标题（即名称），如图 8.10 所示。坐标轴标题和字体选项也可以通过双击图形中的文本对象直接编辑。

➥ 文本：在文本框中输入坐标轴标题。文本框中显示的"%（?Y）"是系统内部代码，表示会自动设置使用工作表（Worksheet）中 Y 列的"长名称"作为坐标轴名称，以 Y 列的"单位"作为坐标轴的单位。

➥ 颜色：设置标题文字颜色。

➥ 旋转（度）：设置标题文字的旋转角度。

➥ 位于轴的：设置标题文字在坐标轴水平方向的位置。

➥ 字体：设置标题的字体类型与字体大小。

🔊 提示：

> "%（?Y）"符号尽量不要改动，因为数据工作表修改了，这个图形的标题会自动跟着修改。如果有需要，也可以直接输入标题名称。

5. "网格"选项卡

该选项卡用于为曲线图形绘制区域网络线，可以使数据点更加直观，提高可读性，可以调整网格线的颜色、样式和粗细，如图 8.11 所示。

图 8.10　"标题"选项卡

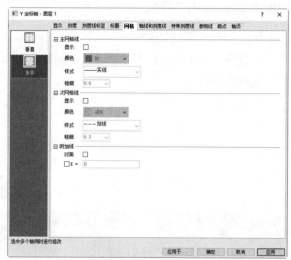

图 8.11　"网格"选项卡

- ↳ 主网格线：勾选"显示"复选框，显示主网格线，也就是通过主刻度平行于另一个坐标轴的直线。设定主网格线的颜色、类型和宽度。
- ↳ 次网格线：勾选"显示"复选框，显示次网格线，也就是通过次刻度平行于另一个坐标轴的直线。
- ↳ 附加线：勾选"对面"复选框，在选中轴的对面显示直线；勾选 X=0 复选框，在 X 轴对面显示直线。

6. "轴线和刻度线"选项卡

该选项卡用于设置所有坐标轴的轴线和刻度线选项，如图 8.12 所示。

- ↳ 显示轴线和刻度线：勾选该复选框，在绘图区中显示坐标轴的轴线与刻度线。
- ↳ 对左轴和右轴使用相同的选项：勾选该复选框，坐标轴左轴和右轴参数设置一致。
- ↳ 线条：设置坐标轴的轴线与刻度线的显示、颜色、粗细和轴的位置，还可以设置是否带箭头，如勾选"箭头位于末端"复选框，如图 8.13 所示。
- ↳ 主/次刻度：主/次刻度显示方式。"样式"下拉列表用于调整坐标轴中主/次刻度（短线）出现的形态，包括朝里、朝外、无、朝里&朝外 4 种显示方式。

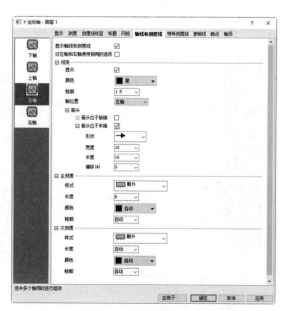

图 8.12　"轴线和刻度线"选项卡

7. "特殊刻度线"选项卡

在列表中显示为坐标轴添加的特殊刻度线，默认包含轴始端和轴末端两个选项，如图 8.14 所示。单击"细节"按钮，打开"特殊刻度线"对话框，如图 8.15 所示，为轴的始端和末端自定义设置特殊刻度线的格式和标签格式。

8. "参照线"选项卡

该选项卡用于插入、删除参考线，同时定义参考线位置，如图 8.16 所示，成对参考线还可以为图形部分填充颜色。

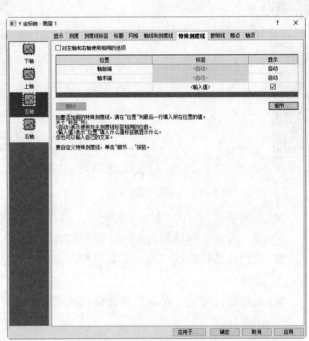

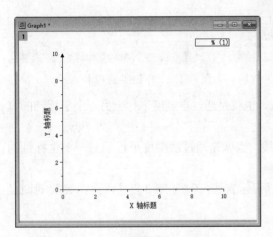

图 8.13　坐标轴顶端添加箭头　　　　　　图 8.14　"特殊刻度线"选项卡

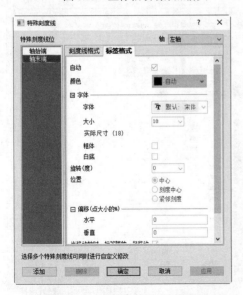

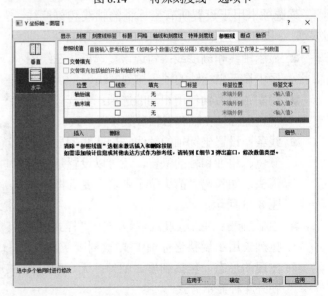

图 8.15　"特殊刻度线"对话框　　　　　　图 8.16　"参照线"选项卡

9. "断点"选项卡

当数据之间的跨度较大时（中间部分没有有意义的数据点），可以用带有断点的图形表示，即通过坐标轴放弃一段数据范围来实现，具体参数可以在该选项卡中设定，如图 8.17 所示。

勾选"启用"复选框，在坐标轴上显示断点并激活此选项卡中的其他选项，添加断点和配置每个断点。

- ➥ 断点标记长度：用作断点标记的符号长度值。
- ➥ 断点数：断点的数目。
- ➥ 断点从：坐标轴上的断点的起始点。
- ➥ 断点到：坐标轴上的断点的结束点。

10. "轴须"选项卡

该选项卡用于设置不同坐标轴轴须的显示位置，如图 8.18 所示。

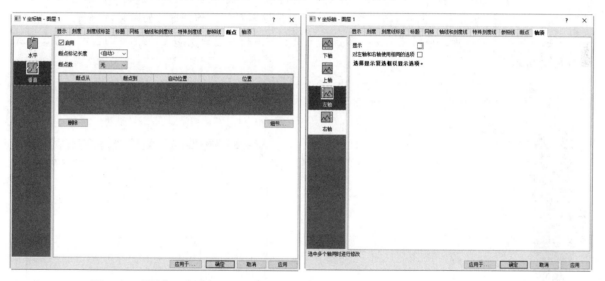

图 8.17　"断点"选项卡　　　　　　　　　图 8.18　"轴须"选项卡

★重点　动手学——调整函数图坐标轴刻度

扫一扫，看视频

源文件：yuanwenjian\ch_08\调整函数图坐标轴刻度.opju
本例使用"创建 2D 函数图"对话框绘制函数图，利用坐标轴对话框自动调整坐标轴刻度。

【操作步骤】

（1）启动 Origin 2023，项目管理器中自动创建项目文件 UNTITLED，该项目文件下默认创建一个文件夹 Folder1，该文件夹中包含工作簿文件 Book1。

（2）选择菜单栏中的"文件"→"新建"→"图"命令，自动新建名为 Graph1 的图形文件。

（3）选择菜单栏中的"插入"→"函数图"命令，打开"创建 2D 函数图"对话框。打开"函数"选项卡，单击"插入数学公式"按钮 ▶ ，在弹出的子菜单中选择"数学"→exp(x)及"三角/双曲"→cos(x)选项，单击将其添加到 Y(x)=函数编辑文本框中，最终得到函数表达式 2*exp(-0.5*x)*cos(2*pi*x)，如图 8.19 所示。

（4）单击"确定"按钮，关闭"创建 2D 函数图"对话框即可看到绘制的函数图形，如图 8.20 所示。

图 8.19　插入函数公式

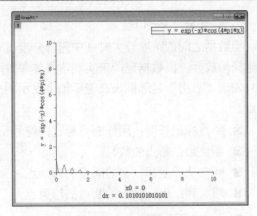

图 8.20　函数图形

（5）双击 Y 坐标轴，打开"Y 坐标轴-图层 1"对话框，默认打开"刻度"选项卡。单击打开"显示"选项卡，勾选"各轴各自调整刻度"复选框，根据数据图自动调整刻度，如图 8.21 所示。单击"应用"按钮，应用参数设置，单击"确定"按钮，关闭该对话框，完成图形 Y 坐标轴的自动调整，结果如图 8.22 所示。

图 8.21　"显示"选项卡

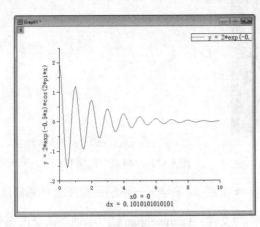

图 8.22　调整图形坐标轴刻度

（6）单击"标准"工具栏中的"保存项目"按钮 ，保存项目文件为"调整函数图坐标轴刻度.opju"。

★重点 动手学——调整失业率调查图表坐标轴样式

扫一扫，看视频

源文件：yuanwenjian\ch_08\失业率调查数据.opju、调整失业率调查图表坐标轴样式.opju
本例利用坐标轴对话框在图形窗口中定制坐标轴样式。

【操作步骤】

（1）启动 Origin 2023，打开源文件目录，将"失业率调查数据.opju"文件拖放到工作区中，导入项目文件，打开 Sheet1 工作表，如图 8.23 所示。

（2）在工作表中单击左上角的空白单元格，选中所有数据列。单击"2D 图形"工具栏中的"点线图"按钮 ，在图形窗口 Graph1 中绘制点线图，如图 8.24 所示。

图 8.23　导入数据

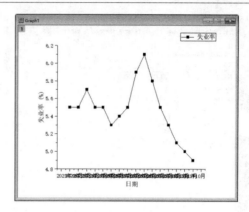

图 8.24　点线图

（3）打开图形窗口 Graph1，单击坐标轴 Y，自动弹出坐标轴浮动工具栏，单击坐标轴浮动工具栏中的"轴对话框"按钮，打开"Y 坐标轴-图层 1"对话框，默认打开"刻度"选项卡，修改数值坐标轴的刻度，可以设置起始值、结束值、主刻度、次刻度等选项。本例设置"主刻度"值为 0.1，如图 8.25 所示。单击"应用于"按钮，在 Y 轴中增加刻度间隔，如图 8.26 所示。

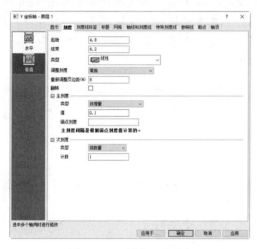

图 8.25　"刻度"选项卡

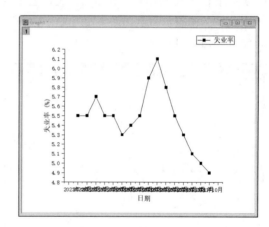

图 8.26　增加 Y 轴刻度间隔

（4）在左侧列表中选择"水平"选项，切换到 X 轴，打开"刻度线标签"选项卡，修改数值坐标轴的刻度标签值。在"格式"选项卡中选择"旋转（度）"为 45，位置为"紧邻刻度"，如图 8.27 所示。

（5）切换到"标题"选项卡，设置沿坐标轴的文本格式，如图 8.28 所示。在这里可以设置坐标轴文本的字体、颜色和旋转角度。

➤ 在左侧选择"左轴"选项，在"颜色"下拉列表中选择红色，"字体"为"宋体"，"大小"为 36。

➤ 在左侧选择"下轴"选项，在"颜色"下拉列表中选择红色，"字体"为"宋体"，"大小"为 36，如图 8.29 所示。

图 8.27　"刻度线标签"选项卡

图 8.28　左轴"标题"选项卡

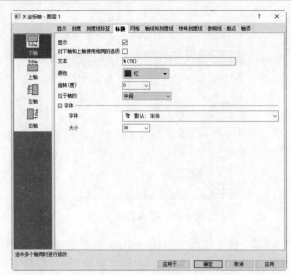

图 8.29　下轴"标题"选项卡

（6）单击"确定"按钮，应用设置的绘图主题，刻度定义旋转坐标轴文本的效果如图 8.30 所示。

（7）向下移动 X 轴标题"日期"，文字显示在页面外侧的灰色区域。在绘图区右击，在弹出的快捷菜单中选择"调整页面至图层大小"命令，根据图层大小调整页面，将标题文字"日期"显示在页面中，结果如图 8.31 所示。

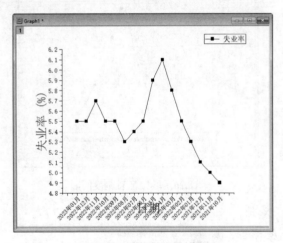

图 8.30　坐标轴设置结果

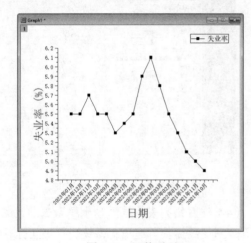

图 8.31　调整页面

（8）选择菜单栏中的"文件"→"项目另存为"命令，将当前项目文件保存为"调整失业率调查图表坐标轴样式.opju"。

8.1.3　绘图属性设置

绘图属性设置是指在选定作图类型之后，对数据点、曲线、坐标轴、图例、图层及图形整体进行设置，最终产生一个具体的、生动的、美观的、准确的、规范的图形。

【执行方式】

↘ 菜单栏：选择菜单栏中的"格式"→"绘图属性"命令。

- 工具栏：单击图形浮动工具栏中的"打开绘图详细信息"按钮✿。
- 快捷命令：在图形上右击，在弹出的快捷菜单中选择"绘图属性"命令。
- 快捷操作：直接双击图形。

【操作步骤】

执行上述命令，打开"绘图细节-绘图属性"对话框，如图 8.32 所示，可以对图形进行相关的设定，结构上从上到下分别是❶Graph（图形）、❷Layer（层）、Plot（图形）、❸Line（线）、❹Symbol（点）。

对话框左侧列表窗口中显示的是数据曲线的内容，单击 >> 按钮可以隐藏或显示左侧列表窗口。

图 8.32　"绘图细节-绘图属性"对话框

【选项说明】

1."组"选项卡

当图形中有多条曲线，并且曲线联合成一个 Group（组）时，"绘图细节-绘图属性"对话框中将显示"组"选项卡，如图 8.33 所示。在"编辑模式"选项组下显示两种编辑模式。

- 独立：表示几条曲线之间是独立的，没有依赖关系。
- 从属：表示几条曲线之间具有依赖关系，默认选中该单选按钮并激活下面列表中的选项，线条颜色、线条样式、线复合类型表。分别单击不同选项中的"细节"栏，弹出滑块列表，单击可以进行详细的设置，曲线 1 为黑色；也可以单击此行，在下面的列表框中选择其他颜色。

若选中多列数据绘制多曲线图形，由于系统默认为组（Group），即所有曲线的符号、线型和颜色会统一设置（按默认的顺序递进呈现）。

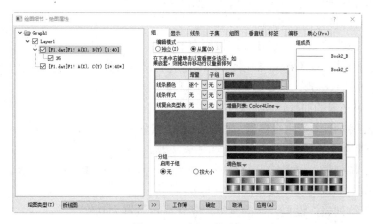

图 8.33　"组"选项卡

2. "显示"选项卡

该选项卡主要用于设置数据显示的坐标轴，包括左 Y 轴、右 Y 轴，如图 8.34 所示。

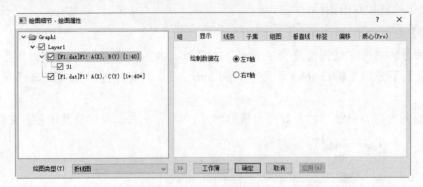

图 8.34 "显示"选项卡

3. "线条"选项卡

该选项卡主要用于设置曲线的连接方式、线型、线宽、填充等选项，如图 8.35 所示。

图 8.35 "线条"选项卡

（1）"连接"下拉列表：设置数据点的连接方式。选择不同的连接方式是为了得到平滑曲线，使图形美观。使用何种平滑曲线，需要视具体的情况而定，以能够准确合理地表达图形为主，有时候为了科学的需要，不能使用平滑效果，需要选择直线型或点线段。

- 直线型：用直线连接所有的点。
- 2 点线段、3 点线段：通过点线段连接所有的点。
- B-样条：对于坐标点，Origin 根据立方 B-样条生成的光滑曲线。与样条曲线不同的是，该曲线不要求通过原始数据点，但是要通过第 1 个和最后一个数据点，对数据 X 也没有特别的要求。
- 样条曲线：用光滑的曲线连接所有的点。
- Bezier 曲线：和 B-样条曲线接近，曲线将 4 个点分成一组，通过第 1 个和第 4 个点，而不通过第 2 个和第 3 个点。

（2）"样式"下拉列表：设置线条的类型，如实线、划线、点线、点划线等。

（3）"复合类型"下拉列表：设置图形中的多线类型。

（4）"宽度"下拉列表：设置线条的宽度，默认显示设置为 0.5。

（5）"颜色"下拉列表：设置线条的颜色。

（6）"透明"微调框：通过滑块调节线条的透明度，默认值为 0%，表示不透明。

（7）"填充曲线下的区域"选项组：勾选"启用"复选框，激活填充曲线和添加基线的选项。填充曲线默认选择"普通"选项，表示将曲线和 X 轴之间的部分填充，在右侧显示填充效果的预览图。在"基线"下拉列表中选择基线的位置，如上轴、下轴等，默认值为自动。

4．"垂直线"选项卡

当曲线类型是"散点图"或含有散点时，即出现表示数据的点时，勾选该选项卡中的"水平"复选框或"垂直"复选框，在曲线上添加点的垂线和水平线，如图 8.36 所示。

图 8.36 "垂直线"选项卡

★重点 动手练——调整失业率调查图表显示

源文件： yuanwenjian\ch_08\调整失业率调查图表坐标轴样式.opju、失业率调查图表显示.opju
本练习演示如何利用绘图属性调整图表的显示方式，如图 8.37 所示。

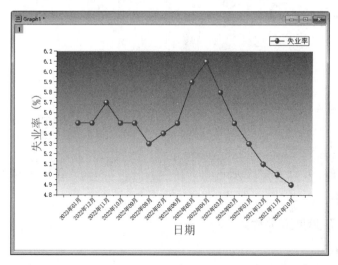

图 8.37 绘图结果示例

【操作提示】

（1）在"背景"选项卡中设置图层颜色。

（2）在"符号"选项卡中设置点线图中散点的样式。

（3）在"线条"选项卡中设置点线图中曲线的样式。

8.1.4 图例属性设置

图例的常规属性可以通过浮动工具栏中的按钮快速地完成设置，对于更复杂的图例属性，可以使用相应的对话框进行设置。

【执行方式】

❧ 菜单栏：选择菜单栏中的"格式"→"对象属性"命令。

❧ 工具栏：单击浮动工具栏中的"详细"按钮 ⚙，弹出如图 8.38 所示的选项命令，选择"属性"命令。

❧ 快捷命令：右击，在弹出的快捷菜单中选择"属性"命令。

图 8.38　选项命令

【操作步骤】

单击图例，执行上述命令，打开"文本对象-Legend"对话框。

【选项说明】

1."文本"选项卡

除了可以设置图例文本的常规格式，还可以设置图例文本的特殊格式，如上标、下标、旋转角度、添加希腊字符等，如图 8.39 所示。

在文本格式下方的列表框中，可以编辑图例的表示方法，在对话框底部的列表框中可以预览对应的图例效果。图例脚本依赖于"替换符号（%，$）"将变量值转换为可读符号和文本。在图形窗口中双击图例对象内部，可以看到此表示法，如图 8.40 所示。

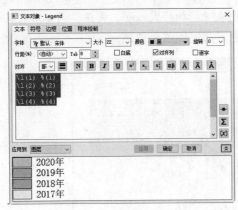

图 8.39　"文本"选项卡　　　　图 8.40　查看图例表示法

2."符号"选项卡

该选项卡用于设置图例的符号样式。

3."边框"选项卡

该选项卡用于设置图例的框架样式、边框和底纹，以及边距。Origin 增加了简化的图例文字换行[不需要%（CRLF）]，勾选"自动换行，调整高度"复选框，图例中的文本即可自动换行，并调整图例的高度。

4."位置"选项卡

该选项卡用于设置图例在图形窗口中的位置。

5."程序控制"选项卡

该选项卡用于将 LabTalk 脚本与文本对象相关联，并指定一个在此之后运行脚本的条件。

8.2 修改图形的格式

如果需要进一步美化图形，或者使图形与工作表的整体风格一致，就需要修改图表绘图区的格式。

8.2.1 更改图形类型和数据

在 Origin 中绘图时，数据与图形是相互对应的，如果数据变了，图形也一定会相应地发生变化。图表类型的选择也很重要，选择一个能最佳表现数据的图表类型，有助于更清晰地反映数据的差异和变化。

1. 更改图形类型

【执行方式】

➘ 工具栏：单击图形浮动工具栏中的"更改绘图类型"按钮⬚，如图 8.41 所示。
➘ 快捷命令：选择绘图区，右击，在弹出的快捷菜单中选择"绘图更改为"命令，如图 8.42 所示。

图 8.41 浮动工具栏命令   图 8.42 快捷命令

2. 更改图形类型和数据

【执行方式】

➘ 菜单栏：选择菜单栏中的“图”→“图表绘制”命令。

➘ 快捷命令：选择绘图区，右击，在弹出的快捷菜单中选择“图表绘制”命令。

扫一扫，看视频

★重点 动手学——绘制互联网络用户统计图表

源文件：yuanwenjian\ch_08\互联网络用户统计数据.opju、互联网络用户统计图表.opju

本例根据图 8.43 中“中国互联网络发展状况统计报告”中的互联网络用户统计数据绘制不同的用户规模图，使用“图表绘制：设置图层中的数据绘图”对话框更换图形数据，将用户规模图更换为用户规模增长图。

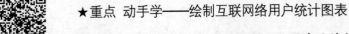

	A	B	C	D
1	互联网络用户统计数据			
2	用户类别	用户规模（亿）	用户增长（万）	网民整体占比(%)
3	短视频	9.62	2805	91.5
4	网络新闻	7.88	1698	75.0
5	网络直播	7.16	1290	68.1
6	在线医疗	3.00	196	28.5

图 8.43 中国互联网络发展状况统计报告

【操作步骤】

1. 图形绘制

（1）启动 Origin 2023，将源文件下的“互联网络用户统计数据.opju”文件拖放到工作区中，导入数据文件，如图 8.44 所示。

（2）选中 A、B 列，选择菜单栏中的“绘图”→“基础 2D 图”→“点线图”命令，在图形窗口 Graph1 中绘制点线图，如图 8.45 所示。

	A(X)	B(Y)	C(Y)	D(Y)
表头	互联网络用户统计数据			
长名称	用户类别	用户规模	用户增长	网民整体占比
单位		亿	万	%
1	短视频	9.62	2805	91.5
2	网络新闻	7.88	1698	75.0
3	网络直播	7.16	1290	68.1
4	在线医疗	3.00	196	28.5

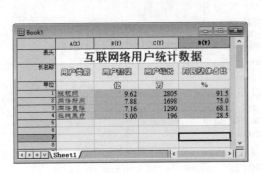

图 8.44 导入数据

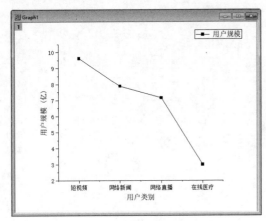

图 8.45 点线图

2. 图形更改

（1）激活图形窗口 Graph1，将该窗口置为当前作为活动窗口。选择菜单栏中的“图”→“图表绘制”命令，打开“图表绘制：设置图层中的数据绘图”对话框。

（2）本例用 D 列更换图形中的 B 列，因此在图形设置区取消勾选 B 列对应的 Y 复选框，勾选 D

列对应的 Y 复选框。

（3）在"绘图类型"列表框中选择"柱状图/条形图"选项，单击"替换"按钮，如图 8.46 所示。

（4）单击"确定"按钮关闭对话框，可以看到图形窗口中的图形随之更新为 D 列的柱状图形，如图 8.47 所示。

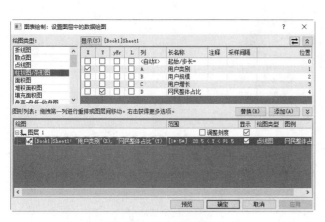

图 8.46　更换图形数据

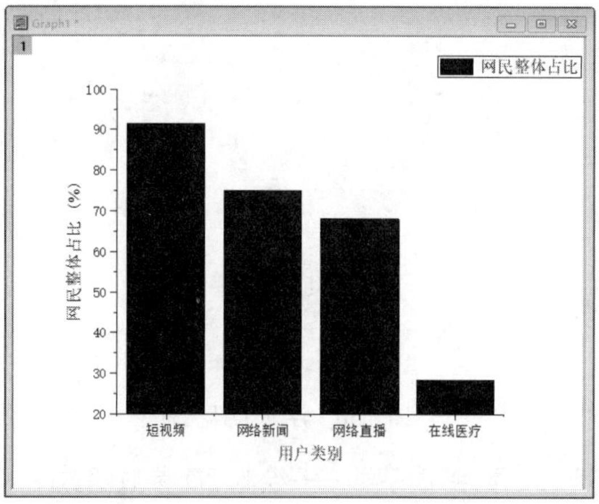

图 8.47　绘图结果

3. 保存项目文件

选择菜单栏中的"文件"→"项目另存为"命令，保存项目文件为"互联网络用户统计图表"。

8.2.2　设置图形样式

图形浮动工具栏可以用来设置所画数据点的类型、大小、颜色以及数据点之间连线的类型、粗细、颜色等。

对于只包含单条曲线的图形，单击曲线，弹出图形浮动工具栏，如图 8.48 所示。

对于包含多条曲线的图形，其图形浮动工具栏如图 8.49 所示，其中包含两个选项卡，分别用于设置所有曲线和当前的单条曲线。

图 8.48　单条曲线图形浮动工具栏

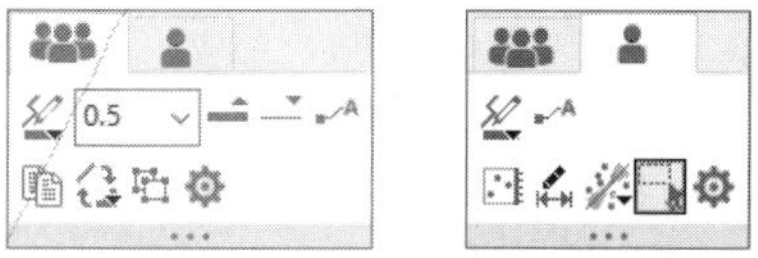

（a）设置所有曲线　（b）设置单条曲线

图 8.49　多条曲线图形浮动工具栏

通过浮动工具栏可以更改当前图形的类型，一般可以在折线图、散点图、点线图、柱形图/条形图之间进行切换。

【执行方式】

- ➥ 工具栏：选择图形浮动工具栏中的"更改绘图类型为"按钮 ，如图 8.50 所示。
- ➥ 快捷命令：选择绘图区，右击，在弹出的快捷菜单中选择"绘图更改为"命令，如图 8.51 所示。

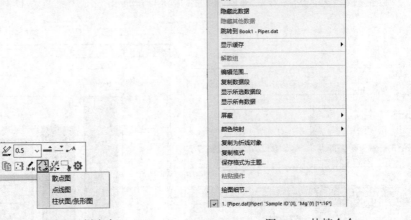

图 8.50　浮动工具栏命令　　　　　　　　　　　图 8.51　快捷命令

扫一扫，看视频

★重点 动手学——绘制 2D 参数函数图

源文件： yuanwenjian\ch_08\参数函数散点图.opju

本例利用新建参数函数图命令绘制 2D 参数函数图形。

【操作步骤】

（1）选择菜单栏中的"文件"→"新建"→"函数图"→"2D 参数函数图"命令，打开"创建 2D 参数函数图"对话框，如图 8.52 所示。

（2）在"函数"选项卡中定义 t 的取值范围和取值点数。本例设置取值范围为 0~1，取值点为 100 个。

（3）分别在 X(t)=和 Y(t)=文本框中输入函数，如图 8.53 所示。

（4）单击"确定"按钮，关闭"创建 2D 参数函数图"对话框即可看到绘制的函数图形，如图 8.54 所示。

图 8.52　"创建 2D 参数函数图"
对话框

图 8.53　输入函数

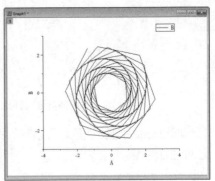

图 8.54　绘图结果

（5）单击图形浮动工具栏中的"更改绘图类型为"按钮，在弹出的下拉列表中选择"散点图"选项，如图 8.55 所示。

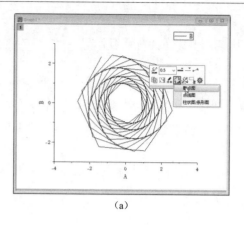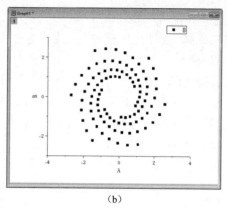

（a）　　　　　　　　　　　　　　　　　（b）

图 8.55　设置曲线类型

（6）双击数据点，打开"绘图细节-绘图属性"对话框，打开"符号"选项卡。勾选"自定义结构"复选框，在"形状"下拉列表中选择"20 球"选项，在"符号颜色"下拉列表中选择"蓝"选项，如图 8.56 所示。

（7）单击"应用"按钮，应用参数设置，单击"确定"按钮，关闭该对话框，完成图形符号的设置，结果如图 8.57 所示。

图 8.56　"符号"选项卡　　　　　　　　　　图 8.57　调整图形数据标签

（8）保存项目文件。选择菜单栏中的"文件"→"保存项目"命令，打开"另存为"对话框，在"文件名"文本框内输入"参数函数散点图"，单击"保存"按钮，保存项目文件。

★重点 动手学——单条曲线样式设置

源文件： yuanwenjian\ch_08\单条曲线样式设置.opju

在绘图的过程中，对图形加上不同的颜色、线宽，会大大增加图形的可视化效果。本例演示如何利用浮动工具栏设置绘制函数 $y=\sin x\sin(9x)$，并设置函数曲线的颜色、样式与线宽，结果如图 8.58 所示。

【操作步骤】

（1）启动 Origin 2023，项目管理器中自动创建项目文件 UNTITLED，该项目文件下默认创建一个文件夹 Folder1，该

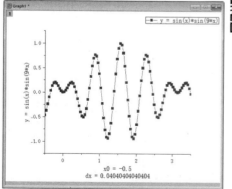

扫一扫，看视频

图 8.58　曲线样式设置结果

文件夹中包含工作簿文件 Book1。

（2）在项目管理器下半部分右击，在弹出的快捷菜单中选择"新建窗口"→"图"命令，新建图形窗口文件 Graph1。

（3）选择菜单栏中的"插入"→"函数图"命令，打开"创建 2D 函数图"对话框。

打开"函数"选项卡，设置 x 取值为[0,pi]，单击"插入数学公式"按钮 ▶，在弹出的子菜单中选择"三角/双曲"→sin(x)选项，单击将其添加到 Y(x)=函数编辑文本框中，最终得到函数表达式 sin(x)*sin(9*x)，如图 8.59 所示。

（4）单击"确定"按钮，关闭"创建 2D 函数图"对话框即可看到绘制的函数图形，如图 8.60 所示。

图 8.59　插入函数公式

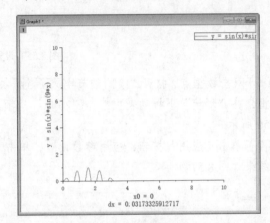

图 8.60　函数图形

（5）单击绘图区浮动工具栏中的"重新缩放"按钮 ↴，自动在绘图区进行缩放，调整图形以合理显示，结果如图 8.61 所示。

（6）单击图形浮动工具栏中的"线条颜色"按钮 ✍，在弹出的下拉列表中选择红色色块，绘图区中的曲线自动变为红色，如图 8.62 所示。

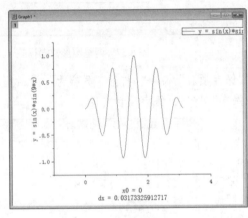

图 8.61　缩放图形

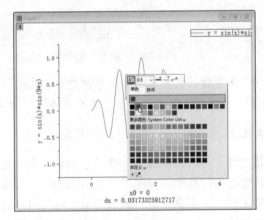

图 8.62　设置曲线颜色

（7）单击图形浮动工具栏中的"线的粗细"按钮，在弹出的下拉列表中选择线宽为 2，如图 8.63 所示。

（8）单击图形浮动工具栏中的"更改绘图类型为"按钮，在弹出的下拉列表中选择"点线图"选项，如图 8.64 所示。

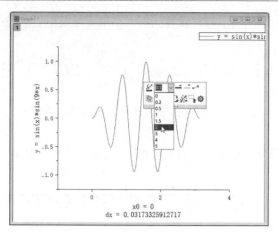

图 8.63　设置曲线线宽

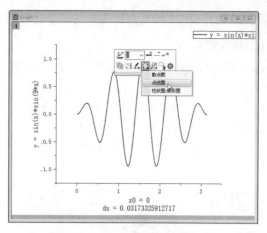

图 8.64　设置曲线类型

（9）保存窗口文件。选择菜单栏中的"文件"→"保存窗口为"命令，打开"保存窗口为"对话框，在文件列表框中指定保存文件的路径，在"文件名"文本框内输入"单条曲线样式设置"，单击"确定"按钮，保存图形文件。

★重点 动手练——设置三角函数曲线格式

源文件： yuanwenjian\ch_08\AXES.DAT、设置三角函数曲线格式.opju

本例演示如何绘制以下三角函数的图像，如图 8.65 所示。

$$\begin{cases} y_1 = \sin x \\ y_2 = x \\ y_3 = \tan x \end{cases} \quad x \in \left[0, \dfrac{\pi}{2}\right], y \in [0, 2]$$

【操作提示】

（1）启动软件，新建项目文件。

（2）利用"新建 2D 函数"命令添加 3 条函数曲线 [sin(x),x,tan(x)]。

（3）设置曲线颜色、线宽和绘图类型。

（4）保存项目文件。

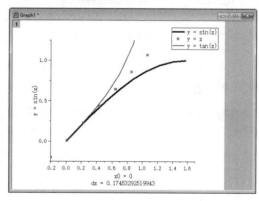

图 8.65　结果示例

8.2.3　调整绘图区尺寸

（1）选中图形，绘图区边框上会出现 8 个控制点。

（2）将鼠标指针移至控制点上，当鼠标指针变为双向箭头时，按下鼠标左键拖动即可调整图表的大小，如图 8.66 所示。

★重点 动手学——绘制发电量分析图表

源文件： yuanwenjian\ch_08\电力行业景气度分析数据.opju、发电量分析图表.opju

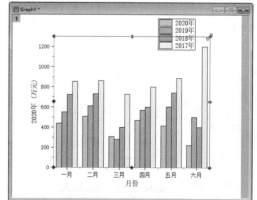

图 8.66　调整图表的大小

扫一扫，看视频

扫一扫，看视频

199

现有 2021—2022 年电力行业景气度分析数据，本例演示如何设置图层大小来美化发电量点线图。

【操作步骤】

（1）启动 Origin 2023，将源文件下的"电力行业景气度分析数据.opju"文件拖放到工作区，导入项目文件。

（2）在"项目管理器"导航器中激活当前工作簿文件，在工作表中选择水力发电量（E(Y)）、风力发电量（F(Y)）列，如图 8.67 所示。

（3）单击"2D 图形"工具栏中的"点线图"按钮 ∕，在图形窗口 Graph1 中绘制点线图，如图 8.68 所示。

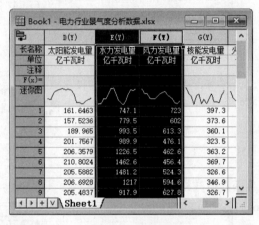

图 8.67　导入数据

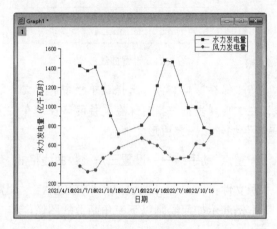

图 8.68　点线图

（4）单击点线图，图形外侧显示编辑框，向外拖动图层框架，如图 8.69 所示。右击，在弹出的快捷菜单中选择"调整图层至页面大小"命令，结果如图 8.70 所示。

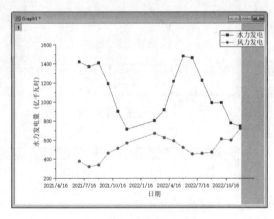

图 8.69　拖动图层框架

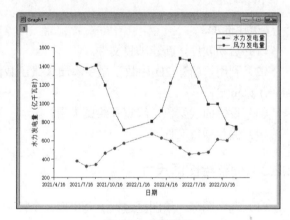

图 8.70　调整结果

（5）保存项目文件。选择菜单栏中的"文件"→"项目另存为"命令，保存项目文件为"发电量分析图表"。

★重点 动手学——美化互联网络用户统计图表

源文件：yuanwenjian\ch_08\互联网络用户统计图表.opju、美化互联网络用户统计图表.opju
本例利用浮动工具栏，在图形窗口中设置图表背景和边框。

扫一扫，看视频

【操作步骤】

1.　导入文件

启动 Origin 2023，将源文件下的"互联网络用户统计图表.opju"文件拖放到工作区，导入项目文件。

2.　图形修饰

（1）在图表的柱形处右击，在弹出的快捷菜单中选择"绘图细节"命令，或者直接双击柱形，打开"绘图细节-绘图属性"对话框。

（2）打开"图案"选项卡，将"边框颜色"改为"无"，"填充颜色"选择"青"，"渐变填充"设置为"单色"，"方向"设置为"从上到下"，如图 8.71 所示。

图 8.71　"图案"选项卡

（3）打开"间距"选项卡，为使柱形显示得更好看一点，将"柱状/条形间距"设置为 35，如图 8.72 所示。

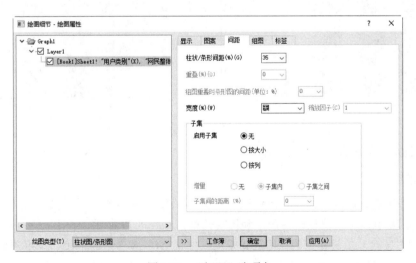

图 8.72　"间距"选项卡

（4）打开"标签"选项卡，如图 8.73 所示，勾选"启用"复选框，因为是数字，所以字体设置为 Times New Roman 并加粗，"位置"设置为"外部顶端"，数字标签设置结果如图 8.74 所示。

3．文字修饰

对比图形效果，可以发现比起设置之前已经好看了很多，但是坐标轴标签和标题字体不统一。

（1）选中坐标轴标签，在"样式"工具栏的字体设置处修改字体类型、大小、加粗等。本例中坐标轴标签数字字体为 Times New Roman，汉字字体为华文隶书，字体大小统一为 22，字体加粗。

（2）选中坐标轴标题，在浮动工具栏字体设置处进行字体相关设置，本例中坐标轴标题数字字体为 Times New Roman，汉字字体为华文隶书，字体大小统一为 28，字体加粗，结果如图 8.75 所示。

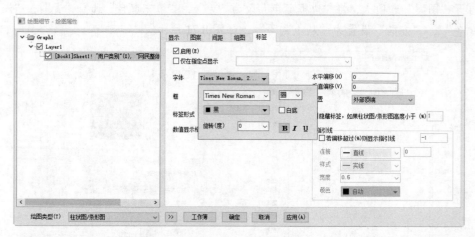

图 8.73 "标签"选项卡

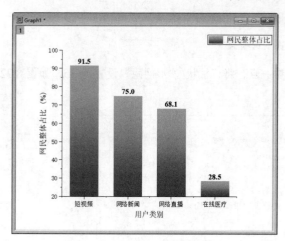

图 8.74 图形属性设置效果

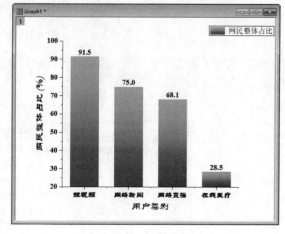

图 8.75 文字设置

4．设置背景

（1）打开图形窗口，单击绘图区，自动弹出浮动工具栏，单击绘图区浮动工具栏中的"图层框架"按钮 □，如图 8.76 所示。自动在绘图区添加图层边框，如图 8.77 所示。

（2）单击绘图区浮动工具栏中的"图层背景色"按钮 ，在弹出的下拉列表中选择背景颜色，如图 8.78 所示，自动在绘图区填充图表背景的样式，结果如图 8.79 所示。

5．保存项目文件

选择菜单栏中的"文件"→"项目另存为"命令，保存项目文件为"美化互联网络用户统计图表"。

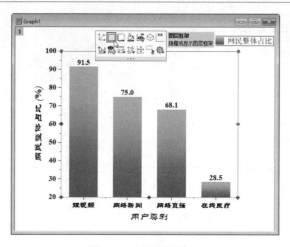

图 8.76 打开图形窗口

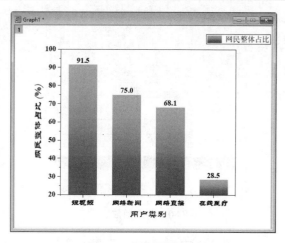

图 8.77 添加图层边框

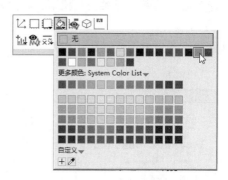

图 8.78 设置背景颜色

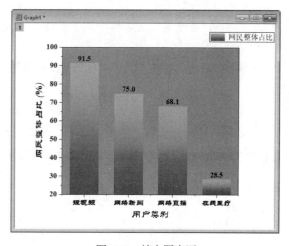

图 8.79 填充图表区

★重点 动手学——多条曲线样式设置

源文件：yuanwenjian\ch_08\多条曲线样式设置.opju

在同一坐标系下画出以下函数在[−π, π]上的简图。

$$y_1 = e^{\sin x}, y_2 = e^{\cos x}, y_3 = e^{\sin x + \cos x}, y_4 = e^{\sin x - \cos x}$$

扫一扫，看视频

【操作步骤】

（1）启动 Origin 2023，项目管理器中自动创建项目文件 UNTITLED，该项目文件下默认创建一个文件夹 Folder1，该文件夹中包含工作簿文件 Book1。

（2）选择菜单栏中的"文件"→"新建"→"图"命令，自动新建名为 Graph1 的图形文件。

（3）选择菜单栏中的"插入"→"函数图"命令，打开"创建 2D 函数图"对话框，设置自变量 x 的取值范围为−pi 到 pi，点数为 100。

（4）打开"函数"选项卡，在 Y(x)=函数编辑文本框中输入函数表达式 exp(sin(x))，如图 8.80 所示，单击"添加"按钮，在图形窗口中添加曲线 1，如图 8.81 所示。

（5）在 Y(x)=函数编辑文本框中输入函数表达式 exp(cos(x))，单击"添加"按钮，在图形窗口中添加曲线 2。

图 8.80　插入函数公式

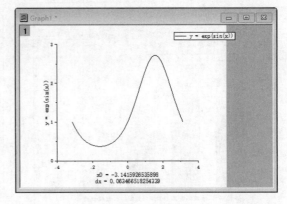

图 8.81　函数图形

（6）在 Y(x)= 函数编辑文本框中输入函数表达式 exp(sin(x)+cos(x))，单击"添加"按钮，在图形窗口中添加曲线 3。

（7）在 Y(x)= 函数编辑文本框中输入函数表达式 exp(sin(x)−cos(x))，单击"添加"按钮，在图形窗口中添加曲线 4。

（8）单击"确定"按钮，关闭"创建 2D 函数图"对话框即可看到绘制的 4 条函数图形，如图 8.82 所示。

（9）单击左上方的曲线图形，弹出图形浮动工具栏，单击"线条颜色"按钮，在弹出的颜色下拉列表中选择红色，该曲线自动变为红色，如图 8.83 所示。

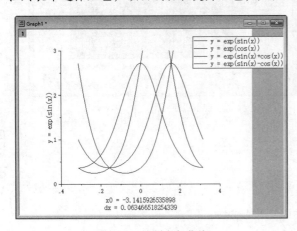

图 8.82　绘制多条曲线

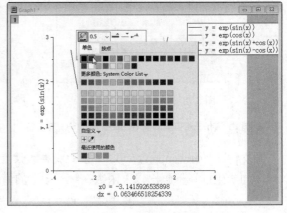

图 8.83　设置曲线线条颜色

（10）单击图形浮动工具栏中的"线条线宽"按钮，在弹出的下拉列表中选择 2，将该曲线线宽设置为 2，如图 8.84 所示，结果如图 8.85 所示。

（11）单击图形浮动工具栏中的"更改绘图类型为"按钮，在弹出的下拉列表中选择"散点图"选项，将曲线设置为散点图。

（12）使用同样的方法设置其余 3 条散点曲线，结果如图 8.86 所示。

（13）双击坐标区空白处，打开"绘图细节-图层属性"对话框，打开"背景"选项卡，在"颜色"下拉列表中选择#BAED6D 选项，"透明度"设置为 58%，在"渐变填充"选项组的"模式"下拉列表中选择"双色"选项，"第二颜色"下拉列表中选择#F4A666 选项，"方向"默认为"从下到上"，如图 8.87 所示。单击"确定"按钮，关闭该对话框。

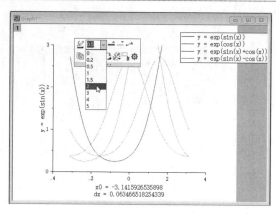

图 8.84 设置曲线线条线宽

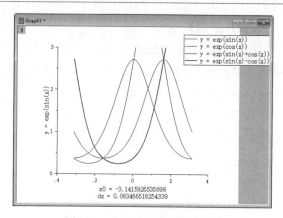

图 8.85 曲线线条线宽设置结果

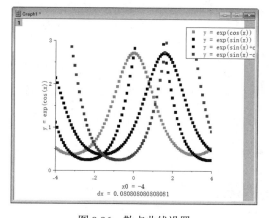

图 8.86 散点曲线设置

图 8.87 "绘图细节-图层属性"对话框

（14）此时，坐标区背景色设置完成，结果如图 8.88 所示。

（15）保存项目文件。选择菜单栏中的"文件"→"项目另存为"命令，打开"另存为"对话框，在文件列表框中指定保存文件的路径，在"文件名"文本框内输入"多条曲线样式设置"，保存项目文件。

8.2.4 添加数据标签

默认情况下，图形不显示数据标签。在有些实际应用中，显示数据标签可以增强图形数据的可读性，使图层更直观。

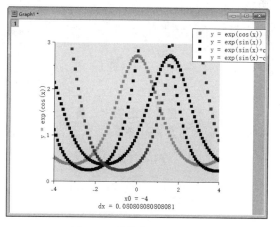

图 8.88 曲线背景设置结果

【执行方式】

工具栏：单击图形浮动工具栏中的"显示数据标签"按钮 ⚊Ａ。

★重点 动手学——为失业率调查图表添加数字标签

源文件：yuanwenjian\ch_08\失业率调查图表显示.opju、为失业率调查图表添加数字标签.opju
本例利用浮动工具栏在图形窗口中添加数据标签，增强图形的可读性，美化图表。

扫一扫，看视频

【操作步骤】

（1）启动 Origin 2023，将源文件下的"失业率调查图表显示.opju"文件拖放到工作区，导入项目文件。

（2）单击图形，弹出图形浮动工具栏，单击"显示数据标签"按钮，自动在绘图区数据点周围添加对应的数据，结果如图 8.89 所示。

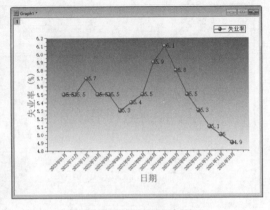

图 8.89　显示数据标签

提示：

> 在这里，不同类型的图形显示的浮动工具栏不同，每个类型的图形浮动工具栏中除了包含基本的绘图属性、数据标签等设置按钮，针对每个类型的图形，还包括一些特殊的命令。例如，折线图浮动工具栏中包括线条颜色、线宽等命令；柱形图浮动工具栏中包含边框颜色、间距设置等命令。

（3）双击图形，打开"绘图细节-图层属性"对话框，打开"标签"选项卡。单击打开"字体"选项，将字体设置为 Times New Roman 并加粗，字体颜色设置为白色，"位置"设置为"中间"，如图 8.90 所示。

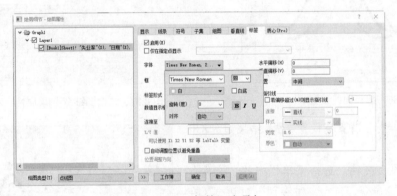

图 8.90　"标签"选项卡

（4）打开"符号"选项卡，将"大小"设置为 Col（B），"缩放因子"设置为 6，"符号颜色"设置为橙色，如图 8.91 所示。

图 8.91　"符号"选项卡

（5）单击"应用"按钮，应用参数设置，单击"确定"按钮，关闭该对话框，完成图形数据标签的设置，结果如图 8.92 所示。

（6）选择菜单栏中的"文件"→"项目另存为"命令，将当前项目文件保存为"为失业率调查图表添加数字标签.opju"。

8.2.5　添加颜色标尺

特殊情况下，在图形界面上添加颜色标尺，用来标识不同颜色代表的温度、高度等数据。

【执行方式】

➟ 菜单栏：选择菜单栏中的"插入"→"颜色标尺"命令。

➟ 工具栏：单击"添加对象到当前图形窗口"工具栏中的"添加颜色标尺"按钮 ，如图 8.93 所示。

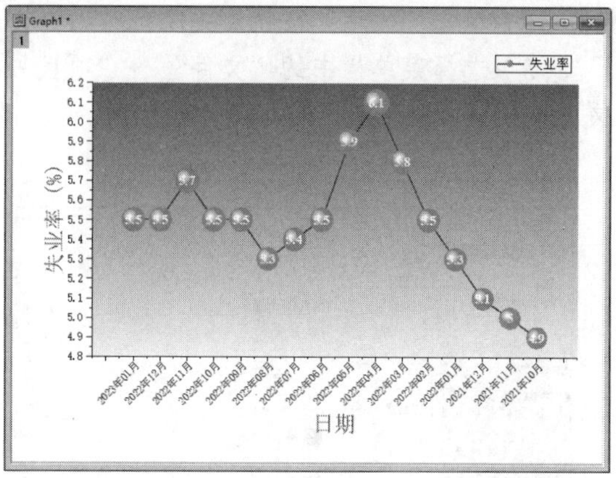

图 8.92　调整图形数据标签

图 8.93　"添加对象到当前图形窗口"工具栏

★重点　动手学——为失业率调查图表添加颜色标尺

源文件：yuanwenjian\ch_08\为失业率调查图表添加数字标签.opju、为失业率调查图表添加颜色标尺.opju

扫一扫，看视频

本例利用浮动工具栏在图形窗口中添加颜色标尺，增强图形的可读性，美化图表。

【操作步骤】

（1）启动 Origin 2023，将源文件下的"为失业率调查图表添加数字标签.opju"文件拖放到工作区，导入项目文件。

（2）单击"添加对象到当前图形窗口"工具栏中的"添加颜色标尺"按钮 ，自动在绘图区右侧添加颜色标尺，每条曲线对应一种颜色，结果如图 8.94 所示。

（3）单击选中颜色标尺，自动显示颜色标尺的浮动工具栏，如图 8.95 所示，单击"打开属性对话框"按钮 ，打开"色阶控制-Layer1"对话框，打开"标签"选项，在右侧的"格式"选项组中设置字体"大小"为 16，如图 8.96 所示。

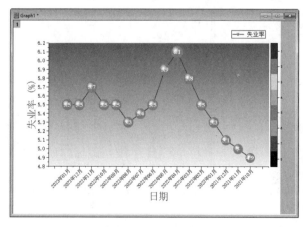

图 8.94　显示颜色标尺

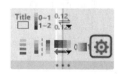

图 8.95　浮动工具栏

（4）单击"确定"按钮，关闭该对话框，颜色标尺修改结果如图 8.97 所示。

（5）选择菜单栏中的"文件"→"项目另存为"命令，将当前项目文件保存为"为失业率调查图表添加颜色标尺.opju"。

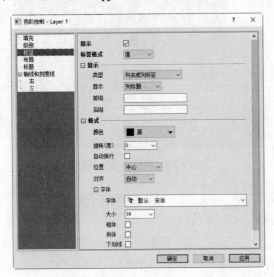

图 8.96　"色阶控制-Layer1"对话框

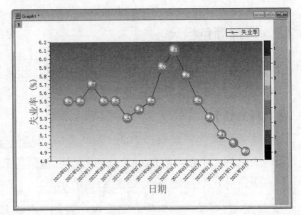

图 8.97　修改颜色标尺文字大小

8.3　设置图例样式

在 Origin 中，默认图例对象不是使用文字文本和绘图符号创建的，而是使用 LabTalk 脚本创建的。因此，图例对象能动态链接到绘图数据和工作表元数据，在数据或绘图元数据更改时自动更新。

8.3.1　图例外观设置

在图形窗口中单击图例即可在单击的位置显示相应的浮动工具栏，如图 8.98 所示。利用浮动工具栏可以对图例文本进行常规的格式化，如字体、字号、颜色和字形。

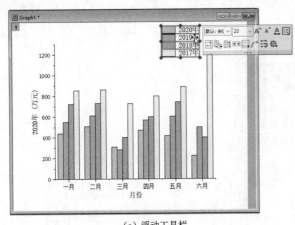

（a）浮动工具栏

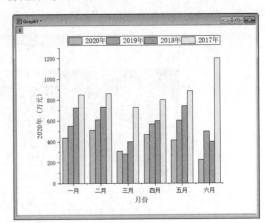

（b）水平排列

图 8.98　图例设置

8.3.2 图例编辑模式

如果要直接在图形窗口中编辑图例文本，双击图例文本即可进入编辑模式，手动修改图例文本。

【执行方式】

快捷命令：在图例上右击，在弹出的快捷菜单中选择"绘图细节"命令。

【操作步骤】

执行上述命令，打开"绘图细节-页面属性"对话框，如图 8.99 所示，可以修改指定图例的样式。打开"图例/标题"选项卡，在"图例更新模式"下拉列表中选择需要的更新模式，如图 8.100 所示。

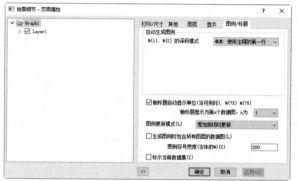

图 8.99　"绘图细节-页面属性"对话框

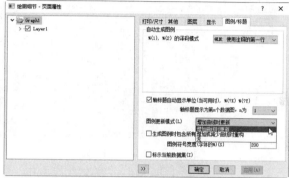

图 8.100　修改图例更新模式

8.3.3 图例更新

默认情况下，Origin 在图层中添加曲线时才更新图例，除此之外，在进行图例操作时，还可以自定义设置编辑模式。

【执行方式】

➥ 菜单栏：选择菜单栏中的"图"→"图例"→"更新图例"命令。

➥ 快捷命令：在图例上右击，在弹出的快捷菜单中选择"图例"→"更新图例"命令。

★重点 动手学——自动更新图例

扫一扫，看视频

源文件：yuanwenjian\ch_08\S15-125-03.dat、S21-235-07.dat、S32-014-04.dat、更新图例.opju

本例自定义图例的自动译码模式，在图例中显示曲线数据对应的工作表名称和第 3 个用户参数。

【操作步骤】

（1）新建一个项目。打开 Origin 2023 示例数据文件夹中的 Import and Export 文件夹。

（2）按住 Shift 键，选择文件 S15-125-03.dat、S21-235-07.dat、S32-014-04.dat，拖放到一个自动新建的空白工作簿并释放。这 3 个文件会被导入到 3 个不同的工作簿中，如图 8.101 所示。

（3）选中工作簿 Book3 中的 D 列，右击，在弹出的快捷菜单中选择"绘图"→"折线图"→"折线图"命令，绘图结果如图 8.102 所示。

（4）在图形窗口 Graph1 右上角的图例上右击，在弹出的快捷菜单中选择"图例"→"更新图例"

命令，如图 8.103 所示。打开"更新数据图图例"对话框，如图 8.104 所示。在"图例的自动译码模式"下拉列表中选择"自定义"选项，然后在"图例的自定义格式"文本框中输入@WS,@LD3，如图 8.105 所示。其中，@WS 表示工作表的名称，@LD3 表示第 3 个用户参数。

（5）单击"确定"按钮关闭对话框。此时可以看到图例已更新，显示曲线数据所在的工作表名和第 3 个用户参数，如图 8.106 所示。

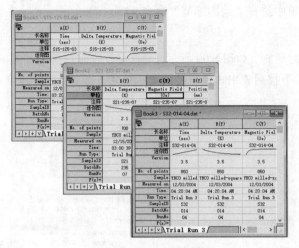

图 8.101　导入文件数据

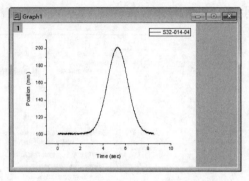

图 8.102　Book3 中 D 列数据的折线图

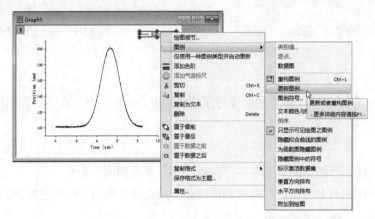

图 8.103　图例快捷命令

图 8.104　"更新数据图图例"
对话框

图 8.105　自定义图例的自动
译码模式

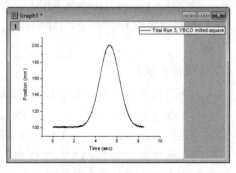

图 8.106　更新图例的效果

（6）选择工作簿 Book2 的 D 列，将鼠标指针移到列的右边缘，当鼠标指针显示为 时，按下鼠标左键拖动到图形窗口释放，创建第 2 个绘图，如图 8.107 所示。

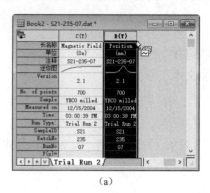

(a)

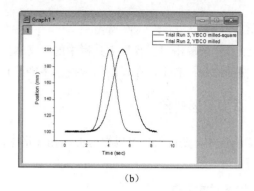

(b)

图 8.107　绘图结果

（7）按照第（6）步的操作方法将工作簿 Book1 的 D 列拖放到图形窗口绘图。此时图形窗口显示 3 个数据绘图，图例自动更新显示所有曲线的标识，如图 8.108 所示。

默认情况下，所有曲线都以黑色显示，对应的图例符号也相同，不便于区分。接下来修改曲线的颜色。

（8）单击第一条曲线，利用浮动工具栏修改曲线的显示颜色为红色，图例符号也随之自动更新，显示新的曲线颜色，如图 8.109 所示。

（9）按照第（8）步的操作方法修改其他两条曲线的颜色。然后拖动图例到合适的位置，调整图形窗口大小，最终结果如图 8.110 所示。

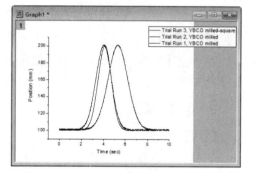

图 8.108　绘图结果

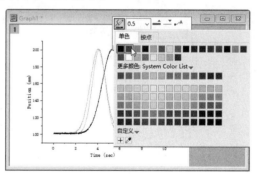

图 8.109　修改曲线颜色

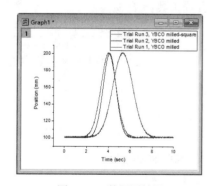

图 8.110　数据图效果

（10）单击"标准"工具栏中的"保存项目"按钮 ，保存项目文件为"更新图例.opju"。

8.4　图形注释

向图形添加文本或绘图对象等注释有助于强化图形，增强图形的可读性。添加图形注释就如同添加静态的文本对象一样简单。

8.4.1　添加文本注释

【执行方式】

❧ 工具栏：单击"工具"工具栏中的"文本工具"按钮 T。
❧ 快捷命令：右击，在弹出的快捷菜单中选择"添加文本"命令。

8.4.2　添加图形对象

在 Origin 中，使用工具可以很方便地在图形中添加图形对象，如线条、箭头、矩形、公式、图像、标注等。

1. 线条对象工具

【执行方式】

工具栏：单击"工具"工具栏中的"直线工具"按钮 ╱，如图 8.111 所示。

【操作步骤】

执行上述操作，打开子菜单下拉列表，显示线条对象工具，包括直线工具、折线工具、曲线工具和手绘工具。

2. 区域对象工具

【执行方式】

工具栏：单击"工具"工具栏中的"矩形工具"按钮 ▣，如图 8.112 所示。

【操作步骤】

执行上述操作，打开子菜单下拉列表，显示区域对象工具，包括矩形工具、圆形工具、多边形工具和区域工具。

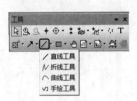

图 8.111　线条对象工具

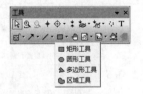

图 8.112　区域对象工具

3. 箭头对象工具

【执行方式】

工具栏：单击"工具"工具栏中的"箭头工具"按钮 ↗，如图 8.113 所示。

【操作步骤】

执行上述操作，打开子菜单下拉列表，显示箭头对象工具，包括箭头工具和弯曲箭头工具。

4. 尺寸标注对象工具

【执行方式】

工具栏：单击"工具"工具栏中的"标注"按钮 ▦，如图 8.114 所示。

【操作步骤】

执行上述操作，打开子菜单下拉列表，显示尺寸标注对象工具，包括标注（水平、垂直方向）、距离标注（斜向）和角度标注。

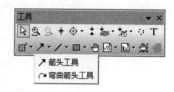

图8.113 箭头对象工具

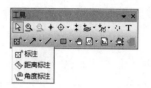

图8.114 尺寸标注对象工具

5. 公式对象工具

【执行方式】

工具栏：单击"工具"工具栏中的"插入公式"按钮 ，如图8.115所示。

【操作步骤】

执行上述操作，打开子菜单下拉列表，显示公式对象工具，包括插入公式、插入 Word 对象、插入 Excel 对象和插入对象。

6. 图表对象工具

【执行方式】

工具栏：单击"工具"工具栏中的"插入图"按钮 ，如图8.116所示。

【操作步骤】

执行上述操作，打开子菜单下拉列表，显示图表对象工具，包括插入图和插入工作表。

图8.115 公式对象工具

图8.116 图表对象工具

扫一扫，看视频

★重点 动手学——标注三角函数图形

源文件：yuanwenjian\ch_08\标注三角函数图形.oggu
本例在函数图中为正弦、余弦两条曲线分别添加箭头与文本标注。

【操作步骤】

（1）启动 Origin 2023，项目管理器中自动创建项目文件 UNTITLED，该项目文件下默认创建一个文件夹 Folder1，该文件夹中包含工作簿文件 Book1。

（2）选择菜单栏中的"文件"→"新建"→"图"命令，自动新建名为 Graph1 的图形文件。

（3）选择菜单栏中的"插入"→"函数图"命令，打开"创建 2D 函数图"对话框。打开"函数"选项卡，单击"插入数学公式"按钮 ，在弹出的子菜单中选择"数学"→"三角/双曲"→sin(x) 选项，在 Y(x)=函数编辑文本框中添加函数表达式，单击"添加"按钮，在图形窗口中添加正弦曲线。

返回"创建 2D 函数图"对话框，在 Y(x)=函数编辑文本框中修改函数表达式，如图 8.117 所示。

（4）单击"确定"按钮，关闭"创建 2D 函数图"对话框即可看到绘制的两条正弦函数曲线，如图 8.118 所示。

图 8.117　插入函数公式

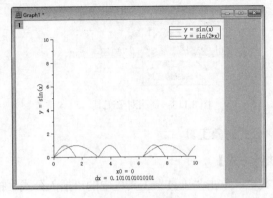

图 8.118　函数图形

（5）在绘图区中单击，显示浮动工具栏，单击"重新缩放"按钮↙，图形自动进行调整，结果如图 8.119 所示。

（6）单击"工具"工具栏中的"箭头工具"按钮↗，在绘图区单击，确定箭头起点，向外拖动鼠标，单击确定箭头终点，使用同样的方法在两条曲线上添加引出箭头，结果如图 8.120 所示。

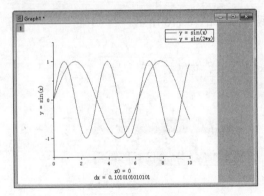

图 8.119　图形缩放结果

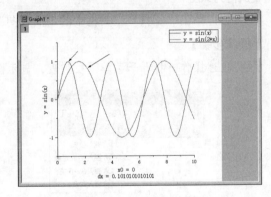

图 8.120　添加箭头对象

（7）单击"工具"工具栏中的"文本工具"按钮 **T**，在编辑框内输入文本文字，结果如图 8.121 所示。

（8）双击坐标区空白处，打开"绘图属性-页面属性"对话框，打开"显示"选项卡，在"颜色"下拉列表中选择"浅灰"，在"模式"下拉列表中选择"更多颜色"，在"调色板"下拉列表中选择 Lite Cyan，"方向"默认为"从下到上"，如图 8.122 所示。单击"确定"按钮，关闭该对话框。此时，图形页面背景色设置完成，横向拖动图形边框，结果如图 8.123 所示。

（9）选中图例，在浮动工具栏中单击"水平排列"按钮▤▤，将竖直排列的图例转换为水平排列，将其放置到图表下方，如图 8.124 所示。

（10）在坐标区空白处单击，在浮动工具栏中单击"添加图层标题"按钮，添加图表标题，输入"三角函数图"，利用"格式"工具栏按钮设置字体样式为华文新魏，字体大小为 72，字体加粗，字体颜色为红色，如图 8.125 所示。

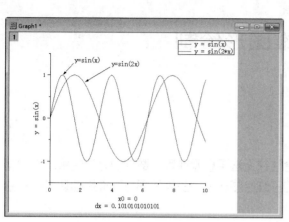

图 8.121　添加文本

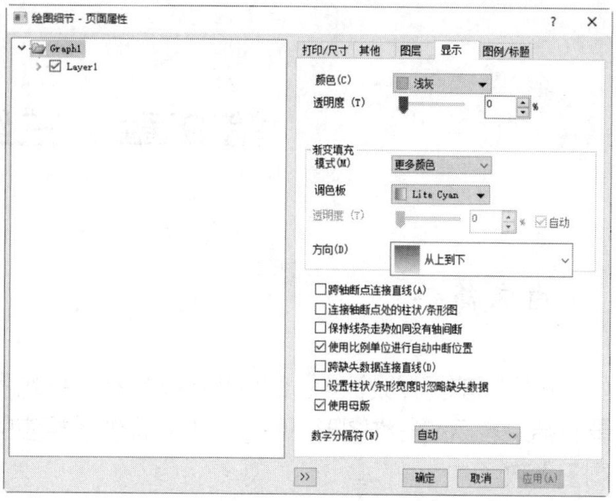

图 8.122　"绘图细节-页面属性"对话框

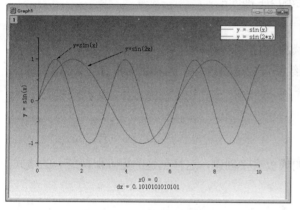

图 8.123　背景设置结果

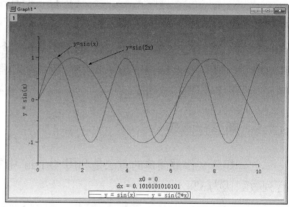

图 8.124　水平排列图例

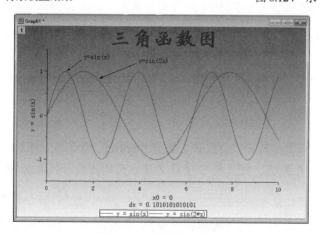

图 8.125　添加图层标题

（11）保存窗口文件。选择菜单栏中的"文件"→"保存窗口为"命令，打开"保存窗口为"对话框，在文件列表框中指定保存文件的路径，在"文件名"文本框内输入"标注三角函数图形"，单击"确定"按钮，保存图形窗口文件。

第 9 章　三维图形绘制

内容简介

在实际的工程设计中，二维绘图功能在某些场合往往无法更直观地表达数据的分析结果，常常需要将结果表示成三维图形。Origin 为此提供了相应的三维绘图功能，三维绘图与二维绘图功能有异曲同工之效。

9.1　矩阵数据操作

与工作簿窗口结构类似，矩阵窗口是一个包含数据的表格窗口，区别是数据的存储结构不同。工作表数据结构主要支持二维绘图和某些简单的三维绘图，但是要进行三维表面图和三维等高图绘制，则必须采用矩阵表存放数据。

9.1.1　新建矩阵表

创建矩阵文件最简单的方法是利用 Origin 中的模板直接创建，这样创建的矩阵保持统一的格式，行列数默认为 32。

1. 新建矩阵

【执行方式】

➥ 菜单栏：选择菜单栏中的"文件"→"新建"→"矩阵"→"浏览"命令。

➥ 工具栏：单击"标准"工具栏中的"新建矩阵"按钮 📖。

➥ 快捷命令：（在"项目管理器"导航器中）右击，在弹出的快捷菜单中选择"新建窗口"→"矩阵"命令。

【操作步骤】

执行上述命令，自动创建矩阵窗口，默认名称为 Mbook1，如图 9.1 所示。矩阵与工作表的数据有很大不同，工作表的列代表 X 值，行代表 Y 值或 Z 值；而矩阵的行代表 X 值，列代表 Y 值。

📢 注意：

> 选择菜单栏中的"查看"→"显示图像缩略图"命令，在矩阵窗口上方显示矩阵对应的图像缩略图，如图 9.2 所示。

在 Origin 中，每个矩阵窗口可以包含一个或多个矩阵表。默认情况下，矩阵窗口包含名称为 MSheet1 的矩阵工作表。根据新工作表的放置位置，将新建矩阵表的命令分为添加和插入。

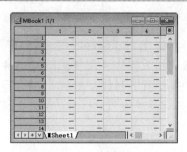

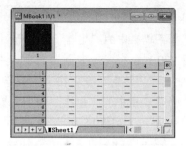

图 9.1 矩阵窗口   图 9.2 图像缩略图

2. 添加工作表

【执行方式】

➥ 快捷键：单击工作表标签左侧的"添加工作表"按钮⊞。
➥ 快捷命令：在工作表标签上右击，在弹出的快捷菜单中选择"添加"命令，如图 9.3 所示。

【操作步骤】

执行上述命令，即可在当前活动工作表右侧插入一个新的工作簿工作表。新工作表的名称依据活动工作簿中工作表的数量自动命名为 MSheet2。

3. 插入工作表

【执行方式】

快捷命令：在工作表标签上右击，在弹出的快捷菜单中选择"插入"命令。

图 9.3 快捷菜单

【操作步骤】

执行上述命令，即可在当前活动工作表左侧插入一个新的工作簿工作表。新工作表的名称依据活动工作簿中工作表的数量自动命名为 MSheet2。

9.1.2 矩阵数值设置

矩阵中单元格内的数值表示 Z 值，单元格内值的设置与工作表中列值的设置相同，具体选项的内容不再赘述。

【执行方式】

菜单栏：选择菜单栏中的"矩阵"→"设置值"命令。

【操作步骤】

执行上述命令，打开"设置值"对话框，用于设置矩阵单元格内的值。

★重点 动手学——创建曲面函数矩阵

源文件：yuanwenjian\ch_09\曲面函数矩阵.opju
本例在矩阵表中设置函数的值，其中，$z = -x^4 - y^4$, $x, y \in [-4, 4]$。

扫一扫，看视频

【操作步骤】

1. 准备数据

（1）启动 Origin 2023，单击"标准"工具栏中的"新建矩阵"按钮，自动创建矩阵窗口，默认名称为 Mbook1。

（2）选择菜单栏中的"矩阵"→"行列数/标签设置"命令，打开"矩阵的行列数和标签"对话框，包含 200 行 320 列，在"xy映射"选项卡中设置 x、y 取值范围为"从-4 到 4"，如图 9.4 所示。单击"确定"按钮，关闭该对话框，在当前矩阵工作表中设置矩阵的行、列值。

（3）选择菜单栏中的"矩阵"→"设置值"命令，打开"设置值"对话框，在公式编辑框中输入公式"-x^4-y^4"，如图 9.5 所示。

图 9.4　"矩阵的行列数和标签"对话框

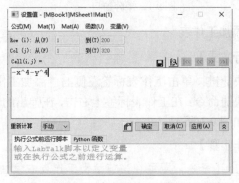

图 9.5　"设置值"对话框

（4）单击"确定"按钮，关闭该对话框，在当前矩阵工作表中填入公式计算出的 Z 值，如图 9.6 所示。

（5）选择菜单栏中的"查看"→"显示图像缩略图"命令，在矩阵窗口上方显示矩阵对应的图像缩略图。

（6）选择菜单栏中的"查看"→"显示 XY"命令，自动将行号、列号替换为-4~4 的数据值，如图 9.7 所示。

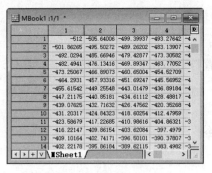

图 9.6　计算矩阵值

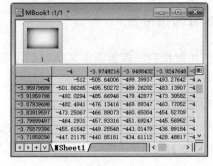

图 9.7　窗口显示结果

2. 保存窗口文件

选择菜单栏中的"文件"→"保存窗口为"命令，打开"保存窗口为"对话框，在"文件名"文本框内输入"曲面函数矩阵"，保存矩阵文件。

★重点 动手练——创建曲面颜色矩阵

源文件：yuanwenjian\ch_09\曲面函数矩阵.ogmu、clown.csv、曲面颜色矩阵.ogmu

本练习演示如何在矩阵表中定义颜色矩阵值，如图 9.8 所示。

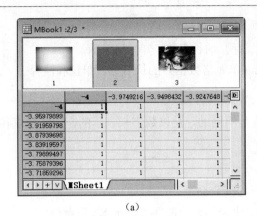
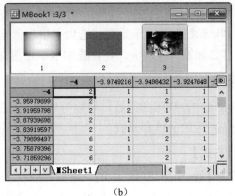

（a）　　　　　　　　　　　　　　　　（b）

图 9.8　结果示例

【操作提示】

（1）启动软件，导入矩阵文件。

（2）添加颜色矩阵表 MBook1:mat2，设置矩阵值为 1。

（3）添加颜色矩阵表 MBook1:mat3，导入矩阵数据。

（4）保存矩阵文件。

9.1.3　矩阵的基本运算

在矩阵窗口中，菜单栏也会自动出现"矩阵"的选项，可用于进行矩阵的相关操作，最基本的是行列的操作。

1. 设置行列数

默认情况下，矩阵数据表中左侧和上方显示的是矩阵行数和列数，通过行数和列数可以定义矩阵的大小。

【执行方式】

菜单栏：选择菜单栏中的"矩阵"→"行列数/标签设置"命令。

【操作步骤】

执行上述命令，打开"矩阵的行列数和标签"对话框，用于设置矩阵的行数、列数和标签，如图 9.9 所示。

【选项说明】

（1）"矩阵行列数"选项组。

1）"列×行="文本框：在文本框右侧输入当前矩阵表的列数和行数。默认情况下，矩阵表的列×行为 32×32。

2）"将数据"选项组：用于设置矩阵表中多余数据的处理方法，包括截断和重新排列。

（2）"xy 映射"选项卡。在该选项卡中设置 x（列）、y（行）的取值范围。

（3）"x 标签"选项卡。在该选项卡中设置 x（列）的长名

图 9.9　"矩阵的行列数和标签"对话框

称、单位和注释。

（4）"y标签"选项卡。在该选项卡中设置y（行）的长名称、单位和注释。

（5）"Z标签"选项卡。在该选项卡中设置Z（单元格数据）的长名称、单位和注释。

2. 显示行列值

在 Origin 中，矩阵的行数、列数与列值、行值是不同的，是以数字来表示的，矩阵列值和行值表示矩阵图形对应的 x 值和 y 值。

【执行方式】

- ↘ 菜单栏：选择菜单栏中的"查看"→"显示XY"命令。
- ↘ 快捷命令：在窗口标题栏中右击，在弹出的快捷菜单中选择"显示XY"命令。
- ↘ 快捷键：Ctrl+Shift+X 组合键。

【操作步骤】

执行上述命令，列数和行数默认为 32，x 和 y 的取值范围均为 10，软件会将 1~10 的数据平均分为 32 行 32 列，如图 9.10 所示。

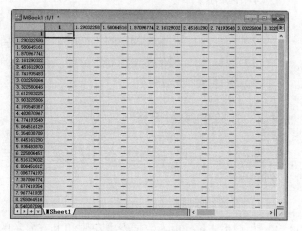

图 9.10　显示行列标签

3. 矩阵属性

【执行方式】

菜单栏：选择菜单栏中的"矩阵"→"设置属性"命令。

【操作步骤】

执行上述命令，打开"矩阵属性"对话框，可以对矩阵的标签值（长名称、单位、注释）、宽度、数据类型等进行设置，如图 9.11 所示。

单击右上角的"设置值"按钮 ，打开"设置值"对话框，如图 9.12 所示，可以采用公式设置矩阵中的数据值。

图 9.11　"矩阵属性"对话框　　　　　图 9.12　"设置值"对话框

📢 提示：
选择菜单栏中的"矩阵"→"设置属性"命令，同样可以打开如图 9.12 所示的"设置值"对话框。

4. 矩阵转置

矩阵的转置是矩阵的一种运算，其实就是行列互换，根据字面意思，就是把行的内容换到列的内容，在矩阵的所有操作中占有重要地位。

【执行方式】

菜单栏：选择菜单栏中的"矩阵"→"转置"命令。

【操作步骤】

执行上述命令，打开"转置"对话框，如图 9.13 所示。单击"确定"按钮，默认将整张工作表中的数据进行行列转换，如图 9.14 所示，也可以选择部分需要转换的数据。

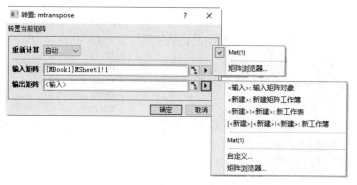

图 9.13 "转置"对话框

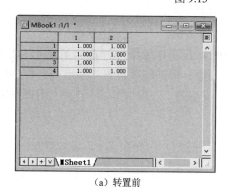

（a）转置前

（b）转置后

图 9.14 矩阵转置前后对比

【选项说明】

（1）"输入矩阵"选项。在该选项下显示转置前的矩阵，单击右侧的三角按钮 ▶，弹出快捷菜单，用于选择矩阵。

（2）"输出矩阵"选项。在该选项下显示转置后输出的矩阵，单击右侧的三角按钮 ▶，弹出快捷菜单，用于选择转置后矩阵的输出位置。

9.1.4 工作表与矩阵表的转换

矩阵、XYZ 数据和工作表可以相互进行转换，以达到在不同场合使用的目的。

1. 将矩阵转换为工作表

矩阵可以直接转换为工作表或 XYZ 数据，直接转换为工作表也可以称为"虚拟矩阵"。

【执行方式】

菜单栏：选择菜单栏中的"矩阵"→"转换为工作表"命令。

【操作步骤】

执行上述命令，打开"转换为工作表"对话框，将当前矩阵转换为工作表或 XYZ 数据，如图 9.15 所示。

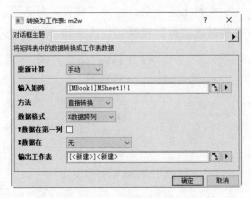

图 9.15　"转换为工作表"对话框

【选项说明】

（1）"方法"下拉列表。在该下拉列表中设置将矩阵转换为工作表时使用的方法。

- 直接转换：矩阵表内的 Z 值会直接转换为新的工作表的 Y 值。
- XYZ 列：转换后的工作表具有 XYZ 列，每个 X 值对应相应的 Y 值和 Z 值。

（2）"数据格式"下拉列表。

- X 数据跨列：选择该选项，将矩阵的数据转换为 X 值。
- Y 数据跨列：选择该选项，将矩阵的数据转换为 Y 值。
- 没有 X 和 Y：选择该选项，将矩阵的数据转换为 Z 值。

（3）"Y 数据在第一列"复选框。勾选该复选框后，在工作表第一列添加 Y 数据（矩阵列号）。

（4）"X 数据在"下拉列表。矩阵中 X 数据表示列数，根据选项设置转换后列数在工作表中的位置，可以在第一行，也可以设置为系统参数或用户自定义参数。一般情况下，选择"用户自定义参数"选项。

扫一扫，看视频

★重点 动手学——将矩阵转换为工作表

源文件：yuanwenjian\ch_09\曲面颜色矩阵.ogmu、曲面函数工作表.opju

本例演示如何将存储曲面数据的矩阵表转换为工作表。

【操作步骤】

1. 设置工作环境

（1）启动 Origin 2023，单击"标准"工具栏中的"新建项目"按钮 📄，创建一个新的项目，默认包含一个工作簿文件 Book1。

（2）将源文件目录下的"曲面颜色矩阵.ogmu"文件拖放到工作区，如图 9.16 所示。其中，行标签显示 X 值，列标签显示 Y 值，单元格内显示 Z 值。

2. 转换为工作表

（1）在工作环境中将该矩阵窗口置为当前，选择菜单栏中的"矩阵"→"转换为工作表"命令，打开"转换为工作表"对话框，如图9.17所示。

（2）在"方法"下拉列表中选择"直接转换"选项，矩阵表内的Z值会直接转换为新的工作表的Y列数值。

（3）在"数据格式"下拉列表中选择"Y数据跨列"选项，将矩阵的数据转换为X值；勾选"X数据在第一列"复选框；在"Y数据在"下拉列表中选择"用户自定义参数"选项。

（4）在"输出工作表"输入框中选择"新建"选项，新建一个工作表，用于存储转换后的矩阵数据。

（5）单击"确定"按钮，关闭该对话框，自动创建一个工作簿文件Book2，如图9.18所示。该工作簿中在自定义参数UserDefined中显示Y值，在第一列A(X)列中显示X值，在单元格中显示Z值。

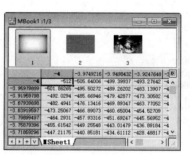

图9.16 矩阵文件

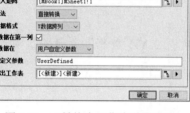

图9.17 "转换为工作表"对话框

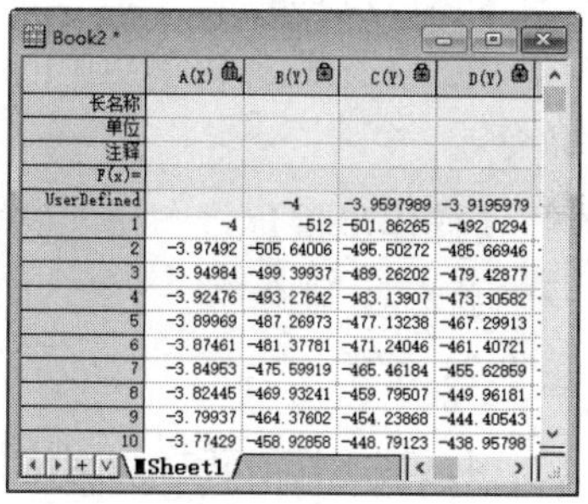

图9.18 新建工作簿文件Book2

3. 保存项目文件

单击"标准"工具栏中的"保存项目"按钮 ![save]，保存项目文件为"曲面函数工作表.opju"。

2. 将工作表转换为矩阵

Origin中的工作表也称为虚拟矩阵，可以实现矩阵的部分操作，但是对于特定命令，必须使用矩阵格式的数据，需要将工作表转换为矩阵。

【执行方式】

菜单栏：选择菜单栏中的"工作表"→"转换为矩阵"→"直接转换"命令。

【操作步骤】

执行上述命令，打开"转换为矩阵>直接转换"对话框，根据输入的工作表输出矩阵，如图9.19所示。

【选项说明】

"转换选项"选项组：在该选项组下设置将工作表转化为矩阵时需要设置的参数。

➥ 数据格式：数据格式转换过程中的方法，包括X数据跨列、Y数据跨列以及没有X和Y数据。

➥ 排除缺失值：勾选该复选框，若工作表中包含缺失值，转换为矩阵后，取消缺失值的显示，如图9.20所示。

图9.19 "转换为矩阵>直接转换"对话框

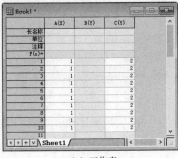
(a) 工作表

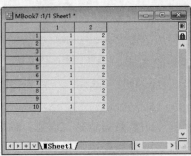
(b) 排除缺失值的矩阵

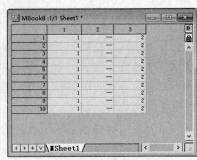
(c) 没有排除缺失值的矩阵

图 9.20　转换为矩阵

3. 将工作表转换为 XYZ 数据

【执行方式】

菜单栏：选择菜单栏中的"工作表"→"转换成 XYZ 数据"命令。

【操作步骤】

执行上述命令，打开"转换成 XYZ 数据"对话框，如图 9.21 所示。

4. 将工作表转换为网格数据

Origin 提供了将工作表中的表格数据转换为网格数据的功能。

图 9.21　"转换成 XYZ 数据"对话框

【执行方式】

菜单栏：选择菜单栏中的"工作表"→"转换为矩阵"→"XYZ 网格化"命令。

【操作步骤】

执行上述命令，打开"XYZ 网格化：将工作表转换为矩阵"对话框，将当前工作表中的数据转换为网格数据，如图 9.22 所示。

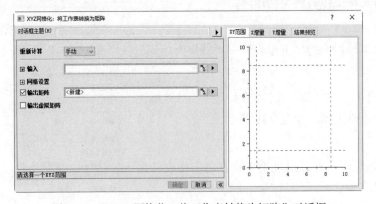

图 9.22　"XYZ 网格化：将工作表转换为矩阵"对话框

【选项说明】

（1）"输入"选项组。单击左侧的"+"按钮，展开该选项组，选择转换为网格的数据的范围和 X、Y、Z 的范围，如图 9.23 所示。

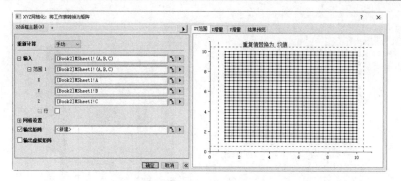

图 9.23　选择输入数据

（2）"网格设置"选项组。单击左侧的"+"按钮，展开该选项组，在该选项组下设置网格转换参数，如图 9.24 所示。

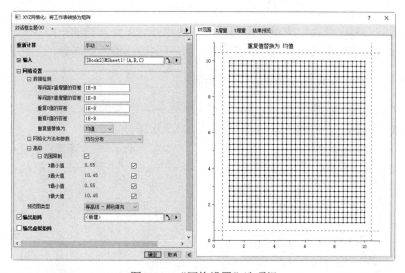

图 9.24　"网格设置"选项组

1）"数据检测"选项。设置数据转换过程中的容差值，容差也就是误差，表示网格数据与原始数据的偏差范围。

📌 等间距 X、Y 值增量的容差：默认值为 1E-8。

📌 重复 X、Y 值的容差：默认值为 1E-8。

📌 重复值替换为：选择重复值的处理方法，包括均值、最大值、最小值、中值、总和、无等，默认值为"均值"。

2）"网格化方法和参数"选项组。在下拉列表中选择数据网格化方法，包括均匀分布、稀疏分布和各种随机分布，默认值为"均匀分布"。

3）"高级"选项组。

📌 勾选"范围限制"复选框，激活该选项，添加 X 最小值、X 最大值、Y 最小值、Y 最大值的设置；若取消勾选"自动"复选框，则可以自定义参数值。

📌 在右侧的"XY 范围"选项卡中显示根据设置的范围定义的网格坐标系。

📌 在"预览图类型"下拉列表中选择右侧"结果预览"选项卡中网格化数据的预览图，包括等高线-颜色填充、3D 颜色映射曲面图和 3D 线框，默认值为"等高线-颜色填充"，如图 9.25 所示。

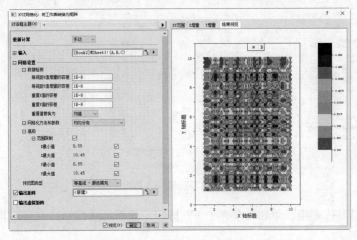

图 9.25　"结果预览"选项卡

（3）"输出矩阵"复选框。勾选该复选框，将网格数据输出到新建的矩阵簿文件中。

（4）"输出虚拟矩阵"复选框。勾选该复选框，将网格数据输出到新建的工作表文件中。

★重点 动手练——徽标曲面矩阵和工作表的转换

源文件：yuanwenjian\ch_09\徽标.csv、徽标曲面矩阵和工作表.opju

本练习演示如何进行工作表和矩阵的相互转换，如图 9.26 所示。

（a）

（b）

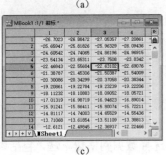

（c）

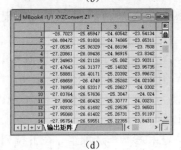

（d）

图 9.26　结果示例

【操作提示】

（1）启动软件，导入 CSV 文件，得到工作表 Book1。

（2）使用默认参数，将工作表 Book1 转换为 XYZ 工作表 XYZConvert1。

（3）使用默认参数，将工作表 Book1 转换为矩阵 MBook1。

（4）使用默认参数，将工作表 XYZConvert1 转换为网格矩阵 MBook4。

（5）保存项目文件。

9.2 绘制三维图形

为了显示三维图形，Origin 提供了各种各样的三维绘图命令，有一些命令可以在三维空间中绘制曲线，而另一些可以绘制曲面与线框。

9.2.1 三维散点图

三维图形的形式有很多种，但最基本的是点图形，也就是三维散点图。

【执行方式】

- 菜单栏：选择菜单栏中的"绘图"→3D→"3D 散点图"命令，如图 9.27 所示。
- 工具栏：单击"3D 和等高线图形"工具栏中的"3D 散点图"按钮 ，如图 9.28 所示。

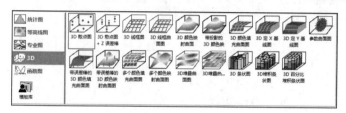

图 9.27 3D 绘图模板

图 9.28 "3D 和等高线图形"工具栏

★重点 动手练——绘制徽标三维散点图

扫一扫，看视频

源文件：yuanwenjian\ch_09\徽标曲面矩阵和工作表.opju、徽标三维散点图.opju

本练习演示如何利用矩阵和工作表绘制三维散点图，如图 9.29 所示。

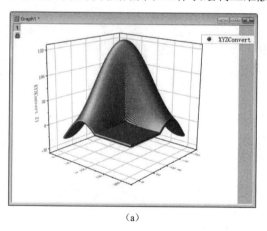

（a）

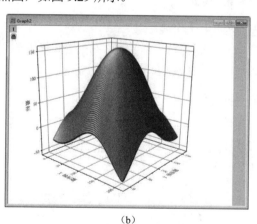

（b）

图 9.29 结果示例

【操作提示】

（1）启动软件，导入项目文件。

（2）激活虚拟矩阵文件 XYZConvert1，绘制三维散点图。

（3）激活矩阵文件 MBook1，绘制三维散点图。

（4）保存项目文件。

9.2.2 三维曲线图

在 XYZ 三维坐标系中绘制的曲线图称为三维曲线图，只有在工作表中可以绘制三维曲线图。

【执行方式】

菜单栏：选择菜单栏中的"绘图"→3D→"3D 线"命令，如图 9.30 所示。

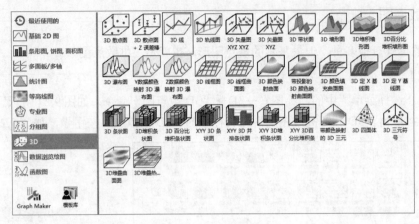

图 9.30　3D 绘图模板

扫一扫，看视频

★重点 动手学——绘制三维螺旋线

源文件：yuanwenjian\ch_09\三维螺旋线.opju

本例在工作表中利用 Origin 2023 的 3D 绘图模板绘制三维螺旋线。

【操作步骤】

1. 设置工作环境

启动 Origin 2023，单击"标准"工具栏中的"新建项目"按钮 ，创建一个新的项目，默认包含一个工作簿文件 Book1，如图 9.31 所示。

2. 插入列

（1）在工作表中选择 B(Y)列，单击浮动工具栏中的"插入"按钮 ，在工作表中插入 C(Y)列。

（2）在工作表中选中 C(Y)列，单击浮动工具栏中的"设为 Z"按钮 **Z**，将 C(Y)列转换为 C(Z)列，结果如图 9.32 所示。

图 9.31　默认工作表

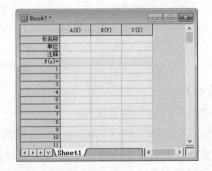

图 9.32　插入列

3. 填充列

（1）在工作表中选择 A(X)列，选择菜单栏中的"列"→"填充列"→"一组数字"命令，打开"一组数字"对话框，在"增量"文本框中输入 0.1，如图 9.33 所示。单击"确定"按钮，关闭该对话框，在工作表 A(X)列中填充 X 数据，如图 9.34 所示。

图 9.33　"一组数字"对话框

图 9.34　设置 A(X)列值

（2）在工作表中选择 B(Y)列，选择菜单栏中的"列"→"设置列值"命令，打开"设置值"对话框，在公式编辑文本框中输入 sin(A)，如图 9.35 所示。单击"确定"按钮，关闭该对话框，在工作表 B(Y)列中填充 Y 数据，如图 9.36 所示。

（3）使用同样的方法在工作表中通过公式 cos(A)在 C(Z)列填充 Z 数据，如图 9.37 所示。

图 9.35　"设置值"对话框

图 9.36　设置 B(Y)列值

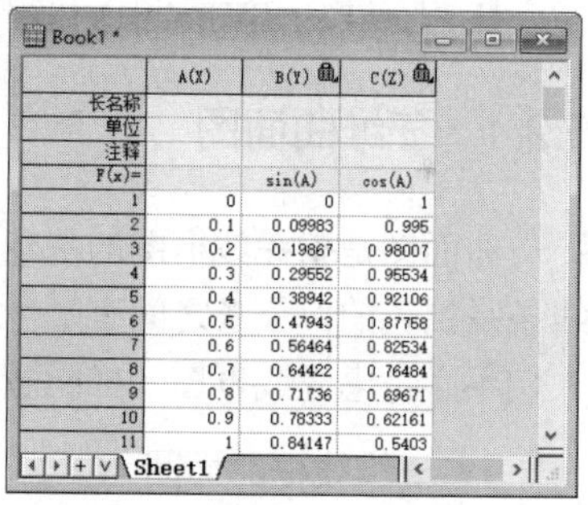

图 9.37　设置 C(Z)列值

（4）选择菜单栏中的"绘图"→ 3D →"3D 线"命令，打开"图表绘制：选择数据来绘制新图"对话框，默认在左侧"绘图类型"列表中选择"3D 散点图/轨线图/矢量图"选项，在右侧"显示"列表中设置 X 轴数据为 A 列、Y 轴数据为 B 列、Z 轴数据为 C 列，如图 9.38 所示。

（5）单击"确定"按钮，在弹出的图形窗口 Graph1 中显示工作表中数据对应的三维曲线图，如图 9.39 所示。

📢 提示：

> 在工作表中首先选择 A(X)列、B(Y)列、C(Z)列 ，再选择"3D 线"命令，不打开设置对话框，直接弹出图形窗口。

4. 保存项目文件

选择菜单栏中的"文件"→"项目另存为"命令，打开"另存为"对话框，在文件列表框中指定保存文件的路径，在"文件名"文本框内输入"三维螺旋线"，保存项目文件。

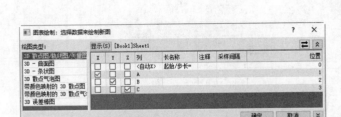

图 9.38 "图表绘制：选择数据来绘制新图"对话框

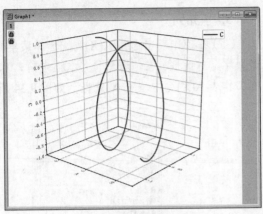

图 9.39 三维螺旋线图

9.2.3 三维线框图

三维线框图是由 X、Y 和 Z 指定的网线面，而不是单根曲线。无论是矩阵表数据还是工作表数据，都可以绘制三维线框图。

【执行方式】

▶ 菜单栏：选择菜单栏中的"绘图"→3D→"3D 线框图"命令。

▶ 工具栏：单击"3D 和等高线图形"工具栏中的"线框图"按钮 。

9.2.4 三维曲面图

曲面图是指在线框图的基础上在小网格之间用颜色填充。它的一些特性正好和线框图相反，它的线条是黑色的，线条之间有颜色；而在线框图里，线条之间是黑色的，而线条有颜色。在曲面图里，人们不必考虑像线框图一样隐蔽线条，但是要考虑用不同的方法对表面添加颜色。

1．三维线框曲面图

【执行方式】

菜单栏：选择菜单栏中的"绘图"→3D→"3D 线框曲面图"命令。

2．三维颜色填充曲面图

【执行方式】

菜单栏：选择菜单栏中的"绘图"→3D→"3D 颜色填充曲面图"命令。

3．三维颜色映射曲面图

【执行方式】

菜单栏：选择菜单栏中的"绘图"→3D→"3D 颜色映射曲面"命令。

4．带投影的三维颜色映射曲面图

【执行方式】

菜单栏：选择菜单栏中的"绘图"→3D→"带投影的 3D 颜色映射曲面图"命令。

★重点 动手学——绘制曲面函数三维曲面图

源文件：yuanwenjian\ch_09\曲面颜色矩阵.ogmu、曲面函数三维曲面图.opju

本例演示如何利用矩阵数据和工作表数据绘制三维散点图、三维线框图、三维线框曲面图、三维颜色映射曲面图和带投影的三维颜色映射曲面图。

【操作步骤】

（1）启动 Origin 2023，将源文件下的"曲面颜色矩阵.ogmu"文件拖放到工作区，导入矩阵文件，如图 9.40 所示。

（2）选择菜单栏中的"绘图"→ 3D →"3D 散点图"命令，在弹出的图形窗口 Graph1 中显示矩阵表中数据对应的三维散点图，如图 9.41 所示。

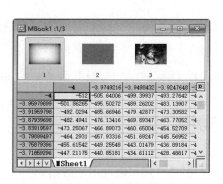

图 9.40　矩阵数据

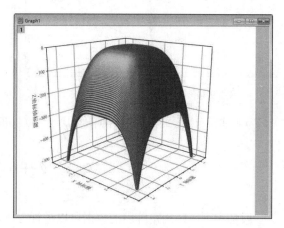

图 9.41　三维散点图

（3）选择菜单栏中的"绘图"→ 3D →"3D 线框图"命令，在弹出的图形窗口 Graph2 中显示矩阵表中数据对应的三维线框图，如图 9.42 所示。

（4）选择菜单栏中的"绘图"→ 3D →"3D 线框曲面图"命令，在弹出的图形窗口 Graph3 中显示矩阵表中数据对应的三维线框曲面图，如图 9.43 所示。

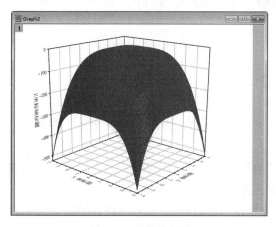

图 9.42　三维线框图

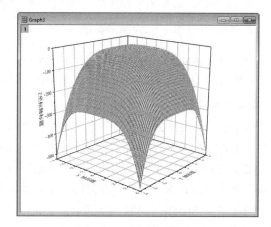

图 9.43　三维线框曲面图

（5）选择菜单栏中的"绘图"→ 3D →"3D 颜色映射曲面"命令，在弹出的图形窗口 Graph4 中显示矩阵表中数据对应的三维颜色映射曲面图，如图 9.44 所示。

（6）选择菜单栏中的"绘图"→ 3D →"带投影的 3D 颜色映射曲面图"命令，在弹出的图形窗口 Graph5 中显示带投影的三维颜色映射曲面图，如图 9.45 所示。

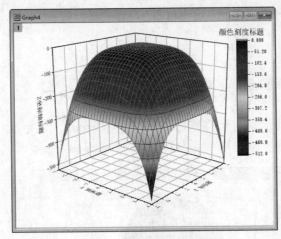

图 9.44　三维颜色映射曲面图　　　　　　图 9.45　带投影的三维颜色映射曲面图

（7）单击"标准"工具栏中的"保存项目"按钮 ▨，保存项目文件为"曲面函数三维曲面图.opju"。

9.3　绘制三维函数图

一般情况下，使用矩阵表的数据可以进行三维图形绘制。另外，还可以利用函数绘制三维图形。

9.3.1　三维函数图

【执行方式】

 ↘ 菜单栏：选择菜单栏中的"文件"→"新建"→"函数图"→"3D 函数图"命令。
 ↘ 菜单栏：选择菜单栏中的"绘图"→"函数图"→"新建 3D 函数图"命令。

扫一扫，看视频

★重点 动手学——绘制马鞍面

源文件：yuanwenjian\ch_09\马鞍面.opju

本例利用 Origin 2023 自带的函数绘制三维马鞍面图。

【操作步骤】

（1）启动 Origin 2023，项目管理器中自动创建项目文件 UNTITLED，该项目文件下默认创建一个文件夹 Folder1，该文件夹中包含工作簿文件 Book1。

（2）选择菜单栏中的"文件"→"新建"→"函数图"→"3D 函数图"命令，打开"创建 3D 函数图"对话框，单击"主题"右侧的箭头，弹出快捷菜单，如图 9.46 所示。

（3）选择 Saddle（马鞍面）函数，此时，自动在 Z(x,y)=文本框中输入马鞍面函数 x^2-y^2，如图 9.47 所示。

（4）在"函数"选项卡中定义 x 的取值范围和取值点数，自动根据函数将取值范围定义为-1 到 1，取值点为 50 个。

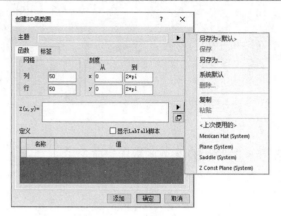

图 9.46　快捷菜单

图 9.47　"创建 3D 函数图"对话框

（5）单击"确定"按钮，关闭"创建 3D 函数图"对话框即可看到绘制的函数图形，如图 9.48 所示。

（6）保存项目文件。选择菜单栏中的"文件"→"保存项目"命令，打开"另存为"对话框，在"文件名"文本框内输入"马鞍面"，单击"保存"按钮，保存项目文件。

★重点　动手练——绘制三角函数曲面图

源文件：yuanwenjian\ch_09\三角函数曲面图.opju

本练习根据以下函数方程绘制三角函数曲面图，如图 9.49 所示。

$$f(x,y) = \sin x + \cos y, x \in [0,5], y \in [-5,5]$$

扫一扫，看视频

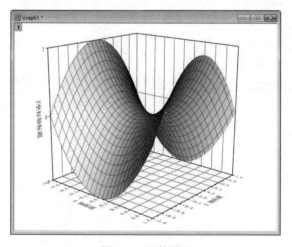

图 9.48　函数图形

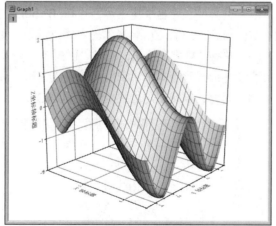

图 9.49　结果示例

【操作提示】

启动软件，利用"3D 函数图"命令绘制三角函数曲面图。其中，x 的取值范围为[0,5]，y 的取值范围为[-5,5]，Z(x,y)的公式为 sin(x)+cos(y)。

9.3.2　三维参数函数图

很多曲面可以用以下参数方程表示，因此，Origin 可以利用参数方程绘制三维曲面图。

$$\begin{cases} x = x(u,v) \\ y = y(u,v) \\ z = z(u,v) \end{cases} \begin{pmatrix} a \le u \le b \\ c \le v \le d \end{pmatrix}$$

其中，*u*、*v* 是参数。

【执行方式】

菜单栏：选择菜单栏中的"绘图"→"函数图"→"新建 3D 参数函数图"命令。

扫一扫，看视频

★重点 动手学——绘制通气曲面图

源文件：yuanwenjian\ch_09\通气曲面图.opju
本例利用 Origin 2023 自带的 Breather 函数模型绘制通气曲面图。

$$\begin{cases} x = a\sin\varphi\cos\theta \\ y = b\sin\varphi\sin\theta \\ z = c\cos\varphi \end{cases} \begin{pmatrix} 0 \le \theta \le 2\pi \\ 0 \le \varphi \le \pi \end{pmatrix}$$

【操作步骤】

（1）启动 Origin 2023，项目管理器中自动创建项目文件 UNTITLED，该项目文件下默认创建一个文件夹 Folder1，该文件夹中包含工作簿文件 Book1。

（2）选择菜单栏中的"文件"→"新建"→"函数图"→"3D 参数函数图"命令，打开"创建 3D 参数函数图"对话框，单击"主题"右侧的箭头，弹出快捷菜单，选择 Breather 函数，此时，自动在 X(u,v)、Y(u,v)、Z(u,v)文本框中输入函数，如图 9.50 所示。

（3）单击"确定"按钮，关闭"创建 3D 参数函数图"对话框即可在新建的图形窗口中看到绘制的函数图形，如图 9.51 所示。

（4）同时，自动创建虚拟矩阵表 FUNC1，如图 9.52 所示。

图 9.50 "创建 3D 参数函数图"对话框

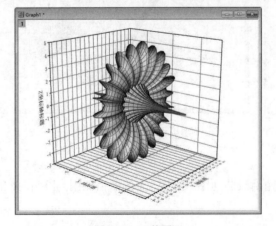

图 9.51 函数图形

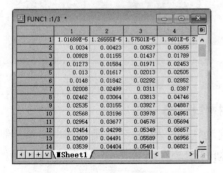

图 9.52 创建函数工作表文件

（5）保存项目文件。选择菜单栏中的"文件"→"保存项目"命令，打开"另存为"对话框，在"文件名"文本框内输入"通气曲面图"，单击"保存"按钮，保存项目文件。

★重点 动手学——绘制圆锥螺线

源文件：yuanwenjian\ch_09\圆锥螺线.opju

本例利用"3D 参数函数图"命令绘制以下函数方程的圆锥螺线。

$$\begin{cases} x = t\cos t \\ y = t\sin t \qquad t \in [0, 2\pi] \\ z = t^2 \end{cases}$$

扫一扫，看视频

【操作步骤】

（1）启动 Origin 2023，项目管理器中自动创建项目文件 UNTITLED，该项目文件下默认创建一个文件夹 Folder1，该文件夹中包含工作簿文件 Book1。

（2）选择菜单栏中的"文件"→"新建"→"函数图"→"3D 参数函数图"命令，打开"创建 3D 参数函数图"对话框，如图 9.53 所示。

（3）在"函数"选项卡中定义 u 的取值范围和取值点数，自动根据函数将取值范围定义为 0 到 20*pi，取值点为 500 个。

（4）在 X(u,v)文本框中定义 X 的公式，这里输入 u*cos(u)。

（5）在 Y(u,v)文本框中定义 Y 的公式，这里输入 u*sin(u)。

（6）在 Z(u,v)文本框中定义 Z 的公式，这里输入 u^2。

（7）单击"确定"按钮，关闭"创建 3D 参数函数图"对话框即可看到绘制的函数图形，如图 9.54 所示。

图 9.53 "创建 3D 参数函数图"对话框

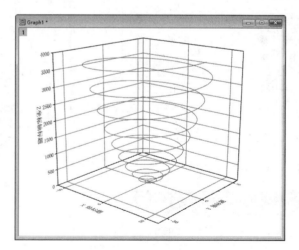

图 9.54 函数图形

（8）保存项目文件。选择菜单栏中的"文件"→"保存项目"命令，打开"另存为"对话框，在"文件名"文本框内输入"圆锥螺线"，单击"保存"按钮，保存项目文件。

9.3.3 三维参数曲面图

参数曲面，顾名思义是用参数表示曲面，三维参数曲面图是曲面图的一个重要分支，很多复杂图形需要用参数方程来表达。

【执行方式】

菜单栏：选择菜单栏中的"绘图"→3D→"参数曲面图"命令。

★重点 动手学——绘制三维轮胎图

源文件：yuanwenjian\ch_09\三维轮胎图.opju
本例利用"新建 3D 参数函数图"命令绘制三维轮胎图。

【操作步骤】

（1）启动 Origin 2023，项目管理器中自动创建项目文件 UNTITLED，该项目文件下默认创建一个文件夹 Folder1，该文件夹中包含工作簿文件 Book1。

（2）选择菜单栏中的"绘图"→"函数图"→"新建 3D 参数函数图"命令，打开"创建 3D 参数函数图"对话框，如图 9.55 所示。

（3）在"函数"选项卡中定义 t 的取值范围和取值点数，自动根据函数将取值范围定义为 0 到 40*pi，取值点为 500 个。

（4）在 X(u,v)文本框中定义 X 的公式，本例输入(3+cos(3.1*t))*cos(t)。

（5）在 Y(u,v)文本框中定义 Y 的公式，本例输入 sin(3.1*t)。

（6）在 Z(u,v)文本框中定义 Z 的公式，本例输入(3+cos(3.1*t))*sin(t)。

（7）单击"确定"按钮，关闭"创建 3D 参数函数图"对话框即可看到绘制的函数图形，如图 9.56 所示。

图 9.55 "创建 3D 参数函数图"对话框

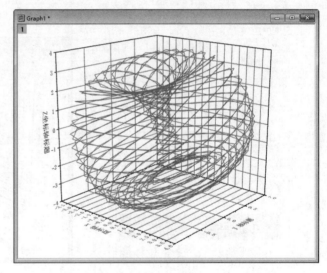

图 9.56 函数图形

（8）同时，自动创建虚拟矩阵表文件 FUNC，如图 9.57 所示。选择菜单栏中的"查看"→"显示图像缩略图"命令，在矩阵窗口上方显示矩阵对应的图形缩略图，如图 9.58 所示。该矩阵表包含 3 个矩阵对象。

（9）保存项目文件。选择菜单栏中的"文件"→"保存项目"命令，打开"另存为"对话框，在"文件名"文本框内输入"三维轮胎图"，单击"保存"按钮，保存项目文件。

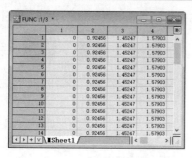

图 9.57　矩阵表文件

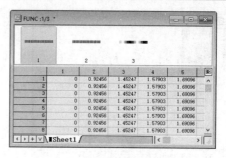

图 9.58　显示图形缩略图

9.4　三维功能图

除了基本的线框图和曲面图，Origin 3D 绘图模板中还提供了一些具有特定功能的绘图命令。

9.4.1　多个三维曲面图

若需要在同一坐系中显示多个三维曲面，Origin 提供了专门的绘图命令，避免多次重复操作。根据曲面颜色的渲染方法分为颜色填充曲面图和颜色映射曲面图。

1．绘制多个颜色填充曲面图

【执行方式】

菜单栏：选择菜单栏中的"绘图"→3D→"多个颜色填充曲面图"命令。

2．绘制多个颜色映射曲面图

【执行方式】

菜单栏：选择菜单栏中的"绘图"→3D→"多个颜色映射曲面图"命令。

★重点　动手学——绘制徽标叠加曲面

扫一扫，看视频

源文件：yuanwenjian\ch_09\徽标曲面矩阵和工作表.opju、叠加徽标曲面.opju
本例演示如何利用 3 个矩阵得到一个由 3 个曲面组成的叠加曲面。

【操作步骤】

1．新建矩阵

（1）启动 Origin 2023，单击"标准"工具栏中的"新建项目"按钮 📄，创建一个新的项目，默认包含一个工作簿文件 Book1。

（2）将源文件下的"徽标曲面矩阵和工作表.opju"文件拖放到工作区，导入项目文件，将矩阵表 Mbook1 置为当前，显示缩略图，如图 9.59 所示。

（3）单击矩阵窗口右上角的 🔽 按钮，在弹出的下拉列表中选择"添加"命令，在矩阵窗口上方添加新矩阵的图形缩略图。本例中需要创建 3 个矩阵，因此添加两个矩阵即可，如图 9.60 所示。

（4）选中第 2 个空白矩阵对象，选择菜单栏中的"矩阵"→"设置值"命令，打开"设置值"对话框，选择 Mat(A)→"Mat("徽标")：1"命令，在函数编辑文本框中添加矩阵对象，设置矩阵单元格内的值为 50+Mat("徽标")，如图 9.61 所示。单击"确定"按钮，在第 2 个矩阵中添加曲面数据。

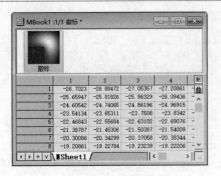

图 9.59　打开矩阵

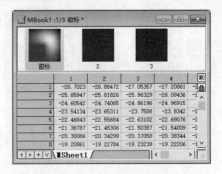

图 9.60　插入矩阵对象

（5）使用同样的方法在第 3 个矩阵中添加公式值 100+Mat("徽标")，结果如图 9.62 所示。

图 9.61　"设置值"对话框

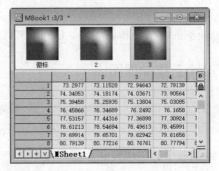

图 9.62　设置矩阵值

（6）在矩阵表中选中第 1 个矩阵，选择菜单栏中的"绘图"→ 3D →"3D 颜色映射曲面"命令，在弹出的图形窗口 Graph1 中显示一个三维曲面图，如图 9.63 所示。

（7）激活矩阵窗口，选择菜单栏中的"绘图"→ 3D →"多个颜色映射曲面图"命令，在弹出的图形窗口 Graph2 中同时显示 3 个矩阵对应的三维曲面图，如图 9.64 所示。

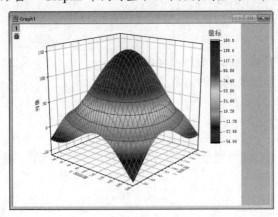

图 9.63　一个三维曲面图

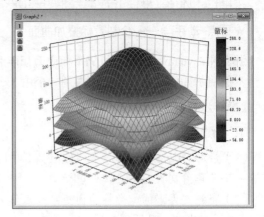

图 9.64　3 个三维曲面图

（8）在矩阵表中选中第 1 个矩阵，选择菜单栏中的"绘图"→ 3D →"3D 颜色填充曲面图"命令，在弹出的图形窗口 Graph3 中显示一个三维填充曲面图，如图 9.65 所示。

（9）在矩阵表中选中第 2 个矩阵，选择菜单栏中的"绘图"→"3D"→"多个颜色填充曲面图"命令，在弹出的图形窗口 Graph4 中显示 3 个三维填充曲面图，如图 9.66 所示。

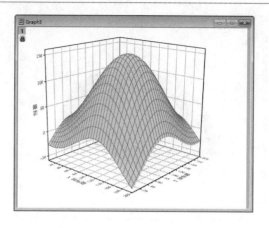

图 9.65 一个三维填充曲面图

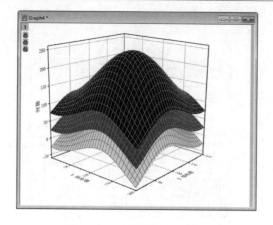

图 9.66 3 个三维填充曲面图

2. 保存项目文件

选择菜单栏中的"文件"→"项目另存为"命令，打开"另存为"对话框，在"文件名"文本框内输入"叠加徽标曲面"，单击"保存"按钮，保存项目文件。

9.4.2 三维定基线图

在 Origin 中，可以利用工作表数据（虚拟矩阵）或矩阵表数据绘制以 X 网格、Y 网格为基线的三维定基线图。需要注意的是，XYZ 工作表数据不可以绘制定基线图。

1. 绘制定 X 基线图

【执行方式】

菜单栏：选择菜单栏中的"绘图"→3D→"3D 定 X 基线图"命令。

2. 绘制定 Y 基线图

【执行方式】

菜单栏：选择菜单栏中的"绘图"→3D→"3D 定 Y 基线图"命令。

★重点 动手学——绘制曲面 X 基线图

源文件：yuanwenjian\ch_09\曲面函数矩阵.ogmu、曲面 X 基线图.opju
本例在矩阵表中利用曲面矩阵表数据绘制 3D 定 X 基线图。

扫一扫，看视频

【操作步骤】

（1）启动 Origin 2023，单击"标准"工具栏中的"新建矩阵"按钮，自动创建矩阵窗口，默认名称为 Mbook1。

（2）将源文件目录下的"曲面函数矩阵.ogmu"文件拖放到工作区，将 MSheet1 置为当前，如图 9.67 所示。

（3）绘制 3D 定 X 基线图。选择菜单栏中的"绘图"→ 3D →"3D 定 X 基线图"命令，在弹出的图形窗口 Graph1 中显示 3D 定 X 基线图，如图 9.68 所示。

（4）保存项目文件。选择菜单栏中的"文件"→"项目另存为"命令，打开"另存为"对话框，在文件列表框中指定保存文件的路径，在"文件名"文本框内输入"曲面 X 基线图"，保存项目文件。

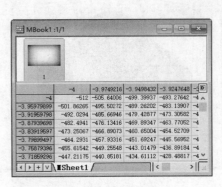

图 9.67　矩阵数据

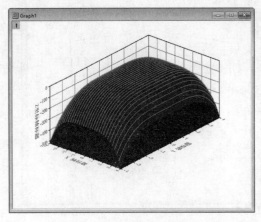

图 9.68　3D 定 X 基线图

9.4.3　三维条状图

三维条状图以三维格式显示水平矩形，而不以三维格式显示数据，绘制三维条状图的命令有 3D 条状图、3D 堆积条状图和 3D 百分比堆积条状图等，如图 9.69 所示。

图 9.69　三维条状图

9.4.4　三维误差图

在 Origin 中，只有矩阵表数据可以绘制带误差棒的三维图，同时要求矩阵表中必须包含两个矩阵，一个用于创建三维图形，一个用于创建误差棒。

1．绘制带误差棒的三维颜色填充曲面图

【执行方式】

菜单栏：选择菜单栏中的"绘图"→3D→"带误差棒的 3D 颜色填充曲面图"命令。

2．绘制带误差棒的三维颜色映射曲面图

【执行方式】

菜单栏：选择菜单栏中的"绘图"→3D→"带误差棒的 3D 颜色映射曲面图"命令。

3．绘制带误差棒的三维散点图

【执行方式】

菜单栏：选择菜单栏中的"绘图"→3D→"3D 散点图+Z 误差棒"命令。

★重点　动手学——绘制起伏曲面误差棒图

扫一扫，看视频

源文件：yuanwenjian\ch_09\起伏曲面.csv、起伏曲面误差棒图.opju

本例绘制函数 $z = xe^{-x^2-y^2}$ 对应曲面的误差棒图。

【操作步骤】

（1）启动 Origin 2023，单击"标准"工具栏中的"新建矩阵"按钮，自动创建矩阵窗口，默认名称为 Mbook1。

（2）打开源文件目录下的"起伏曲面.csv"文件，复制该文件中的数据，粘贴到当前矩阵表中，如图 9.70 所示。

（3）选择菜单栏中的"矩阵"→"行列数/标签设置"命令，打开"矩阵的行列数和标签"对话框，在"矩阵行列数"选项下设置列数为 17，行数为 11，x 取值范围为-2～2，y 取值范围为-1～1，单击"确定"按钮，关闭该对话框，得到的矩阵表如图 9.71 所示。

图 9.70　粘贴数据

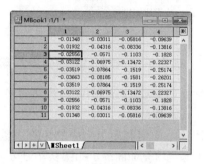

图 9.71　设置矩阵行列

（4）在矩阵窗口上右击，在弹出的快捷菜单中选择"显示图像缩略图"/"显示 XY"命令，在矩阵表中显示矩阵 1 的图形缩略图和 XY 值，如图 9.72 所示。

（5）选择菜单栏中的"绘图"→ 3D →"3D 颜色映射曲面"命令，在弹出的图形窗口 Graph1 中显示三维颜色映射曲面图，如图 9.73 所示。

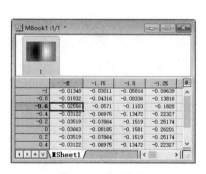

图 9.72　显示矩阵

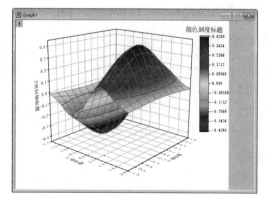

图 9.73　三维颜色映射曲面图

（6）单击矩阵窗口右上角的 <kbd>D</kbd> 按钮，在弹出的下拉列表中选择"添加"命令，自动在矩阵窗口上方添加矩阵 2 的图形缩略图。

（7）在图形缩略图中选中矩阵 2，选择菜单栏中的"矩阵"→"设置值"命令，打开"设置值"对话框，在公式编辑框内输入 0.2，在矩阵 2 中将所有数据设置为 0.2，如图 9.74 所示。

（8）选择菜单栏中的"绘图"→ 3D →"带误差棒的 3D 颜色映射曲面图"命令，在弹出的图形窗口 Graph2 中显示带误差棒的 3D 颜色映射曲面图，如图 9.75 所示。

（9）单击"标准"工具栏中的"保存项目"按钮 <kbd>■</kbd>，保存项目文件为"起伏曲面误差棒图.opju"。

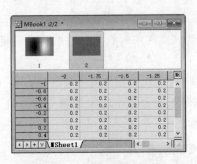

图 9.74　设置矩阵 2 的值

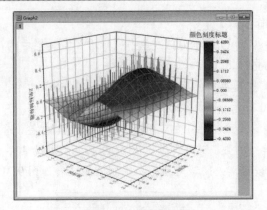

图 9.75　绘制误差图

★重点　动手练——绘制填充曲面误差棒图

源文件：yuanwenjian\ch_09\起伏曲面误差棒图.opju、填充曲面误差棒图.opju

本练习演示如何利用上例中的矩阵表数据绘制带误差棒的三维颜色填充曲面图，如图 9.76 所示。

【操作提示】

（1）启动软件，导入"起伏曲面误差棒图.opju"项目文件。

（2）利用"带误差棒的 3D 颜色填充曲面图"命令绘制图形。

（3）保存项目文件。

★重点　动手练——绘制三维散点图误差棒图

源文件：yuanwenjian\ch_09\起伏曲面误差棒图.opju、三维散点图误差棒图.opju

本练习演示如何利用上例中的矩阵表数据绘制带误差棒的三维散点图误差棒图，如图 9.77 所示。

【操作提示】

（1）启动软件，导入"起伏曲面误差棒图.opju"项目文件。

（2）利用"3D 散点图+Z 误差棒"命令绘制图形。

（3）保存项目文件。

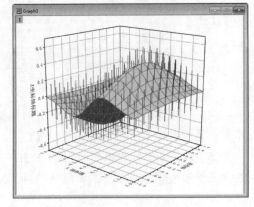

图 9.76　结果示例

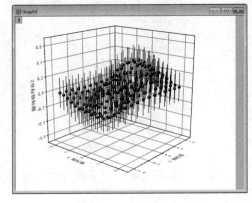

图 9.77　结果示例

第 10 章　三维图形修饰处理

内容简介

为了能观察到视觉效果更好的三维图形，Origin 提供了专门的三维图形修饰处理命令，除了常用的图形类型设置、坐标系设置，还包括颜色处理、视觉处理和光照处理。本章详细介绍在三维图形中特有的图形修饰处理命令。

10.1　三维图形显示

在前面章节中已经讲解了一些二维图形修饰处理命令，这些命令在三维图形中同样适用。三维图形基本设置包括坐标系处理、坐标轴处理和图形布局处理等。

10.1.1　坐标系处理

二维图形坐标轴、坐标系的处理操作在三维图形中同样适用。三维坐标系主要由 XY 平面、YZ 平面、XZ 平面 3 个平面构成，每个平面又由网格线组成，主要利用浮动工具栏中的按钮进行控制。

★重点 动手学——绘制三维球体

扫一扫，看视频

源文件：yuanwenjian\ch_10\三维球体.opju

本例演示如何隐藏三维球体图形中的三维坐标系，三维球体的参数方程为

$$r(t,u)=(a\sin(t)\cos(u),\ a\cos(t)\sin(u),\ a\sin(u))$$

【操作步骤】

1．进入编辑环境

启动 Origin 2023，项目管理器中自动创建项目文件 UNTITLED，该项目文件下默认创建一个文件夹 Folder1，该文件夹中包含工作簿文件 Book1。

2．绘制球体

（1）选择菜单栏中的"绘图"→"函数图"→"新建 3D 参数函数图"命令，打开"创建 3D 参数函数图"对话框，单击"主题"右侧的箭头，弹出快捷菜单。

（2）选择 Sphere（球体）函数，此时，自动在 X(u,t)=、Y(u,t)=、Z(u,t)=文本框中输入球体函数，如图 10.1 所示。

（3）单击"确定"按钮，关闭"创建 3D 参数函数图"对话框即可看到绘制的三维球体图形，如图 10.2 所示。

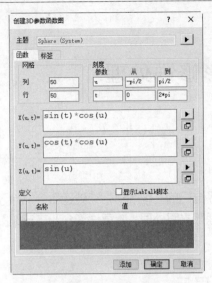

图 10.1　"创建 3D 参数函数图"对话框

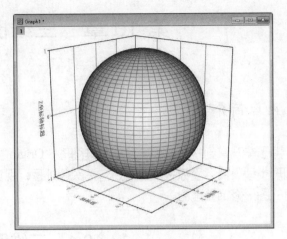

图 10.2　三维球体

3. 坐标系设置

（1）在坐标系区域单击，弹出浮动工具栏，单击"网格线"按钮 ，在下拉列表中选择"XY 平面"/"YZ 平面"/"ZX 平面"命令，如图 10.3 所示，依次取消 XY 平面、YZ 平面、ZX 平面的网格线，结果如图 10.4 所示。

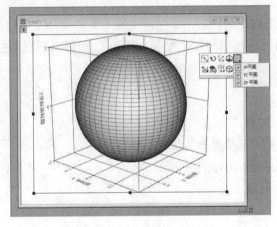

图 10.3　"网格线"下拉列表

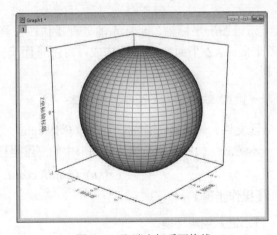

图 10.4　取消坐标系网格线

（2）在图形页面区域单击，弹出浮动工具栏，单击"平面"按钮 ，在下拉列表中选择"XY 平面"/"YZ 平面"/"ZX 平面"命令，如图 10.5 所示，依次隐藏 XY 平面、YZ 平面、ZX 平面，结果如图 10.6 所示。

4. 保存项目文件

选择菜单栏中的"文件"→"保存项目"命令，打开"另存为"对话框，在"文件名"文本框内输入"三维球体"，单击"保存"按钮，保存项目文件。

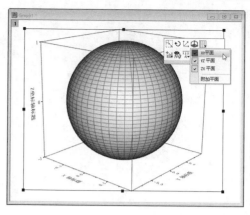

图 10.5 "平面"下拉列表

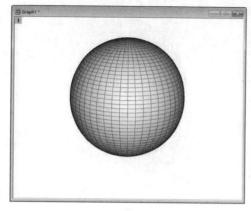

图 10.6 隐藏坐标系平面

★重点 动手学——三维球体调整大小

源文件：yuanwenjian\ch_10\三维球体.opju、三维球体调整大小.opju

本例演示如何利用浮动工具栏中的按钮在 XYZ 坐标轴方向调整图形的大小。

【操作步骤】

（1）启动 Origin 2023，将源文件目录下的"三维球体.opju"文件拖放到工作区，打开图形窗口 Graph1。

（2）单击坐标区，在图形上显示框架，同时自动弹出浮动工具栏，如图 10.7 所示，单击绘图区浮动工具栏中的"调整大小模式"按钮，进入调整大小模式，在图形中央显示坐标系符号。

（3）选中 X 轴箭头，向左侧拖动，压缩球体，结果如图 10.8 所示。

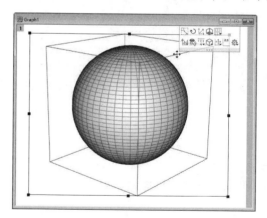

图 10.7 显示浮动工具栏

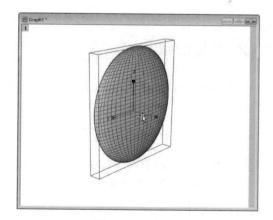

图 10.8 压缩球体

（4）此时，将鼠标指针放置在坐标轴中间的填充三角形中，向上拖动，整个图形放大；向下拖动，整个图形缩小，结果如图 10.9 所示。

（5）将鼠标指针放置在 XZ 平面中间的填充区域，如图 10.10 所示，向上、向下拖动，图形在 Z 方向放大、缩小；向左、向右拖动，图形在 Y 方向放大、缩小，结果如图 10.11 所示。

（6）保存项目文件。选择菜单栏中的"文件"→"项目另存为"命令，打开"另存为"对话框，在文件列表框中指定保存文件的路径，在"文件名"文本框内输入"三维球体调整大小"，保存项目文件。

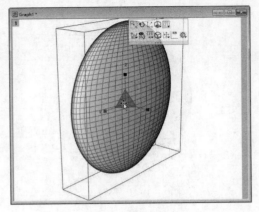

图 10.9　整体放大

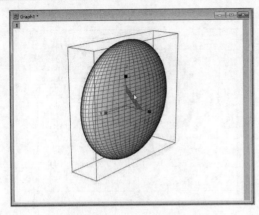

图 10.10　按指定方向缩放

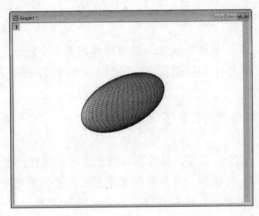

图 10.11　图形大小调整结果

10.1.2　坐标轴处理

在 Origin 中，坐标轴处理包括坐标轴的刻度、标签、标题等特征，最简单的方法还是通过浮动工具栏设置。

扫一扫，看视频

★重点 动手学——显示多个三维球体

源文件：yuanwenjian\ch_10\显示多个三维球体.opju
本例演示如何设置图形窗口中的坐标轴刻度，从而完整显示多个三维球体。

【操作步骤】

1．进入编辑环境

启动 Origin 2023，项目管理器中自动创建项目文件 UNTITLED，该项目文件下默认创建一个文件夹 Folder1，该文件夹中包含工作簿文件 Book1。

2．绘制多个球体

（1）选择菜单栏中的"绘图"→"函数图"→"新建 3D 参数函数图"命令，打开"创建 3D 参数函数图"对话框，单击"主题"右侧的箭头，弹出快捷菜单。

（2）选择 Sphere（球体）函数，此时，自动在 X(u,t)=、Y(u,t)=、Z(u,t)=文本框中输入球体函数，单击"添加"按钮，在弹出的图形窗口中添加第 1 个球体图形。

（3）返回"创建 3D 参数函数图"对话框，在 Z(u,t)=文本框中编辑球体函数，默认选择"加入当前图"选项，如图 10.12 所示。单击"添加"按钮，在第 1 个球体上方添加第 2 个球体图形。

（4）返回"创建 3D 参数函数图"对话框，在 X(u,t)=、Y(u,t)=、Z(u,t)=文本框中编辑球体函数，选择"加入当前图表并重新调整轴标度"选项，如图 10.13 所示。单击"添加"按钮，在弹出的图形窗口中添加第 3 个球体图形，同时坐标轴进行自动缩放，如图 10.14 所示。

图 10.12　编辑球体函数 1

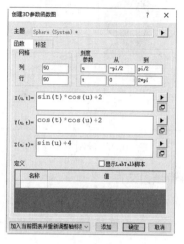

图 10.13　编辑球体函数 2

（5）返回"创建 3D 参数函数图"对话框，在 X(u,t)=、Y(u,t)=、Z(u,t)=文本框中编辑球体函数，默认选择"加入当前图"选项，如图 10.15 所示。单击"添加"按钮，在弹出的图形窗口中添加第 4 个球体图形，由于调整了坐标轴刻度，第 4 个球体显示得不完整，如图 10.16 所示。

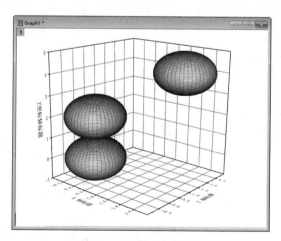

图 10.14　绘制 3 个球体

图 10.15　编辑球体函数 3

3. 坐标轴设置

（1）在坐标系区域单击，弹出浮动工具栏，单击"重新缩放"按钮，调整坐标系刻度，在图形窗口中完整显示 4 个球体，结果如图 10.17 所示。

（2）在坐标系区域单击，弹出浮动工具栏，单击"标签、标题和刻度方向"按钮，在弹出的下拉列表中选择"全部都在屏幕内部"命令，调整坐标轴标签、标题和刻度方向，结果如图 10.18 所示。

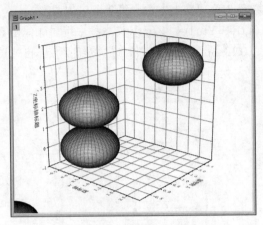

图 10.16　绘制 4 个球体

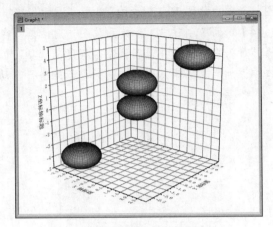

图 10.17　设置坐标轴缩放

4. 保存项目文件

选择菜单栏中的"文件"→"保存项目"命令，打开"另存为"对话框，在"文件名"文本框内输入"显示多个三维球体"，单击"保存"按钮，保存项目文件。

10.1.3　图形调色板

三维颜色映射曲面通常使用调色板中的渐变色进行渲染。

【执行方式】

浮动工具栏：单击图形浮动工具栏中的"调色板"按钮，弹出"调色板"下拉列表，如图 10.19 所示。

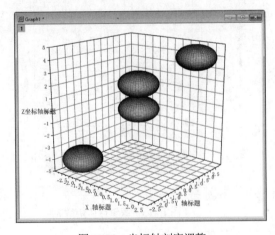

图 10.18　坐标轴刻度调整

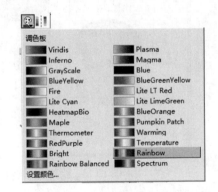

图 10.19　"调色板"下拉列表

【操作步骤】

执行上述命令，在弹出的下拉列表中选择不同的调色板，直接为曲面渲染指定的调色板模式，默认颜色模式为 Rainbow（彩虹色）。

★重点　动手练——球体颜色填充

源文件：yuanwenjian\ch_10\显示多个三维球体.opju、球体颜色填充.opju

本练习利用浮动工具栏中的命令将多个球体填充为不同颜色，如图 10.20 所示。

【操作提示】

（1）启动软件，导入"显示多个三维球体.opju"项目文件。

（2）在曲面图形浮动工具栏中单击"启用网格"按钮▦，隐藏曲面图形中的网格线。

（3）在曲面图形浮动工具栏中单击"填充颜色"按钮，为不同球体填充不同颜色。

（4）保存项目文件。

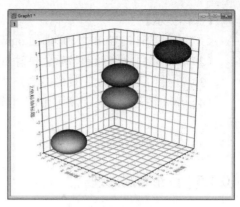

扫一扫，看视频

图 10.20　结果示例

10.1.4　颜色标尺

在 Origin 中，颜色映射图中的颜色映射值控制着对应色图的数据值，它通过颜色数据与颜色数据映射影响着任意表面、块或图像。

对于包含颜色映射的三维曲面图形，图形浮动工具栏中包括相关命令，如图 10.21 所示，用于调整图形右侧的色轴中的颜色级别（刻度值），系统自动地计算色轴颜色级别数据的最大值与最小值对应的颜色范围。

图 10.21　图形浮动工具栏

（1）"主级别+1"按钮▮：单击该按钮，色轴主级别颜色值加 1。

（2）"主级别-1"按钮▮：单击该按钮，色轴主级别颜色值减 1。

（3）"设置级别"按钮▯▯▯：单击该按钮，设置色轴的级别范围，默认为-314000～314000。

（4）"重新缩放颜色映射"按钮▮▯：单击该按钮，将图形的颜色映射值返回为默认值。

（5）"翻转颜色映射"按钮▮▯：单击该按钮，将色轴中的颜色映射值进行上、下翻转，图形颜色随之发生变化。

★重点　动手练——V 形曲面颜色渲染

源文件：yuanwenjian\ch_10\V 形曲面.ogmu、V 形曲面颜色渲染.opju

本练习利用颜色映射对 V 形曲面进行颜色渲染，如图 10.22 所示。

扫一扫，看视频

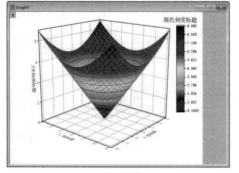

（a）原图

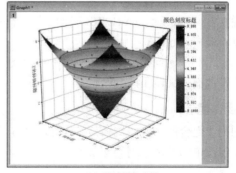

（b）翻转颜色映射

图 10.22　结果示例

【操作提示】

（1）启动软件，导入"V 形曲面.ogmu"矩阵文件。

（2）利用绘图命令绘制带颜色映射曲面。

（3）在曲面图形浮动工具栏中单击"启用网格"按钮 ▦，隐藏曲面图形中的网格线。

（4）单击图形浮动工具栏中的"翻转颜色映射"按钮 ▥，将色轴中的颜色映射值进行上、下翻转。

（5）保存项目文件。

10.1.5 图形布局处理

在 Origin 中，在同一布局窗口中可以显示多个视口，用于显示三维图形。

【执行方式】

菜单栏：选择菜单栏中的"图"→"组合图形到布局窗口"命令。

【操作步骤】

执行上述操作，打开"组合图形到布局窗口"对话框，如图 10.23 所示，将图形窗口中的图形合并到布局窗口中，排列显示。

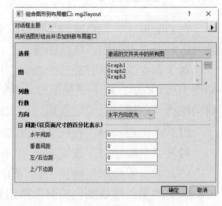

图 10.23 "组合图形到布局窗口"对话框

【选项说明】

（1）"选择"下拉列表：在该下拉列表中选择图形窗口的来源，包括激活的文件夹中的所有图、激活的文件夹中的所有图（打开的）、激活的文件夹中的所有图（包含内置的）。

（2）"图"列表框：在该列表框中显示符合条件的所有图形窗口名称。

（3）"列数"文本框：显示布局窗口中多个图形排列的列数。

（4）"行数"文本框：显示布局窗口中多个图形排列的行数。

（5）"方向"下拉列表：显示布局窗口中多个图形排列的方向优先顺序。

（6）"间距"选项组：在该选项组中显示排列后的图形的水平间距、垂直间距、左/右边距、上/下边距。默认以页面尺寸的百分比为计量单位。

★重点 动手练——多个三维曲面布局

源文件：yuanwenjian\ch_10\三维曲面图.opju、多个三维曲面布局.opju

本练习演示如何排列通过 4 种不同的绘图命令得到的三维曲面，如图 10.24 所示。

【操作提示】

利用"组合图形到布局窗口"命令将 4 个三维曲面图形窗口中的图形排列为 2×2 形式。

扫一扫，看视频

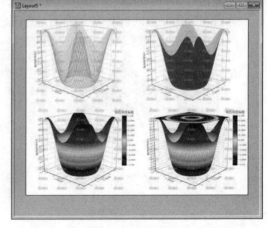

图 10.24 结果示例

10.2　三维图形设置

三维图形设置包括图形样式设置、曲面设置、网格显示设置等，一般通过"绘图细节-绘图属性"对话框中不同的选项卡进行设置。

10.2.1　图形样式设置

若三维图形的数据是通过函数计算得到的，那么可以通过修改函数的公式达到修改图形样式的目的。

【执行方式】

➥ 菜单栏：选择菜单栏中的"格式"→"绘图属性"命令。

➥ 工具栏：单击图形浮动工具栏中的"打开绘图详细信息"按钮 ⚙ 。

➥ 快捷命令：在图形上右击，在弹出的快捷菜单中选择"绘图细节"命令。

➥ 快捷操作：直接双击图形。

【操作步骤】

执行上述命令，打开"绘图细节-绘图属性"对话框，打开"函数"选项卡，设置三维图形的函数公式，如图 10.25 所示。

图 10.25　"函数"选项卡

【选项说明】

1．"网格"选项组

指定网格线的数量，默认为 50×50。

2．"刻度"选项组

显示坐标系中 x、y 坐标轴的刻度取值范围，勾选"自动"复选框，直接根据图形大小进行自动缩放。

3．Z(x,y)文本框

通过该公式计算矩阵中单元格中的数据。

4．"执行公式前运行脚本"文本框

在该文本框中输入程序，执行相应的操作。

5．"绘图类型"下拉列表

在该下拉列表中选择图形类型，一般情况下包含 3D-曲面图、3D-条状图、3D-矩阵散点图。

10.2.2　曲面设置

三维图形是由点、线、面和三者的组合元素组成的，曲面的设置可以调整三维曲面的显示效果。

【执行方式】

菜单栏：打开"绘图细节-绘图属性"对话框。

【操作步骤】

执行上述命令，打开"曲面"选项卡，设置三维曲面图形的显示方式、透明度和参数曲面矩阵，如图 10.26 所示。

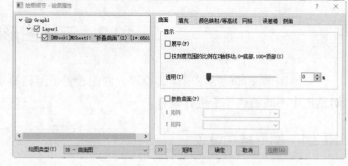

图 10.26　"曲面"选项卡

扫一扫，看视频

★重点 动手学——绘制变半径柱面曲面

源文件： yuanwenjian\ch_10\变半径柱面.xlsx、变半径柱面曲面.opju

本例演示将工作表数据转换为矩阵，通过矩阵数据绘制三维曲面、设置曲面参数的过程。

【操作步骤】

1. 设置工作环境

启动 Origin 2023，将源文件目录下的"变半径柱面.xlsx"文件拖动到工作区，导入 3 个工作表中的数据，如图 10.27 所示。

2. 转换为工作表

（1）在工作环境中将工作表窗口置为当前，选择菜单栏中的"工作表"→"转换为矩阵"→"直接转换"命令，打开"转换为矩阵>直接转换"对话框，在"数据格式"下拉列表中选择"没有 X 和 Y 数据"，将工作表的数值转换为矩阵表 MBook1 内的 Z 值，结果如图 10.28 所示。

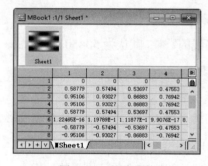

图 10.27　导入数据　　　　　图 10.28　矩阵文件

（2）单击矩阵窗口右上角的 回 按钮，选择"添加"命令，在矩阵窗口上方添加两个矩阵即可，如图 10.29 所示。

（3）在工作环境中将工作表窗口置为当前，选择菜单栏中的"工作表"→"转换为矩阵"→"直接转换"命令，打开"转换为矩阵>直接转换"对话框，在"数据格式"下拉列表中选择"没有 X 和 Y 数据"，在"输出矩阵"文本框中选择"矩阵浏览器"，打开"矩阵浏览器"对话框，选择矩阵 2，如图 10.30 所示。

（4）单击"添加"按钮，选择矩阵对象 2；单击"确定"按钮，关闭该对话框，返回"转换为矩阵>直接转换"对话框，将工作表输出到矩阵 2 中，如图 10.31 所示。单击"确定"按钮，在第 2 个矩阵中添加转换后的工作表 Sheet2 数据，如图 10.32 所示。

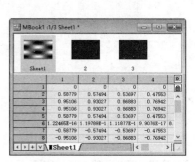

图 10.29　插入矩阵对象

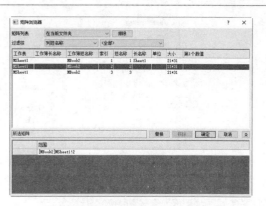

图 10.30　"矩阵浏览器"对话框

图 10.31　"转换为矩阵>直接转换"对话框

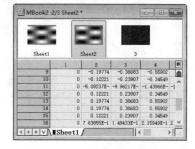

图 10.32　转换工作表

（5）使用同样的方法将工作表 Sheet3 转换后的矩阵数据输出到第 3 个矩阵中，结果如图 10.33 所示。

3. 绘制三维参数曲面图

（1）选择第 3 个矩阵缩略图，选择菜单栏中的"绘图"→ 3D →"3D 颜色映射曲面"命令，在弹出的图形窗口 Graph1 中显示曲面图，如图 10.34 所示。

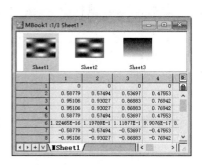

图 10.33　转换结果

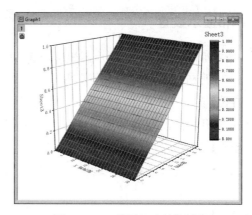

图 10.34　三维颜色映射曲面图

（2）双击图形，打开"绘图细节-绘图属性"对话框，如图 10.35 所示，单击"曲面"选项卡，勾选"参数曲面"复选框，分别单击"X 矩阵"和"Y 矩阵"右侧的下拉列表，分别选择第 1 个矩阵和第 2 个矩阵，对应于 X 轴和 Y 轴，结果如图 10.36 所示。

（3）单击图形窗口中的坐标轴，在弹出的浮动工具栏中单击"重新缩放"按钮，调整图形大小，得到如图 10.37 所示的三维图形。其中，图形颜色是根据 Z 轴的数据范围进行设置的。

图 10.35　"绘图细节-绘图属性"对话框

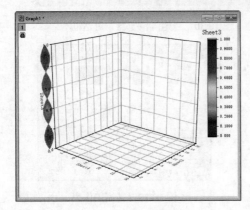

图 10.36　图形设置结果

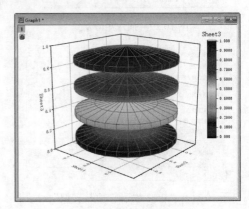

图 10.37　图形自动调整结果

4．保存项目文件

选择菜单栏中的"文件"→"项目另存为"命令，打开"另存为"对话框，在文件列表框中指定保存文件的路径，在"文件名"文本框内输入"变半径柱面曲面"，保存项目文件。

10.2.3　网格显示设置

对于一个三维曲面图，有时用户不想显示其中的网格，可以通过浮动工具栏命令或绘图属性来实现。三维图形中的网格包含主网格和次网格。

【执行方式】

菜单栏：打开"绘图细节-绘图属性"对话框。

【操作步骤】

执行上述命令，打开"网格"选项卡，勾选"启用"复选框，激活网格线设置参数，如图 10.38 所示。

【选项说明】

1．"网格线"下拉列表

网格线由 X 轴与 Y 轴方向的水平、垂直线组成，在该下拉列表中可以选择设置 X 和 Y 网格线、仅 X 网格线、仅 Y 网格线。

2．"主次线"选项组

网格线包含主网格线与次网格线，在该选项组下可以选择是否包含次网格线，还可以设置主网格线中 X 轴与 Y 轴方向线条的数目。

图 10.38　"网格"选项卡

3. "显示次网格线"复选框

勾选该复选框，在网格线中显示次网格线。

扫一扫，看视频

★重点　动手学——绘制山峰曲面

源文件： yuanwenjian\ch_10\绘制山峰曲面.opju

在 Origin 中，提供了一个演示函数 peak，它是用来产生一个山峰曲面的函数。利用 peak 函数画两张图，一张不显示网格，一张显示网格。

peak 函数的形式为

$$3*(1-x)^2*exp(-x^2-(y+1)^2)-10*(x/5-x^3-y^5)*exp(-x^2-y^2)-exp(-(x+1)^2-y^2)/3$$

【操作步骤】

1. 绘制三维函数图

（1）启动 Origin 2023，项目管理器中自动创建项目文件 UNTITLED，该项目文件下默认创建一个文件夹 Folder1，该文件夹中包含工作簿文件 Book1。

（2）选择菜单栏中的"文件"→"新建"→"函数图"→"3D 函数图"命令，打开"创建 3D 函数图"对话框，如图 10.39 所示。

（3）在"函数"选项卡中定义 x、y 的取值范围和取值点数，自动根据函数将取值范围定义为 -2*pi 到 2*pi，取值点为 50 个。

（4）单击"确定"按钮，关闭"创建 3D 函数图"对话框即可看到绘制的函数图形，如图 10.40 所示。

图 10.39　"创建 3D 函数图"对话框

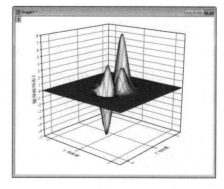

图 10.40　山峰曲面

2. 数据转换

（1）在工作环境中将自动创建的矩阵窗口 FUNC 置为当前，如图 10.41 所示。选择菜单栏中的"矩阵"→"转换为工作表"命令，打开"转换为工作表"对话框，在"方法"下拉列表中选择"直接转换"，参数设置如图 10.42 所示。

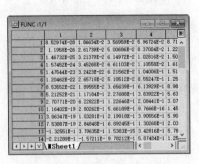

图 10.41　矩阵窗口

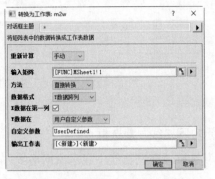

图 10.42　"转换为工作表"对话框

（2）单击"确定"按钮，关闭该对话框，自动创建一个 XYY 工作表文件 Book2，如图 10.43 所示。

（3）将矩阵窗口 FUNC 置为当前，选择菜单栏中的"矩阵"→"转换为工作表"命令，打开"转换为工作表"对话框，在"方法"下拉列表中选择"XYZ 列"，参数设置如图 10.44 所示。

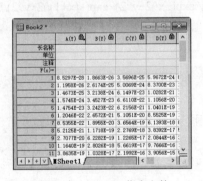

图 10.43　XYY 工作表文件

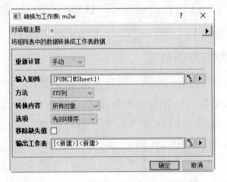

图 10.44　"转换为工作表"对话框

（4）单击"确定"按钮，关闭该对话框，自动创建一个 XYZ 工作表文件 Book3，如图 10.45 所示。

3. 绘制三维线框图

（1）将 XYY 工作表文件 Book2（虚拟矩阵）置为当前，单击窗口左上角选中所有数据，选择菜单栏中的"绘图"→ 3D →"3D 线框图"命令，打开 Plotting（绘图）对话框，如图 10.46 所示，选择默认参数，单击"确定"按钮，关闭对话框，在弹出的图形窗口 Graph2 中显示三维线框图，如图 10.47 所示。

（2）将 XYZ 工作表文件 Book3 置为当前，单击窗口左上角选中所有数据，选择菜单栏中的"绘图"→ 3D →"3D 线框图"命令，在弹出的图形窗口 Graph3 中显示三维线框图，如图 10.48 所示。

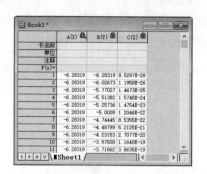

图 10.45 XYZ 工作表文件

图 10.46 Plotting（绘图）对话框

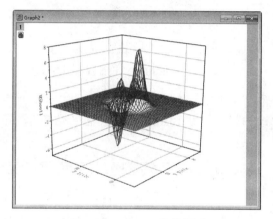

图 10.47 XYY 三维线框图

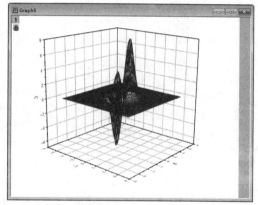

图 10.48 XYZ 三维线框图

📢 提示：

对比发现，通过 XYZ 工作表绘制的网格线更精细。

4. 网格设置

（1）在图形窗口 Graph1 中的曲面上单击，弹出浮动工具栏，单击"启用网格"按钮▦，隐藏曲面图中的网格线，结果如图 10.49 所示。

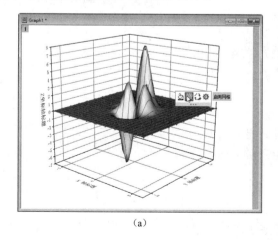

(a)

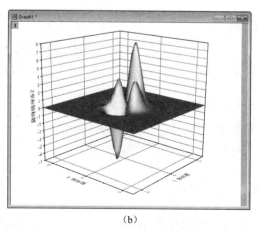

(b)

图 10.49 隐藏网格

（2）在图形窗口 Graph2 中的曲面上双击，打开"绘图细节-绘图属性"对话框，打开"网格"选项卡，在"主次线"选项组下选中"设置每一主网格线下的次网格线数"单选按钮，勾选"显示次网格线"复选框，如图 10.50 所示。单击"确定"按钮，关闭对话框，图形结果如图 10.51 所示。

图 10.50　"网格"选项卡

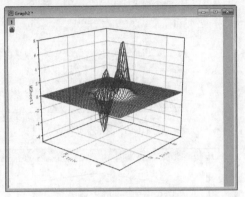

图 10.51　设置图形网格效果

（3）在图形窗口 Graph3 中的曲面上双击，打开"绘图细节-绘图属性"对话框，打开"网格"选项卡，在"正面"选项组下勾选"使用颜色映射"复选框，如图 10.52 所示。单击"确定"按钮，关闭对话框，图形结果如图 10.53 所示。

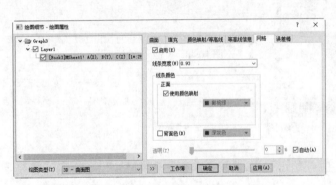

图 10.52　"网格"选项卡

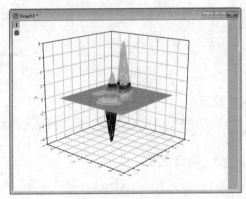

图 10.53　设置图形网格效果

📢 提示：

　　通过虚拟矩阵和 XYZ 工作表绘制的三维图形，其显示的网格参数不同。虚拟矩阵绘制的三维图形可以对网格线的根数进行设置，XYZ 工作表绘制的三维图形则不能。

5. 保存项目文件

选择菜单栏中的"文件"→"保存项目"命令，打开"另存为"对话框，在"文件名"文本框内输入"绘制山峰曲面"，单击"保存"按钮，保存项目文件。

10.2.4　误差棒设置

只有包含误差数据的三维曲面图，才可以添加误差棒，误差棒的设置主要用于对误差棒中"棒"的颜色、宽度、类型等进行设置。

【执行方式】

菜单栏: 打开"绘图细节-绘图属性"对话框。

【操作步骤】

执行上述命令,打开"误差棒"选项卡,勾选"Z 误差"复选框,在"误差数据"下拉列表中选择误差数据才可以激活误差棒中"棒"的样式参数和误差数据的正、负,如图 10.54 所示。

图 10.54 "误差棒"选项卡

扫一扫,看视频

★**重点 动手练——误差棒图的设置**

源文件: yuanwenjian\ch_10\起伏曲面误差图.opju、起伏曲面误差图的设置.opju

本练习演示对起伏曲面误差图中误差棒参数的设置,如图 10.55 所示。

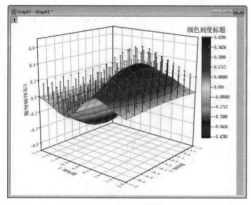

(a) 显示正误差

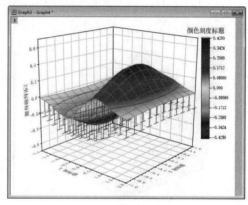

(b) 显示负误差

图 10.55 结果示例

【操作提示】

(1) 启动软件,导入"起伏曲面误差图.opju"项目文件。

(2) 打开 Graph2(带误差棒的 3D 颜色填充曲面图),创建两个副本文件。

(3) 在 Graph3"误差棒"选项卡中只显示正误差数据,颜色为蓝色,线帽为"X 线"。

(4) 在 Graph4"误差棒"选项卡中只显示负误差数据,颜色为紫色,线帽为"Y 线",线帽宽度为 30。

(5) 保存项目文件。

10.2.5 侧面设置

Origin 提供了为三维图形添加侧面显示的操作,通过曲面在 X、Y 平面中添加平面,封闭曲面与坐标轴的空间。

【执行方式】

菜单栏: 打开"绘图细节-绘图属性"对话框中的"侧面"选项卡。

【操作步骤】

执行上述命令,打开"侧面"选项卡,勾选"启用"复选框,激活 X、Y 平面侧面的颜色,还可以设置侧面的透明度,如图 10.56 所示。

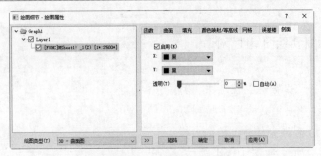

图 10.56 "侧面"选项卡

扫一扫，看视频

★重点 动手练——在三维图中添加侧面

源文件：yuanwenjian\ch_10\三角函数曲面.opju、三角函数曲面侧面设置.opju
本练习演示如何在三角函数曲面图中添加侧面，如图 10.57 所示。

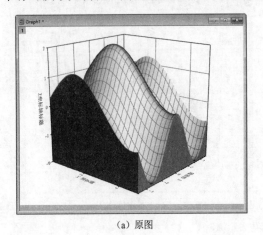

（a）原图

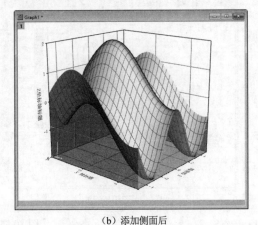

（b）添加侧面后

图 10.57 结果示例

【操作提示】

（1）启动软件，导入"三角函数曲面.opju"项目文件。

（2）打开"侧面"选项卡，设置 X、Y 侧面颜色为深灰色和灰色。

（3）透明度调整为 40%。

（4）保存项目文件。

10.3 图形颜色设置

三维曲面图实际上是在三维线框（网格）图的基础上填充颜色，实现曲面的效果。在绘图的过程中，对线框图形中的线条加上不同的颜色，给图形填充不同的颜色，会大大增加图像的可视化效果。

10.3.1 网格颜色设置

【执行方式】

菜单栏：打开"绘图细节-绘图属性"对话框。

【操作步骤】

执行上述命令，打开"网格"选项卡，默认勾选"启用"复选框，在右半部分的参数中可以设置线条的宽度和线条的颜色。

【选项说明】

（1）"线条宽度"下拉列表。在该下拉列表中选择三维图形线框中网格线的宽度，默认值为 0.05。

（2）"线条颜色"选项组。在该选项组中选择三维图形线框中网格线的正面、背面线条颜色。

（3）"透明"选项。在该选项中利用滑块或数值框设置三维图形网格的透明度，默认勾选"自动"复选框。

★重点 动手学——设置折叠曲面网格颜色

源文件：yuanwenjian\ch_10\折叠曲面.csv、设置折叠曲面网格颜色.opju

本例演示如何利用绘图属性设置曲面的网格线条宽度和线条颜色。

【操作步骤】

1．工作表数据转换

（1）启动 Origin 2023，单击"标准"工具栏中的"新建项目"按钮 ![图标]，创建一个新的项目，默认包含一个工作簿文件 Book1。

（2）将源文件中的"折叠曲面.csv"拖动到窗口中，结果如图 10.58 所示。

（3）选择菜单栏中的"工作表"→"转换成矩阵"→"直接转换"命令，将当前工作表转换为矩阵表，如图 10.59 所示。

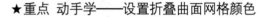

图 10.58 工作表文件 　　　　　　图 10.59 矩阵表数据

2．绘制三维曲面

（1）选择菜单栏中的"绘图"→ 3D →"3D 颜色映射曲面"命令，在弹出的图形窗口 Graph1 中显示三维曲面图，如图 10.60 所示。

（2）双击图形，打开"绘图细节-绘图属性"对话框，打开"网格"选项卡，勾选"启用"选项，设置"线条宽度"为 2，勾选"使用颜色映射"复选框，如图 10.61 所示。

（3）单击"确定"按钮，关闭该对话框，三维曲面图网格线条颜色设置结果如图 10.62 所示。

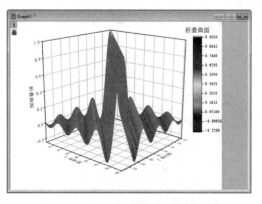

图 10.60 三维曲面图

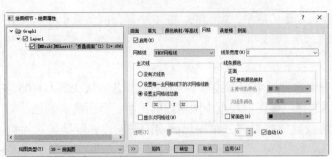
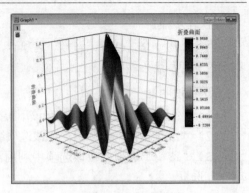

图 10.61　"绘图细节-绘图属性"对话框　　　　图 10.62　颜色设置结果

3．保存项目文件

选择菜单栏中的"文件"→"项目另存为"命令，打开"另存为"对话框，在文件列表框中指定保存文件的路径，在"文件名"文本框内输入"设置折叠曲面网格颜色"，保存项目文件。

10.3.2　填充颜色设置

【执行方式】

菜单栏：打开"绘图细节-绘图属性"对话框中的"填充"选项卡，如图 10.63 所示。

【操作步骤】

执行上述命令，为图形添加填充颜色。

图 10.63　"填充"选项卡

扫一扫，看视频

★重点　动手练——为 V 形曲面填充颜色

源文件：yuanwenjian\ch_10\V 形曲面.ogmu、为 V 形曲面填充颜色.opju

本练习利用颜色映射为 V 形曲面填充颜色，如图 10.64 所示。

【操作提示】

（1）启动软件，导入"V 形曲面.ogmu"矩阵文件。

（2）利用绘图命令绘制颜色填充曲面，取消图形网格的显示。

（3）在"填充"选项卡中设置曲面填充颜色（没有颜色矩阵，默认为逐块填充），选择使用自身数绘制等高线，进行填充。

（4）背面填充颜色为灰色（128,128,128），透明度为30%。

（5）保存项目文件。

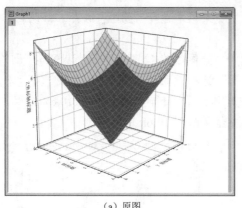
（a）原图

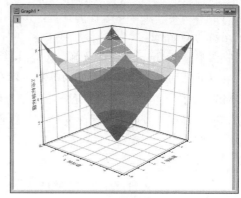
（b）填充颜色

图 10.64　结果示例

扫一扫，看视频

★重点 动手学——设置驼峰曲面颜色

源文件：yuanwenjian\ch_10\驼峰曲面.ogmu、设置驼峰曲面颜色.opju
本例演示如何利用"颜色映射/等高线"选项卡设置曲面的填充颜色、映射颜色、透明度。

【操作步骤】

1．准备数据

（1）启动 Origin 2023，单击"标准"工具栏中的"新建项目"按钮，创建一个新的项目，默认包含一个工作簿文件 Book1。

（2）打开源文件目录，将"驼峰曲面.ogmu"文件拖放到工作表中，导入矩阵数据文件。

2．绘制三维曲面

（1）选择菜单栏中的"绘图"→ 3D →"3D 颜色映射曲面"命令，在弹出的图形窗口 Graph1 中显示三维曲面图，如图 10.65 所示。

（2）双击图形窗口 Graph1 中的图形，打开"绘图细节-绘图属性"对话框，打开"网格"选项卡，取消勾选"启用"复选框，不显示曲面网格，结果如图 10.66 所示。

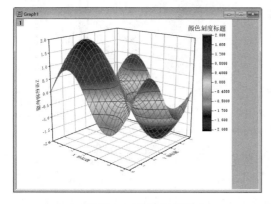
图 10.65　三维曲面图

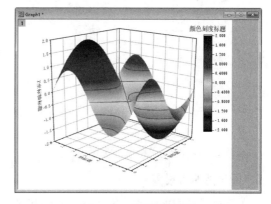
图 10.66　隐藏图形网格

3．设置图形填充颜色

（1）在图形窗口 Graph1 中右击，在弹出的快捷菜单中选择"创建副本"命令，创建图形窗口 Graph1

的副本文件。在副本图形窗口文件上右击，在弹出的快捷菜单中选择"属性"命令，修改副本图形窗口文件长名称为 Graph2。

（2）将图形窗口 Graph2 置为当前，双击图形，打开"绘图细节-绘图属性"对话框，打开"填充"选项卡，在"正曲面"→"来源矩阵的等高线填充数据"选项下取消勾选"自身"复选框，自动选择"[FUNC]MSheet1!2"，使用第 2 个矩阵数据作为填充矩阵，进行颜色填充，如图 10.67 所示。

（3）单击"确定"按钮，关闭该对话框，颜色填充结果如图 10.68 所示。

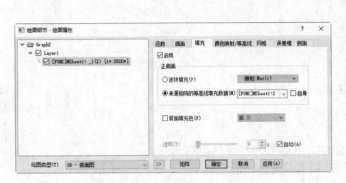

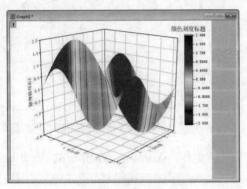

图 10.67　"填充"选项卡　　　　　　　　　　图 10.68　颜色填充结果

4. 等高线颜色设置

（1）使用同样的方法创建图形窗口 Graph2 的副本文件 Graph3。将图形窗口 Graph3 置为当前，双击图形，打开"绘图细节-绘图属性"对话框。

（2）打开"颜色映射/等高线"选项卡，单击"填充"列标签，打开"填充"对话框，选中"加载调色板"单选按钮，在右侧的列表框中选择 Fire，如图 10.69 所示，单击"确定"按钮，关闭该对话框，返回"绘图细节-绘图属性"对话框。

（3）单击"确定"按钮，关闭该对话框，颜色映射结果如图 10.70 所示。

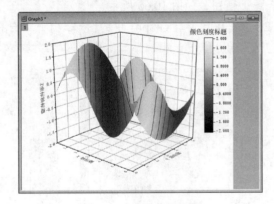

图 10.69　"填充"对话框　　　　　　　　　　图 10.70　颜色映射结果

5. 图形透明度设置

（1）使用同样的方法创建图形窗口 Graph3 的副本文件 Graph4。将图形窗口 Graph4 置为当前，双击图形，打开"绘图细节-绘图属性"对话框。

（2）打开"颜色映射/等高线"选项卡，取消勾选"启用等高线"复选框，设置"透明"选项为 30%，如图 10.71 所示。单击"确定"按钮，关闭该对话框，设置透明度结果如图 10.72 所示。

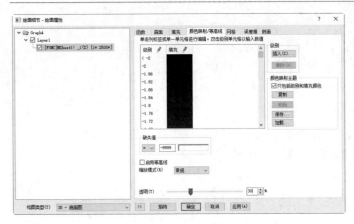

图 10.71　"绘图细节-绘图属性"对话框

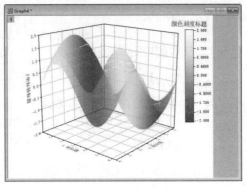

图 10.72　设置透明度结果

6. 保存项目文件

单击"标准"工具栏中的"保存项目"按钮 ，保存项目文件为"设置驼峰曲面颜色.opju"。

10.4　视 角 处 理

在现实空间中，从不同角度或位置观察某一事物就会有不同的效果，即会有"横看成岭侧成峰"的感觉。三维图形表现的正是一个空间内的图形，因此在不同视角及位置都会有不同的效果，这在实际工程中也是经常遇到的。

10.4.1　图形移动

单击选中坐标系，将鼠标指针放置在三维图形上，显示图形的移动符号 ✥，向任意位置移动即可完成图形（整个图层）的移动，如图 10.73 所示。

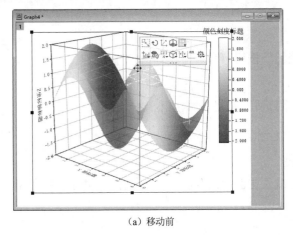

（a）移动前

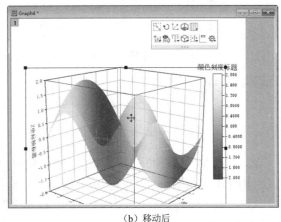

（b）移动后

图 10.73　图形移动

10.4.2 图形旋转

1. 任意旋转图形

【执行方式】

↘ 浮动工具栏：单击坐标系浮动工具栏中的"旋转模式"按钮↺。

↘ 工具栏：单击"工具"工具栏中的"旋转工具"按钮🖼。

【操作步骤】

执行上述命令，在图形中间显示旋转坐标符号，按下鼠标左键，向任意方向旋转图形。

📢提示：

　　当单击"旋转工具"按钮旋转三维图形时，拖动鼠标可以向任意角度旋转，按下 Ctrl 键，固定 X 轴方向不动，在 YZ 平面任意旋转；按下 Shift 键，固定 Y 轴方向不动，在 XZ 平面任意旋转；按下 Ctrl+Shift 组合键，固定 Z 轴方向不动，在 XY 平面任意旋转。

2. 指定角度旋转图形

【执行方式】

工具栏：单击"3D 旋转"工具栏中的"顺时针旋转"按钮🖼，如图 10.74 所示。

【操作步骤】

执行上述命令，将图形绕 Y 轴顺时针旋转，在工具栏数值框中显示每次旋转的角度，默认值为 10°。

图 10.74　"3D 旋转"工具栏

📢提示：

　　"3D 旋转"工具栏中包含顺时针旋转、逆时针旋转、向左旋转、向右旋转、向上旋转、向下旋转等操作。

3. 重置图形

【执行方式】

工具栏：单击"3D 旋转"工具栏中的"重置旋转"按钮🖼。

【操作步骤】

执行上述命令，将图形恢复到默认角度，相当于撤回所有旋转操作。

★重点 动手学——旋转螺旋曲面

扫一扫，看视频

源文件：yuanwenjian\ch_10\旋转螺旋曲面.opju
本例在工作表中利用 3D 参数函数绘制以下函数的螺旋曲面，利用旋转命令显示不同角度的曲面。

$$x = u\sin(v)，\quad y = -u\cos(v)，\quad z = v$$

【操作步骤】

1. 旋转曲面

（1）启动 Origin 2023，单击"标准"工具栏中的"新建项目"按钮📄，创建一个新的项目，默认包含一个工作簿文件 Book1。

（2）选择菜单栏中的"文件"→"新建"→"函数图"→"3D 参数函数图"命令，打开"创建 3D 参数函数图"对话框，如图 10.75 所示。

（3）在"函数"选项卡中定义 u、v 的取值范围和取值点数，自动根据函数将取值范围定义为-2*pi 到 2*pi，取值点为 50 个。

（4）在 X(u,v)文本框中定义 X 的公式，这里输入 u*sin(v)。

（5）在 Y(u,v)文本框中定义 Y 的公式，这里输入-u*cos(v)。

（6）在 Z(u,v)文本框中定义 Z 的公式，这里输入 v。

（7）单击"确定"按钮，关闭"创建 3D 参数函数图"对话框即可看到绘制的函数图形，如图 10.76 所示。

（8）单击坐标系浮动工具栏中的"旋转模式"命令，在图形中显示旋转坐标符号，按下鼠标左键，向任意方向旋转图形，如图 10.77 所示。

（9）单击"3D 旋转"工具栏中的"重置旋转"按钮，将图形恢复到旋转前的角度，如图 10.78 所示。

图 10.75　"创建 3D 参数函数图"对话框

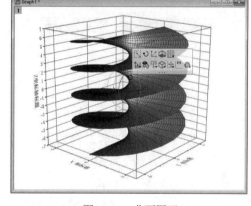

图 10.76　曲面图形

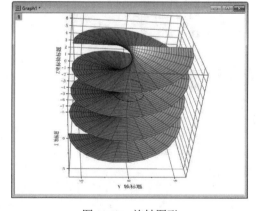

图 10.77　旋转图形

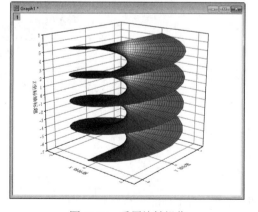

图 10.78　重置旋转操作

2. 保存项目文件

选择菜单栏中的"文件"→"项目另存为"命令，打开"另存为"对话框，在文件列表框中指定保存文件的路径，在"文件名"文本框内输入"旋转螺旋曲面"，保存项目文件。

★重点 动手学——旋转弯曲曲面

源文件：yuanwenjian\ch_10\弯曲曲面.csv、旋转弯曲曲面.opju

本例演示如何利用函数 $Z = x^4 - y^2$ 的数据绘制三维曲面图，对曲面进行旋转。

【操作步骤】

1. 数据转换

（1）启动 Origin 2023，单击"标准"工具栏中的"新建项目"按钮 ，创建一个新的项目，默认包含一个工作簿文件 Book1。

（2）将源文件中的"弯曲曲面.csv"拖动到窗口中，结果如图 10.79 所示。

（3）选择菜单栏中的"工作表"→"转换成矩阵"→"直接转换"命令，将当前工作表转换为矩阵表，如图 10.80 所示。

2. 绘制三维曲面

选择菜单栏中的"绘图"→ 3D →"3D 颜色映射曲面"命令，在弹出的图形窗口 Graph1 中显示三维曲面图，如图 10.81 所示。

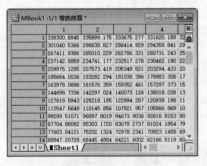

图 10.79 工作表文件　　　　　　　　图 10.80 矩阵表数据

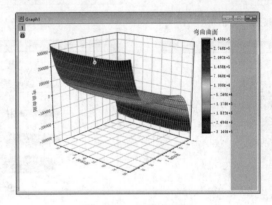

图 10.81 三维曲面图

3. 旋转曲面图形

（1）双击"3D 旋转"工具栏，显示浮动工具栏，在"旋转角度"文本框内输入 90，如图 10.82 所示。

（2）单击"3D 旋转"工具栏中的"逆时针旋转"按钮 ，弯曲曲面逆时针旋转 90°，如图 10.83 所示。

图 10.82 "3D 旋转"工具栏

（3）单击"3D 旋转"工具栏中的"左转"按钮 ，弯曲曲面向左旋转 90°，如图 10.84 所示。

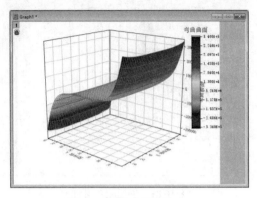

图 10.83 逆时针旋转 90°

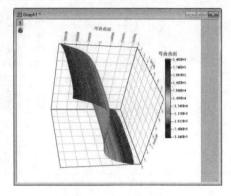

图 10.84 向左旋转 90°

4. 保存项目文件

选择菜单栏中的"文件"→"项目另存为"命令，打开"另存为"对话框，在文件列表框中指定保存文件的路径，在"文件名"文本框内输入"旋转弯曲曲面"，保存项目文件。

10.4.3 图形投影

在 Origin 中，三维图形的投影方式包括透视和正交，默认情况下，图层中的三维图形显示为透视。

【执行方式】

菜单栏：打开"绘图细节-图层属性"对话框。

【操作步骤】

执行上述命令，打开"其他"选项卡，勾选"启用"复选框，激活网格线设置参数，如图 10.85 所示。

图 10.85 "其他"选项卡

★重点 动手学——显示曲面投影

源文件：yuanwenjian\ch_10\花朵曲面颜色矩阵.ogmu、显示曲面投影.opju
本例演示三维曲面投影的显示方法。

扫一扫，看视频

【操作步骤】

1. 准备数据

（1）启动 Origin 2023，打开源文件目录，将"花朵曲面颜色矩阵.ogmu"文件拖放到工作区中，导入矩阵文件。

（2）将矩阵工作表置为当前，单击"3D 和等高线图形"工具栏中的"3D 颜色映射曲面"按钮 ，在图形窗口 Graph1 中绘制三维曲面图，如图 10.86 所示。

（3）在图形窗口 Graph1 中删除颜色标尺，在左侧"项目管理器"中选中图形窗口 Graph1，右击，在弹出的快捷菜单中选择"创建副本"命令，创建图形窗口 Graph1 的副本文件 Graph2，如图 10.87 所示。

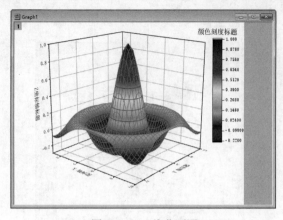

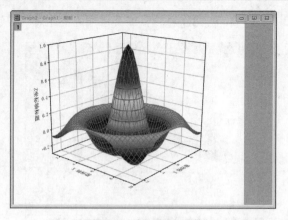

图 10.86　三维曲面图　　　　　　　　　　　图 10.87　创建副本文件

2. 绘制投影图

（1）将图形窗口 Graph2 置为当前，双击坐标系，打开"绘图细节-图层属性"对话框，选择图层。

↳ 打开"其他"选项卡，勾选"启用"复选框，在"投影"下拉列表中选择"正交"，如图 10.88 所示。

↳ 打开"坐标轴"选项卡，设置"方位角""倾斜角"和"滚动角"，如图 10.89 所示。

图 10.88　"其他"选项卡　　　　　　　　　　图 10.89　"坐标轴"选项卡

（2）单击"确定"按钮，关闭该对话框，在图形窗口 Graph2 中显示 XY 平面投影图，如图 10.90 所示。

（3）双击投影图中的 X 坐标轴刻度，打开"X 坐标轴-图层 1"对话框，打开"刻度线标签"→"格式"选项卡，在"旋转（度）"下拉列表中选择 90，如图 10.91 所示。

（4）单击"确定"按钮，关闭该对话框，在图形窗口 Graph2 中旋转投影图 X 坐标轴刻度线标签的方向，如图 10.92 所示。

3. 添加颜色标尺

（1）单击"添加对象到当前图形窗口"工具栏中的"添加颜色标尺"按钮▤，在图形窗口 Graph2 中投影图的右侧添加颜色标尺，如图 10.93 所示。

（2）颜色标尺刻度过多，影响显示效果，需要进行设置。双击颜色标尺，打开"色阶控制"对话框，进行下面的设置。

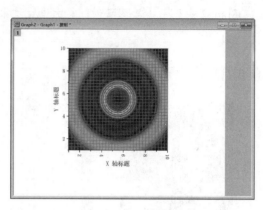

图 10.90　XY 平面投影图

图 10.91　"X 坐标轴-图层 1"对话框

> 打开"级别"选项卡，在"显示主刻度在"下拉列表中选择"显示部分级别"，在"每 n 个级别显示一个主刻度，n="文本框中输入 20，如图 10.94 所示。

> 打开"标签"选项卡，在"格式"→"字体"选项组的"大小"下拉列表中选择 18，设置字体大小，如图 10.95 所示。

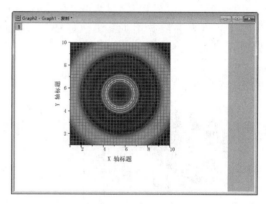

图 10.92　旋转刻度线标签

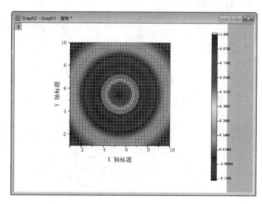

图 10.93　添加颜色标尺

图 10.94　"级别"选项卡

图 10.95　"标签"选项卡

➥ 打开"轴线和刻度线"选项卡，取消勾选"在右边显示轴线和刻度""在左边显示轴线和刻度""显示边框"复选框，如图 10.96 所示。

（3）单击"确定"按钮，关闭该对话框，在图形窗口 Graph2 中显示投影图颜色标尺的设置结果，如图 10.97 所示。

图 10.96　"轴线和刻度线"选项卡

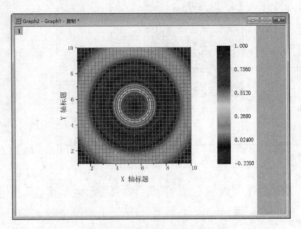

图 10.97　颜色标尺设置结果

4. 图形布局

选择菜单栏中的"图"→"组合图形到布局窗口"命令，打开"组合图形到布局窗口"对话框，排列为 2 列 1 行，将图形窗口中的三维图形合并到布局窗口中显示，如图 10.98 所示。

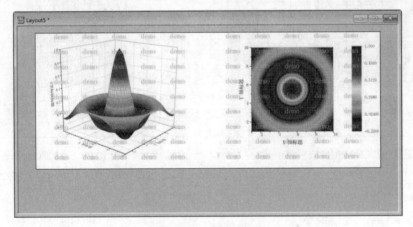

图 10.98　图形布局

5. 保存项目文件

选择菜单栏中的"文件"→"项目另存为"命令，保存项目文件为"显示曲面投影.opju"。

10.5　图形透视处理

透视是景物的近大远小现象，透视现象应用到图形中同样有用，图形的透视效果是三维图形处理的一个重要功能。

1. 增加图形透视

【执行方式】

工具栏：单击"3D 旋转"工具栏中的"增加透视"按钮 🔒。

【操作步骤】

执行上述命令，图形近大远小，利用工具栏数值框增加透视角度，默认值为 10°。

2. 减少图形透视

【执行方式】

工具栏：单击"3D 旋转"工具栏中的"减少透视"按钮 📦。

【操作步骤】

执行上述命令，图形近小远大，利用工具栏数值框减少透视角度，默认值为 10°。

3. 重置图形

【执行方式】

工具栏：单击"3D 旋转"工具栏中的"重置"按钮 📦。

【操作步骤】

执行上述命令，将图形恢复到默认状态，相当于撤回所有旋转和透视操作。

扫一扫，看视频

★重点 动手学——绘制局部圆环曲面

源文件：yuanwenjian\ch_10\绘制局部圆环曲面.opju
本例利用 Origin 2023 自带的 Partial Torus（System）函数模型绘制三维曲面图，显示曲面的透视图。

【操作步骤】

（1）启动 Origin 2023，项目管理器中自动创建项目文件 UNTITLED，该项目文件下默认创建一个文件夹 Folder1，该文件夹中包含工作簿文件 Book1。

（2）选择菜单栏中的"文件"→"新建"→"函数图"→"3D 参数函数图"命令，打开"创建 3D 参数函数图"对话框，单击"主题"右侧的箭头，弹出快捷菜单，选择 Partial Torus（System）函数，此时，自动在 X(u,v)、Y(u,v)、Z(u,v) 文本框中输入函数，如图 10.99 所示。

（3）单击"确定"按钮，关闭"创建 3D 参数函数图"对话框即可在新建的图形窗口中看到绘制的函数图形，如图 10.100 所示。同时，自动创建虚拟矩阵表 FUNC1。

（4）单击"3D 旋转"工具栏中的"增加透视"按钮 🔒，图形增加每次透视的角度，默认值为 10°，如图 10.101 所示。

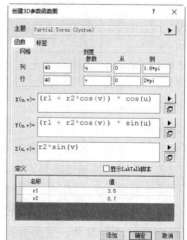

图 10.99 "创建 3D 参数函数图"对话框

（5）保存项目文件。选择菜单栏中的"文件"→"保存项目"命令，打开"另存为"对话框，在"文件名"文本框内输入"绘制局部圆环曲面"，单击"保存"按钮，保存项目文件。

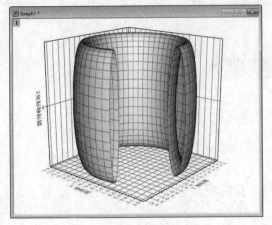

图 10.100　函数图形　　　　　　　　图 10.101　曲面透视图

扫一扫，看视频

★重点 动手学——绘制花瓶曲面

源文件：yuanwenjian\ch_10\绘制花瓶曲面.opju

本例利用 3D 参数函数绘图命令绘制以下函数的参数函数图。

$$r(u,v) = ((2+\cos u)\cos v, (2+\cos u)\sin v, u),\ -3 \leqslant u \leqslant 4.3, 0 \leqslant u \leqslant 2\pi$$

【操作步骤】

（1）启动 Origin 2023，项目管理器中自动创建项目文件 UNTITLED，该项目文件下默认创建一个文件夹 Folder1，该文件夹中包含工作簿文件 Book1。

（2）选择菜单栏中的"文件"→"新建"→"函数图"→"3D 参数函数图"命令，打开"创建 3D 参数函数图"对话框，如图 10.102 所示。

（3）在"函数"选项卡中定义 u、v 的取值范围和取值点数。

（4）在 X(u,v)文本框中定义 X 的公式，这里输入(2+cos(u))*cos(v)。

（5）在 Y(u,v)文本框中定义 Y 的公式，这里输入(2+cos(u))*sin(v)。

（6）在 Z(u,v)文本框中定义 Z 的公式，这里输入 u。

（7）单击"确定"按钮，关闭"创建 3D 参数函数图"对话框即可看到绘制的函数图形，如图 10.103 所示。

（8）单击图形浮动工具栏中的"启用网格"按钮 ▦，隐藏曲面图形中的网格线。

（9）单击图形浮动工具栏中的"填充颜色"按钮 ▧，在颜色下拉列表中选择红色，直接为曲面填充颜色，如图 10.104 所示。

图 10.102　"创建 3D 参数函数图"对话框

（10）单击坐标系浮动工具栏中的"旋转模式"命令 ↻，在图形中间显示旋转坐标符号，按下鼠标左键，向任意方向旋转图形，如图 10.105 所示。

（11）单击"3D 旋转"工具栏中的"增加透视"按钮 ▥，为图形增加透视角度，结果如图 10.106 所示。

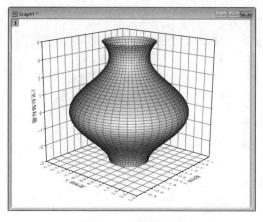

图 10.103　函数图形

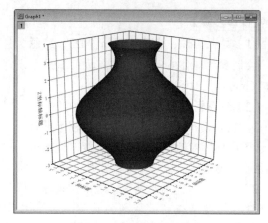

图 10.104　为曲面填充颜色

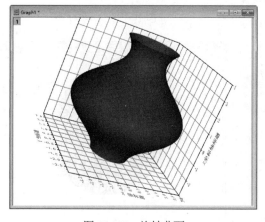

图 10.105　旋转曲面

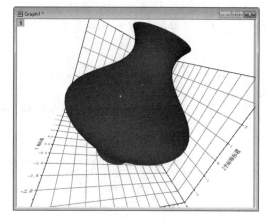

图 10.106　曲面透视图

（12）保存项目文件。选择菜单栏中的"文件"→"保存项目"命令，打开"另存为"对话框，在"文件名"文本框内输入"绘制花瓶曲面"，单击"保存"按钮，保存项目文件。

10.6　光 照 处 理

当在 Origin 中绘制三维图形时，不仅可以画出带光照模式的曲面，而且可以在绘图时指定光线的来源。

1．带光照模式的三维曲面

带光照模式的三维曲面图其实是一个带阴影的曲面，结合了周围环境的、散射的和镜面反射的光照模式。

【执行方式】

工具栏：单击"样式"工具栏中的"光照控制对话框"按钮 ☀ 。

★重点 动手学——为三维球体添加光照

源文件：yuanwenjian\ch_10\绘制三维球体.opju、为三维球体添加光照.opju
本例演示如何为三维球体图形添加光照并根据参数设置光照模型。

扫一扫，看视频

【操作步骤】

（1）导入图形。启动 Origin 2023，将源文件目录下的"绘制三维球体.opju"文件拖动到工作区，打开图形窗口 Graph1，如图 10.107 所示。

（2）设置网格和颜色。

1）双击图形窗口 Graph1 中的图形，打开"绘图细节-绘图属性"对话框。打开"网格"选项卡，取消勾选"启用"复选框。

2）打开"填充"选项卡，选中"来源矩阵的等高线填充数据"单选按钮，取消勾选"自身"复选框，如图 10.108 所示。

3）单击"确定"按钮，关闭该对话框，三维曲面图网格线条颜色设置结果如图 10.109 所示。

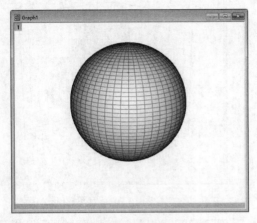

图 10.107　三维球体

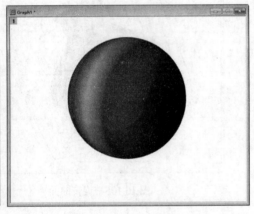

图 10.109　颜色设置结果

图 10.108　"绘图细节-绘图属性"对话框

（3）光照设置。

1）单击"样式"工具栏中的"光照控制对话框"按钮，打开"光照"对话框，该对话框中包含两个选项卡。

➥ "源方向"选项卡：可以输入水平、垂直方向角度定义光照方向，也可以使用圆形滑块定义光照方向。本例中，定向光"水平"方向设置为 60°，"垂直"方向设置为 90°，如图 10.110 所示。

➥ "属性"选项卡：定义散射光与镜面反射光的光照强度和光照颜色。本例中，"散射光"的"强度"为 100，"镜面反射光"的"亮度"为 64，如图 10.111 所示。

2）单击"关闭"按钮，关闭该对话框，添加光照的三维曲面图结果如图 10.112 所示。

（4）保存项目文件。选择菜单栏中的"文件"→"项目另存为"命令，打开"另存为"对话框，在文件列表框中指定保存文件的路径，在"文件名"文本框内输入"为三维球体添加光照"，保存项目文件。

2. 设置光照模式

当在 Origin 中绘制带光照的三维图像时，可以在图层上定制光照模式，包括定向光的光照方向和光照颜色。

图 10.110 "源方向"选项卡

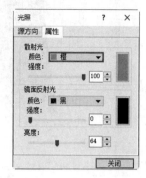

图 10.111 "属性"选项卡

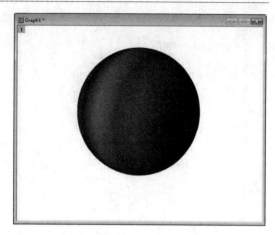

图 10.112 添加光照的曲面图形

【执行方式】

菜单栏：打开"绘图细节-绘图属性"对话框。

【操作步骤】

执行上述命令，在左侧侧面结构列表中选择 Layer1（图层 1）选项，切换到"绘图细节-图层属性"对话框，打开"光照"选项卡，如图 10.113 所示。

图 10.113 "光照"选项卡

【选项说明】

（1）"模式"选项组。指定光照模式，包括无和定向光。

（2）"方向"选项组。通过水平、垂直方向的角度确定光源位置。勾选"动态光影"复选框，为三维图形添加光照，达到动态照射的效果。

（3）"光照颜色"选项组。需要设置环境光、散射光、镜面反射光的颜色，还可以设置镜面亮度。

★重点 动手练——设置曲面光照模式

扫一扫，看视频

源文件：yuanwenjian\ch_10\设置曲面光照模式.opju

本练习通过"光照"选项卡设置三维图形光照模式，如图 10.114 所示。

【操作提示】

（1）启动软件，绘制系统自带的 Mobius 三维参数函数图形。

（2）设置定向光水平方向为 30°、垂直方向为 90°，散射光颜色为红色，镜面反射光颜色为黄色，默认亮度为 64。

（3）保存项目文件。

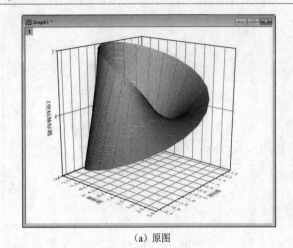

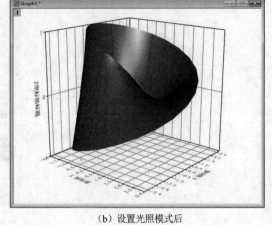

（a）原图 　　　　　　　　　　　　　　　　（b）设置光照模式后

图 10.114　结果示例

第 11 章　特　殊　图　形

内容简介

在数据分析过程中，普通的二维图形不能将工作表数据之间的复杂关系用图形表示出来，有时为了使数据易于阅读和评价，需要使用一些特殊图形进行绘图。

本章介绍的特殊图形包括不同坐标下的图形、多轴图形、简单统计图和离散数据图。另外，还有一些实际特定行业的专业图，通过特殊图形能够更加直观、形象地反映数据的趋势和对比关系。

11.1　不同坐标系下的绘图命令

一般的绘图命令使用的都是笛卡儿坐标系，而在工程实际中，往往会涉及不同坐标系下的图形问题，如常用的极坐标和双轴图。

11.1.1　极坐标系绘图

极坐标系是一个二维坐标系统，该坐标系统中任意位置可由一个夹角和一段相对原点—极点的距离表示。极坐标图（Polar）是用来将极坐标系的信息表示出来的图形格式。

【执行方式】

↘ 菜单栏：选择菜单栏中"绘图"→"专业图"命令，如图 11.1 所示。

↘ 工具栏：单击"2D 图形"工具栏中的"极坐标 θ(X)r(Y)图"按钮 ，如图 11.2 所示。

图 11.1　绘图模板　　　　　　　　　　　　　图 11.2　极坐标工具按钮

★重点　动手学——绘制极坐标折线图

源文件：yuanwenjian\ch_11\PolarPlotwithErrorBar.dat、极坐标折线图.opju

Origin 内置了多种绘制极坐标图的模板，本例演示如何绘制极坐标折线图。

扫一扫，看视频

【操作步骤】

（1）启动 Origin 2023，将 Origin 2023 示例数据 Samples\Graphing 文件夹中的 PolarPlotwithErrorBar.dat 文件拖放到工作表中，导入数据，如图 11.3 所示。

（2）按下 Shift 键，选中 A 列到 B 列，在菜单栏中选择"绘图"→"专业图"→"极坐标 θ(X)r(Y)图"命令，在弹出的绘图窗口中显示极坐标下的折线图，结果如图 11.4 所示。

（3）单击图形浮动工具栏中的"线条颜色"按钮 ，在下拉列表中选择红色色块，绘图区中的曲线自动变为红色。

（4）单击图形浮动工具栏中的"线的粗细"按钮，在下拉列表中选择线宽为 2，如图 11.5 所示。

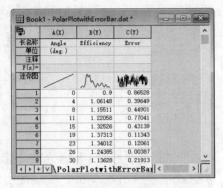

图 11.3　导入数据

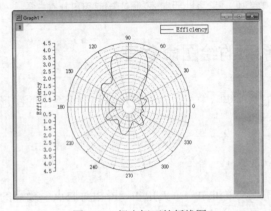

图 11.4　极坐标下的折线图

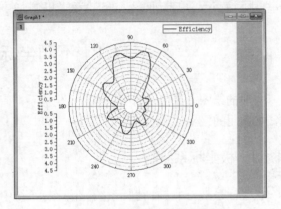

图 11.5　图形样式设置结果

（5）保存项目文件。选择菜单栏中的"文件"→"保存项目"命令，打开"另存为"对话框，在"文件名"文本框内输入"极坐标折线图"，单击"保存"按钮，保存项目文件。

11.1.2　三元坐标图

三元图又称三元相图（ternary plot），有 3 个坐标轴，与直角坐标系不同，它的 3 个坐标轴"首尾相接"成夹角为 60°的等边三角形。

三元图主要用来展示不同样本的 3 种成分的比例，在物理、化学中比较常见，如合金中不同组分的比例等。三元图数据的特点是 3 种成分比例的和必须为一定值（常见为 1）。

【执行方式】

菜单栏：选择菜单栏中的"绘图"→"专业图"命令。

【操作步骤】

执行上述命令，在弹出的绘图模板中选择以下命令。

❏ 三元图：选择 XYZ 列以在等边三角形三元坐标系中绘制散点图。

❏ 点线图：选择 XYZ 列以在等边三角形三元坐标系中绘制点线图。

❏ 折线图：选择 XYZ 列以在等边三角形三元坐标系中绘制折线图。

❏ 直角三元图：选择 XYZ 列以在直角三角形三元坐标系中绘制折线图。

★重点 动手练——绘制添加剂配比三元图

源文件： yuanwenjian\ch_11\添加剂配比.ogwu、添加剂配比三元图.opju

某食品添加剂是使用 3 种添加剂混合而成的，本练习利用图 11.6 所示的添加剂数据绘制多种三元图，如图 11.6 所示。

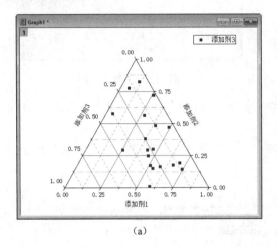
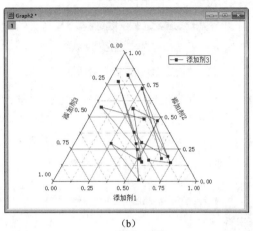

（a） （b）

图 11.6 图形结果示例

【操作提示】

利用"专业图"绘图模板中的"三元图""点线图"命令绘制多个三元图。

11.1.3 对数坐标系绘图

若一个数 x（$x>0$）经过一个对数函数作用后变为 y，如 $y = \ln(x)$，那么由 x 和 y 组成的二维向量 (x, y) 在二维坐标系下对应的点的集合就称为一个点 A(x, y) 的对数坐标。Origin 可以实现在双对数坐标系下绘图。

★重点 动手学——绘制对数函数图

源文件： yuanwenjian\ch_11\对数函数图.opju

本例演示在对数坐标系下绘制函数 $r = \mathrm{e}^{\cos t}$ 的图形。

【操作步骤】

（1）启动 Origin 2023，单击"标准"工具栏中的"新建项目"按钮 📄，创建一个新的项目，默认包含一个工作簿文件 Book1。

（2）选择菜单栏中的"绘图"→"函数图"→"新建 2D 函数图"命令，打开"创建 2D 函数图"对话框，在公式编辑框内输入函数公式 exp(cos(x))，如图 11.7 所示。

（3）单击"确定"按钮，在图形窗口 Graph1 中显示绘制的函数图，如图 11.8 所示。

（4）创建图形窗口 Graph1 的副本文件 Graph2，双击 Graph2 中任一坐标轴，打开"X 坐标轴-图层 1"对话框，在左侧列表中选中"水平""垂直"坐标轴，如图 11.9 所示。

↳ 打开"刻度"选项卡，在"类型"下拉列表中选择 Ln 选项。

图 11.7 "创建 2D 函数图"对话框

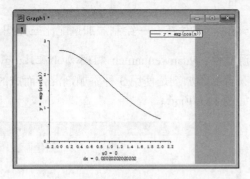

图 11.8 绘制函数图

➤ 打开"刻度线标签"→"显示"选项卡，在"显示"下拉列表中选择"科学记数法：1E4"选项，如图 11.10 所示。

➤ 打开"刻度线标签"→"格式"选项卡，在"大小"下拉列表中选择 20，设置坐标轴刻度标签大小，勾选"粗体"复选框。

图 11.9 "刻度"选项卡

图 11.10 "刻度线标签"选项卡

（5）单击"确定"按钮，关闭该对话框，在图形窗口 Graph1 中将直角坐标系变换为对数坐标系。

（6）单击"图形"工具栏中的"调整刻度"按钮 ⬚，自动在绘图区对 X、Y 坐标轴刻度进行缩放以合理显示，结果如图 11.11 所示。

（7）单击"标准"工具栏中的"保存项目"按钮 💾，保存项目文件为"对数函数图.opju"。

11.1.4 双 Y 轴坐标图

默认情况下，Y 轴显示在左侧，为了在同一坐标系中显示不同刻度的图形，在右侧添加 Y 轴，得到双 Y 轴图。在实际应用中，这种坐标系常用来比较两个函数的图形。

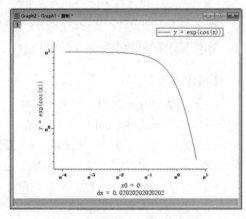

图 11.11 对数坐标系图形

【执行方式】

工具栏：单击图形浮动工具栏中的"绘制在右轴"按钮 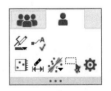。

★重点　动手学——绘制双 Y 轴图

源文件：yuanwenjian\ch_11\绘制双 Y 轴图.oggu

本例利用浮动工具栏在图形窗口中添加坐标轴，得到双 Y 轴图。

【操作步骤】

（1）启动 Origin 2023，新建一个项目，导入 Samples\Import and Export 文件夹中的 F1.dat 文件数据，如图 11.12 所示。

（2）按下 Ctrl 键，选中 B、C 列，选择菜单栏中的"绘图"→"基础 2D 图"→"折线图"命令，在图形窗口 Graph1 中绘制两条折线，如图 11.13 所示。

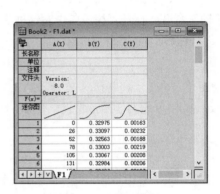

图 11.12　导入数据

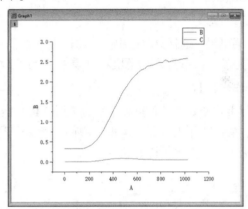

图 11.13　折线图

（3）单击下方的折线图 C，弹出图形浮动工具栏，单击打开 选项卡，如图 11.14 所示。单击"绘制在右轴"按钮 ，自动在绘图区右侧添加 Y 坐标轴，根据图形自动定义坐标轴刻度值，结果如图 11.15 所示。

图 11.14　图形浮动工具栏

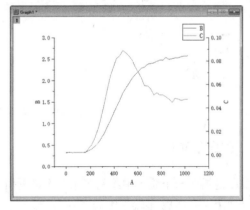

图 11.15　显示右侧 Y 轴

（4）选择菜单栏中的"文件"→"保存窗口为"命令，打开"保存窗口为"对话框，在文件列表框中指定保存文件的路径，在"文件名"文本框内输入"绘制双 Y 轴图"，单击"确定"按钮，保存图形文件。

11.2　多图形模板绘图

多图形是指在一个图形窗口中用不同的坐标轴刻度绘制的图形。多个图形之间既可以互相独立，又可以互相连接，从而使 Origin 绘图功能更加强大。可以在一个绘图窗口中高效地创建和管理多个曲线或图形对象，设计出满足各种需要的复杂的科技图形。

11.2.1　多面板/多轴绘图模板

多图形可以将图形的展示提高到一个新的层次。在 Origin 中，绘制多图层图形的方法很简单，直接选择绘图模板命令即可。

【执行方式】

- 菜单栏：选择菜单栏中的"绘图"→"多面板/多轴"命令，打开"模板库"对话框。
- 工具栏：单击"2D 图形"工具栏中的"2Ys Y-Y"按钮，显示下拉列表。

【操作步骤】

执行上述命令，显示多种常用的多图层图形模板，如图 11.16 所示。包括双 Y 轴（2Ys Y-Y）图形模板、左右/上下对开图形模板、4 屏（4 窗格）图形模板、9 屏（9 窗格）图形模板、叠层（堆积图）图形模板、瀑布图图形模板等。

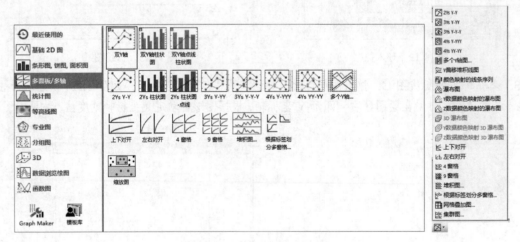

图 11.16　多面板/多轴绘图模板

11.2.2　创建多轴图

多轴图是指在一个绘图中绘制多个 Y 轴的图形。在 Origin 中，如果要在同一图形窗口中绘制多轴图，可以使用"多面板/多轴"中的多轴命令。

（1）双 Y 轴：主要适用于试验数据中自变量数据相同，但有 2 个因变量的情况。绘制双 Y 轴图形需要有 2 个以上的 Y 列数据，需要在同一图层中绘图。

（2）双 Y 轴柱状图：选择至少 2 个 Y 列以在同一层中创建具有 2 个不同轴的柱状图。多个 Y 可以按 2 个列分隔为 2 组；否则，它们将按顺序分配给不同的 Y 轴。

（3）双 Y 轴点线柱状图：选择至少 2 个 Y 列绘制图形。多个 Y 可以按 2 个 X 列分隔为 2 组；否则，它们将按顺序分配给不同的 Y 轴。一组创建柱状图，一组创建点线图。

（4）2Ys Y-Y：选择至少 2 个 Y 列以创建具有 2 个不同 Y 轴（1 左-1 右）的点线图。多个 Y 可以用 2 个 X 列分成 3 组；否则，它们将按顺序分配给不同的 Y 轴。

（5）2Ys 柱状图：选择至少 2 个 Y 列以创建具有 2 个不同 Y 轴的柱状图。多个 Y 可以用 2 个 X 列分成 2 组；否则，它们将按顺序分配给不同的 Y 轴。

（6）2Ys 柱状图-点线：选择至少 2 个 Y 列绘制图形。多个 Y 可以用 2 个 X 列分成 2 组；否则，它们将按顺序分配给不同的 Y 轴。一组创建柱状图，一组创建折线和散点图。

（7）3Ys Y-YY：选择至少 3 个 Y 列以创建具有 3 个不同 Y 轴（1 左-2 右）的点线图。多个 Y 可以用 3 个 X 列分成 3 组；否则，它们将按顺序分配给不同的 Y 轴。

（8）3Ys Y-Y-Y：选择至少 3 个 Y 列以创建具有 3 个不同 Y 轴（左-中-右）的点线图。多个 Y 可以用 3 个 X 列分成 3 组；否则，它们将按顺序分配给不同的 Y 轴。

（9）4Ys Y-YYY：选择至少 4 个 Y 列以创建具有 4 个不同 Y 轴（1 左-3 右）的点线图。多个 Y 可以用 4 个 X 列分成 4 组；否则，它们将按顺序分配给不同的 Y 轴。

（10）4Ys YY-YY：选择至少 4 个 Y 列以创建具有 4 个不同 Y 轴（2 左-2 右）的点线图。多个 Y 可以用 4 个 X 列分成 4 组；否则，它们将按顺序分配给不同的 Y 轴。

（11）多个 Y 轴图：选择至少 2 个 Y 列以创建具有多个 Y 轴的图。绘图类型可以是散点图、折线图、柱状图等。

★重点 动手学——绘制医院数双 Y 轴图

源文件：yuanwenjian\ch_11\全国医院数走势图.xlsx、医院数双 Y 轴图.opju

扫一扫，看视频

根据互联网采集入库数据分析 1998—2021 年全国医院数，利用双 Y 轴图绘制全国医院数走势图。

【操作步骤】

（1）新建一个项目文件，打开工作簿文件，将"全国医院数走势图.xlsx"文件拖动到工作表 Sheet1 中，导入.xlsx 文件，如图 11.17 所示。

（2）在工作表 Book1 中单击左上角的空白单元格，选中所有数据，选择菜单栏中的"绘图"→"多面板/多轴"→"双 Y 轴"命令，在图形窗口 Graph1 中绘制全国医院数与同比增长率的双 Y 轴图，如图 11.18 所示。

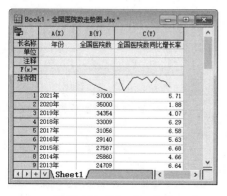

图 11.17　导入.xlsx 文件

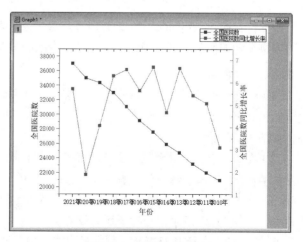

图 11.18　绘制双 Y 轴图

📣 **提示：**

> 坐标轴标签发生重叠，需要调整刻度标签的显示方向。

（3）双击 X 坐标轴，打开"X 坐标轴-图层1"对话框，在左侧列表中选择"水平"坐标轴，打开"刻度线标签"→"格式"选项卡，在"方向"下拉列表中选择"垂直"选项，如图 11.19 所示。单击"确定"按钮，关闭该对话框，完成图形 X 坐标轴的刻度标签的调整，结果如图 11.20 所示。

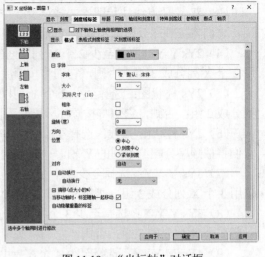

图 11.19 "坐标轴"对话框

📣 **提示：**

> X 坐标轴的标题与刻度标签发生重叠，需要调整位置。

（4）单击选中 X 坐标轴的标题"年份"，激活该文本对象，向下拖动该对象，结果如图 11.21 所示。

（5）单击"标准"工具栏中的"保存项目"按钮 💾，保存项目文件为"医院数双 Y 轴图.opju"。

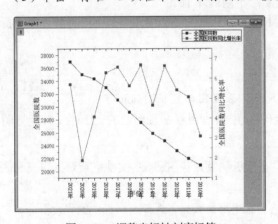

图 11.20 调整坐标轴刻度标签

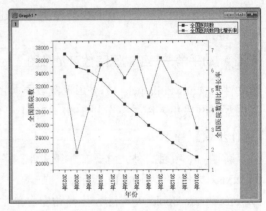

图 11.21 移动坐标轴标签

扫一扫，看视频

★重点 动手学——绘制钢材消耗与国民经济表多 Y 轴图

源文件：yuanwenjian\ch_11\钢材消耗与国民经济表.csv、钢材消耗与国民经济表多 Y 轴图.opju
本例演示如何利用钢材消耗与国民经济表绘制多 Y 轴图。

【操作步骤】

（1）新建一个项目文件，打开工作簿文件，将"钢材消耗与国民经济表.csv"文件拖动到工作表中，导入工作表文件，如图 11.22 所示。

（2）在工作表"钢材消耗与国民经济表"中单击左上角的空白单元格，选中所有数据。选择菜单栏中的"绘图"→"多面板/多轴"→"多个 Y 轴图"命令，打开 Plotting（绘图）对话框，如图 11.23 所示，进行下面的设置。

↘ 在"输入"选项组中显示数据表中的数据范围。

图 11.22 导入数据

➧ 在"作图类型"下拉列表中选择"柱状图"选项。

➧ 在"轴和图形分配"选项组中取消勾选"自动"复选框,设置"左边的 Y 轴数目"为 3 (本例中,左边 Y 轴显示 A、B、C 经济消耗),"右边的 Y 轴数目"为 1 (国民收入)。

➧ 勾选"自动预览"复选框,在右侧的"预览"选项卡中显示预览图。

(3)单击"确定"按钮,关闭该对话框,在图形窗口 Graph1 中显示多 Y 轴图,如图 11.24 所示。

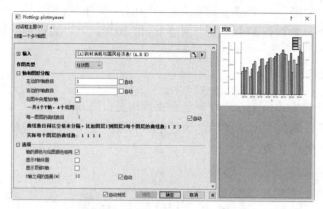

图 11.23 Plotting(绘图)对话框

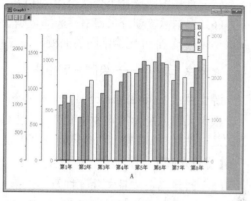

图 11.24 绘制多 Y 轴图

(4)单击"标准"工具栏中的"保存项目"按钮 🖫,保存项目文件为"钢材消耗与国民经济表多 Y 轴图.opju"。

★重点 动手练——绘制柱形 Y 轴图

源文件:yuanwenjian\ch_11\全国医院数走势图.xlsx、柱形 Y 轴图.opju

本练习使用模板命令绘制多种双 Y 轴图,如图 11.25 所示。

【操作提示】

(1)利用多面板绘图模板命令绘制多种双 Y 轴图。

(2)合并两个图表。

(3)利用"图层管理"命令设置图层大小和缩放比例。

(4)调整页面与图层大小。

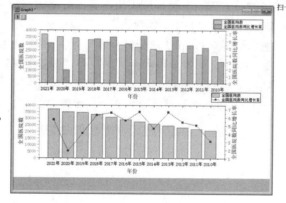

图 11.25 图形结果示例

11.2.3 创建多面板图形

在实际应用中,为了进行不同数据 $m \times n$ 的比较,有时需要在同一个图形窗口的不同视窗下观察不同的图形,这就需要将图形窗口分割成多个视图面板。

在 Origin 中,如果要在同一图形窗口中分割出所需要的几个视图,可以使用"多面板/多轴"中的多面板命令。多面板图是指在一个规则的网格中排列了多个图形,每一个图形显示了数据的不同的子集,但是所有的图形可视化的内容是一样的(如 X 轴和 Y 轴代表的变量是一样的)。

(1)上下对开:选择至少 2 个 Y 列以在 2 个面板(排列成 1 列)中创建折线图。多个 Y 可以通过 2 个 X 列分成 2 组;否则,它们将按顺序分配给不同的面板。

(2)左右对开:选择至少 2 个 Y 列以在 2 个面板(排列成 1 行)中创建折线图。多个 Y 可以通过

2 个 X 列分成 2 组；否则，它们将按顺序分配给不同的面板。

（3）4 窗格：选择至少 4 个 Y 列以在 2×2 面板中创建折线图。多个 Y 可以用 4 个 X 列分成 4 组；否则，它们将按顺序分配给不同的面板。

（4）9 窗格：选择至少 9 个 Y 列以在 3×3 面板中创建折线图。多个 Y 可以用 9 个 X 列分成 9 组；否则，它们将按顺序分配给不同的面板。

（5）堆积图：选择至少 2 个 Y 列以在多个面板（排列成 1 列或 1 行）中创建不同的图形。

（6）根据标签划分多窗格：选择至少 2 个 Y 列以在多个面板中创建不同的图形。可以通过列标签或 X 列将多个 Y 分配给不同的面板。

★重点 动手学——绘制 9 窗格图

源文件：yuanwenjian\ch_11\四季度企业开销支出表.xlsx、四季度企业开销支出图.opju

根据某单位统计的 4 个季度工资支出情况，利用多网格图清楚地显示不同项的支出情况。需要注意的是，使用"9 窗格"命令需要数据中包含 9 列 Y 值。

【操作步骤】

（1）新建一个项目文件，打开工作簿文件，将"四季度企业开销支出表.xlsx"文件拖动到工作表 Sheet1 中，导入.xlsx 文件，如图 11.26 所示。

（2）在工作表 Book1 中单击左上角的空白单元格，选中所有数据，单击"2D 图形"工具栏中的"折线图"按钮 ✓，在图形窗口 Graph1 中绘制折线图，如图 11.27 所示。

（3）在工作表 Book1 中单击左上角的空白单元格，选中所有数据，选择菜单栏中的"绘图"→"多面板/多轴"→"9 窗格"命令，在图形窗口 Graph2 中绘制 9 窗格图，如图 11.28 所示。

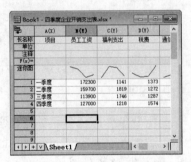

图 11.26　导入.xlsx 文件

（4）选择菜单栏中的"图"→"图层管理"命令，打开"图层管理"对话框，在左侧列表中按下 Shift 键，选择所有图层，打开"显示"选项卡，在"选项"选项组中选中"缩放元素"单选按钮，在"缩放模式"下拉列表中选择"固定因子"选项，在"固定因子"文本框中输入 0.5，如图 11.29 所示。

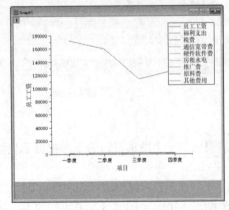

图 11.27　绘制折线图

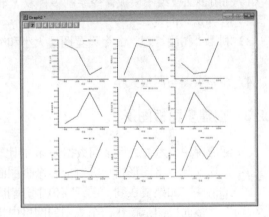

图 11.28　绘制 9 窗格图

（5）单击"确定"按钮，关闭该对话框，完成图形 X 坐标轴的刻度标签的调整，结果如图 11.30 所示。

（6）单击"标准"工具栏中的"保存项目"按钮 🖫，保存项目文件为"四季度企业开销支出图.opju"。

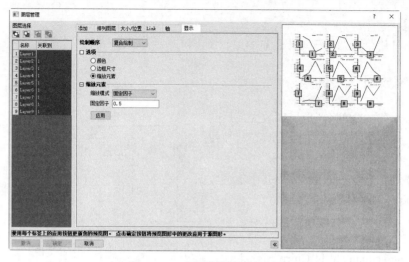

图 11.29 "图层管理"对话框

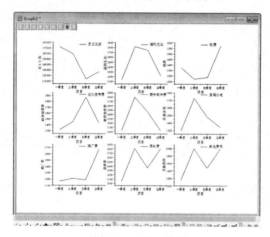

图 11.30 图形结果

★重点 动手练——绘制双图层图

源文件：yuanwenjian\ch_11\利润统计.xlsx、双图层图.opju
本练习使用模板命令绘制多种双面板图，如图 11.31 所示。

扫一扫，看视频

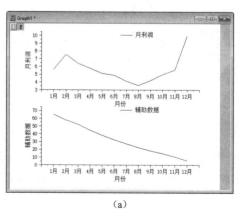

（a）

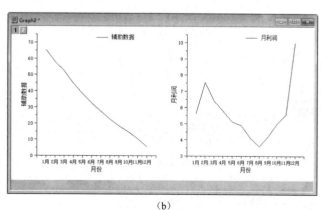

（b）

图 11.31 图形结果示例

【操作提示】

利用"上下对开"和"左右对开"命令绘制图形。

11.2.4　创建缩放图

在 Origin 中，缩放图是将图形局部放大前后的数据曲线显示在同一个绘图窗口内的图形，在科技作图中用于显示和分析。

缩放图需要选择至少一个 Y 列，为其中部分数据创建带有缩放面板的折线图。

扫一扫，看视频

★重点 动手练——绘制局部放大图

源文件：yuanwenjian\ch_11\Chirp Signal.dat、局部放大图.opju

本练习绘制啁啾信号并对局部信号进行放大显示，如图 11.32 所示。

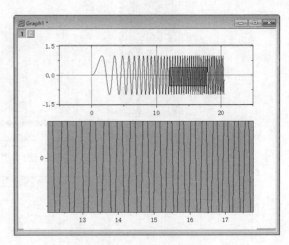

图 11.32　图形结果示例

【操作提示】

利用"缩放图"命令绘制图形。

11.3　柱状图、条形图、饼图和面积图

柱状图、条形图、饼图和面积图是 Origin 在统计中经常用到的图形绘制命令，本节主要介绍几个常用命令。

11.3.1　柱状图

柱状图采用长方形的形状和颜色编码数据的属性，柱状图一般用于显示一段时间内的数据变化，柱形越矮则数值越小，柱形越高则数值越大。柱状图简明、醒目，是一种常用的统计图表。

柱状图主要有（普通）柱状图、带标签的柱状图、堆积柱状图、百分比堆积柱状图和浮动柱状图，如图 11.33 所示。

（1）柱状图可以显示一段时间内数据的变化，或者描述各项数据之间的差异，通常沿水平轴（即 X 轴）组织类别，沿垂直轴（即 Y 轴）组织数值，如图 11.33（a）所示。

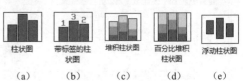

图 11.33　柱状图模板分类

（2）带标签的柱状图和浮动柱状图为经过显示设置的柱状图，如图 11.33（b）和图 11.33（e）所示。

（3）堆积柱状图是特殊的柱状图，不仅可以显示同类别中每种数据的大小，还可以显示总量的大小。堆积柱状图用来显示各项与整体的关系，如图 11.33（c）所示。例如，需要表示各个支付方式的人数及总人数时可以采用堆积柱状图。

（4）百分比堆积柱状图是使用百分比显示数据的大小堆积柱状图，如图 11.33（d）所示。

扫一扫, 看视频

★重点 动手学——绘制柱状图

源文件：yuanwenjian\ch_11\人力资源年龄结构分析.xlsx、人口分析柱状图.opju

本例演示如何利用 Origin 2023 的基础二维图形模板绘制柱状图。

柱状图或带标签的柱状图以工作表为数据来源，选择一个或多个 Y 列（多个 Y 列按图层分组）；对于浮动柱状图，选择两个 Y 列；对于堆积柱状图，选择两个或更多 Y 列。如果存在关联的 X 列，则 X 列提供 X 值；否则，使用 Y 的采样间隔或行号。

【操作步骤】

（1）双击"人力资源年龄结构分析.xlsx"文件，在 Excel 中打开该文件，选择要复制的数据，按下 Ctrl+C 组合键，如图 11.34 所示。

（2）启动 Origin 2023，项目管理器中自动创建项目文件 UNTITLED，该项目文件下默认创建一个文件夹 Folder1，该文件夹中包含工作簿文件 Book1。

（3）打开 Sheet1 工作表，激活 A1 单元格，右击，在弹出的快捷菜单中选择"转置粘贴"命令，在工作表粘贴转置后的 Excel 数据，如图 11.35 所示。

（4）单击 A1 行行号 1，选择 A1 行，按下 Ctrl+X 组合键，剪切第一行中的数据标题；单击"长名称"行中的 A(X) 单元格，按下 Ctrl+V 组合键，粘贴第一行中的数据标题。此时，A1 行为空，选择该行，右击，在弹出的快捷菜单中选择"删除行"命令，删除空行，下面的数据行 A2 自动向上更新为行 A1，以此类推，结果如图 11.36 所示。

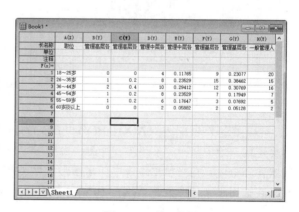

图 11.34 选择 Excel 数据

图 11.35 粘贴转置后的 Excel 数据　　　　图 11.36 整理数据

（5）在工作表中选择 A(X)和 B(Y)列，选择菜单栏中的"绘图"→"条形图、饼图、面积图"→"柱状图"命令，在当前工作簿中创建图形文件 Graph1 并自动在该图形文件中绘制 A(X)和 B(Y)数据列的柱状图，如图 11.37 所示。

（6）在工作表中选择 A(X)和 B(Y)列，选择菜单栏中的"绘图"→"条形图、饼图、面积图"→"带标签的柱状图"命令，在当前工作簿中创建图形文件 Graph2 并自动在该图形文件中绘制 A(X)和 B(Y)数据列的柱状图，如图 11.38 所示。

（7）在工作表中选择 A(X)、B(Y)和 D(Y)列，选择菜单栏中的"绘图"→"条形图、饼图、面积图"→"堆积柱状图"命令，在当前工作簿中创建图形文件 Graph3 并自动在该图形文件中绘制 A(X)、B(Y) 和 D(Y) 数据列的堆积柱状图，如图 11.39 所示。

（8）在工作表中选择 A(X)、B(Y) 和 D(Y) 列，选择菜单栏中的"绘图"→"条形图、饼图、面积图"→"百分比堆积柱状图"命令，在当前工作簿中创建图形文件 Graph4 并自动在该图形文件中绘制 A(X)、B(Y) 和 D(Y) 数据列的百分比堆积柱状图，柱形上显示百分比数值，如图 11.40 所示。

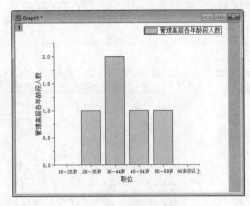

图 11.37　柱状图

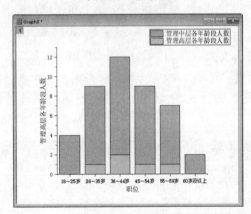

图 11.39　堆积柱状图

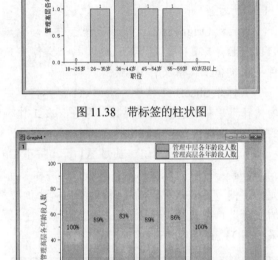

图 11.38　带标签的柱状图

图 11.40　百分比堆积柱状图

（9）在工作表中选择 A(X)、B(Y) 和 D(Y) 列，选择菜单栏中的"绘图"→"条形图、饼图、面积图"→"浮动柱状图"命令，在当前工作簿中创建图形文件 Graph5 并自动在该图形文件中绘制 A(X)、B(Y) 和 D(Y) 数据列的浮动柱状图，如图 11.41 所示。

（10）保存项目文件。选择菜单栏中的"文件"→"保存项目"命令，打开"另存为"对话框，在"文件名"文本框内输入"人口分析柱状图"，单击"保存"按钮，保存项目文件。

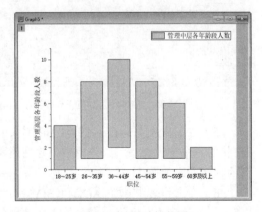

图 11.41　浮动柱状图

11.3.2　条形图

条形图是用宽度相同的条形的高度或长短表示数据多少的图形，用于显示特定时间内各项数据的变化情况，或者比较各项数据之间的差别。

根据条形图所在坐标系，条形图可以分为二维条形图和三维条形图，可用模板如图 11.42 所示。

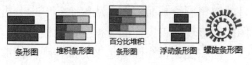

图 11.42 条形图模板分类

在条形图中，类别数据通常显示在垂直轴上，数值数据通常显示在水平轴上，以突出数值的比较。

扫一扫，看视频

★重点 动手练——绘制条形分析图

源文件：yuanwenjian\ch_11\电动车型号.xlsx、条形分析图.opju

本练习演示如何利用 Origin 2023 图形模板绘制条形图，如图 11.43 所示。

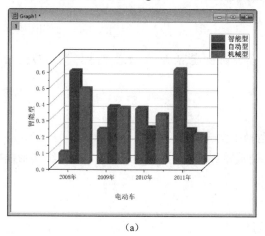 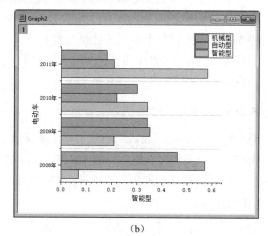

（a）　　　　　　　　　　　　（b）

图 11.43 绘图结果

【操作提示】

利用"条形图""XYY3D 并排条状图"命令绘制条形图。

11.3.3　饼图

饼图以圆心角不同的扇形显示某一数据系列中每一项数值与总和的比例关系，在需要突出某个重要项时十分有用，如图 11.44 所示。

图 11.44 饼图模板分类

环形图与饼图类似，可以看作中间挖空的饼图。不同的是，在表示比例的大小时，环形图利用环形的长度而不是扇形的角度表示。

如果要使一些小的扇区更容易查看，可以在紧靠主图表的一侧生成一个较小的饼图或条形图，用来放大较小的扇区。

11.3.4　面积图

面积图是一种随时间变化而改变范围的图表，主要强调数量与时间的关系。例如，用某企业每个月的销售额绘制面积图，从整个年度上分析，其面积图所占据的范围累计就是该企业的年效益。面积图能够直观地将累计的数据呈现给读者。

面积图比折线图看起来更加美观；能够突出每个系别占据的面积，把握整体趋势；不仅可以表示数量的多少，而且可以反映同一事物在不同时间内的发展变化情况；可以纵向与其他系别进行比较，能够直观地反映出差异；可以用于商务报表、数据汇报等场景。

根据强调的内容不同，面积图又可以分为以下 3 类，如图 11.45 所示。

（1）面积图：显示各种数值随时间或类别变化的趋势线。

（2）堆积面积图：显示每个数值所占大小随时间或类别变化的趋势线，可以强调某个类别交于系列轴上的数值的趋势线。

（3）百分比堆积面积图：显示每个数值所占百分比随时间或类别变化的趋势线，可以强调每个系列的比例趋势线。

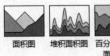
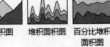

图 11.45　面积图模板分类

面积图强调幅度随时间的变化量。在面积图中，类别数据通常显示在水平轴上，数值数据通常显示在垂直轴上。

★重点 动手练——绘制数据分析图

源文件：yuanwenjian\ch_11\电动车型号.xlsx、电动车型号数据分析图.opju

饼图、环形图和面积图的目的是数据分析。本练习演示如何利用 Origin 2023 基础二维图形模板绘制饼图、环形图和堆积面积图，如图 11.46 所示。

【操作提示】

（1）启动软件，导入"电动车型号.xlsx"文件数据。

（2）在工作表中选择 A(X)和 B(Y)列，选择"2D 彩色饼图"命令，在 Graph1 中显示图形。

（3）在工作表中选择 A(X)、B(Y)、C(Y)和 D(Y)列，选择"环形图"命令，弹出图形窗口 Graph2 并显示图形。

（4）在工作表中选择 A(X)、B(Y)、C(Y)和 D(Y)列，选择"堆积面积图"命令，弹出图形窗口 Graph3 并显示图形。

（5）保存项目文件。

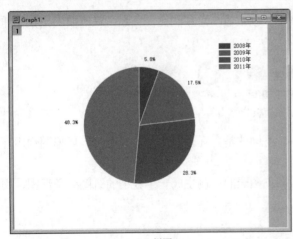
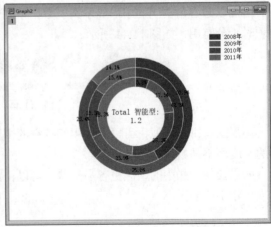

（a）饼图　　　　　　　　　　　　　　　　　　（b）环形图

图 11.46　绘图结果

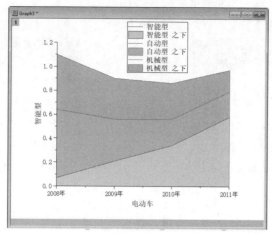

(c) 堆积面积图

图 11.46（续）

11.3.5　组合图

在 Origin 中，经常需要绘制一些 X 轴相同或 Y 轴相同的一系列组合图形，常用于对比或参照。

【执行方式】

↘ 菜单栏：选择菜单栏中的"绘图"→"分组图"命令，如图 11.47 所示。

↘ 工具栏：单击"2D 图形"工具栏中的"箱线图"按钮 ▣，打开分组图工具按钮列表，如图 11.48 所示。

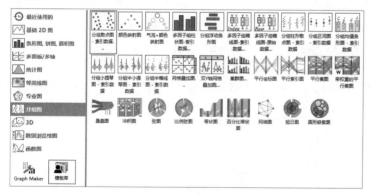

图 11.47　分组图绘图模板

图 11.48　分组图工具按钮列表

★重点 动手学——绘制成本费用分组图

源文件： yuanwenjian\ch_11\员工成本费用表.csv、月份成本费用分组图.opju

本例根据月份对员工成本费用进行分组，分别绘制分组散点图和分组柱状图。

扫一扫，看视频

【操作步骤】

1．准备数据

（1）启动 Origin 2023，打开源文件目录，将"员工成本费用表.csv"文件拖放到工作表中，导入数据文件，如图 11.49 所示。

（2）在工作表中选中 B(Y) 和 C(Y) 列，单击"列"工具栏中的"设置为 X"按钮 ⊠，将该两列绘图属性设置为 X，结果如图 11.50 所示。

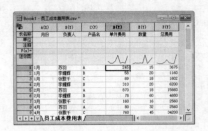

图 11.49　导入数据

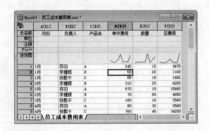

图 11.50　修改数据绘图属性

2．绘制分组散点图

分组散点图需要选择至少一个 Y 列作为输入数据，并准备至少一个类别列创建分组散点图。

（1）在工作表中选中 D(Y3)、E(Y3) 和 F(Y3) 列，选择菜单栏中的"绘图"→"分组图"→"分组散点图-索引数据"命令，打开 Plotting 对话框，如图 11.51 所示。

➤ 在"数据列"选项中显示选中的 D、E 和 F 列，用于显示 Y 轴数据。

➤ 在"子组列"选项中单击 ▶ 按钮，在弹出的快捷菜单中选择"A(X)：月份"选项，用于作为分组依据。

➤ 在"绘图类型"下拉列表中默认选择"散点图"，还包括条形图、柱状图等。

图 11.51　Plotting 对话框

➤ 勾选"自动预览"复选框，在右侧的"预览"选项卡中显示图形预览结果，方便随时根据图形结果进行修改。

（2）单击"确定"按钮，关闭对话框，在图形窗口 Graph1 中绘制根据月份分组显示的散点图，如图 11.52 所示。

（3）同时，自动在当前工作簿窗口 Book1 中添加工作表"输出数据"，用于显示分组散点图中使用的数据列和分组依据列，如图 11.53 所示。

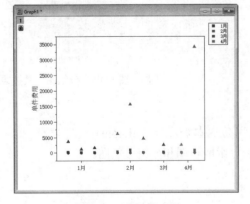

图 11.52　分组散点图

图 11.53　"输出数据"工作表

3．绘制多因子分组柱状图

多因子分组柱状图需要选择至少一个 Y 列作为输入数据，并准备至少一个类别列以创建分组柱状图。

（1）在工作表中选中 D(Y3)、E(Y3) 和 F(Y3)列，选择菜单栏中的"绘图"→"分组图"→"多因子分组柱状图-索引数据"命令，打开 Plotting 对话框，如图 11.54 所示。

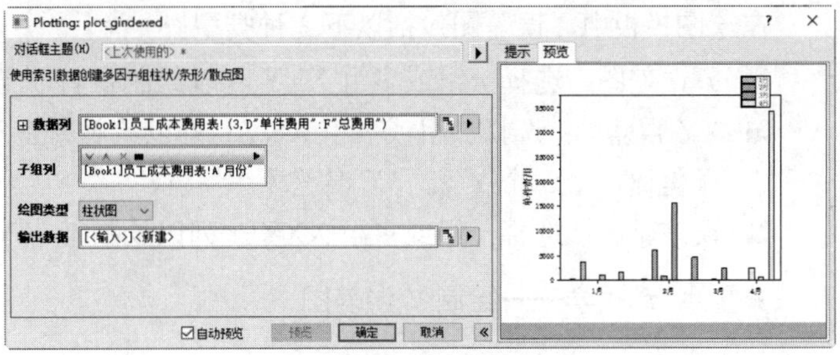

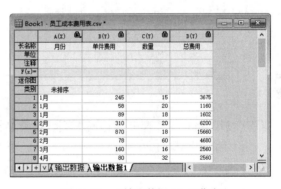

图 11.54　Plotting 对话框

- ➥ 在"数据列"选项中显示选中的 D、E 和 F 列，用于显示 Y 轴数据。
- ➥ 在"子组列"选项中单击▶按钮，在弹出的快捷菜单中选择"A(X)：月份"选项，用于作为分组依据。
- ➥ 在"绘图类型"下拉列表中默认选择"柱状图"。
- ➥ 勾选"自动预览"复选框，在右侧的"预览"选项卡中显示图形预览结果。

（2）单击"确定"按钮，关闭对话框，在图形窗口 Graph2 中绘制根据月份分组显示的柱状图，如图 11.55 所示。

（3）同时，自动在当前工作簿窗口 Book1 中添加工作表"输出数据 1"，用于显示分组柱状图中使用的数据列和分组依据列，如图 11.56 所示。

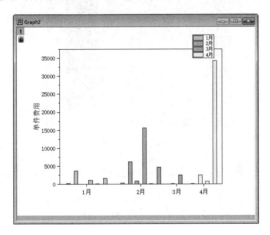

图 11.55　分组柱状图

图 11.56　"输出数据 1"工作表

4．保存项目文件

单击"标准"工具栏中的"保存项目"按钮，保存项目文件为"月份成本费用分组图.opju"。

11.4　离散数据图形

Origin 提供了一些在工程计算中常用的离散数据图形，如误差图、火柴杆图与阶梯图等。

11.4.1　绘制误差图

误差图由一个点和穿过这个点的线段组成，点对应测量结果，线段对应测量误差，如图 11.57 所示。

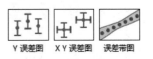

图 11.57　误差图绘图模板

在绘图模板中，误差图包括以下 3 种类型。

➥ Y 误差图：选择一组或多组 XYY 列以绘制带有 Y 误差棒的散点图，第 2 个 Y 表示误差棒。

➥ XY 误差图：选择一组或多组 XYYY 列以绘制带有 X 和 Y 误差棒的散点图，第 2 个 Y 表示 Y 误差棒，第 3 个 Y 表示 X 误差棒。

➥ 误差带图：选择一组或多组 XXYEr 列以绘制带有 Y 误差带的散点图。

扫一扫，看视频

★重点 动手学——绘制 Y 误差图

源文件：yuanwenjian\ch_11\绘制 Y 误差图.opju
本例基于导入的文件数据绘制 Y 误差图。

【操作步骤】

（1）新建一个工作簿，在"标准"工具栏中单击"从单个 ASCII 文件导入"按钮 ，在打开的对话框中选择文件 Samples\Curve Fitting\Multiple Gaussians.dat 进行导入，如图 11.58 所示。

（2）然后选中 E(Y)列，选择菜单栏中的"列"→"设置为"→"Y 误差图"命令，将 E(Y)列设置为 E(yEr±)列，如图 11.59 所示。

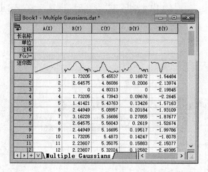

图 11.58　导入数据

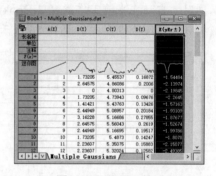

图 11.59　设置误差列

（3）按下 Shift 键，选中 A 列到 E 列，在菜单栏中选择"绘图"→"基础 2D 图"→"Y 误差图"命令，绘图结果如图 11.60 所示。

（4）选中 A 列到 E 列，选择菜单栏中的"绘图"→"基础 2D 图"→"误差带图"命令，绘图结果如图 11.61 所示。

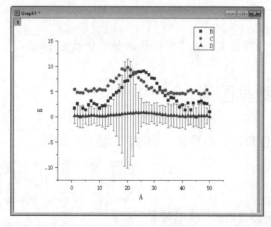

图 11.60　Y 误差图

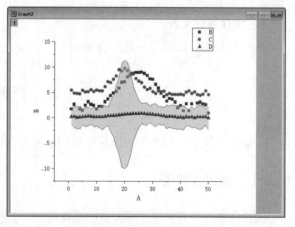

图 11.61　误差带图

（5）保存项目文件。选择菜单栏中的"文件"→"保存项目"命令，打开"另存为"对话框，在"文件名"文本框内输入"绘制 Y 误差图"，单击"保存"按钮，保存项目文件。

11.4.2　等高线图

等高线图在军事、地理等学科中经常会用到，在 Origin 中，包含黑白线条等高线图和颜色填充等高线图。

1．黑白线条等高线图

【执行方式】

➥ 菜单栏：选择菜单栏中的"绘图"→"等高线图"→"等高线-黑白线条+标签"命令，如图 11.62 所示。

➥ 工具栏：单击"3D 和等高线图形"工具栏中的"等高线图-颜色填充"按钮 <img>，在打开的下拉列表中单击"等高线-黑白线条+标签"按钮 <img>，如图 11.63 所示。

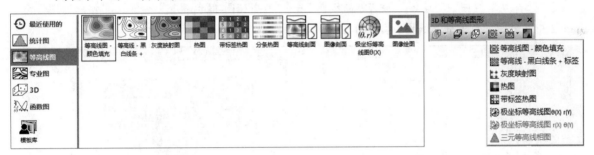

图 11.62　等高线图模板　　　　　　图 11.63　"等高线图-颜色填充"
按钮下拉列表

2．颜色填充等高线图

【执行方式】

➥ 菜单栏：选择菜单栏中的"绘图"→"等高线图"→"等高线图-颜色填充"命令。

➥ 工具栏：单击"3D 和等高线图形"工具栏中的"等高线图-颜色填充"按钮 <img>。

3．颜色映射和等高线设置

Origin 除了通过填充方式对三维图形修改图形颜色外，还可以使用颜色映射（colormap）方式。填充颜色只能选择单色，颜色映射可以选择一系列颜色，从起始颜色渐变到结束颜色。在可视化图形分析中，颜色映射用于突出数据变化的规律。

【执行方式】

菜单栏：打开"绘图细节-绘图属性"对话框的"颜色映射/等高线"选项卡。

【操作步骤】

执行上述命令，在该对话框中编辑图形中等高线 Z 值级别、填充颜色和等高线线条样式、标签值等。

★重点 动手学——绘制驼峰曲面等高线图

源文件：yuanwenjian\ch_11\驼峰曲面.ogmu、驼峰曲面等高线图.opju

本例演示如何利用驼峰曲面矩阵数据绘制两种等高线图。

【操作步骤】

1. 准备数据

（1）启动 Origin 2023，单击"标准"工具栏中的"新建项目"按钮 ▯，创建一个新的项目，默认包含一个工作簿文件 Book1。

（2）打开源文件目录，将"驼峰曲面.ogmu"文件拖放到工作表中，导入矩阵数据文件。

2. 绘制等高线图

（1）选择菜单栏中的"绘图"→"等高线图"→"等高线-黑白线条+标签"命令，在弹出的图形窗口 Graph1 中显示带标签的黑白线条的等高线图，如图 11.64 所示。

（2）选择菜单栏中的"绘图"→"等高线图"→"等高线图-颜色填充"命令，在弹出的图形窗口 Graph2 中显示带颜色的等高线图，如图 11.65 所示。

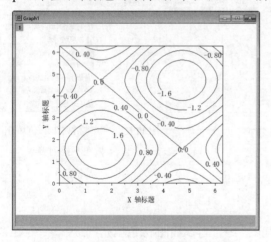

图 11.64 带标签的黑白线条的等高线图

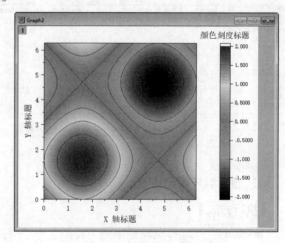

图 11.65 带颜色的等高线图

3. 设置等高线图形颜色

（1）在图形窗口 Graph1 中右击，在弹出的快捷菜单中选择"创建副本"命令，创建图形窗口 Graph1 的副本文件 Graph3。

（2）将图形窗口 Graph3 置为当前，双击图形，打开"绘图细节-绘图属性"对话框，打开"颜色映射/等高线"选项卡，进行以下设置。

- ➥ 单击"级别"列，打开"设置级别"对话框，设置 12 个主级别，从-4 到 4，如图 11.66 所示。单击"确定"按钮，关闭对话框，返回"绘图细节-绘图属性"对话框。
- ➥ 勾选"颜色填充"复选框，自动在"填充"列表中显示默认的颜色列表。
- ➥ 单击"填充"列，打开"填充"对话框，在"内插法颜色生成"选项组中选中"加载调色板"单选按钮。
- ➥ 单击"选择调色板"按钮，在打开的下拉列表中选择 Fire 选项，如图 11.67 所示。单击"确定"按钮，关闭对话框，返回"绘图细节-绘图属性"对话框，显示等高线设置参数，如图 11.68

所示。

（3）单击"确定"按钮，关闭对话框，等高线图绘制结果如图 11.69 所示。

4. 保存项目文件

单击"标准"工具栏中的"保存项目"按钮 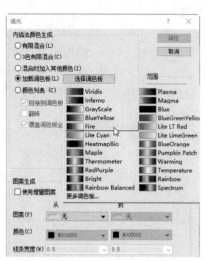 ，保存项目文件为"驼峰曲面等高线图.opju"。

图 11.66 "设置级别"对话框

图 11.67 "填充"对话框

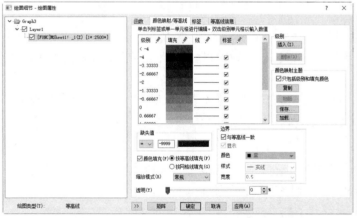

图 11.68 "颜色映射/等高线"选项卡

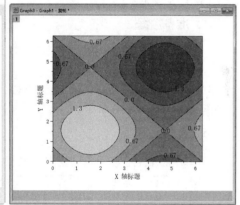

图 11.69 等高线图绘制结果

11.5 专 业 图

在 Origin 中，经常需要一些在实际学科应用中使用的图形，根据场合不同，对绘图模板命令进行分类。

11.5.1 矢量图形

由于物理等学科的需要，在实际应用中有时需要绘制一些带方向的图形，即矢量图（vector graph）。矢量图用于表示风、水、电场、磁场等多维信息，包括起始位置、方向（direction）、量纲（magnitude）等信息。对于这种图形的绘制，Origin 中也有相关的命令，本小节就来学习一下几个常用的命令。

【执行方式】

菜单栏：选择菜单栏中的"绘图"→"专业图"命令。

【操作步骤】

执行上述命令，在弹出的绘图模板中选择如下命令。

- XYAM 矢量图：选择 XYYY 列以创建矢量图，第 2 个 Y 表示角度，第 3 个 Y 表示幅度。
- XYXY 矢量图：选择 XYXY 列以创建矢量图，第 1 个 X 定义起点，第 2 个 X 定义终点。
- θ(X)rθ(Y)极坐标矢量图:选择XYXY列以在极坐标中创建矢量图,第 1 个 θ(X)rθ(Y)定义起点，第 2 个 θ(X)rθ(Y)定义终点。
- 罗盘图：即起点为坐标原点的二维或三维向量，选择 θ(X)rθ(Y)列以在极坐标中创建矢量图，同时还在坐标系中显示圆形的分隔线。
- 流线图：流线图在军事、农业上应用较为广泛。选择具有 2 个矩阵对象（速度场 u.v）的矩阵以创建流线图。

扫一扫，看视频

★重点 动手学——绘制空气流采样数据箭头图

源文件：yuanwenjian\ch_11\空气流采样数据.opju、空气流采样数据箭头图.opju
根据空气流采样数据绘制带箭头的矢量图。

【操作步骤】

1. 准备数据

（1）启动 Origin 2023，打开源文件目录，将"空气流采样数据.opju"项目文件拖放到工作区中，导入数据文件。

（2）在工作表中选中 A(Y)列，单击"列"工具栏中的"设置为 X"按钮⊠，将该列绘图属性设置为 X，结果如图 11.70 所示。

2. 绘制图

在工作表中单击左上角的空白单元格，选中所有数据列。选择菜单栏中的"绘图"→"专业图"→"XYAM 矢量图"命令，在图形窗口 Graph1 中绘制矢量图，如图 11.71 所示。

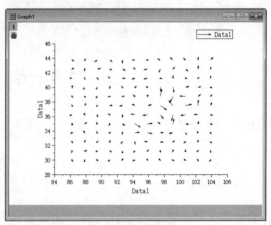

图 11.70　修改数据属性　　　　图 11.71　矢量图

3. 保存项目文件

单击"标准"工具栏中的"保存项目"按钮 ，保存项目文件为"空气流采样数据箭头图.opju"。

★重点 动手学——绘制空气流采样数据流线图

源文件：yuanwenjian\ch_11\wind.xlsx、空气流采样数据流线图.opju
本例根据空气流采样数据绘制流线图。

【操作步骤】

1. 准备数据

（1）启动 Origin 2023，单击"标准"工具栏中的"新建矩阵"按钮，自动创建矩阵窗口，默认名称为 Mbook1。

（2）在矩阵窗口中右击，在弹出的快捷菜单中选择"显示图像缩略图"命令，在窗口上方显示矩阵缩略窗口，其中显示默认的矩阵 1。单击矩阵窗口行号栏右侧的 回 按钮，在弹出的菜单中选择"添加"命令，添加矩阵 2、矩阵 3、矩阵 4，如图 11.72 所示。

（3）打开 wind.xlsx 文件，复制工作表 Sheet1、Sheet2、Sheet3、Sheet4 中的数据，粘贴到 4 个矩阵对象中。

（4）选择菜单栏中的"矩阵"→"行列数/标签设置"命令，打开"矩阵的行列数和标签"对话框，设置矩阵的行数和列数为 12，单击"确定"按钮，关闭该对话框，将当前所有矩阵设置为 12×12，如图 11.73 所示。

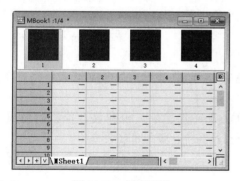

图 11.72 创建矩阵

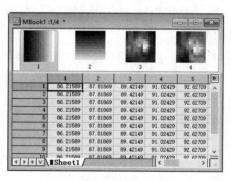

图 11.73 设置矩阵值与大小

2. 绘制矢量图

（1）在矩阵工作表中选择矩阵 3，选择菜单栏中的"绘图"→"专业图"→"流线图"命令，在图形窗口 Graph1 中绘制流线图，如图 11.74 所示。

（2）双击图形，打开"绘图细节-绘图属性"对话框，打开"流线"选项卡，在"形状"下拉列表中选择箭头样式，如图 11.75 所示。

（3）单击"确定"按钮，关闭该对话框，结果如图 11.76 所示。

3. 保存项目文件

单击"标准"工具栏中的"保存项目"按钮 ，

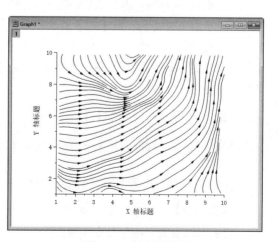

图 11.74 绘制流线图

保存项目文件为"空气流采样数据流线图.opju"。

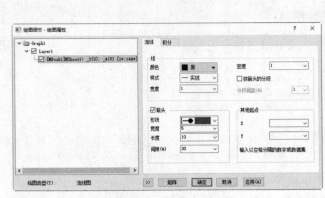

图 11.75   "流线"选项卡

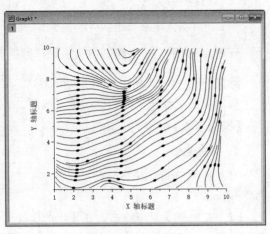

图 11.76   图形结果

11.5.2　金融图

在 Origin 中，提供了一些关于股市及期货市场中的金融图，围绕开盘价、最高价、最低价、收盘价反映大势的状况和价格信息。

【执行方式】

菜单栏：选择菜单栏中的"绘图"→"专业图"命令。

【操作步骤】

执行上述命令，在弹出的绘图模板中选择如下命令。

（1）盘高-盘低-收盘图：选择 XYYY 列以创建盘高-盘低-收盘图，每个 Y 代表给定时期的最高价、最低价和收盘价。

（2）K 线图：K 线图以每个分析周期的开盘价、最高价、最低价和收盘价绘制而成。选择 XYYYY 列创建线图，每个 Y 代表给定时期的开盘价、最高价、最低价和收盘价。

（3）开盘-盘高-盘低-收盘图：选择 XYYYY 列创建开盘-盘高-盘低-收盘图，每个 Y 代表给定期间的开盘价、最高价、最低价和收盘价。

（4）K 线-成交图：选择 XYYYYY 以同时创建堆叠的 K 线图和成交量条形图。每个 Y 代表给定时期的开盘价、最高价、最低收盘价和交易量。

（5）股价线图：选择带有至少一个 Y 的 X 列以绘制股价线图。X 应该是日期列。非交易日期将在轴中自动跳过。

★重点 动手练——绘制 K 线-成交图

源文件：yuanwenjian\ch_11\股价走势.xlsx、K 线-成交图.opju

本练习绘制 K 线-成交图，如图 11.77 所示。

【操作提示】

利用"K 线-成交图"命令绘制图形。

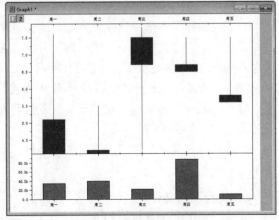

图 11.77   图形结果示例

11.5.3 图像图形

在 Origin 中，数字图像是以矩阵格式表示的，也就是说，矩阵数据可以绘制图像。

【执行方式】

菜单栏：选择菜单栏中的"绘图"→"等高线图"→"图像绘图"命令。

★重点 动手学——创建矩阵数据图像

源文件：yuanwenjian\ch_11\rice_png.xlsx、矩阵数据图像.opju
本例演示在绘图窗口中将矩阵数据转换为数字图像的过程。

【操作步骤】

（1）单击"标准"工具栏中的"新建矩阵"按钮，自动创建矩阵窗口，默认名称为 Mbook1。

（2）打开源文件目录，打开 rice_png.xlsx 文件，复制表格中的数据，粘贴到矩阵表中，如图 11.78 所示。

（3）选择菜单栏中的"绘图"→"等高线图"→"图像绘图"命令，在弹出的图形窗口 Graph1 中显示矩阵数据对应的图形，如图 11.79 所示。

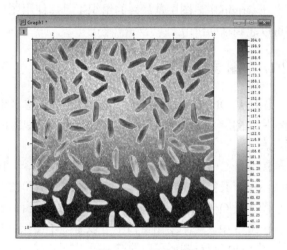

MBook1 :1/1 *				
	253	**254**	255	256
244	58	63	51	58
245	52	52	57	78
246	51	49	57	48
247	52	47	57	48
248	49	62	58	55
249	50	62	53	70
250	51	56	51	61
251	49	45	51	46
252	59	61	60	47
253	67	65	56	58
254	54	63	49	55
255	49	65	52	54
256	59	65	46	42

图 11.78 导入数据   图 11.79 图形文件

（4）单击"标准"工具栏中的"保存项目"按钮 ▣，保存项目文件为"矩阵数据图像.opju"。

第 12 章　多图层图表管理

内容简介

在图形窗口中绘图时有时需要用到很多图层，这样的图表称为多图层图表，许多图形软件都使用多图层图表处理复杂绘图以增强空间感。

本章介绍在图形窗口的当前图层中对数据和对象的操作，通过将不同的元素（如背景图像或表格）放置在不同的图层上，可以很容易地做到用不同的方式对图形进行定位、重排序等操作。

12.1　认　识　图　层

在 Origin 中，图层是最终的组织工具，使用图层有许多好处，当处理多条曲线及复杂图形时，图层可以起到辅助作用。

12.1.1　图层的概念

图层是 Origin 的一个重要概念，图层的概念类似于投影片，将不同属性的对象分别放置在不同的投影片（图层）上。一个完整的图形就是由它包含的所有图层上的对象叠加在一起构成的，如图 12.1 所示。

图层是 Origin 的图形窗口中的基本要素之一，它是由一组坐标轴组成的一个 Origin 对象。一个基本的图层一般包括 3 个元素：坐标轴、数据图和图例。

图层是 Origin 绘图的基本要素，一个图形窗口至少有一个图层，最多可以有高达 121 个图层。在 Origin 2023 中，一个绘图窗口中可以有多个图层，每个图层中的图轴确定了该图层和总数据的显示。

图层的标记在图形窗口的左上角用数字显示，如图 12.2 所示。当图层标记为按下状态时，表示该图层为当前的图层。例如，在图 12.2 中，当前图形窗口包含 3 个图层，数字 1 表示图层 1，数字 2 表示图层 2，图中数字 3 显示为按下状态，表示当前图层为图层 3。

图 12.1　图层效果

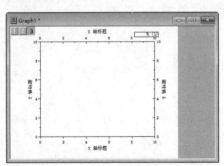

图 12.2　多图层显示

12.1.2　图层的选择和显示

每个图形页面中必须至少包含一个图层，每个图层通常包含一个或多个数据图。如果该页所有的图层都被删除，则该 Graph 窗口的页面将被删除，页面将不存在。

1．图层的选择

除了直接单击图层号选择激活图层外，还可以在"对象管理器"导航器中选择图层，单击图层名称切换图层，如图 12.3 所示。

2．图层的隐藏和显示

在图层图号上右击，在弹出的快捷菜单中选择命令，在当前图层窗口中进行图层的显示、删除与隐藏等操作，如图 12.4 所示。

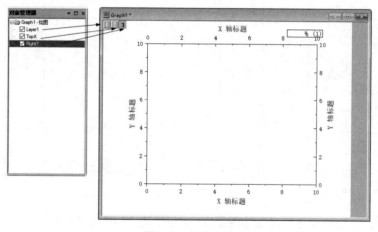

图 12.3　切换图层

图 12.4　快捷菜单

（1）隐藏图层：选择该命令，隐藏选中图层。

（2）隐藏其他图层：选择该命令，隐藏选中图层以外的其余图层。

（3）只显示当前图层：选择该命令，只显示当前工作的图层。

（4）只能通过点击图层号以激活图层：选择该命令，只能通过单击图层号的方式激活图层。

（5）删除图层：选择该命令，删除选中图层。

12.1.3　图层的创建

默认情况下，图形窗口左上角显示图层图标 1，若包含多个图层，突出显示的层图标为当前图层。

1．添加对话框

【执行方式】

菜单栏：选择菜单栏中的"插入"→"新图层（轴）"→"打开对话框"命令。

【操作步骤】

执行上述命令，打开"新图层（轴）"对话框，如图 12.5 所示。在当前图层窗口中添加新图层，同时还可以设置新图层的基本设置参数。

【选项说明】

（1）"输入图"文本框：输入添加图层的图形窗口名称，默认自动选择当前激活的图形窗口。

（2）"图层类型"下拉列表：在下拉列表中选择新图层的类型。

（3）"自定义"复选框：勾选该复选框，使用下面的参数定制新图层显示的坐标轴位置和关联坐标轴刻度。

（4）"当轴相互重叠时自动偏移错开"复选框：勾选该复选框，当新图层坐标轴与其余图层重叠时，无法直观地显示新图层坐标轴的位置，可以自动将新坐标轴向一侧偏移，如图 12.6 所示。

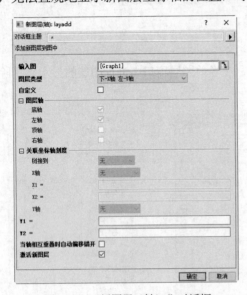

图 12.5　"新图层（轴）"对话框

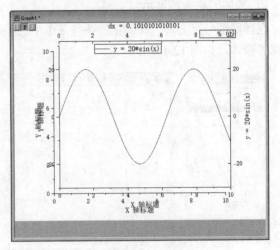

图 12.6　相同坐标轴偏移显示

（5）"激活新图层"复选框：勾选该复选框，新建图层后，将该图层置为当前图层。

2．直接添加

【执行方式】

↘ 菜单栏：选择菜单栏中的"插入"→"新图层（轴）"命令。

↘ 工具栏：单击"图形"工具栏中指定类型的图层，如图 12.7 所示。

↘ 快捷命令：在图层窗口空白处右击，弹出快捷菜单，如图 12.8 所示。

【操作步骤】

执行上述命令，直接添加指定坐标轴类型的图层。

图 12.7　"图形"工具栏

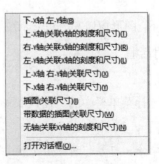

图 12.8　快捷菜单

★重点 动手练——图层的显示与隐藏

源文件：yuanwenjian\ch_12\图层的显示与隐藏.oggu

本练习演示图层的添加、显示与隐藏操作，如图 12.9 所示。

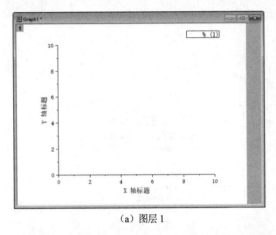

（a）图层 1

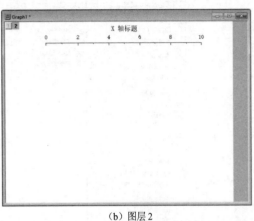

（b）图层 2

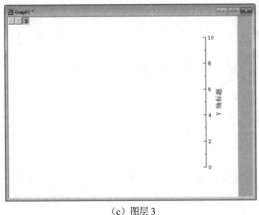

（c）图层 3

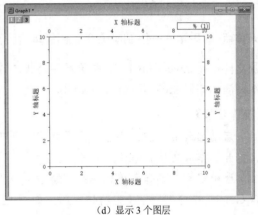

（d）显示 3 个图层

图 12.9 图层的显示与隐藏

【操作提示】

利用"图形"工具栏中的按钮创建不同类型的图层，设置图层的显示与隐藏。

12.2 图 层 绘 图

将不同图形分别绘制在不同的图层中，每个图层可以设定不同的线型、线条颜色，然后把不同的图层堆叠在一起成为一张完整的视图，这样就可以使视图层次分明，方便图形对象的编辑与管理。

12.2.1 在图层中添加图形

当单个的图表无法直观地表达数据分析结果时，通过添加图层可以在同一个图表中添加其余基本图形，如折线图、散点图等。

【执行方式】

> 菜单栏：选择菜单栏中的"插入"→"在当前图层添加绘图"命令，如图 12.10 所示。
> 工具栏：单击绘图区浮动工具栏中的"添加绘图"按钮 ⊯，弹出图 12.11 所示的下拉列表。

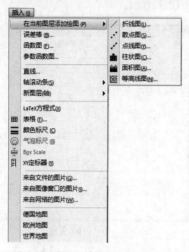

图 12.10　"插入"菜单　　　　　　　　图 12.11　"添加绘图"下拉列表

扫一扫，看视频

★重点 动手学——绘制电子产品销售单价图

源文件：yuanwenjian\ch_12\电子产品销售工作表.xlsx、电子产品销售单价图.opju
本例演示如何在图形窗口中添加图形。

【操作步骤】

（1）启动 Origin 2023，将源文件下的"电子产品销售工作表.xlsx"文件拖动到工作区，打开数据文件，打开工作簿文件 Book1，如图 12.12 所示。

（2）选中 C 列，选择菜单栏中的"绘图"→"条形图、饼图、面积图"→"柱状图"命令，在图形窗口 Graph1 中绘制表示单价的柱状图，如图 12.13 所示。

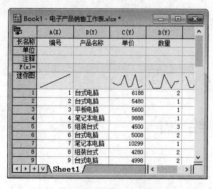
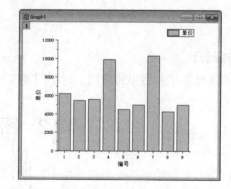

图 12.12　导入数据　　　　　　　　　　图 12.13　绘制柱状图

（3）激活图形窗口 Graph1，将该窗口置为当前，设为活动窗口，选择菜单栏中的"插入"→"在当前图层添加绘图"→"折线图"命令，打开"提示信息"对话框，选中"否"单选按钮，不显示图表绘制对话框，如图 12.14 所示。单击"确定"按钮，关闭对话框，在当前图形上添加单价折线图，结果如图 12.15 所示。

（4）单击"标准"工具栏中的"保存项目"按钮 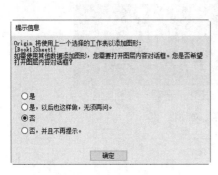，保存项目文件为"电子产品销售单价图.opju"。

图 12.14　"提示信息"对话框　　　　　图 12.15　绘制折线图

12.2.2　批量绘图

Origin 提供了批量绘图命令，设置列/工作表/工作簿所有图形的参数，利用其他列/工作表/工作簿的数据，从而复制到当前的图形中。

【执行方式】

❱ 工具栏：单击"图形"工具栏中的"使用新的列/工作表/工作簿批量绘图"按钮 ▣。

❱ 浮动工具栏：选择绘图区浮动工具栏中的"添加绘图"按钮 下的"批量绘图"命令。

【操作步骤】

（1）执行上述命令，打开"选择工作簿"对话框，如图 12.16 所示。

（2）在"批量绘图数据"下拉列表中选择图形的数据来源。在列表框内选择对应数据，在"绘制选中数据到"下拉列表中选择图形的显示位置，默认将图形显示在当前图形中。

（3）单击"确定"按钮即可输出多个数据图形。

图 12.16　"选择工作簿"对话框

12.2.3　图层内容设置

通过对图层内容进行设置可以实现对图层的管理及图层属性和图表绘制的设置。

【执行方式】

❱ 菜单栏：选择菜单栏中的"图"→"图层内容"命令。

❱ 工具栏：在图层图标上双击。

❱ 快捷操作：F12 键。

【操作步骤】

执行上述操作后，系统会打开如图 12.17 所示的"图层内容"对话框，用于对图层图表进行添加数据、删除数据、排序等操作。

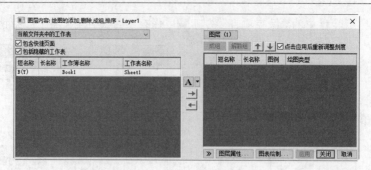

图 12.17　"图层内容"对话框

【选项说明】

1. 数据选择下拉列表

在下拉列表中选择数据的位置，默认为"当前文件夹中的工作表"，在下面的列表框内显示工作表和工作表的短名称、长名称、工作簿名称及工作表名称。

（1）单击 → 按钮，将左侧列表中的数据添加到右侧列表，在当前图层中添加绘图数据。

（2）单击 ← 按钮，删除右侧列表中的数据，在当前图层中删除绘图数据。

（3）单击"绘图类型"按钮 A▾ 右侧的下拉按钮，弹出下拉列表，显示图形类型，包括折线图、散点图、点线图、柱状图/条形图、面积图、XYZ 等高线图。

2. "图层"按钮

单击该按钮，弹出快捷菜单，用于新建图层、切换当前图层。

3. "图层属性"按钮

单击该按钮，打开"图层属性"对话框，用于设置当前图层的属性。

4. "图表绘制"按钮

单击该按钮，打开"图表绘制"对话框，用于设置当前图层中的绘图数据。

扫一扫，看视频

★重点 动手学——绘制双信号图

源文件：yuanwenjian\ch_12\绘制双信号图.opju

本例演示如何利用两张工作表中的数据在不同图层绘制图形。

【操作步骤】

（1）启动 Origin 2023，将 Origin 2023 示例数据 Signal Processing 文件夹中的 Chirp Signal.dat 和 Coherence.dat 文件拖放到工作表 Book1 和 Book2 中，导入数据，如图 12.18 所示。

（2）在工作表 Book1 中单击左上角的空白单元格，选中所有数据，单击"2D 图形"工具栏中的"折线图"按钮 ╱，在图形窗口 Graph1 中绘制信号折线图，如图 12.19 所示。

（3）激活图形窗口 Graph1，将该窗口置为当前。双击左上角的图层图标 1，打开"图层内容"对话框，在左侧列表中显示当前文件夹中的两张工作表，在右侧列表中显示当前图形窗口图层中显示的图形数据。

（4）单击"图层"按钮，在弹出的快捷菜单中选择"新建图层"→"下-X 轴 左-Y 轴"命令，如图 12.20 所示。此时，"图层"按钮变为新建图层的名称 Layer（2）按钮。

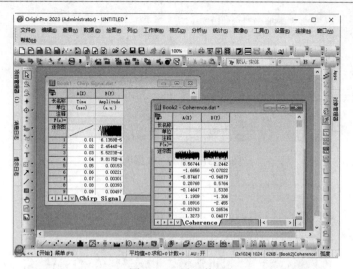

图 12.18　导入数据

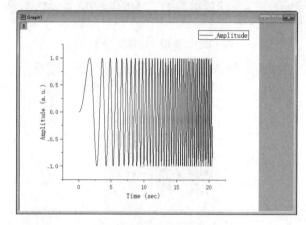

图 12.19　绘制信号折线图

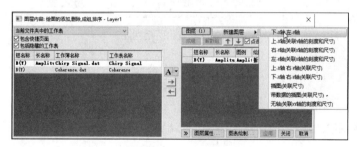

图 12.20　新建图层

（5）在左侧列表中选择工作表 Coherence.dat，单击→按钮，将工作表数据添加到右侧列表，在新图层中添加绘图数据，如图 12.21 所示。

（6）默认绘图类型为折线图，单击"折线图"右侧的下拉按钮，在下拉列表中选择"散点图"命令，如图 12.22 所示。此时，图层 2 中显示工作表 Coherence.dat 的散点图。

（7）单击"确定"按钮，关闭该对话框，在图形窗口中显示新建的图层 2 中的图形，如图 12.23 所示。

（8）单击"标准"工具栏中的"保存项目"按钮，保存项目文件为"绘制双信号图.opju"。

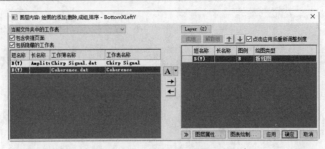

图 12.21　图层 2 数据选择

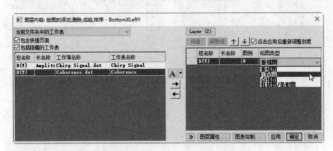

图 12.22　图层 2 绘图类型选择

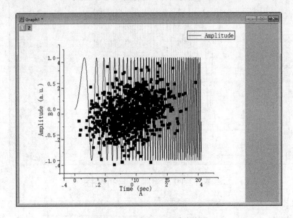

图 12.23　显示两个图层

12.3　图层的管理

图层的管理包括图层的添加、移动、大小位置调整、排序等操作，只有熟练掌握这些操作，才能进行后续的图形操作。

12.3.1　图层管理器

Origin 提供了详细直观的"图层管理"对话框，用户可以方便地通过对不同选项卡中的各选项进行设置，从而实现创建新图层、设置图层排列、大小、位置、坐标轴、显示颜色及线型的各种操作。

【执行方式】

➥ 菜单栏：选择菜单栏中的"图"→"图层管理"命令。

➥ 快捷操作：在图层图标上右击，在弹出的快捷菜单中选择"图层管理"命令。

【操作步骤】

执行上述操作后，系统会打开如图 12.24 所示的"图层管理"对话框。

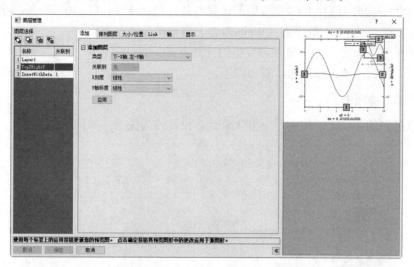

图 12.24 "图层管理"对话框

【选项说明】

1."图层选择"选项组

在该选项组下包含 4 个按钮，用于对新建图层进行移动。

（1）![icon]：将所选图层移到前面。

（2）![icon]：向前移动选定图层。

（3）![icon]：向后移动选定图层。

（4）![icon]：将所选图层移到后面。

2."添加"选项卡

（1）"类型"下拉列表：在该下拉列表中显示根据坐标轴位置和数据图样式进行分类的图层，如图 12.25 所示。

图 12.25 图形类型

- 下-X 轴 左-Y 轴：添加默认的包含底部 X 轴和左部 Y 轴的图层。
- 上-X 轴（关联 Y 轴的刻度和尺寸）：添加包含上部 X 轴的刻度和尺寸关联图层，隐藏 Y 轴。
- 右-Y 轴（关联 X 轴的刻度和尺寸）：添加包含右部 Y 轴的刻度和尺寸关联图层，隐藏 X 轴。
- 左-Y 轴（关联 X 轴的刻度和尺寸）：添加包含左部 Y 轴的刻度和尺寸关联图层，隐藏 X 轴。
- 上-X 轴 右-Y 轴（关联尺寸）：添加包含上部 X 轴和右部 Y 轴的关联图层。
- 下-X 轴 右-Y 轴（关联尺寸）：添加包含下部 X 轴和右部 Y 轴的关联图层。
- 插图（关联尺寸）：添加嵌入式的关联图层（默认包含底部 X 轴和左部 Y 轴）。
- 带数据的插图（关联尺寸）：添加嵌入式的关联图层（默认包含底部 X 轴和左部 Y 轴，图层中显示数据图）。
- 无轴（关联 XY 轴的刻度和尺寸）：添加不显示 X 轴和 Y 轴的图层，对应 X 轴和 Y 轴与默认 X 轴和 Y 轴的刻度和尺寸关联（相同）。

（2）"关联到"选项：只有选择"插图（关联尺寸）"和"带数据的插图（关联尺寸）"才可以激活该选项，在该选项中选择插图的关联对象。

（3）"X刻度"选项：选择X轴刻度值的计算方式，包括线性、Log10、概率、Probit、倒数、偏移倒数、Logit、Ln、Loge双对数倒数（Weibul1）、自定义公式和离散。

（4）"Y轴标度"选项：选择Y轴刻度值的计算方式。

（5）"应用"按钮：单击该按钮，添加图层。

3. "排列图层"选项卡

将所有关联起来的关联图层作为一个整体单元，设置排列关系，如图12.26所示。

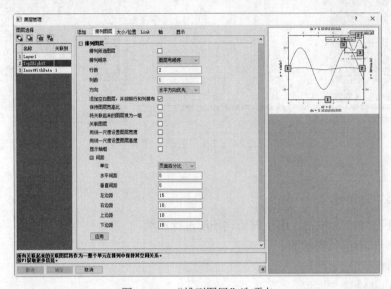

图12.26 "排列图层"选项卡

（1）排列所选图层：勾选该复选框，排列选中的图层。

（2）排列顺序：在下拉列表中设置排列对象的绘制顺序，可以按照图层号顺序，也可以按照当前位置顺序。

（3）行数：设置坐标图层要排列到网格的行数。

（4）列数：设置坐标图层要排列到网格的列数。

（5）方向：设置坐标图层要排列到网格的顺序。

（6）添加空白图层，并按照行和列排布：勾选该复选框，为网格单独创建一个新的图层。

（7）保持图层宽高比：勾选该复选框，保持坐标图形的高宽比例。

（8）将关联起来的图层视为一组：勾选该复选框，将关联起来的图层合并为一组。

（9）关联图层：勾选该复选框，连接图层。

（10）用统一尺度设置图层宽度：勾选该复选框，新的图层与原始图层宽度尺度相同。

（11）用统一尺度设置图层高度：勾选该复选框，新的图层与原始图层高度尺度相同。

（12）显示轴框：勾选该复选框，显示轴线框。

（13）间距：设置该网格周围的空隙大小。

4. "大小/位置"选项卡

对"图层选择"列表中的所有选定图层进行调整大小、移动、交换和对齐设置，如图12.27所示。

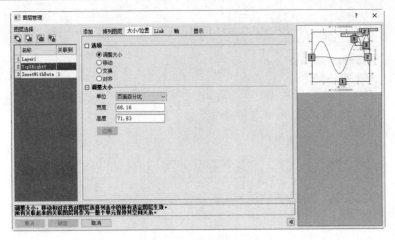

图 12.27 "大小/位置"选项卡

5. Link（链接）选项卡

该选项卡用于设置与当前图层连接的图层的连接方式参数，如图 12.28 所示。

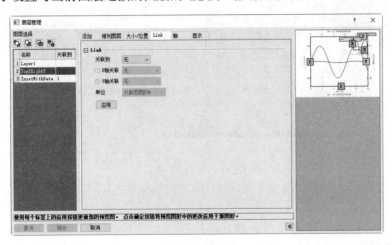

图 12.28 Link（链接）选项卡

（1）关联到：在下拉列表中设置当前图层连接的图层。

（2）X 轴关联：设置 X 轴的连接方式。

（3）Y 轴关联：设置 Y 轴的连接方式。

（4）单位：设置图层单位。

6. "轴"选项卡

该选项卡用于设置新图层坐标轴的显示、刻度线方向、标签显示、刻度标签显示混合公式，如图 12.29 所示。坐标轴包括上、下、左、右 4 个方向，用户可以根据需要选择对应方向的坐标轴，不需要全部设置。

7. "显示"选项卡

该选项卡用于进行新图层颜色设置、边框尺寸设置和缩放元素设置，如图 12.30 所示。

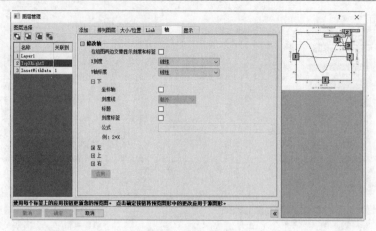

图 12.29　"轴"选项卡

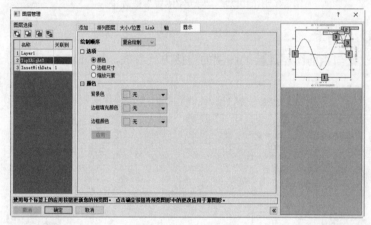

图 12.30　"显示"选项卡

★重点 动手练——新建图层

源文件：yuanwenjian\ch_12\新建图层.oggu

本练习演示如何创建 2 行 2 列的图层，如图 12.31 所示。

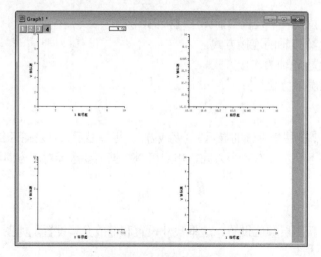

图 12.31　结果示例

【操作提示】

在"图层管理"对话框中新建图层并排列成 2 行 2 列。

12.3.2　图层的大小和位置调整

调整图层大小实际上是调整图层中数据图的大小。

1．直接拖动

单击图形窗口中的图层对象，图层边框上显示蓝色编辑点，将鼠标放置在编辑点上，向不同方向拖动鼠标，直接调整图层大小，如图 12.32 所示，这种方法最简单直观，缺点是不能精确量化。

◆ 知识拓展：

图层的移动实际上是图形的移动。

单击图形窗口中的图层对象，图层边框上显示蓝色编辑点，将鼠标指针放置在图形上，向不同方向拖动鼠标，直接移动图形，图层随之移动 ，如图 12.33 所示。

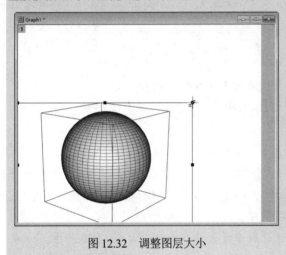

图 12.32　调整图层大小

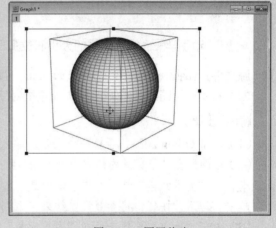

图 12.33　图层移动

2．利用对话框进行调整

在图形窗口中可以设置和修改图形的图层参数、图层的底色和边框、图层的尺寸和大小，以及图层中坐标轴的显示等。

【执行方式】

- 菜单栏：选择菜单栏中的"格式"→"图层属性"命令。
- 快捷操作：双击图形窗口左上角的图层编号或在图形窗口坐标系内的空白处双击。
- 快捷命令：在图层图标上右击，在弹出的快捷菜单中选择"图层属性"命令。

【操作步骤】

执行上述命令，打开"绘图细节-图层属性"对话框，如图 12.34 所示。在左侧的列表框中可以查看图形页面的层次结构，依次为图形页面名称（如 Graph1）、图层名称（如 Layer1）和数据图（如 F3）。

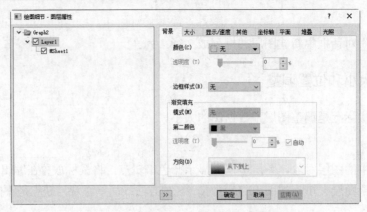

图 12.34   "绘图细节-图层属性"对话框

📢提示：

> 通过"绘图细节-图层属性"对话框可以设置图形窗口中不同元素对象的属性,选择图形页面名称（如 Graph1），显示图形窗口的页面属性；选择图层名称（如 Layer1），设置图层属性；选择数据图（如 F3），设置图形的绘图属性。

扫一扫，看视频

★重点 动手学——调整图层的大小和位置

源文件：yuanwenjian\ch_12\通气面.opju、调整图层的大小和位置.opju
本例利用"绘图细节-图层属性"对话框对三维图中图层的大小和位置进行调整。

【操作步骤】

（1）启动 Origin 2023，新建一个项目，导入源文件夹中的"通气面.opju"项目文件。

（2）在图形窗口坐标系内的空白处双击，打开"绘图细节-图层属性"对话框，打开"显示/速度"选项卡，在"显示元素"选项组中取消勾选"X 轴""Y 轴""Z 轴""标签"复选框，如图 12.35 所示。单击"应用"按钮，将参数设置结果应用到图层中。

（3）打开"大小"选项卡，在"图层面积"选项组中设置相关参数，如图 12.36 所示。

↳ 在"左""上"文本框中定义图层位置（左上角与边界比例），本例选择默认参数。

↳ 在"宽度""高度"文本框中定义图层大小，本例选择输入 120。

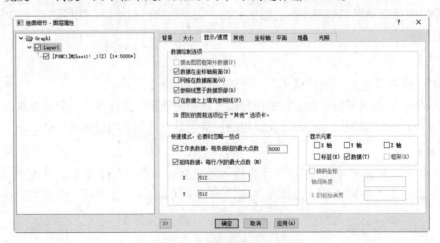

图 12.35   "显示/速度"选项卡

图 12.36　"大小"选项卡

（4）单击"应用"按钮，将参数设置结果应用到图层中。单击"确定"按钮，关闭该对话框，图形窗口中的图形结果如图 12.37 所示。

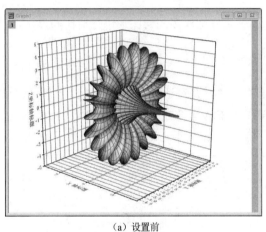

（a）设置前

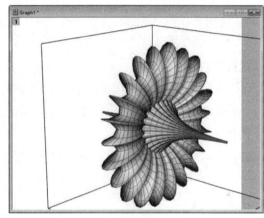

（b）设置后

图 12.37　图层设置结果

★重点 动手练——球体 Z 变形

源文件：yuanwenjian\ch_12\三维球体.opju、球体 Z 变形.opju

本练习通过坐标轴参数设置球体 Z 方向的变形显示，如图 12.38 所示。

【操作提示】

（1）启动软件，导入"三维球体.opju"项目文件。

（2）在"绘图细节-图层属性"对话框中打开"坐标轴"选项卡，设置 Z 长度为 50。

（3）保存项目文件。

3. 调整至页面大小

在 Origin 中，可以调整图层大小，使其达到贴合图形页面的程度。

扫一扫，看视频

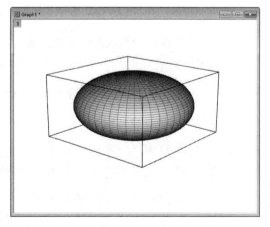

图 12.38　结果示例

【执行方式】

➥ 菜单栏：选择菜单栏中的"图"→"调整图层至页面大小"命令。

➥ 快捷命令：右击，在弹出的快捷菜单中选择"调整图层至页面大小"命令。

【操作步骤】

选中图层对象后，执行上述命令，打开"调节图层到页面大小"对话框，如图 12.39 所示。

【选项说明】

（1）"边框宽度（页面大小百分比，比如 2 或 5）"文本框：显示页面大小百分比。

（2）"保持图层横纵比"复选框：勾选该复选框，图形在调整大小的过程中不变形。

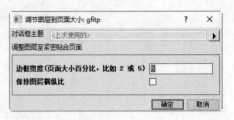

图 12.39　"调节图层到页面大小"对话框

12.3.3　排列图层

默认情况下，多图层图表叠加在同一位置显示，为了更好地对多图层图形进行对比与显示，需要按照指定顺序进行排列。

【执行方式】

➥ 菜单栏：选择菜单栏中的"图"→"排列图层"→"打开对话框"命令。

➥ 快捷命令：在图层图号上右击，在弹出的快捷菜单中选择"排列图层"命令。

【操作步骤】

执行上述操作后，系统会打开如图 12.40 所示的"排列图层"对话框，用于更改图层排列样式。

图 12.40　"排列图层"对话框

【选项说明】

1. "行数""列数"文本框

用于设置图层排列的行数和列数。

2. "方向"下拉列表

在该下拉列表中选择图形排列方向类型，包括水平方向优先和垂直方向优先。

3. "在组图两边交替显示刻度和标签"复选框

对于多图层图表，包含多个坐标轴。勾选该复选框，在坐标轴上显示不同的数据刻度和标签。

4. "保持图层大小和自动适应页面大小"复选框

勾选该复选框，自动调整图层大小。

5. "间距"选项组

在该选项组中设置不同坐标系的间距参数，包括单位、水平间距和垂直间距。

★重点　动手练——排列多图层图表

源文件：yuanwenjian\ch_12\金属的含量.opju、排列多图层图表.opju
本练习演示如何利用光谱仪测量数据在多个图层中绘制不同类型的图形，最后排列多个图层，如图 12.41

扫一扫，看视频

所示。

【操作提示】

（1）启动软件，导入项目文件"金属的含量.opju"，将工作表中 A(X)列设置为 A(Y)。

（2）分别在两个图层中绘制折线图、散点图。

（3）排列图层。

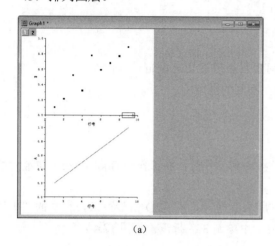

(a)

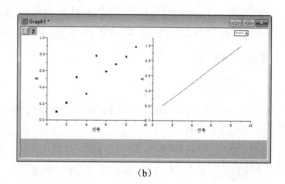

(b)

图 12.41　结果示例

12.3.4　提取图层图数据

提取图层图数据操作与合并图形窗口是一对互逆操作。

1．提取到图层

【执行方式】

工具栏：单击"图形"工具栏中的"提取数据到新图层"按钮 ⊡。

2．提取到图表

【执行方式】

➤ 菜单栏：选择菜单栏中的"图"→"提取图层到新图表"命令。

➤ 工具栏：单击"图形"工具栏中的"提取图层到新图表"按钮 ⊞。

➤ 快捷命令：在图形窗口空白处右击，在弹出的快捷菜单中选择"提取图层到新图表"命令。

【操作步骤】

执行上述操作后，系统会打开如图 12.42 所示的"提取图层到新图表"对话框，提取指定图层到单独的图表窗口。

【选项说明】

1．"提取图层"选项

默认勾选"自动"复选框，显示 1：0，提取所有图层；取消勾选"自动"复选框，输入图层序号，

图 12.42　"提取图层到新图表"对话框

以空格作为分隔。

2."保留原图"复选框

勾选该复选框，显示当前图形窗口；否则，删除该图形窗口。

3."全窗口显示所提取图层"复选框

勾选该复选框，在当前图形窗口中显示提取的图层。

扫一扫，看视频

★重点 动手学——将单层图形导入到多层图形

源文件：yuanwenjian\ch_12\Partial Import.opju、同图层分图层显示.opju
本例演示如何将同一图层中的多条曲线分别显示在不同的图层中。

【操作步骤】

1. 图层显示

（1）启动 Origin 2023，将 Partial Import.opju 文件拖动到工作区，在工作表 Book1:expt1 中显示数据，如图 12.43 所示。

（2）在工作表中单击左上角的空白单元格，选中所有数据，单击"2D 图形"工具栏中的"折线图"按钮 ，在图形窗口 Graph1 的同一图层（图层 1）中绘制 3 条折线，如图 12.44 所示。

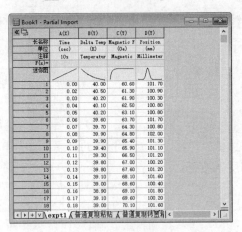

图 12.43　导入数据

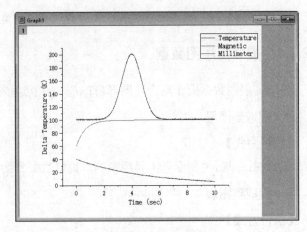

图 12.44　绘制折线图

（3）单击"图形"工具栏中的"提取数据到新图层"按钮 ，打开"图层总数"对话框，用于设置提取数据创建多图层图表后多图层的排列方式。默认图层行数和列数为 2，这里图层的行数和列数是根据图中曲线的条数进行自动识别的。本例中，设置行数为 1、列数为 3，如图 12.45 所示。

（4）单击"确定"按钮，关闭该对话框，打开"间距（页面尺寸百分比）"对话框，设置每个图层之间的水平、垂直间隙，左、右、上、下边距，输入的值为在页面中的占比。本例采用默认值，如图 12.46 所示。

（5）单击"确定"按钮，关闭该对话框，在图形窗口中自动新建两个图层，分别显示从图层 1 中提取的图形数据，如图 12.47 所示。同时，3 个图层的排列方式为 1 行 3 列。

2. 保存项目文件

选择菜单栏中的"文件"→"项目另存为"命令，将当前项目文件保存为"同图层分图层显示.opju"。

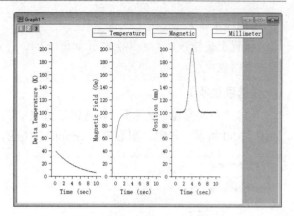

图 12.45 "图层总数" 对话框

图 12.46 "间距（页面尺寸百分比）"对话框

图 12.47 图形结果

★重点 动手练——将多层图形导入到多个图形窗口

源文件：yuanwenjian\ch_12\同图层分图层显示.opju、提取图层到图表.opju

本练习演示如何将 3 个图层的图表分别显示在新图表中，如图 12.48 所示。

扫一扫，看视频

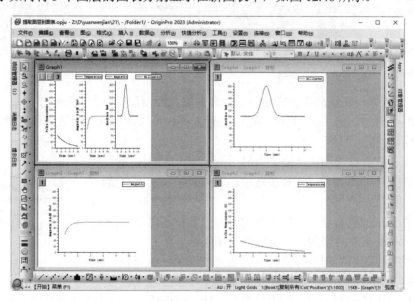

图 12.48 图形结果示例

【操作提示】

利用"提取图层到新图表"命令提取图表数据。

12.3.5 合并图形窗口

在图形窗口中，可以将多个二维图形窗口合并为一个图形窗口，还可以对这些图形进行排列。

【执行方式】

➥ 菜单栏：选择菜单栏中的"图"→"合并图表"命令。

➥ 工具栏：单击"图形"工具栏中的"合并"按钮 。

【操作步骤】

执行上述操作后，系统会打开如图 12.49 所示的"合并图表"对话框，将选中的多个图表合并到同一个图表中。

【选项说明】

（1）"自动预览"复选框：勾选该复选框，即时在对话框右边的预览面板中显示图表的合并结果，如图 12.50 所示。其中，图形窗口 Graph1 对应图层 1，图形窗口 Graph2 对应图层 2。

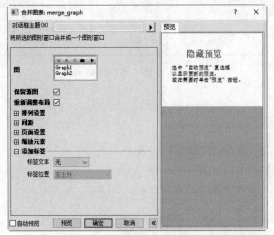

图 12.49　"合并图表"对话框

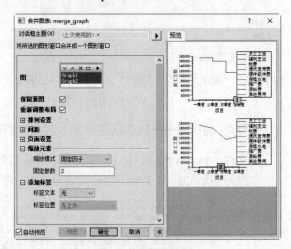

图 12.50　显示预览图

（2）"图"列表框：在该列表框中显示需要合并的图形窗口（合并后的图层）。

单击列表框上方的按钮，可以对图形窗口进行上移、下移、移除、全选操作。单击 ▶ 按钮，弹出如图 12.51 所示的快捷菜单。

- ↘ 当前页面：选择该选项，在列表中显示活动的页面的图层。
- ↘ 当前文件夹中的所有项：选择该选项，在列表中显示所有活动文件夹的图层。
- ↘ 当前文件夹中的所有项（包括子文件夹）：选择该选项，在列表中显示所有多次打开的活动文件夹的图层。

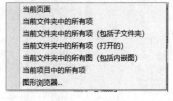

图 12.51　快捷菜单

- ↘ 当前文件夹中的所有项（打开的）：选择该选项，在列表中显示所有打开的活动文件夹的图层。
- ↘ 当前文件夹中的所有图（包括内嵌图）：选择该选项，在列表中显示所有活动文件夹的图层，包括被嵌入到其他页面中的图层。
- ↘ 当前项目中的所有项：选择该选项，在列表中显示项目中的所有图层。
- ↘ 图形浏览器：选择该选项，打开"图形浏览器"对话框，如图 12.52 所示，选择指定图层。

（3）"保留源图"复选框：勾选该复选框，保留原来的图形。

（4）"重新调整布局"复选框：勾选该复选框，将多个图层排列到网格之中；反之，以重叠的方式合并图层。

（5）"排列设置"选项组：单击左侧的展开按钮⊞，显示图 12.53 所示的选项，可以设置网格的行数、网格的列数、是否为网格创建新的图层、是否保持坐标图形的高宽比例。

（6）"间距"选项组：单击左侧的展开按钮⊞，显示图 12.54 所示的选项，可以设置该网格的空隙大小。

（7）"页面设置"选项组：单击左侧的展开按钮⊞，显示图 12.55 所示的选项，可以设置整个图形的尺寸大小（方向、宽度、高度和单位）。

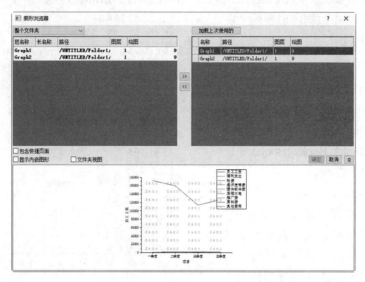

图 12.52 "图形浏览器"对话框

图 12.53 "排列设置"选项组

图 12.54 "间距"选项组

图 12.55 "页面设置"选项组

（8）"缩放元素"选项组：单击左侧的展开按钮⊞，显示参数选项，可以在下拉列表中选择缩放模式，可以在"固定参数"文本框内设置该排列网格的比例大小。

（9）"添加标签"选项组：单击左侧的展开按钮⊞，显示参数选项，可以设置标签文本和标签位置。

设置完毕之后，单击"确定"按钮即可生成多层图形。

★重点 动手练——将多个图形窗口合并到同一个图形窗口中

源文件：yuanwenjian\ch_12\提取图层到图表.opju、合并图表到图层.opju

本练习演示如何将多个图形窗口合并显示在同一个图形窗口中，如图 12.56 所示。

【操作提示】

利用"合并图表"命令进行合并。

扫一扫，看视频

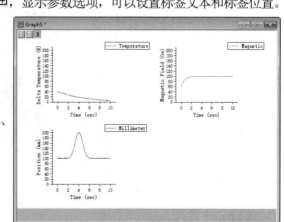

图 12.56 图形结果示例

扫一扫，看视频

★重点 动手学——合并多个图形窗口

源文件：yuanwenjian\ch_12\fftfilter1.DAT、fftfilter2.DAT、fftfilter3.DAT、合并多个图形窗口.opju

本例演示如何将多个数据图形在同一图形窗口的不同图层中显示。

【操作步骤】

（1）启动 Origin 2023，将 Origin 2023 示例数据 Signal Processing 文件夹中的 fftfilter1.DAT、fftfilter2.DAT、fftfilter3.DAT 文件拖放到工作表 Book1、Book2、Book3 中，导入数据，如图 12.57 所示。

（2）在工作表 Book1 中单击左上角的空白单元格，选中所有数据，单击"2D 图形"工具栏中的"折线图"按钮 ╱，在图形窗口 Graph1 中绘制信号折线图。使用同样的方法根据工作表 Book2、Book3 中的数据绘制折线图，结果如图 12.58 所示。

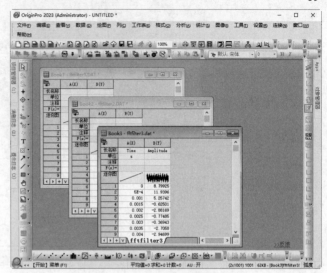

图 12.57 导入数据

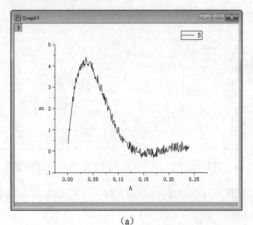

（a）

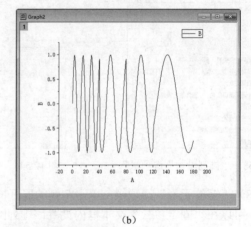

（b）

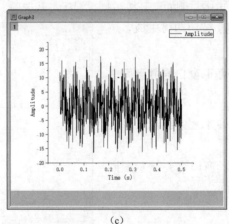

（c）

图 12.58 绘制折线图

（3）激活图形窗口 Graph1，将该窗口置为当前。

（4）单击"图形"工具栏中的"合并"按钮，打开"合并图表"对话框，进行参数设置，如图 12.59 所示。

- 在"图"列表框中单击 ▶ 按钮，在弹出的列表中选择"当前文件夹中的所有项"选项，在列表中显示所有活动文件夹的图层。
- 默认勾选"保留源图""重新调整布局"复选框。
- 在"排列设置"选项组下设置网格的行数为 2、网格的列数为 2。
- 在"缩放元素"选项组的"缩放模式"下拉列表中选择"固定因子"，在"固定参数"文本框内输入比例大小 2。
- 勾选"自动预览"复选框，即时在对话框右边的预览图形上面显示合并结果。

设置完毕之后，单击"确定"按钮即可生成多图层图形，如图 12.60 所示。

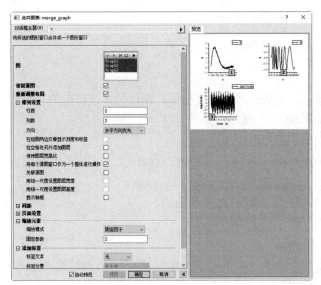

图 12.59　"合并图表"对话框

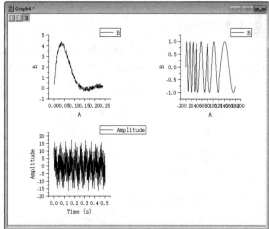

图 12.60　多图层图形

（5）单击"标准"工具栏中的"保存项目"按钮，保存项目文件为"合并多个图形窗口.opju"。

12.3.6　关联图层坐标轴

在 Origin 中，当建立了各图层间的坐标轴关联后，改变某一图层的坐标轴刻度，其他图层的坐标轴也将根据改变自动更新，这样方便了多图层图形的设置。

1. 关联属性

【执行方式】

菜单栏：选择菜单栏中的"格式"→"页面属性"命令。

【操作步骤】

执行上述命令，打开"绘图细节-页面属性"对话框，在左侧结构列表中选择 Graph1（图形）选项，打开"图层"选项卡，如图 12.61 所示。

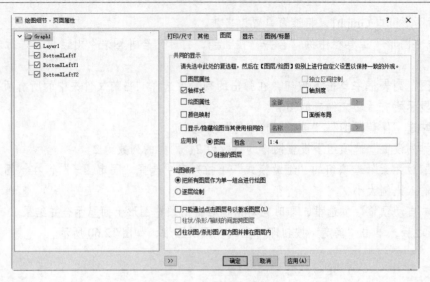

图 12.61　"图层"选项卡

【选项说明】

（1）"共同的显示"选项组。勾选该选项组下的"图层属性"复选框，在该图形窗口中关联所有图层中的属性；勾选"轴样式"复选框，在该图形窗口中关联所有坐标轴。

（2）"应用到"选项组。在"图层"选项中选择关联的图层。

➥ 图层：应用到的图层选择方式，包括"包含"和"排除"，直接在后面的文本框内输入图层编号即可。

➥ 链接的图层：选中该单选按钮，将统一格式应用到进行链接的图层。

默认第一个图层 Layer1 为父图层，其余图层为需要关联的子图层。

2．坐标轴刻度关联

多个图层（子图层）链接到一个图层（父图层），说明这些图层有关联。"绘图细节-页面属性"对话框中子图层比父图层多一个"关联坐标轴刻度"选项卡，如图 12.62 所示。

在"关联到"下拉列表中选择 Layer1，将当前子图层的坐标轴关联到父图层中，设置关联 X 轴和关联 Y 轴。

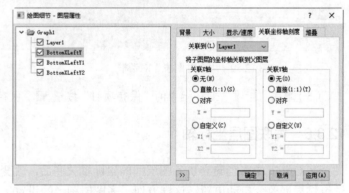

图 12.62　"关联坐标轴刻度"选项卡

12.3.7　图层图例设置

在默认状态下，Origin 在每个图层中都创建一个图例，对于多图层图形，若还如此设置，则图例会发生重叠，因此多图层的图例需要进行设置。

【执行方式】

菜单栏：选择菜单栏中的"图"→"图例"→"更新图例"命令。

【操作步骤】

执行上述命令，打开"更新数据图图例"对话框，用于更新或重构图形图例，如图 12.63 所示。

扫一扫，看视频

★重点 动手学——多图层图例设置

源文件：yuanwenjian\ch_12\钢材消耗与国民经济表.ogwu、多图层图例设置.opju

本例利用钢材消耗与国民经济表绘制多面板图形，设置多图层背景色、图例、坐标轴刻度值。

图 12.63　"更新数据图图例"对话框

【操作步骤】

（1）新建一个项目文件，打开工作簿文件，将"钢材消耗与国民经济表.ogwu"文件拖动到工作表中，导入工作表文件。

（2）在工作表"钢材消耗与国民经济表"中单击左上角的空白单元格，选中所有数据。选择菜单栏中的"绘图"→"多面板/多轴"→"4 窗格"命令，在图形窗口 Graph1 中显示多面板图，如图 12.64 所示。

（3）选择菜单栏中的"图"→"图层管理"命令，打开"图层管理"对话框，在左侧列表中按下 Shift 键，选择所有图层，此时，所有子图层的"关联到"列显示关联到图层 1。

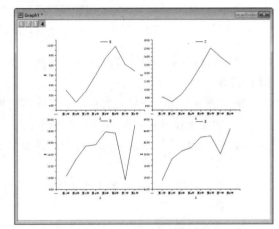

图 12.64　绘制 4 窗格图

❯ 打开"排列图层"选项卡，在"间距"选项组下设置所有间距为 5，如图 12.65 所示。单击"应用"按钮，将设置参数应用到图形中。

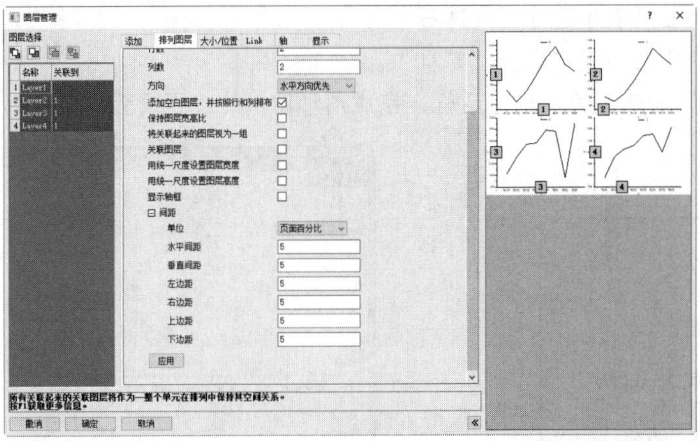

图 12.65　"图层管理"对话框

❯ 打开"显示"选项卡，在"选项"选项组下选择"缩放元素"选项，在"缩放模式"下拉列表中选择"固定因子"，在"固定因子"文本框中输入 0.7（根据图形窗口大小进行调整，避免坐标轴刻度标签叠加）。

（4）单击"确定"按钮，关闭该对话框，完成图形间距与缩放的调整，结果如图 12.66 所示。

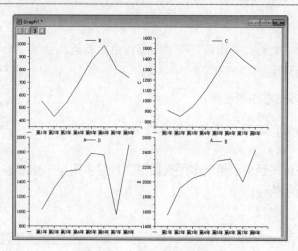

图 12.66 图层属性设置结果

（5）选择菜单栏中的"图"→"图例"→"更新图例"命令，打开"更新数据图图例"对话框，如图 12.67 所示。

- "适应范围"下拉列表：用于选择图例使用范围，包括"整页"和"整个图层"两个选项。本例在下拉列表中选择"整页"选项。
- "更新模式"下拉列表：用于选择图例更新模式，包括"更新"和"重构"。本例在下拉列表中选择"重构"选项。
- "图例"下拉列表：用于选择图例添加方式。本例在下拉列表中选择"整页只添加一个总图例"选项。
- 单击"确定"按钮，关闭该对话框，完成多图层图形图例的合并，结果如图 12.68 所示。

（6）将图层 1 中的总图例拖动到右上角空白处，选中图例，选择菜单栏中的"格式"→"对象属性"命令，打开"文本对象"对话框，打开"边框"选项卡，如图 12.69 所示。

- 在"边框"下拉列表中选择"大理石"。
- 在"应用到"下拉列表中选择"窗口"。

（7）单击"确定"按钮，关闭该对话框，完成图形图例的边框设置，结果如图 12.70 所示。

图 12.67 "更新数据图图例"对话框

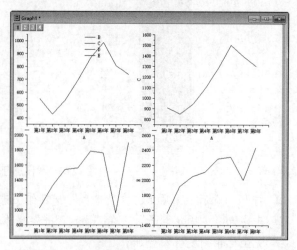

图 12.68 显示总图例

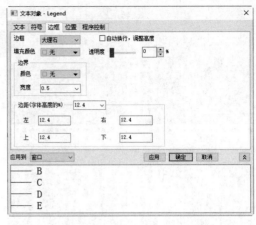

图 12.69　"文本对象"对话框

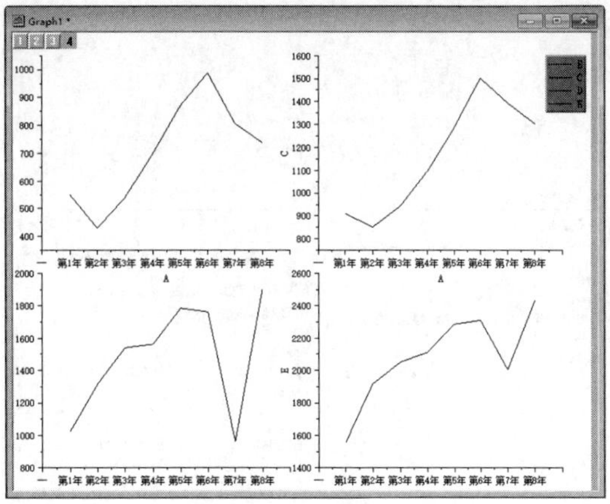

图 12.70　总图例边框设置

（8）在图层 1 绘图区双击，打开"绘图细节-图层属性"对话框，打开"背景"选项卡，进行下面的设置，如图 12.71 所示。

➤ 在"颜色"下拉列表中选择"黄"，设置"透明度"为 26%。

➤ 在"渐变填充"选项组的"模式"下拉列表中选择"更多颜色"，设置"调色板"为 Viridis，在"方向"下拉列表中选择"从下到上"。

（9）单击"确定"按钮，关闭该对话框，完成图层背景颜色的设置，结果如图 12.72 所示。

图 12.71　"背景"选项卡

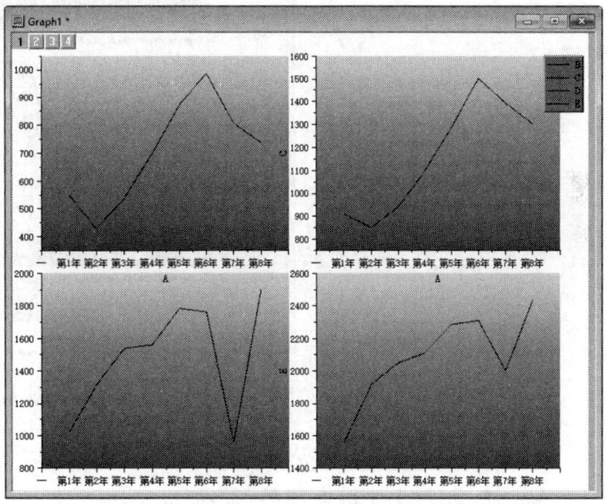

图 12.72　背景颜色设置

（10）在图层 1 绘图区双击，打开"绘图细节-图层属性"对话框，在左侧列表中选择 Layer2，打开"关联坐标轴刻度"选项卡，如图 12.73 所示。

➤ 在"关联到"下拉列表中默认选择 Layer1。

➤ 在"关联 X 轴"选项组中选择"直接（1:1）"。

➤ 在"关联 Y 轴"选项组中选择"直接（1:1）"。

（11）单击"确定"按钮，关闭该对话框，完成图层刻度的链接设置，结果如图 12.74 所示。此时，设置后的图层 2 刻度与图层 1 相同，Y 轴最大刻度值由 1600 变为 1000。

（12）选择右上角的图例，在浮动工具栏中单击"水平排列"按钮，将垂直排列的图例转换为水平排列，将其放置到图表下方。利用浮动工具栏设置图例文字大小为 22，如图 12.75 所示。

| 图 12.73 "关联坐标轴刻度"选项卡 | 图 12.74 坐标轴刻度关联结果 |

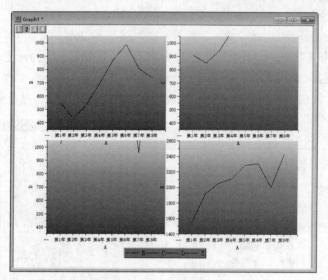

图 12.75 设置图例

（13）双击坐标区空白处，打开"绘图细节-页面属性"对话框。

➡ 打开"打印/尺寸"选项卡，设置页面宽度和高度，如图 12.76 所示。

➡ 打开"显示"选项卡，在"颜色"下拉列表中选择浅灰，在"渐变颜色"下拉列表中选择"更多颜色"，在"调色板"下拉列表中选择 Lite Lime Green，"方向"默认为"从下到上"。

（14）单击"确定"按钮，关闭该对话框。此时，图形页面大小和背景色设置完成，结果如图 12.77 所示。

（15）在坐标区空白处单击，在浮动工具栏中单击"添加图层标题"按钮，添加图表标题，输入"钢材消耗与国民经济分析图表"。利用"格式"工具栏中的按钮设置字体样式为华文新魏，字体大小为 36，字体加粗，字体颜色为红色，结果如图 12.78 所示。

（16）单击"标准"工具栏中的"保存项目"按钮，保存项目文件为"多图层图例设置.opju"。

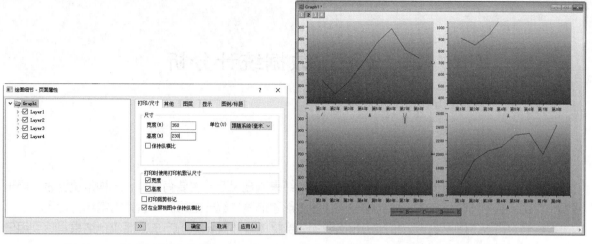

图 12.76　"打印/尺寸"选项卡

图 12.77　页面设置结果

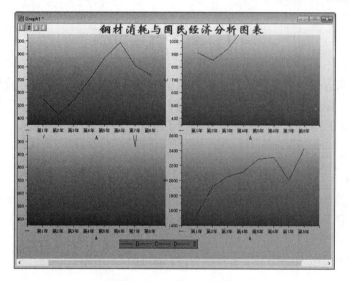

图 12.78　添加图层标题

第 13 章　数据统计分析

内容简介

Origin 提供了大量用于统计分析的工具，统计结果的显现方式主要有两种：一种是统计表，便于阅读和对比，数据清晰且具体；另一种是统计图，形象地表达统计结果。两者也常常结合使用。

本章通过直观的图形统计分析方法和摘要描述数据的描述统计分析方法，将统计结果呈现到用户面前。

13.1　图形统计分析

统计图表通常用来方便理解大量数据，以及数据之间的关系，人们透过视觉化的符号，更快速地读取原始数据，如今，图表已经被广泛应用于各种领域。

Origin 提供了丰富的图表类型，每种图表类型还包含一种或多种子类型。

13.1.1　统计图绘图模板

统计图是指根据数学知识或者是几何知识绘制的各种图形，可以使复杂的统计数字简单化、通俗化、形象化，使人一目了然，便于理解和比较。因此，统计图在统计资料整理与分析中占有重要地位并得到了广泛应用。

在"统计图"图形模板中提供了很多种统计图，如图 13.1 所示。

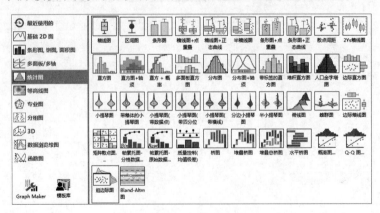

图 13.1　统计图

13.1.2　绘制直方统计图

直方图又称质量分布图，是表示资料变化情况的一种主要工具。用直方图可以解析出资料的规则性，比较直观地看出产品质量特性的分布状态，对于资料分布状况可以一目了然，便于判断其总体质量分布情况。

1. 直方统计图

直方统计图用于对选定数列统计各区间段里数据的个数，它显示出变量数据组的频率分布。输出结果除了绘制的直方图外，还可以在原来的数据表中新添一个名为 PlotData 的新数据表，用于保存统计数据，包括区间段中心值（bin center）、计数（count）、计数积累和（cumulative sum）、积累概率（cumulative probability）等在内的内容。

【执行方式】

❥ 菜单栏：选择菜单栏中的"绘图"→"统计图"→"直方图"命令。

❥ 工具栏：单击"2D 图形"工具栏中的"直方图"按钮 。

2. 带标签的直方统计图

【执行方式】

菜单栏：选择菜单栏中的"绘图"→"统计图"→"带标签的直方图"命令。

★重点 动手学——绘制上半年患者年龄频数直方图

源文件：yuanwenjian\ch_13\patients.xlsx、患者年龄频数直方图.opju

patients.xlsx 中包含 100 例患者的基本信息。本例演示如何利用统计直方图分析判断患者年龄的频数，直观地显示数据的分布特征。

【操作步骤】

（1）导入数据。启动 Origin 2023，打开源文件目录，将 patients.xlsx 文件拖放到工作表中，导入数据文件，如图 13.2 所示。

（2）绘制直方统计图。

1）在工作表中选中所有 A(X)列，单击"2D 图形"工具栏中的"直方图"按钮 ，在图形窗口 Graph1 中绘制直方统计图，根据年龄数据分段进行计数，如图 13.3 所示。

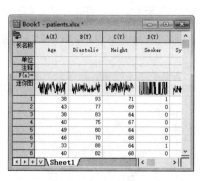

图 13.2 导入数据

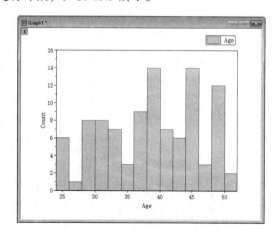

图 13.3 绘制直方统计图

2）双击 X 轴，打开"X 坐标轴-图层 1"对话框，打开"刻度"选项卡，在"主刻度"选项组中的"值"文本框内输入刻度增量 2，如图 13.4 所示。

3）单击"确定"按钮，关闭对话框，返回图形窗口 Graph1，直方图以 2 岁为间隔显示患者年龄的频数分布图，如图 13.5 所示。

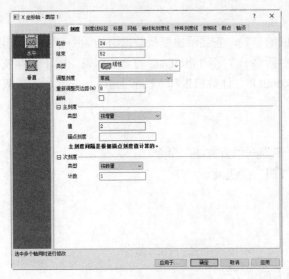

图 13.4　"刻度"选项卡

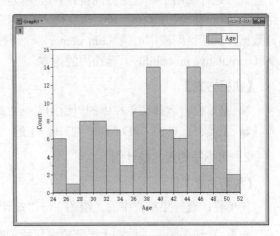

图 13.5　图形设置结果

从图 13.5 中可以很直观地看出以下信息：38~40 岁与 44~46 岁的患者数量最多，26~28 岁的患者数量最少。

（3）绘制带标签的直方统计图。

1）在工作表中选中所有 A(X)列，选择菜单栏中的"绘图"→"统计图"→"带标签的直方图"命令，在图形窗口 Graph2 中绘制带标签的直方统计图，在直方图中显示根据年龄数据分段的计数值，如图 13.6 所示。

2）双击 X 轴，打开"X 坐标轴-图层 1"对话框，打开"刻度"选项卡，在"主刻度"选项组中的"值"文本框内输入刻度增量 2。单击"确定"按钮，关闭对话框，返回图形窗口 Graph2，如图 13.7 所示。

从图 13.7 可以更精确地看出以下信息：38~40 岁与 44~46 岁的患者数量最多，为 14，26~28 岁的患者数量最少，为 1。

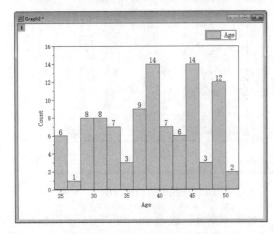

图 13.6　带标签的直方统计图

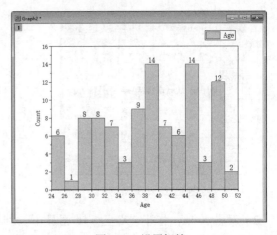

图 13.7　设置标签

（4）保存项目文件。单击"标准"工具栏中的"保存项目"按钮，保存项目文件为"患者年龄频数直方图.opju"。

3. 概率直方统计图

概率直方统计图是直方统计图的延伸，在直方图的基础上绘制概率图，同时在添加的工作表Book1_A Bins 中输出区间中心、计数、累计总和、累计百分比，在结果日志中计算统计数据的均值、标准差、最大值、最小值、大小。

【执行方式】

❧ 菜单栏：选择菜单栏中的"绘图"→"统计图"→"直方图+概率"命令。

❧ 工具栏：单击"2D 图形"工具栏中的"直方图+概率"按钮。

4. 分布直方统计图

顾名思义，分布直方统计图是在直方图的基础上绘制分布图，显示数据的分布情况。

【执行方式】

菜单栏：选择菜单栏中的"绘图"→"统计图"→"分布图"命令。

★重点 动手练——绘制患者年龄频数直方概率分布图

源文件：yuanwenjian\ch_13\patients.xlsx、患者年龄频数直方概率分布图.opju
本练习利用 patients.xlsx 中的患者年龄数据绘制数据的直方图、概率图和分布图，如图 13.8 所示。

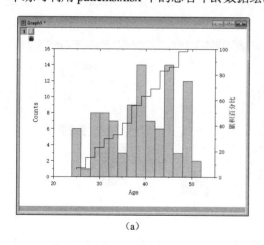
（a）

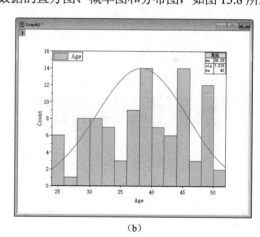
（b）

图 13.8 结果示例

【操作提示】

（1）选中 A 列数据，利用"直方图+概率"命令绘制直方图和累计百分比图。

（2）选中 A 列数据，利用"分布图"命令绘制直方图和分布图，设置图例中字体大小为 14。

13.1.3 绘制箱线图

箱线图又称盒须图、盒式图或箱形图，是一种用作显示一组数据分散情况资料的统计图，主要用于反映原始数据分布的特征，还可以进行多组数据分布特征的比较，判断数据中的异常值（outlier）、直观判断数据的对称性、判断数据的偏态性。

1. 箱线图

箱线图主要包含 6 个数据节点，将一组数据从大到小排列，分别计算出它的上边缘、上四分位数、中位数、下四分位数、下边缘和异常值，如图 13.9 所示。

【执行方式】

➥ 菜单栏：选择菜单栏中的"绘图"→"统计图"→"箱线图"命令。

➥ 工具栏：单击"2D 图形"工具栏中的"箱线图"按钮 ▣。

★重点 动手学——绘制上半年企业净利润箱线图

扫一扫，看视频

源文件：yuanwenjian\ch_13\上半年企业净利润.opju、上半年企业净利润箱线图.opju

本例利用箱线图直观显示上半年企业净利润数据的分布特征。

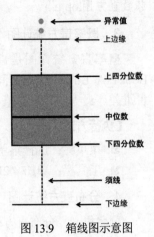
图 13.9　箱线图示意图

【操作步骤】

（1）导入数据。启动 Origin 2023，打开源文件目录，将"上半年企业净利润.opju"文件拖放到工作表中，导入项目文件，如图 13.10 所示。

（2）绘制图形。箱线图的数据和以往的数据有很大的区别，那就是箱线图的数据是没有 X 列的，全部是 Y 列。在工作表中选中所有 Y 列（B、C、D、E 列）。

1）选择菜单栏中的"绘图"→"统计图"→"箱线图"命令，在图形窗口 Graph2 中绘制箱线图，如图 13.11 所示。

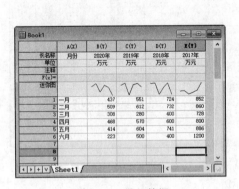
图 13.10　导入数据

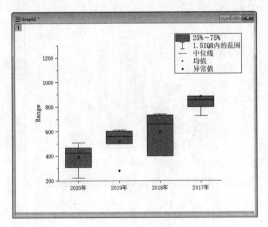
图 13.11　绘制箱线图

从图 13.11 可以很直观地看出以下信息。

➥ 各年度企业净利润中，2017 年的企业净利润最高，2020 年的企业净利润最低。（用平均值去衡量整体的情况有时很不合理，用中位数比较稳定，因为中位数不太会受到极值的影响，而平均值则受极值的影响很大。）

➥ 2017 年和 2019 年的企业净利润分布比较集中，因为箱子比较短，而 2018 年和 2020 年的企业净利润比较分散，对照企业净利润数据也可以证实。

➥ 从各个箱线图的中位数和上、下四分位数的间距也可以看出，2017 年和 2019 年的企业净利润分布非常对称。

➥ 在 2019 年企业净利润对应的箱线图出现了一个异常点，观察工作表数据，2019 年 3 月企业净利润为 280 万元，而其他月份的企业净利润都在 500 万元以上。

2）双击图形窗口 Graph2 中的坐标区，打开"绘图细节-图层属性"对话框，在左侧选择 B 列数据曲线。

➥ 打开"组"选项卡，单击"箱体颜色"行"增量"列，选择"逐个"选项，如图 13.12 所示。

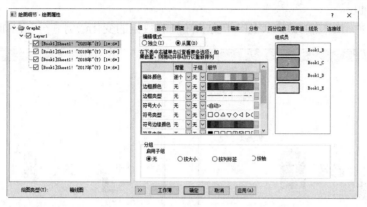

图 13.12 "组"选项卡

➥ 打开"箱体"选项卡，在"箱体"选项组的"样式"下拉列表中选择"菱形箱体"选项，如图 13.13 所示。

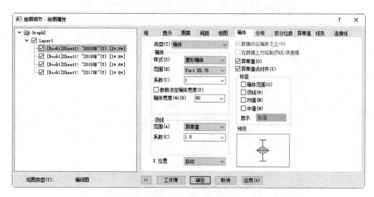

图 13.13 "箱体"选项卡

3）单击"确定"按钮，关闭对话框，返回图形窗口 Graph2，显示箱线图图形属性设置结果，如图 13.14 所示。

（3）保存项目文件。单击"标准"工具栏中的"保存项目"按钮，保存项目文件为"上半年企业净利润箱线图.opju"。

2. 扩展箱线图

为了在箱线图中体现数据变化趋势，Origin 在"统计图"绘图模板中提供了在箱线图中添加散点图或正态曲线的命令，如图 13.15 所示。在箱线图中添加散点图和正态

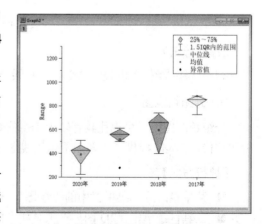

图 13.14 图形设置结果

曲线，可以通过数据点的分布位置和曲线的变化趋势充分体现出数据的分布。

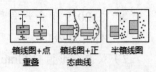

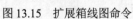

图 13.15 扩展箱线图命令

★重点 动手练——绘制上半年企业净利润扩展箱线图

扫一扫，看视频

源文件： yuanwenjian\ch_13\上半年企业净利润.opju、上半年企业净利润扩展箱线图.opju

本练习利用多种箱线图直观显示上半年企业净利润数据的变化趋势和分布特征，如图13.16所示。

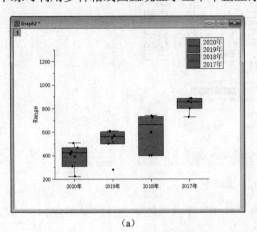

(a)

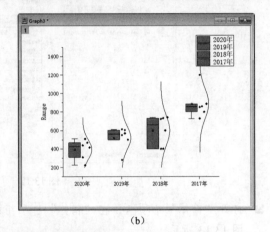

(b)

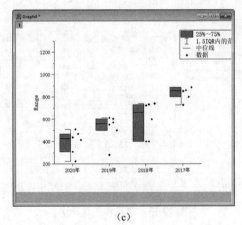

(c)

图 13.16 结果示例

【操作提示】

利用"箱线图+点重叠"命令、"箱线图+正态曲线"命令、"半箱线图"命令绘制箱线图。

3. 分组箱线图

分组箱线图用于可视化具有多个子组的数据，为了对同类群体的几批数据的箱线图进行比较、分析和评价，Origin 提供了"多因子组箱线图-索引数据""多因子组箱线图-原始数据"命令。

【执行方式】

➤ 菜单栏：选择菜单栏中的"绘图"→"分组图"→"多因子组箱线图-索引数据"命令。

➤ 工具栏：单击"2D 图形"工具栏中的"多因子组箱线图-索引数据"按钮。

★重点 动手学——绘制企业基本开销支出箱线图

源文件：yuanwenjian\ch_13\2021 年某企业基本开销支出表.xlsx、基本开销支出分组箱线图.opju

本例利用分组箱线图直观显示 2021 年某企业基本开销支出的分布特征。

【操作步骤】

（1）导入数据。启动 Origin 2023，打开源文件目录，将"2021
年某企业基本开销支出表.xlsx"文件拖放到工作表中，导入数据文
件，如图 13.17 所示。

（2）绘制图形。

1）选择菜单栏中的"绘图"→"统计图"→"箱线图"命令，
打开"图表绘制：选择数据来绘制新图"对话框，在左侧的"绘图
类型"列表框中默认选择"箱线图"，在右侧 Y 列选择"B 员工
工资""C 福利支出""D 税费""E 通信宽带费"，如图 13.18
所示。

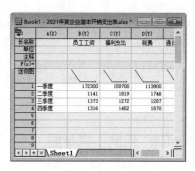

图 13.17　导入数据

2）单击"确定"按钮，关闭该对话框，在图形窗口 Graph1 中绘制箱线图，如图 13.19 所示。

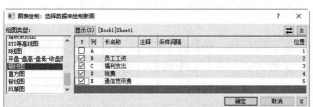

图 13.18　"图表绘制：选择数据来绘制新图"对话框

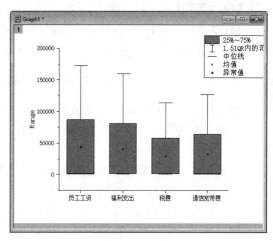

图 13.19　绘制箱线图

3）将工作表窗口 Book1 置为当前，选择菜单栏中的"绘图"→"分组图"→"多因子组箱线图-
索引数据"命令，打开 Plotting 对话框，如图 13.20 所示。

➥ 在"数据列"文本框中单击按钮，在工作表中选择 B、C、D、E 列。

➥ 在"分组列"文本框中单击按钮，在工作表中选择 A 列。

4）单击"确定"按钮，关闭该对话框，在图形窗口 Graph2 中绘制分组箱线图，删除图例，
如图 13.21 所示。

（3）保存项目文件。单击"标准"工具栏中的"保存项目"按钮，保存项目文件为"基本
开销支出分组箱线图.opju"。

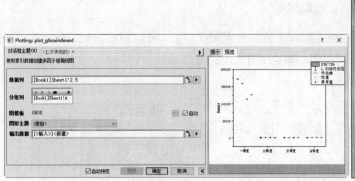

图 13.20　Plotting 对话框　　　　　　　　　　图 13.21　分组箱线图

13.1.4　绘制小提琴图

小提琴图本质上是由核密度图和箱线图两种基本图形结合而来的，是常见的描述数据的统计图，可以很好地展示数据结果，看起来非常美观。

【执行方式】

- ➥ 菜单栏：选择菜单栏中"绘图"→"统计图"→"带箱体的小提琴图"命令。
- ➥ 工具栏：单击"2D 图形"工具栏中的"带箱体的小提琴图"按钮 ⚬。

★重点　动手练——绘制上半年企业净利润小提琴图

源文件： yuanwenjian\ch_13\上半年企业净利润.opju、上半年企业净利润小提琴图.opju

本练习利用多种小提琴图直观地显示上半年企业净利润数据的变化趋势和分布特征，如图 13.22 所示。

通过箱线图可以查看有关数据的基本分布信息，如中位数、平均值、四分位数，以及最大值和最小值，但是不会显示数据在整个范围内的分布。如果数据的分布有多个峰值（也就是数据分布极其不均匀），那么箱线图就无法展现这一信息，这时候就会需要小提琴图。小提琴图的内部是箱线图（中位数用白点表示）；外部包裹的就是核密度图，某区域图形面积越大，某个值附近分布的概率越大。

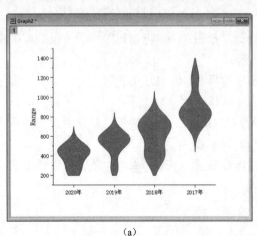
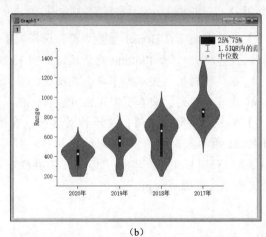

（a）　　　　　　　　　　　　　　　　（b）

图 13.22　结果示例

【操作提示】

选中 B、C、D、E 列数据，利用"小提琴图""带箱体的小提琴图"命令绘制小提琴图。

13.1.5　绘制人口金字塔图

人口金字塔图是用类似古埃及金字塔的形象描绘人口年龄和性别分布状况的图形,反映人口状况,预示未来人口发展趋势,反映人口发展的历史。人口金字塔的运用有利于掌握和研究人类自身生产的过去、现状和未来,对发展和解决人口问题、进行人口预测、制定人口政策、实行人口控制具有重要意义。

人口金字塔图中的水平条代表每一年龄组男性和女性的数字组成比例,各个年龄性别组相加构成了总人口,反映某一地区过去和现在的人口统计趋势。

【执行方式】

菜单栏：选择菜单栏中的"绘图"→"统计图"→"人口金字塔图"命令。

★重点 动手练——绘制部门流动人员统计图

源文件：yuanwenjian\ch_13\部门流动人员.xlsx、部门流动人员统计图.opju

现有某集团 10 个部门一年内的入职人数与离职人数,本练习利用入职人数与离职人数数据绘制人口金字塔图与统计图，如图 13.23 所示。

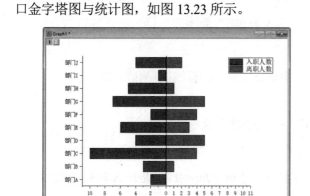
（a）

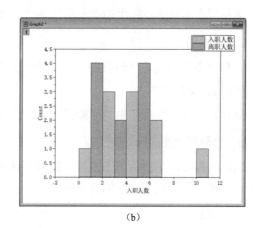
（b）

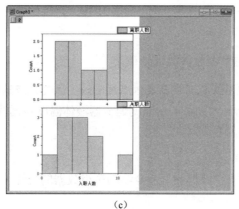
（c）

图 13.23　结果示例

【操作提示】

（1）选择工作表中的 A(X)、B(Y)、C(Y)列数据，利用"人口金字塔图"命令绘制入职人数与离职人数数据的人口金字塔图。

（2）选择工作表中的 B(Y)、C(Y)列数据，利用"直方图"命令绘制入职人数与离职人数数据的直方图。

（3）选择工作表中的 B(Y)、C(Y)列数据，利用"多面板直方图"命令绘制入职人数与离职人数数据的对比统计直方图。

13.1.6　对比统计图

在 Origin 中，提供了几种专门用于对多组同类数据进行对比的统计图，包括脊线图、蜂群图、边际箱线图和矩阵散点图等。

1. 脊线图

脊线图是部分重叠的线形图，用以在二维空间中产生山脉的印象，其中每一行对应的是一个类别，而 X 轴对应的是数值的范围，波峰的高度代表出现的次数。脊线图适用于可视化指标数据随时间或空间分布的变化。

【执行方式】

菜单栏：选择菜单栏中的"绘图"→"统计图"→"脊线图"命令。

2. 蜂群图

蜂群图本质上还是"列散点图"，是更加规整、更加整齐划一的箱线图+列散点图。

【执行方式】

菜单栏：选择菜单栏中的"绘图"→"统计图"→"蜂群图"命令。

3. 边际箱线图

边际箱线图用于评估两个变量之间的关系并检查它们的分布。边际箱线图是在 X 轴和 Y 轴边际中包含直方图、箱线图或点图的散点图。

4. 矩阵散点图

矩阵散点图由两种基本图形（直方图和散点图）构建，是确定在多个变量之间是否存在线性关联的图形。

扫一扫，看视频

★重点 动手练——温度调节器液体温度分布

源文件：yuanwenjian\ch_13\温度调节器液体温度.xlsx、温度调节器液体温度分布.opju
本练习利用不同的统计图命令根据 4 个温度调节器液体温度数据演示数据分布情况，如图 13.24 所示。

【操作提示】

利用"直方图""脊线图""蜂群图"命令绘制多组数据的统计图。

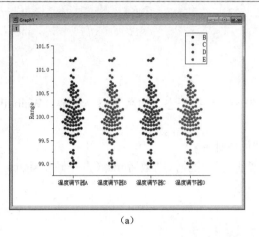

（a）

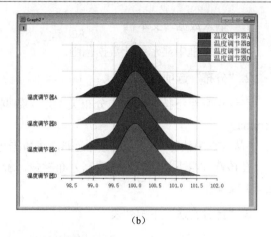

（b）

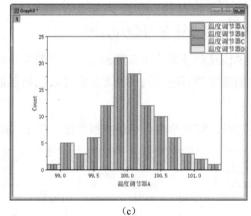

（c）

图 13.24　结果示例

13.1.7　绘制概率图

Q-Q 图（标准常态概率图）是一种概率图，用图形的方式比较两个概率分布，显示 X 轴上的观测值和 Y 轴上的期望值，用概率分布的分位数进行正态性考查，如果样本数对应的总体分布确为正态分布，则 Q-Q 图中样本数据对应的散点应基本落在原点出发的 45°参照线附近。概率图与 Q-Q 图绘制方法类似，这里不再赘述。

【执行方式】

☛ 菜单栏：选择菜单栏中的"分析"→"描述统计"→ "Q-Q 图"命令。

☛ 工具栏：单击"2D 图形"工具栏中的"Q-Q 图"按钮 。

【操作步骤】

执行上述命令，打开如图 13.25 所示的 Plotting 对话框，单击"确定"按钮，创建特定分布的概率图或 Q-Q 图。

【选项说明】

下面介绍 Plotting 对话框中常用的选项。

图 13.25　Plotting 对话框

1. "输入数据" 文本框

在该文本框中显示统计数据范围。

2. "分布" 选项组

在该选项组下按照数据的分布类型定义数据分布形态，包括正态、对数正态、指数、Weibull 和 Gamma。

"从数据中估算"：勾选该复选框，将数据进行估计值计算。

在该选项组下还可以设置数据分布参数，若选中"正态"检验，则激活 mu（方差）和 sigma（标准差）文本框。

3. "计分方法" 下拉列表

在该下拉列表中选择计算估计值的方法。

★重点 动手练——判断温度调节器液体温度的正态性

源文件：yuanwenjian\ch_13\温度调节器液体温度.xlsx、温度调节器液体温度概率图.opju
本练习利用概率图、Q-Q 图直观判断温度调节器液体温度数据是否符合正态分布。

【操作提示】

选择"温度调节器 A"列数据，利用绘图命令绘制概率图（图 13.26）和 Q-Q 图（图 13.27）。

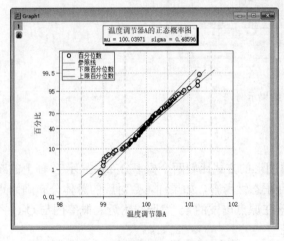
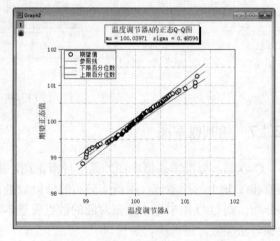

图 13.26　温度调节器 A 的正态概率图　　　　图 13.27　温度调节器 A 的正态 Q-Q 图

可以看出，温度调节器 A 数据散点基本落在原点出发的 45°参考线附近，期望值基本都在下限百分位数、上限百分位数两条线内，所以样本数据服从假定的正态分布。

13.2　描述统计分析

描述统计分析是一种较为初等的数据统计分析方式，描述统计分析主要用于计算描述集中趋势和离散趋势的各种统计量。

13.2.1　常用统计量

数理统计的任务是采集和处理带有随机影响的数据，或者说收集样本并对之进行加工，以此对研究的问题作出一定的结论，这一过程称为统计推断。从样本中提取有用的信息来研究总体的分布及各种特征数就是构造统计量的过程，因此统计量是样本的某种函数。下面介绍几种常用统计量。

1．均值

均值（mean）也称平均数，是一组数据相加后除以数据的个数得到的结果。平均数在统计学中具有重要的地位，是集中趋势的最主要测度值，其主要适用于数值型数据，而不适用于分类数据和顺序数据。

根据所掌握数据的不同，平均数有不同的计算形式和计算公式。平均数包含算术平均数、几何平均数、平方平均数（均方根平均数）、调和平均数和加权平均数等。

2．标准差

标准差是最常用的反映随机变量分布离散程度的指标。标准差越大，数据波动越大；标准差越小，数据波动越小。

3．方差

方差不仅仅表达了样本偏离均值的程度，更揭示了样本内部彼此波动的程度，在许多实际问题中，研究方差（即偏离程度）有着重要意义。在样本容量相同的情况下，方差越大，说明数据的波动越大，越不稳定。

4．众数

众数主要用于测度分类数据的集中趋势，当然也适用于作为顺序数据以及数值型数据集中趋势的测度值。一般情况下，只有在数据量较大的情况下，众数才有意义。

5．中位数

一组数据排序后处于中间位置上的变量值称为中位数（median），用 M_e 表示。中位数将全部数据等分成两部分，每部分包含 50% 的数据，一部分数据比中位数大，另一部分数据则比中位数小。中位数主要用于测度顺序数据的集中趋势，当然也适用于作为数值型数据的集中趋势，但是不适用于分类数据。

平均数是通过计算得到的，因此它会因每一个数据的变化而变化。中位数是通过排序得到的，不受最大、最小两个极端数值的影响。当一组数据中的个别数据变动较大时，常用中位数描述这组数据的集中趋势。

6．分位数

中位数是从中间点将全部数据等分为两部分。与中位数类似的还有四分位数（quartile）、十分位数（decile）和百分位数（percentile）等。它们分别是用 3 个点、9 个点和 99 个点将数据 4 等分、10 等分和 100 等分后各分位点上的值。这里只介绍四分位数的计算，其他分位数与之类似。

一组数据排序后处于 25% 和 75% 位置上的值称为四分位数，也称为四分位点。四分位数是通过 3 个点将全部数据等分为 4 部分，其中每部分包含 25% 的数据。很显然，中间的四分位数就是中位数，因此通常所说的四分位数是指处在 25% 位置上的数值（下四分位数）和处在 75% 位置上的数值（上四分位数）。与中位数的计算方法类似，当根据未分组数据计算四分位数时，首先对数据进行排序，然后确定四分位数所在的位置。

上四分位数与下四分位数之差称为四分位差（quartile deviation），也称为内距或四分间距（inter-quartile range），用 Q_d 表示。

四分位差反映了中间50%数据的离散程度，其数值越小，说明中间的数据越集中；数值越大，说明中间的数据越分散。四分位差不受极值的影响。此外，由于中位数处于数据的中间位置，因此四分位差的大小在一定程度上也说明了中位数对一组数据的代表程度。

四分位差主要用于测度顺序数据的离散程度。对于数值型数据也可以计算四分位差，但是不适合于分类数据。

7. 极差

数据的最大值与最小值之差称为极差（range），也称为全距，用 R 表示。极差是描述数据离散程度的最简单测度值，计算简单，易于理解，但是它容易受极端值的影响。由于极差只是利用了一组数据两端的信息，不能反映出中间数据的分散状况，因此不能准确描述出数据的分散程度。

8. 平均差

各变量值与其平均数离差的绝对值的平均数称为平均差（mean deviation），也称为平均离差，用 M 表示。

平均差以平均数为中心，反映了每个数据与平均数的平均差异程度，它能全面准确地反映一组数据的离散状况。平均差越大说明数据的离散程度越大；反之，则说明数据的离散程度越小。为了避免离差之和等于0而无法计算平均差这一问题，平均差在计算时对离差取了绝对值，以离差的绝对值表示总离差，这就给计算带来了不便，因此实际中应用较少。平均差的实际意义比较清楚，容易理解。

9. 偏度系数

偏度系数是描述变量取值分布形态对称性的统计量。如果一组数据的分布是对称的，则偏度系数等于0；如果偏度系数明显不等于0，则表明分布是非对称的。

10. 峰度系数

峰度系数是描述变量取值分布形态陡缓程度的统计量，当数据分布与标准正态分布的陡缓程度相比，两者相同时，峰度值等于0；更陡峭则峰度值大于0，称为尖峰分布；更平缓则峰度值小于0，称为平峰分布。

11. 变异系数

变异系数是测度数据离散程度的相对统计量，通常是根据标准差计算的，因此也称标准差系数，具体是指数据的标准差与其相应的平均数之比。主要用于比较不同样本数据的离散程度。系数大说明数据的离散程度大，系数小说明数据的离散程度小。

13.2.2　列统计和行统计

计算描述统计量时，Origin 根据数据输入的方向（按行、按列）将计算统计量的命令分为行统计与列统计。Origin 一般按照列输入数据，这里只介绍列统计，行统计与其类似，这里不再赘述。

【执行方式】

➷ 菜单栏：选择菜单栏中的"统计"→"描述统计"→"列统计"命令。

➷ 工具栏：单击"工作表数据"工具栏中的"列统计"按钮 Σ📊。

❯ 快捷命令：右击，在弹出的快捷菜单中选择"列统计"命令。

【操作步骤】

执行上述命令，打开如图 13.28 所示的"列统计"对话框，该对话框中包含 5 个选项卡。单击"确定"按钮，生成相应的描述统计表和分析报表。其中包括备注（基本信息）、输入数据以及描述统计结果。

（a）"输入"选项卡

（b）"输出量"选项卡

（c）"计算控制"选项卡

（d）"输出"选项卡

（e）"绘图"选项卡

图 13.28 "列统计"对话框

【选项说明】

1."输入"选项卡

（1）排除空数据集：勾选该复选框，删除选择数据列中的空数据集。

（2）Exclude Text Dataset：勾选该复选框，删除选择数据列中的文本数据集。

（3）输入数据：在右侧的下拉列表中可以选择是对当前列统计，还是合并整个数据集统计。

❯ 数据范围：选择进行统计分析的数据。

- 组：选择进行组合的数据列。
- 加权范围：很多时候在进行统计分析和市场研究时，都涉及对数据进行加权的问题。数据加权是指数据乘以权重。在该文本框中选择进行数据加权的数据范围。

2. "输出量"选项卡

勾选其中的复选框，选择要计算和显示的统计量。

（1）"矩"选项组。单击该选项组左侧的⊞按钮，展开选项组，勾选相应的复选框，在输出的分析表中输出基本统计量。

- 总数 N：数据点个数 n。
- 缺失值数量：缺失的数据点个数 $n_0=N-n$。
- 均值：数据的平均值 $\bar{x} = \dfrac{\sum\limits_{i=1}^{n} w_i x_i}{\sum\limits_{i=1}^{n} w_i}$ 。其中，w 表示数据权重。
- 标准差：数据的标准偏差 $s = \sqrt{\dfrac{\sum\limits_{i=1}^{n} w_i (x_i - \bar{x})^2}{\lambda}}$ 。
- 均值 SE：数据平均值的标准误差 $s_e = \dfrac{s}{\sum\limits_{i=1}^{n} w_i}$ 。
- 均值的 95%置信区间的下限：列数据平均值的 95%置信区间的下限。
- 均值的 95%置信区间的上限：列数据平均值的 95%置信区间的上限。
- 方差：列数据标准偏差的平方 s^2。
- 总和：所有带有非缺失值的数据的值的合计或总计 $\sum\limits_{i=1}^{n} w_i x_i$ 。
- 偏度：数据的偏度系数 $\gamma_1 = \dfrac{1}{\lambda}\sum\limits_{i=1}^{n}\left[\dfrac{\sqrt{w_i}(x_i-\bar{x})}{s}\right]^3$ ，数据分布的不对称性度量。
- 峰度：列数据的峰度系数 $\gamma_2 = \dfrac{1}{\lambda}\sum\limits_{i=1}^{n}\left[\dfrac{\sqrt{w_i}(x_i-\bar{x})}{s}\right]^4 - 3$ ，观察值聚集在中点周围的程度的测量。
- 未校正平方和：未校正的数据平方和 $\sum\limits_{i=1}^{n} w_i x_i^2$ 。
- 校正平方和：校正的数据平方和 $\sum\limits_{i=1}^{n} w_i(x_i-\bar{x})^2$ 。
- 变异系数：变异系数 $cv = \dfrac{s}{x}$ ，用于对比率变量离散程度的描述，分为基于均值的变异系数（mean centered COV）和基于中位数的变异系数（median centered COV），前者是通常意义下的变异系数，是标准差除以均值。
- 平均绝对偏差：误差统计值 $d = \dfrac{\sum\limits_{i=1}^{n} w_i |x_i - \bar{x}|}{\sum\limits_{i=1}^{n} w_i}$ ，计算每对实际数据点与拟合数据点之间距离的

平均值。

➥ 两倍 SD：标准偏差乘以 2。

➥ 三倍 SD：标准偏差乘以 3。

➥ 几何均值：几何平均值 $\tilde{x} = \sqrt[n]{\prod_{i=1}^{n} x}$，数据值的乘积的 n 次根，其中 n 代表数据数目。

➥ 几何 SD：几何标准偏差 $\tilde{s} = \exp\sqrt{\dfrac{\sum_{i=1}^{n}(\ln x_i - \ln \bar{x})^2}{n-1}}$。

➥ 众数：出现频率最高的数据 m。

➥ 权重的总和：所有数据权重的总和 $w = \sum_{i=1}^{n} w_i$。

➥ 调和平均值：在组中的样本大小不相等的情况下用来估计平均组大小。调和平均值是样本总数除以样本大小的倒数总和。

（2）"分位数"选项组。单击该选项组左侧的⊞按钮，展开选项组，勾选相应的复选框，在输出的分析表中输出分位数统计量。

➥ 最小值：数据点的最小值。

➥ 最小值序号：数据点最小值的索引。

➥ 第 1 个四分位数（Q1）：插值操作时的 Q1 值（25%）。

➥ 中位数：插值操作时的 Q2 值（50%）。

➥ 第 3 个四分位数（Q3）：插值操作时的 Q3 值（75%）。

➥ 最大值：数据点的最大值。

➥ 最大值序号：数据点最大值的索引。

➥ 四分位间距（Q3-Q1）：插值范围。

➥ 极差（最大值-最小值）：最大值-最小值的值。

➥ 自定义百分位数：定制百分位数。

➥ 百分位数列表：是否列出百分位数。

➥ 中位绝对偏差：中位数的平均绝对偏差。

➥ 稳健变异系数：Robust CV，标准四分位点内距除以中位值并以百分数表示。

（3）"极值"复选框。勾选该复选框，在输出的分析表中计算并显示极大/极小值。

3. "计算控制"选项卡

（1）权重法：选择计算权重的方法。

（2）矩方差因子：选择矩方差因子 λ。

（3）分位数插值：选择分位数插值计算的方法。

4. "输出"选项卡

设置输出图形或报表选项。

5. "绘图"选项卡

（1）直方图：是否计算输出柱状统计图。

（2）箱线图：是否计算输出方框统计图。

★重点 动手学——温度调节器液体温度描述统计分析

源文件：yuanwenjian\ch_13\温度调节器液体温度.xlsx、温度调节器液体温度描述统计分析.opju

4 个温度调节器放置在贮存着某种液体的容器内，调节器整定在 d℃，液体的温度 X_1、X_2、X_3、X_4（以℃计）是随机变量，服从正态分布，其中，$X_1 \sim X_1(100, 0.5^2)$，$X_2 \sim X_2(100, 2^2)$，$X_3 \sim X_3(80, 2^2)$，$X_4 \sim X_4(80, 0.5^2)$。

本例利用温度调节器液体温度数据进行描述统计分析。

【操作步骤】

1. 导入数据

启动 Origin 2023，打开源文件目录，将"温度调节器液体温度.xlsx"文件拖放到工作表中，导入数据文件，如图 13.29 所示。

2. 计算统计量

（1）在工作表中选中数据列 B(Y)、C(Y)、D(Y)、E(Y)，选择菜单栏中的"统计"→"描述统计"→"列统计"命令，打开"列统计"对话框。

- ↳ 打开"输出量"选项卡，在"矩"选项组中勾选"总数 N""均值""标准差""均值 SE""方差""总和""偏度""峰度"复选框，如图 13.30 所示。
- ↳ 打开"绘图"选项卡，勾选"直方图""箱线图"复选框，如图 13.31 所示。

（2）单击"确定"按钮，生成叙述统计分析报表 DescStatsOnCols1 和相应的描述统计表 DescStatsQuantities1，如图 13.32 和图 13.33 所示。

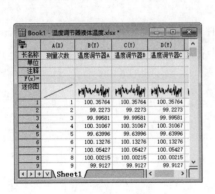

图 13.29　导入数据

图 13.30　"输出量"选项卡

图 13.31　"绘图"选项卡

3. 保存项目文件

单击"标准"工具栏中的"保存项目"按钮，保存项目文件为"温度调节器液体温度描述统计分析.opju"。

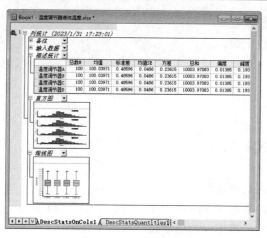

图 13.32　叙述统计分析报表

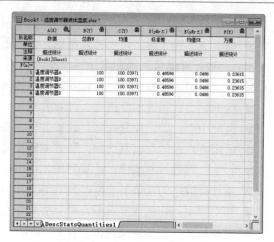

图 13.33　相应的描述统计表

13.2.3　频数分析

频数是指定区间中代表某种特征的数（标志值）出现的次数。频数分析用于计算定类数据的选择频数和比例，如调查研究对象的性别、年龄，通过这些问题可以了解研究对象的背景。频数分析既可以用表的形式表示，又可以用图形的形式表示。

1. 频数分布分析

频数分布分析是指创建一列数据区间段，按照区间对要进行频率计数的数列进行计数，将计数结果等有关信息存放在新创建的工作表窗口中。

【执行方式】

菜单栏：选择菜单栏中的"统计"→"描述统计"→"频数分布"命令。

【操作步骤】

执行上述命令，打开如图 13.34 所示的"频数分布"对话框，在该对话框中设置数据区间和统计量参数。

单击"确定"按钮，生成频数统计量工作表 FreqCounts1。

【选项说明】

（1）"输入"文本框。选择数据源。

（2）"指定区间范围依据"下拉列表。选择区间范围的依据，包括区间中心、区间终点、用户定义边界和用户定义中心。

（3）"计算控制"选项组。

❧ 最小区间起始：指定区间最小值。

❧ 最大区间终点：指定区间最大值。

❧ 区间划分方法：生成区间段的方法，包括区间大小和区间个数。

❧ 包括离群值<最小值：异常值（离群值）小于最小值时加入到最小区间段。

❧ 包括离群值>=最大值：异常值（离群值）大于等于最小值时加入到最小区间段。

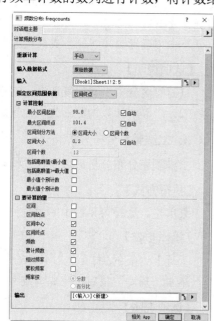

图 13.34　"频数分布"对话框

- ➲ 最小值个别计数：勾选该复选框，显示最小值个数。
- ➲ 最大值个别计数：勾选该复选框，显示最大值个数。

（4）"要计算的量"选项组。

- ➲ 区间：勾选该复选框，计算并输出数据区间。
- ➲ 区间始点：勾选该复选框，计算并输出数据区间最小值。
- ➲ 区间中心：勾选该复选框，计算并输出数据区间中间值。
- ➲ 区间终点：勾选该复选框，计算并输出数据区间最大值。
- ➲ 频数：勾选该复选框，计算并输出区间。
- ➲ 累计频数：勾选该复选框，计算并输出区间内数据出现的次数。
- ➲ 相对频率：勾选该复选框，计算并输出区间内数据出现的频率（=次数÷数据个数）。
- ➲ 累积频率：勾选该复选框，计算并输出区间内数据出现的频率和（与前面数据）。
- ➲ 频率按：在该选项组下设置输出数据频率的输出形式，可以设置分数或百分比。

（5）"输出"文本框。输出目标工作表。

2．离散频数分析

离散频数分析用于统计在实验数据中某一些具体值出现的次数。

【执行方式】

菜单栏：选择菜单栏中的"统计"→"描述统计"→"离散频数"命令。

【操作步骤】

执行上述命令，打开如图 13.35 所示的"离散频数"对话框，在该对话框中设置需要计算并显示的统计量参数。

单击"确定"按钮，生成离散频数统计量工作表 DiscretFreq1。

【选项说明】

（1）"区分大小写"复选框。勾选该复选框，当统计数据出现频率时区分大小写。

（2）"显示计数为零的类别"复选框。勾选该复选框，当统计数据时显示计数为零的类别。

3．二维频率分布分析

二维频率分布分析可以统计二维数据集的数据频率并在二维直角坐标系中显示出来。

【执行方式】

菜单栏：选择菜单栏中的"统计"→"描述统计"→"二维频数分布"命令。

【操作步骤】

执行上述命令，打开如图 13.36 所示的"二维频数分布"对话框，计算并显示二维数据的频数参数。

单击"确定"按钮，生成二维频数统计量工作表。

【选项说明】

（1）"输入"选项组。设置输入数据范围、X 轴数据范围、Y 轴数据范围。

（2）X、Y 选项组。设置 X 轴、Y 轴需要统计的参数。

（3）"计算的统计量"下拉列表。选择需要计算并显示的统计量，包括最小值、最大值、均值、中位数、总和、计数和频率百分比。

图 13.35 "离散频数"对话框

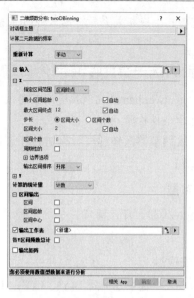

图 13.36 "二维频数分布"对话框

扫一扫，看视频

★**重点 动手练——液体温度频数分析**

源文件：yuanwenjian\ch_13\温度调节器液体温度.xlsx、温度调节器液体温度频数分析.opju

本练习利用温度调节器液体温度数据演示频数分析，如图 13.37 所示。

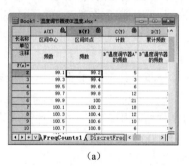

（a）

（b）

图 13.37 结果示例

【操作提示】

利用"频数分布""离散频数"命令输出工作表，计算并显示统计量。

13.2.4 正态性检验

正态性检验是数据分析的第一步，利用观测数据判断总体是否服从正态分布的检验称为正态性检验，它是统计判决中重要的一种特殊的拟合优度假设检验。若随机变量 X 服从一个数学期望（均值）为 μ、方差为 σ^2 的正态分布，记为 $X(\mu, \sigma^2)$。

【执行方式】

菜单栏：选择菜单栏中的"统计"→"描述统计"→"正态性检验"命令。

【操作步骤】

执行上述命令，打开如图 13.38 所示的"正态性检验"对话框，该对话框中包含 4 个选项卡。单击"确定"按钮，生成相关系数分析表及相应的相关系数工作表和分析报表。

扫一扫，看视频

★重点 动手学——温度调节器液体温度正态性检验

源文件：yuanwenjian\ch_13\温度调节器液体温度.xlsx、温度调节器液体温度正态性检验.opju

本例对温度调节器液体温度数据进行正态性检验。

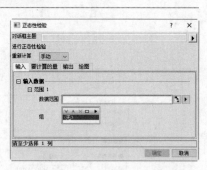

图 13.38 "正态性检验"对话框

【操作步骤】

1. 导入数据

启动 Origin 2023，打开源文件目录，将"温度调节器液体温度.xlsx"文件拖放到工作表中，导入数据文件。

2. 正态性检验

（1）在工作表中选中数据列 B(Y)、C(Y)、D(Y)、E(Y)，选择菜单栏中的"统计"→"描述统计"→"正态性检验"命令，打开"正态性检验"对话框，打开"要计算的量"选项卡，选择正态性检验方法。

- Shapiro-Wilk：夏皮罗-维尔克检验法。本例选择该方法进行正态性检验，如图 13.39 所示。
- Kolmogorov-Smirnov：科尔莫戈洛夫-斯米尔诺夫检验法，简称 K-S 检验。
- Lilliefors：实际上是 K-S 检验的一种改进方法（可以简写成 K-S-L 检验），计算方法比 K-S 检验复杂一些，主要通过计算经验分布函数与累积分布函数之间的最大差异进行检验。
- Anderson-Darling：简称 AD 检验，是一种拟合检验，此检验是将样本数据的经验累积分布函数与假设数据呈正态分布时期望的分布进行比较，如果差异足够大，则该检验将否定总体呈正态分布的原假设。
- D'Agostino-K 平方：通过计算偏度和峰度量化数据分布曲线与标准正态分布曲线之间的差异和不对称性，然后计算这些值与正态分布期望值之间的不同程度。
- Chen-Shapiro：Shapiro-Wilk 的拓展，在不损失功率的情况下，是一个相对简单又有效的正态检验方法，和 Shapiro-Wilk 一样只适用于小样本（<2000）。
- 显著性水平：估计总体参数落在某一区间内时可能犯错误的概率，用 α 表示。

（2）打开"绘图"选项卡，勾选"直方图"复选框。

（3）单击"确定"按钮，生成叙述统计分析报表 NormalityTest1，如图 13.40 所示。

根据表中所示，正态检验性表的分析结论如下：在 0.05 水平下，数据显著地来自正态分布总体。

图 13.39 "要计算的量"选项卡

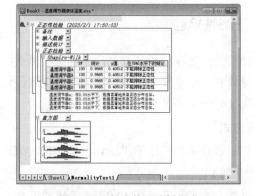

图 13.40 叙述统计分析报表

3. 保存项目文件

单击"标准"工具栏中的"保存项目"按钮 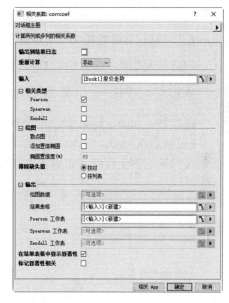，保存项目文件为"温度调节器液体温度正态性检验.opju"。

13.2.5 相关系数分析

相关系数（性）分析是研究现象之间是否存在某种依存关系，对具体有依存关系的现象探讨相关方向及相关程度。

要衡量和对比多组数据相关性的密切程度，就需要使用相关系数。相关系数可以用来描述定量数据之间的关系。相关系数的符号（±）表明关系的方向（正相关或负相关），其值的大小表示关系的强弱程度（完全不相关时为 0，完全相关时为 1）。

【执行方式】

菜单栏：选择菜单栏中的"统计"→"描述统计"→"相关系数"命令。

【操作步骤】

执行上述命令，打开如图 13.41 所示的"相关系数"对话框。单击"确定"按钮，生成相关系数分析表和相应的相关系数工作表和分析报表。

【选项说明】

1. "相关类型"选项组

选择相关系数的计算方法。

（1）Pearson：勾选该复选框，计算并显示 Pearson 积差相关系数。

Pearson 相关系数是反映两变量之间线性相关程度的统计量，用它来分析正态分布的两个连续型变量之间的相关性。常用于分析自变量之间以及自变量和因变量之间的相关性。Pearson 相关系数在-1 和 1 之间变化，0 表示没有相关性，-1 或 1 的相关性暗示着一种精确的线性关系。

（2）Spearman：勾选该复选框，计算并显示 Spearman 秩相关系数。

图 13.41 "相关系数"对话框

Spearman 相关系数主要用于评价顺序变量间的线性相关关系，常用于计算类型变量的相关性。相关系数表示线性相关程度，趋近于 1 表示正相关。p 值越小，表示相关程度越显著。

（3）Kendall：勾选该复选框，计算并显示 Kendall 系数。

Kendall 相关系数又称 Kendall 秩相关系数，它也是一种秩相关系数，不过它计算的对象是分类变量。

2. "绘图"选项组

（1）散点图：是否根据数据制作点线图。

（2）添加置信椭圆：是否计算输出置信度。

（3）椭圆置信度（%）：设置置信度。

3．"排除缺失值"选项组

选择排除异常数据的方法，包括"按对"和"按列表"。

4．"输出"选项组

选择绘图数据分析表和相关系数结果工作表的输出位置（不同的相关系数输出到不同的表格）。

5．"在结果表格中显示显著性"复选框

勾选该复选框，在分析表 CorrCoef1 中的相关性结果表格中显示 p 值，如图 13.42 所示。

| （a）勾选该复选框 | （b）不勾选该复选框 |

图 13.42　显示 p 值

6．"标记显著性相关"复选框

勾选该复选框，在分析表 CorrCoef1 中的相关性结果表格中显示相关性结果，如图 13.43 所示。

★重点 动手练——计算相关系数

源文件：yuanwenjian\ch_13\ColorectalCarcinoma.dat、计算相关系数.opju

ColorectalCarcinoma.dat 中包含 66 例结直肠癌患者的研究信息。本例演示如何利用相关系数判断患者被诊断后的生存时间和患者状态数据的相关性，如图 13.44 所示。

图 13.43　显示相关性结果

图 13.44　结果示例

【操作提示】

（1）导入数据文件，选中 A(X) 列表示 time（时间），即被诊断后的生存时间（天）；选中 B(Y) 列表示 status（患者状态），由两个值组成：0 和 1，表示患者是否死亡。

（2）利用"相关系数"命令计算相关系数（Pearson、Spearman、Kendall），在结果表格中显示显著性、标记显著性相关。

13.2.6 列联表卡方检验

卡方检验是一种用途很广的假设检验方法，属于非参数检验的范畴，主要用于比较两个或两个以上样本率以及两个分类变量的关联性分析。

卡方检验方法的适用条件如下：

（1）$n \geqslant 40$ 且 $T \geqslant 5$，用 Pearson 卡方检验。

（2）$n \geqslant 40$ 且 $1 \leqslant T < 5$，用连续性校正卡方检验。

（3）$n < 40$ 或 $T < 1$，用 Fisher's 精确概率检验。

【执行方式】

菜单栏：选择菜单栏中的"统计"→"描述统计"→"交叉表格和卡方"命令。

【操作步骤】

执行上述命令，打开如图 13.45 所示的"交叉表格和卡方"对话框，用于执行列联表分析和卡方分析。

单击"确定"按钮，生成工作分析表，包含备注、输入数据、列联表、卡方加纳雅安和一致性统计结果。

【选项说明】

该对话框中包含 4 个选项卡。

1."输入"选项卡

选择输入数据源。分为行、列、层。

图 13.45 "交叉表格和卡方"对话框

- 行：表示列联表（即交叉表）分析中的行数据。
- 列：表示列联表分析表中的列数据，如果在"列"或"行"下指定多组数据，则为每个双变量组合生成一个复式条形图。
- 层：表示列联表分析表中的分层变量，频数分布中对每一行每一列都可以进行交叉分析。如果选择一个或多个层变量，则将对每个层变量（控制变量）的每个类别产生单独的交叉制表。

2."统计"选项卡（图 13.46）

在该选项卡下进行列联表分析设置。列联表基本数据有 R 行 C 列，通称 RC 列联表（contingency table），简称 RC 表，它是观测数据按两个或更多属性（定性变量）分类时列出的频数表。列联表分析可以直观地感受到两组数据之间是否存在相关关系及其关系的强弱和方向。

在"列联表"选项组中选择计算并显示的行统计量，输出到列联表中。

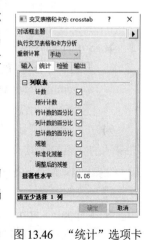

图 13.46 "统计"选项卡

3."检验"选项卡（图 13.47）

在该选项卡下选择卡方检验的测量方法。

（1）卡方检验。勾选该复选框，进行卡方检验。卡方检验就是统计样本的实际观测值与理论推断值之间的偏离程度，实际观测值与理论推断值之间的偏离程度决定卡方值的大小，卡方值越大，越不符合；卡方值越小，偏差越小，越趋于符合。若两个值完全相等，则卡方值为 0，表明理论值完全符合。

（2）Fisher 精确检验。勾选该复选框，进行 Fisher 精确检验。对于 2×2 表，如果表不是从具有期望频率小于 5 的单元的较大表中的缺失行或列得来的，则计算 Fisher 的精确检验。

（3）关联测量。

1）"名义"选项组。对于名义数据（无内在顺序），可以选择相依系数、Phi、Cramer's V、Lambda（对称和非对称 Lambda 以及 Goodman 和 Kruskal 的 tau）和不确定性系数。

图 13.47   "检验"选项卡

> 相依系数：列联系数，一种基于卡方的关联性测量，值的范围为 0～1，其中 0 表示行变量和列变量之间不相关，而接近于 1 的值表示变量之间的相关度很高。可能的极大值取决于表中的行数和列数。

> Phi、Cramer's V：Phi 系数将卡方检验统计量除以样本大小并取结果的平方根；Cramer's V 是基于卡方统计量的关联性测量。

> Lambda：对称和非对称 Lambda 以及 Goodman 和 Kruskal 的 tau，一种相关性测量，它反映当使用自变量的值预测因变量的值时，误差成比例缩小。值为 1 表示自变量能完全预测因变量，值为 0 表示自变量对于预测因变量无用。

> 不确定性系数：一种相关性的测量，表示当一个变量的值用来预测其他变量的值时，误差成比例下降的程度。例如，值 0.83 表示如果确定一个变量的值，则在预测其他变量的值时会将误差减少 83%。

2）"有序"选项组。对于行和列都包含已排序值的表，选择 Gamma（对于二阶表，为零阶；对于三阶到十阶表，为条件）、Kendall's tau-b tau-c；如果要根据行类别预测列类别，选择 Somer's D。

> Gamma：两个有序变量之间的相关性的对称度量，其范围为-1～1。绝对值接近 1 的值表示两个变量之间存在紧密的关系，接近 0 的值表示关系较弱或者没有关系。对于二阶表，显示零阶 gamma；对于三阶表到 n 阶表，显示条件 gamma。

> Kendall's tau-b tau-c：tau-b 将结（相同数量的可能值）考虑在内的有序变量或排序变量的非参数相关性测量。系数的符号指示关系的方向，绝对值指示强度，绝对值越大表示关系强度越高。可能的取值范围为-1～1，但是-1 或 1 只能从正方表中取得。tau-c 忽略结的有序变量的非参数关联性测量。系数的符号指示关系的方向，绝对值指示强度，绝对值越大表示关系强度越高。

> Somer's D：两个有序变量之间相关性的测量，其范围为-1～1。绝对值接近 1 的值表示两个变量之间存在紧密的关系，接近 0 的值则表示两个变量之间的关系很弱或没有关系。Somer's D 是 gamma 的不对称扩展，不同之处仅在于它包含了未约束到自变量上的成对的数目。另外，还将计算此统计量的对称版本。

（4）"一致性"选项组。在该选项组下选择一致性检验方法。一致性检验的目的在于比较不同方法得到的结果是否具有一致性。一致性检验是指对由不同样本计算的各平均值或方差进行检验，确定在一定显著性水平下各平均值或各方差之间是否有显著性差异，若无显著性差异，则称各 f 均值或各方差是一致的。

> Kappa：Kappa 一致性检验适用于定类数据。使用 Kappa 系数衡量一致性水平。Kappa 系数取值在 0～1，通常情况下，Kappa<0.2 说明一致性程度较差；Kappa=0.2～0.4 说明一致性程度一

般；Kappa=0.4~0.6 说明一致性程度中等；Kappa=0.6~0.8 说明一致性程度较强；Kappa=0.8~1.0 说明一致性程度很强。

- Bowker 检验（Mcnemar 只适用于[2*2]）：两个相关二分变量的非参数检验。使用卡方分布检验响应改变"之前与之后"设计中的实验干预会导致相应变量发生变化，它对于检测到这些变化很有用。对于较大的正方表，会报告对称性的 McNemar-Bowker 检验。

（5）"其他测量"选项组。

- Cochran-Mantel-Haenszel：可以用于检验二分因子变量和二分响应变量之间的条件独立性，条件是给定一个或多个分层（控制）变量定义的协变量模式。其他统计逐层计算，而该方法对所有层进行一次性计算。

- 相对风险：对于 2×2 表，测量某因子的存在与某事件的发生之间的关联性强度。如果该统计量的置信区间包含值 1，则不能假设因子与事件相关。当因子出现很少时，概率比可用作估计或相对风险。

- 优势比：优势比（odds ratio，OR）是另外一种描述概率的方式。优势比是指某种推测为真的概率与某种推测为假的概率的比值。勾选该复选框，计算并输出优势比。

（6）"输出"选项卡（图 13.48）。

- 输出到结果日志：勾选该复选框，输出运行结果的日志信息。

- Mosaic 图：勾选该复选框，输出马赛克图，直观地显示了两个变量每种取值组合的观测个数和比例。

- 交叉表格报告：设置列联表报告的输出位置。

- 绘图数据：设置绘图数据的输出位置。

图 13.48 "输出"选项卡

★重点 动手练——列联表卡方检验

源文件： yuanwenjian\ch_13\ColorectalCarcinoma.dat、列联表卡方检验.opju

ColorectalCarcinoma.dat 中包含 66 例结直肠癌患者的研究信息。本练习演示如何利用列联表卡方检验判断患者被诊断后的生存时间和患者状态数据的相关性，如图 13.49 所示。

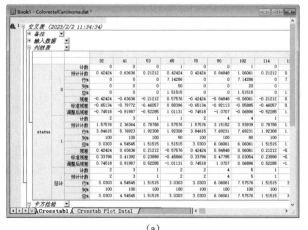

（a）

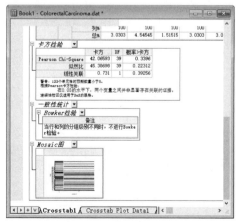

（b）

图 13.49 结果示例

【操作提示】

（1）导入数据文件，选中 A(X)列表示 time（时间），即被诊断后的生存时间（天）；选中 B(Y)列表示 status（患者状态），由两个值组成：0 和 1，表示患者是否死亡。

（2）利用"交叉表格和卡方"命令进行卡方检验。

【结果分析】

（1）列联表。在交叉表中输出患者生存时间（列数据）在分组（患者状态）中的计数、占比（行占比、列占比、总占比）和残差（残差、标准残差、调整后残差）。

（2）卡方检验结果。在表格中输出使用两种检验方法计算的卡方、DF（自由度）和概率>卡方（p 值）并显示检验结论，即根据 Pearsen 卡方检验：在 0.05 的水平下，两个变量之间并非显著存在关联的证据。

（3）马赛克图。在马赛克图中，嵌套矩形面积正比于单元格频率，其中该频率即多维列联表中的频率。颜色和/或阴影可以表示拟合模型的残差值。对于分析定量或连续型变量间关系的方法。如果变量是类别型，若只观察单个类别型变量，则可以使用柱状图或者饼图；若有两个以上的类别型变量，则可以通过绘制马赛克图进行观察。

第 14 章　推断性统计分析

内容简介

推断性统计分析是统计学的基本方法，其在统计研究中应用极为广泛。推断性统计可以将根据描述性统计分析得到的趋势应用于整体，以数据的形态建立出一个用以解释其随机性和不确定性的数学模型，用之来推论研究中的步骤及总体。

本章中介绍的推论统计方法包括方差分析、t 检验分析、方差检验、卡方检验以及秩和检验，根据随机的数据作为研究对象，从而进行数据分析。

14.1　方　差　分　析

方差分析用于定类数据与定量数据之间的差异性研究，方差分析已广泛应用于气象预报、农业、工业、医学等许多领域中，同时它的思想也渗透到了数理统计的许多方法中。

试验样本的分组方式不同，采用的方差分析方法也不同，一般常用的有单因素方差分析、双因素方差分析和三因素分析。

14.1.1　单因素方差分析

单因素方差分析用于分析单个控制因素取不同水平时因变量的均值是否存在显著差异。单因素方差分析用于分析定类数据与定量数据之间的关系情况，如研究人员想知道 3 组学生的智商平均值是否有显著差异。

【执行方式】

菜单栏：选择菜单栏中的"统计"→"方差分析"→"单因素方差分析"命令。

【操作步骤】

执行上述命令,打开如图 14.1 所示的 ANOVAOneWay 对话框,进行单因素方差分析。单击"确定"按钮，生成方差分析报表。

【选项说明】

该对话框中包含 6 个选项卡。

1."输入"选项卡

（1）输入数据：在该下拉列表中选择输入数据的方式，包括索引数据和原始数据。

- 索引数据：因子变量和响应数据存储在不同列中。
- 原始数据：每一列包含来自同一因子变量的响应数据。

图 14.1　ANOVAOneWay 对话框

（2）因子：选择要分析的因素数据，主要用来分组。

（3）数据：选择要分析的数据，是进行方差分析的目标变量。

（4）描述统计：勾选该复选框，计算和显示描述统计的统计数据。

（5）显著性水平：指定分析的显著水平，默认值为 0.05；如果 p 值比显著性水平值大，那么接受原假设，断定各数列的平均值没有显著不同。

2. "均值比较"选项卡

方差分析的结果只说明多组之间存在差异，但是并不能明确计算出是哪两组之间存在差异，因此还需要两两进行比较（即事后多重比较），以找出多组中哪两组之间存在差异。

在该选项卡下选择不同的多重比较方式，如图 14.2 所示。

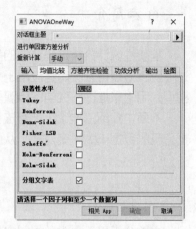

图 14.2　"均值比较"选项卡

- ➥ Tukey：图基检验，首先计算终结计数（end count，EC），再查对终结计数的临界值，若计算的终结计数值大于某一置信水平下的终结计数临界值，则认为在该置信水平下改善前和改善后的质量存在差异，否则不能确定在该置信水平下存在差异。该方法只能用于组间列数相同的情形，而且只能用于成对的两两比较。

- ➥ Bonferroni：用途最广，几乎可用于任何多重比较的情形，包括组间列数相等或不等、成对两两比较或综合多重比较等。

- ➥ Dunn-Sidak：主要用于多个实验组与一个对照组的比较，实验组之间不进行比较。

- ➥ Fisher LSD：最小显著差检验，用于在方差分析中进行多重比较。

- ➥ Scheffe'：用于组间列数不等的情形，不仅可以用于成对的两两比较，而且还可以用于综合比较，如组 2、3 的均值与组 1 进行比较。

- ➥ Holm-Bonferroni：Bonferroni 的矫正方法涉及多组数据间的比较。

- ➥ Holm-Sidak：方差分析后的多重校正检验方法。

3. "方差齐性检验"选项卡

在进行单因素方差分析之前应该进行方差齐性检验，因为使用单因素方差分析不仅要求各个类别的样本是随机且独立的，而且要求各个总体的方差要相等。

在该选项卡下选择不同的方差齐性检验方式，如图 14.3 所示。

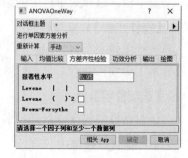

图 14.3　"方差齐性检验"选项卡

- ➥ Levene | |：莱文方差齐性检验，用于检验两个或两个以上样本间的方差是否齐性。要求样本为随机样本且相互独立。零假设为不同组间的方差相同（不同组间方差差值为 0）。

- ➥ Levene()^2：莱文方差齐性检验，使用平方残差检验两个或两个以上样本间的方差是否齐性。

- ➥ Brown-Forsythe：表示计算布朗-福赛斯统计量以检验组均值是否相等，特别是当莱文方差齐性检验显示方差不等时，该统计量优于 F 统计量。

4. "功效分析"选项卡

为了能确保很高的概率正确地拒绝零假设，即两组之间没有差异引入了功效分析。功效分析可以帮助在给定置信度的情况下，判断检测到给定效应值时所需的样本量。反过来，它也可以帮助在给定置信度水平的情况下，计算在某样本量内能检测到给定效应值的概率。

在该选项卡下选择不同的功效分析参数，如图 14.4 所示。

- 实际功效：可以选择是否显示检验的实际概率。
- 假设功效：可以选择是否显示检验的假设概率。
- 显著性水平：指定分析的显著性水平。
- 假设样本量大小（s）：假设数据的数量。

图 14.4　"功效分析"选项卡

5. "输出"选项卡

在该选项卡下选择输出图形、输出报告表的参数，如图 14.5 所示。

6. "绘图"选项卡

选择输出的图形，包括条形图、箱线图、均值图（SD 为误差）、均值图（SE 为误差）和均值比较图，如图 14.6 所示。

图 14.5　"输出"选项卡

图 14.6　"绘图"选项卡

扫一扫，看视频

★重点 动手学——判断染整工艺对布的缩水率的影响

源文件：yuanwenjian\ch_14\布的缩水率.xlsx、染整工艺对布的缩水率的影响.opju

为了考查染整工艺对布的缩水率是否有影响，选用 5 种不同的染整工艺，分别用 A1、A2、A3、A4、A5 表示，每种工艺处理 4 块布样，测得缩水率的百分数见表 14.1，试对其进行方差分析。

表 14.1　测量数据

序　号	A1	A2	A3	A4	A5
1	4.3	6.1	6.5	9.3	9.5
2	7.8	7.3	8.3	8.7	8.8
3	3.2	4.2	8.6	7.2	11.4
4	6.5	4.1	8.2	10.1	7.8

【操作步骤】

1. 导入数据

启动 Origin 2023，打开源文件目录，将"布的缩水率.xlsx"文件拖放到工作表中，导入数据文件，如图 14.7 所示。

📣提示：

在进行单因素方差分析和非参数检验之前首先要做的就是确定数据是否服从正态分布，如果数据服从正态分布就可以使用单因素方差分析，如果数据不服从正态分布就需要使用非参数检验。

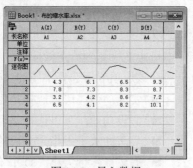

图 14.7　导入数据

2. 正态性检验

在工作表中单击左上角的空白单元格，选中所有数据列。选择菜单栏中的"统计"→"描述统计"→"正态性检验"命令，打开"正态性检验"对话框，如图 14.8 所示。

➥ 打开"要计算的量"选项卡，默认选择 Shapiro-Wilk（夏皮罗-威尔克）检验法进行正态性检验。

➥ 打开"绘图"选项卡，勾选"箱线图"复选框，输出箱线图。

单击"确定"按钮，生成正态性检验分析报表 NormalityTest1，如图 14.9 所示。

Shapiro-Wilk 正态性检验表中的结论：A1、A2、A3、A4、A5 在 0.05 水平下，数据显著地来自正态分布总体。

3. 单因素方差分析

在工作表中单击左上角的空白单元格，选中所有数据列。选择菜单栏中的"统计"→"方差分析"→"单因素方差分析"命令，打开 ANOVAOneWay 对话框，如图 14.10 所示。

➥ 打开"输入"选项卡，在"输入数据"下拉列表中选择"原始数据"，在"因子"选项组中自动选择因子列，在"数据"选项组中自动选择数据列。

➥ 打开"均值比较"选项卡，勾选 Tukey 复选框。

➥ 打开"方差齐性检验"选项卡，勾选 Levene || 复选框，使用莱文检验。

➥ 打开"绘图"选项卡，勾选"箱线图""均值比较图"复选框，选择输出箱线图。

单击"确定"按钮，生成叙述统计分析报表 ANOVA1Way1，如图 14.11 所示。

图 14.8　"正态性检验"对话框

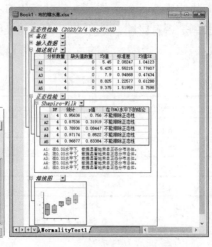

图 14.9　正态性检验分析报表

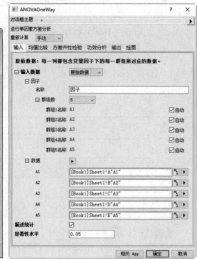

图 14.10　ANOVAOneWay 对话框

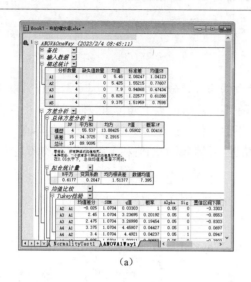

(a)　　　　　　　　　　　　　(b)

图14.11　叙述统计分析报表

4. 分析结果

（1）描述统计：描述统计表中输出了分析数量、缺失值数量、均值、标准差和均值SE。

（2）方差齐性检验：验证数据是否满足方差齐性是方差分析的前提条件，若不满足，则得到的方差分析表的结果也是不准确的。

由图14.11（b）所示的方差齐性检验表可以看出，概率（显著性）为0.29829>0.05。表下的蓝色字体显示：在0.05水平下，总体方差并非显著地不同。

因此认为每组（根据染整工艺分组）之间布的缩水率数据的方差是齐性的。

如果概率小于0.05，则说明方差不齐，后面得出的结果也是没有意义的，因为使用方差分析的前提就是方差是齐性的。

（3）方差分析结果：从总体方差分析表中可以看到 $F \approx 6.06 > 4.89 = F_{0.99}(4,15)$，概率为0.00416< 0.05。表下的蓝色字体显示：在0.05水平下，总体均值是显著不同的。

根据上面的分析可以得出结论：染整工艺对布的缩水率的影响高度显著。

🔊 **提示：**

> 如果输入的定类变量仅两类，则一般不进行事后多重比较；如果方差分析的结果 F 值大于 0.05，说明各类之间没有差异性，则不需要进行事后多重比较；尽量在方差齐性时进行方差分析和两两比较。

（4）事后多重比较：本例中，定类变量为5类，方差分析的结果F值小于0.05，说明各类之间存在显著的差异性，因此需要进行事后多重比较。

在"均值比较"选项卡下显示多重比较结果，Tukey检验适用于 k 个处理组且样本容量相等的情况，在 Tukey 检验表中，每两组数据进行比较。

- ➡ A4 与 A1 比较：概率为0.04427< 0.05。Sig=1，表示在0.05水平下，均值是显著不同的。同样的，A4 与 A2、A5 与 A1、A5 与 A2，在0.05水平下，均值是显著不同的。
- ➡ 其余两两比较数据组，在0.05水平下，均值并非显著不同的。

5. 保存项目文件

单击"标准"工具栏中的"保存项目"按钮 🖻，保存项目文件为"染整工艺对布的缩水率的影响.opju"。

14.1.2 单因素重复测量方差分析

重复测量数据在科学研究中十分常见，重复测量数据的方差分析是对同一因变量进行重复测量的一种检验设计技术。在给予一种或多种处理后，分别在不同的时间点上通过重复测量同一个受试对象获得指标的观察值，或者通过重复测量同一个个体的不同部位（或组织）获得指标的观察值。与单因素方差分析一样，单因素重复测量方差分析可以用于检验不同测量的均值和不同主题的均值是否相等。

【执行方式】

菜单栏：选择菜单栏中的"统计"→"方差分析"→"单因素重复测量方差分析"命令。

【操作步骤】

执行上述命令，打开如图 14.12 所示的 ANOVAOneWayRM 对话框，进行单因素重复测量方差分析。

单击"确定"按钮，生成方差分析报表 ANOVAOneWayRM1。除确定均值间是否存在差别外，单因素重复测量方差检验还提供了多均值比较，以确定哪一个均值有差别。

★重点 动手学——判断型号对测量温度的影响

源文件：yuanwenjian\ch_14\温度调节器液体温度.xlsx、温度调节器的单因素重复测量方差分析.opju

4 个不同型号温度调节器放置在贮存着某种液体的容器内进行温度检测，抽取 100 次的温度测量数据。本例利用温度数据判断传感器型号对测量温度的影响。

图 14.12 ANOVAOneWayRM 对话框

【操作步骤】

1. 导入数据

启动 Origin 2023，打开源文件目录，将"温度调节器液体温度.xlsx"文件拖放到工作表中，导入数据文件。

2. 正态性检验

在前面的实例中已经进行过正态性检验（见 13.2.4 小节下的动手学），证明 4 个温度调节器测量温度数据服从正态分布，因此，温度数据可以使用单因素方差分析。

3. 单因素重复测量方差分析

选择菜单栏中的"统计"→"方差分析"→"单因素重复测量方差分析"命令，打开 ANOVAOneWayRM 对话框，如图 14.13 所示。

> 打开"输入"选项卡，在"输入数据"下拉列表中选择"原始数据"，在"因子"选项组中设置"群组数"为 4，在"数据"选项组中选择 B 列、C 列、D 列和 E 列。

> 打开"均值比较"选项卡，勾选 Tukey 复选框。

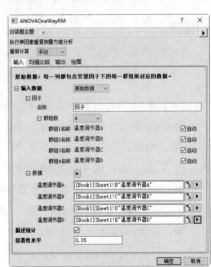

图 14.13 ANOVAOneWayRM 对话框

单击"确定"按钮，生成叙述统计分析报表 ANOVAOneWayRM1，如图 14.14 所示。

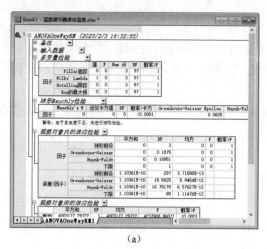

（a）

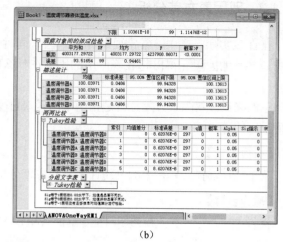

（b）

图 14.14　叙述统计分析报表

4．分析结果

（1）描述统计：描述统计表中输出了均值、标准误差、95.00%置信区间下限、95.00%置信区间上限。

（2）方差分析结果。

1）分析前要判断重复测量数据之间是否存在相关性，进行球形检验。

➥ 如果检验结果为概率大于 0.05，则说明重复测量数据之间不存在相关性，测量数据符合 Huynh-Feldt 条件，可以用单因素方差分析的方法处理。

➥ 如果检验结果为概率小于 0.05，则说明重复测量数据之间存在相关性，所以不能用单因素方差分析的方法处理数据。

本例中，球形 Mauchly 检验表中，概率为 0.0001<0.05，不符合球形检验，结果以多变量检验表为准。

2）在科研实际中的重复测量设计资料大多存在相关性，应该使用重复测量设计的方差分析模型。当球形条件不满足时，常有两种方法可供选择：采用 MANOVA（多变量方差分析方法）；使用重复测量，对 ANOVA 检验结果中与时间有关的 F 值的自由度进行调整。

本例中，多变量检验表中，概率大于 0.05，总体均值是并非显著不同的。

3）观察对象效应的检验表为方差分析结果。

因为本例不符合球形检验，因此，在 Greenhouse-Geisser（格林豪斯-盖斯勒）检验行查看结果，发现概率大于 0.05，总体均值是并非显著不同的。

4）Tukey 检验表（成对比较表）中，概率为 1，Sig 指示为 0<0.05。得出结论：在 0.05 水平下，均值（两组）是并非显著不同的。

根据上面分析得出结论：不同传感器对测量的液体温度无影响。

5．保存项目文件

单击"标准"工具栏中的"保存项目"按钮 ■，保存项目文件为"温度调节器的单因素重复测量方差分析.opju"。

14.1.3 双因素方差分析

在许多实际问题中，常常要研究几个因素同时变化时的方差分析，控制一些无关的因素、找到影响最显著的因素、得出起显著作用的因素在什么时候起最好的影响作用，这就需要用到双因素方差分析。

总的来说，双因素方差分析是指两个因素（自变量）的变化对某一因变量（响应变量）的变化是如何反应的。

【执行方式】

菜单栏：选择菜单栏中的"统计"→"方差分析"→"双因素方差分析"命令。

【操作步骤】

执行上述命令，打开如图14.15所示的 ANOVATwoWay 对话框，进行双因素方差分析。单击"确定"按钮，生成方差分析报表。

【选项说明】

与单因素方差分析对话框相比，该对话框中没有"方差齐性检验""绘图"选项卡，新增了"描述统计"和"均值图"选项卡，如图14.16和图14.17所示。

图 14.15　ANOVATwoWay 对话框

图 14.16　"描述统计"选项卡

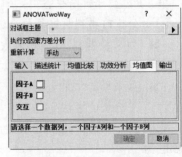

图 14.17　"均值图"选项卡

1. "描述统计"选项卡

双因素方差分析既可以分析单个因素的作用，又可以分析因素间的交互效应。

- 因子 A：勾选该复选框，分析因子 A 的作用。
- 因子 B：勾选该复选框，分析因子 B 的作用。
- 总体：勾选该复选框，分析因子 A 和因子 B 的作用。
- 交互：勾选该复选框，分析因子 A×因子 B 的交互作用。

2. "均值图"选项卡

选择输出不同因子影响的均值图。

★重点 动手学——分析购置费用的影响因素

源文件：yuanwenjian\ch_14\各地区分公司资产购置费用表.xlsx、双因素方差分析购置费用的影响.opju

扫一扫，看视频

372

如果两个因素纵横排列数据，每列数据仅有一类数据，则称为无重复数据，应采用无重复双边方差分析。

现有某公司 2018 年、2019 年和 2020 年 3 年购买电器设备和电子设备的费用情况，分析年份、设备类别对购置费是否有影响，试对其进行双因素方差分析。

【操作步骤】

1. 导入数据

启动 Origin 2023，打开源文件目录，将"各地区分公司资产购置费用表.xlsx"文件拖放到工作表中，导入数据文件，如图 14.18 所示。

2. 正态性检验

在工作表中单击左上角空白单元格，选中所有数据列。选择菜单栏中的"统计"→"描述统计"→"正态性检验"命令，打开"正态性检验"对话框，单击"确定"按钮，生成叙述统计分析报表 NormalityTest1，如图 14.19 所示。

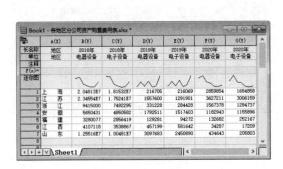

图 14.18　导入数据

图 14.19　叙述统计分析报表

Shapiro-Wilk 正态检验性表中的结论：在 0.05 水平下，2018 年、2019 年和 2020 年的数据显著地来自正态分布总体。

3. 双因素方差分析

将工作表 Sheet1 置为当前。选择菜单栏中的"统计"→"方差分析"→"双因素方差分析"命令，打开 ANOVATwoWay 对话框，如图 14.20 所示。

- ➥ 打开"输入"选项卡，在"输入数据"下拉列表中选择"原始数据"。
- ➥ 在"因子 A"选项组中选择 2 组因子列，影响因素为购买设备类型。
- ➥ 在"因子 B"选项组中选择 3 组因子列，影响因素为购买设备年份。
- ➥ 在"数据"选项组中选择对应的数据列。
- ➥ 打开"描述统计"选项卡，勾选"因子 A""因子 B""总体"复选框。

单击"确定"按钮，生成叙述统计分析报表 ANOVA2Way1，如图 14.21 所示。

4. 分析结果

（1）描述统计。描述统计表中输出了因子 A、因子 B、总体的统计量，包括 N（总数）、均值、SD、SEM 和方差等。

（2）方差分析结果。在总体方差分析表中可以看到：

➥ 因子A（购买设备类型）的概率为 0.5149>0.05，总体均值并不是显著不同的。

➥ 因子B（购买设备年份）的概率小于 0.0001<0.05，总体均值是高度显著不同的。

根据上面的分析可以得出结论：购买设备年份对购置费有高度显著影响，购买设备类型对购置费没有显著影响。

图 14.20　ANOVATwoWay 对话框

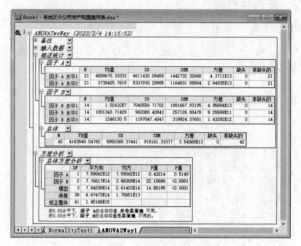

图 14.21　叙述统计分析报表

5. 事后比较

购买设备年份对购置费有高度显著影响，需要进一步进行两两比较来分析不同的年份之间的差异性。

单击左上角的"操作锁"按钮，在弹出的菜单中选择"更改参数"命令，打开 ANOVATwoWay 对话框，打开"均值比较"选项卡，勾选 Tukey 复选框，如图 14.22 所示。单击"确定"按钮，更新叙述统计分析报表 ANOVA2Way1，如图 14.23 所示。

图 14.22　"均值比较"选项卡

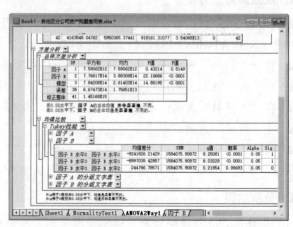

图 14.23　叙述统计分析报表

得出结论：因子 B 水平 2 和因子 B 水平 1、因子 B 水平 3 和因子 B 水平 1 有高度显著性差异。在方差分析中，常以两个星号"**"标记具有"高度显著性"。

6. 绘制误差图

（1）在"描述统计"选项卡中的"因子 B"选项上右击，在弹出的快捷菜单中选择"创建副本为新表"命令，将因子 B 的均值和均值标准误差（或标准差）的数据复制到新的工作表"因子 B"中，如图 14.24 所示。

（2）在工作表中选中 A(X)、C(Y) 和 D(yEr±) 列，单击"2D 图形"工具栏中的"柱状图"按钮 📊，在图形窗口 Graph1 中绘制均值柱状图，如图 14.25 所示。

图 14.24 新的工作表"因子 B"

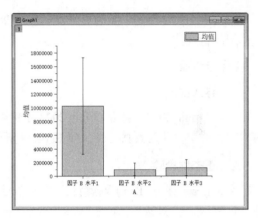

图 14.25 柱状图

（3）单击"工具"工具栏中的"折线工具"按钮 ∿，按下 Shift 键，绘制水平、垂直的辅助线，设置线宽为 2，如图 14.26 所示。

（4）单击"工具"工具栏中的"文本工具"按钮 T，在辅助线上添加显著性标记"**"，设置字体大小为 36，如图 14.27 所示。

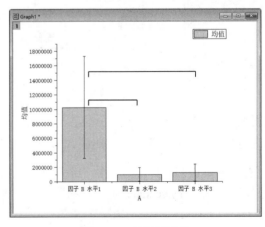

图 14.26 绘制辅助线

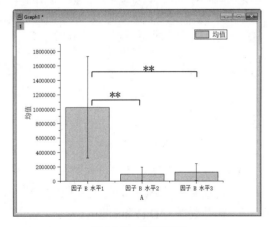

图 14.27 添加标记

7. 保存项目文件

单击"标准"工具栏中的"保存项目"按钮 💾，保存项目文件为"双因素方差分析购置费用的影响.opju"。

扫一扫，看视频

★重点 动手学——分析学生身高的影响因素

源文件：yuanwenjian\ch_14\body.dat、学生身高双因素方差分析.opju

双因素方差分析有两种类型：一种是无交互作用的双因素方差分析，另一种是有交互作用的双因素方差分析，其假定因素 A 和因素 B 的结合会产生一种新的效应。

当两个因素纵横排列数据，每列数据并非只有一类数据，而有多类数据时，表示有重复数据，应采用有重复双边方差分析，这种分析数据方法可以考虑因素间的交互效应。

现抽取某学校 40 名学生的体检信息，分析年龄、性别对身高是否有影响，试对其进行双因素方差分析。

本例中，假定不同年龄的男、女学生身高不同，这就是两个因素结合后产生的新效应，属于有交互作用的背景。

【操作步骤】

1. 导入数据

启动 Origin 2023，打开 Origin 2023 示例数据 Samples\Statistics 文件夹，将其中的 body.dat 文件拖放到工作表中，导入数据文件，如图 14.28 所示。

2. 正态性检验

在工作表中选中 D(Y)数据列，选择菜单栏中的"统计"→"描述统计"→"正态性检验"命令，打开"正态性检验"对话框，单击"确定"按钮，生成正态性检验分析报表 NormalityTest1，如图 14.29 所示。Shapiro-Wilk 正态检验表中的结论：在 0.05 水平下，数据显著地来自正态分布总体。

3. 双因素方差分析

将工作表 Sheet1 置为当前。选择菜单栏中的"统计"→"方差分析"→"双因素方差分析"命令，打开 ANOVATwoWay 对话框，如图 14.30 所示。

图 14.28 导入数据

图 14.29 正态性检验分析报表

图 14.30 ANOVATwoWay 对话框

➥ 打开"输入"选项卡，在"输入数据"下拉列表中选择"索引数据"，在"因子 A"选项中选择因子列 B(Y):age，在"因子 B"选项中选择因子列 C(Y):gender，在"数据"选项中自动选择数据列 D (Y):height，勾选"交互"复选框。

➥ 打开"描述统计"选项卡，勾选"因子 A""因子 B""总体""交互"复选框。

单击"确定"按钮，生成叙述统计分析报表 ANOVA2Way1，如图 14.31 所示。

4. 分析结果

（1）描述统计。描述统计表中输出了分析数据、缺失值数量、平均值、标准差、均值 SE。

（2）方差分析结果。在总体方差分析表中可以看到：

➥ age（年龄）的概率为 0.00152＜0.05，age 的总体均值是显著不同的。

➥ gender（性别）的概率为 0.01684＜0.05，gender 的总体均值是显著不同的。

➥ age 和 gender 交互的概率为 0.48024＞0.05，age 和 gender 的相关性并不明显。

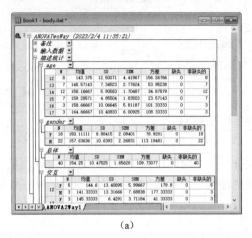

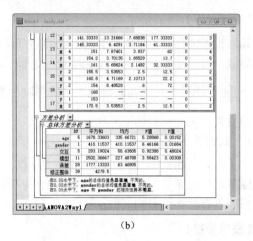

| （a） | （b） |

图 14.31　叙述统计分析报表

根据上面的分析可以得出结论：age（年龄）、gender（性别）对身高的影响高度显著。

5. 保存项目文件

单击"标准"工具栏中的"保存项目"按钮 ▣，保存项目文件为"学生身高双因素方差分析.opju"。

14.1.4　双因素重测方差分析

设有两个因素 A、B 作用于实验的指标，因素 A 有 r 个水平 A1,A2,…,Ar，因素 B 有 s 个水平 B1,B2,…,Bs，现对因素 A、B 的水平的每对组合（Ai, Bs）（$i=1,2,…,r$；$j=1,2,…,s$）都进行 t（$t≥2$）次实验（称为等重复实验），得到表 14.2 所列的方差分析表。

表 14.2　双因素实验的方差分析表

方差来源	平方和	自由度	均　方	F　比
因素 A	S_A	$r-1$	$\bar{S}_A = \dfrac{S_A}{r-1}$	$F_A = \dfrac{\bar{S}_A}{\bar{S}_E}$
因素 B	S_B	$S-1$	$\bar{S}_B = \dfrac{S_B}{s-1}$	$F_B = \dfrac{\bar{S}_B}{\bar{S}_E}$
交互作用	$S_{A×B}$	$(r-1)(S-1)$	$\bar{S}_{A×B} = \dfrac{S_{A×B}}{(r-1)(s-1)}$	$F_{A×B} = \dfrac{\bar{S}_{A×B}}{\bar{S}_E}$
误差	S_E	$rs(t-1)$	$\bar{S}_E = \dfrac{S_E}{rs(t-1)}$	
总和	S_T	$Rst-1$		

【执行方式】

菜单栏：选择菜单栏中的"统计"→"方差分析"→"双因素重复测量方差分析"命令。

【操作步骤】

执行上述命令，打开如图 14.32 所示的 ANOVATwoWayRM 对话框，进行双因素重复测量方差分析。单击"确定"按钮，生成方差分析报表。

【选项说明】

该对话框中包含 4 个选项卡，与 ANOVATwoWay 对话框中的选项类似，只不过多了一个"观察对象"文本框，表示重测变量。

★重点 动手学——判断血液水平的影响因素

源文件：yuanwenjian\ch_14\药物血液水平重复测试_索引数据.csv、双因素重测血液水平的影响.opju

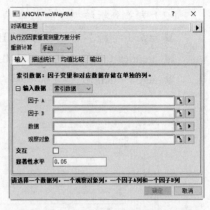

图 14.32　ANOVATwoWayRM 对话框

为了测试某药物的药效，测定 8 名不同性别实验者在 5 个时间段内的血液水平。设各测量数据的总体服从正态分布且方差相同、各样本独立。问实验者性别、测量时间段以及这两者的交互作用对血液水平是否有显著的影响（取 $\alpha = 0.05$）？

【操作步骤】

1. 导入数据

启动 Origin 2023，项目管理器中自动创建项目文件 UNTITLED，该项目文件下默认创建一个文件夹 Folder1，该文件夹中包含工作簿文件 Book1。

根据表格中的数据在工作簿文件 Book1 中输入数据，如图 14.33 所示。

由于假定各水平搭配下强度的总体服从正态分布且方差相同，各样本独立。因此不需要进行正态检验和方差齐次检验，可以直接进行因素分析。

2. 双因素重测方差分析

（1）在工作表中单击左上角的空白单元格，选中所有数据列。选择菜单栏中的"统计"→"方差分析"→"双因素重复测量方差分析"命令，打开 ANOVATwoWayRM 对话框。打开"输入"选项卡，在"输入数据"下拉列表中选择"索引数据"，在"因子 A""因子 B""数据""观察对象"文本框中选择数据列，勾选"交互"复选框，如图 14.34 所示。

（2）单击"确定"按钮，生成叙述统计分析报表 ANOVATwoWayRM1，如图 14.35 所示。

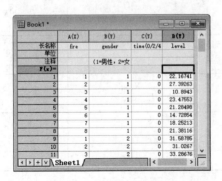

图 14.33　输入数据

图 14.34　ANOVATwoWayRM 对话框

3．分析结果

（1）在多变量检验表中，显示 4 种检验方法的检验结果：Pillai 追踪、Wilks' Lambda、Hotelling 追踪、Roy 的最大根。Pillai 追踪最稳健，当几种检验方法结果发生矛盾时，以 Pillai 追踪为准。

本例中，可以看到对同样的因子，4 种不同方法的结果是一致的。对于 gender（性别），概率为 2.44356E-4<0.05，说明不同的性别对观测对象有显著影响。同样地，可以认为不同的时间（time）对观测有显著的统计差异，性别和时间没有显著的交互作用（gender * time）。

（2）在球形 Mauchly 检验表中，从"概率>卡方"列的结果可以看到：

↘ gender（性别）、时间（time）的显著性水平小于 0.05，并不能满足球形检验。

↘ 交互项（gender * time）的显著性水平大于 0.05，说明交互项（gender*time）能满足球形检验。

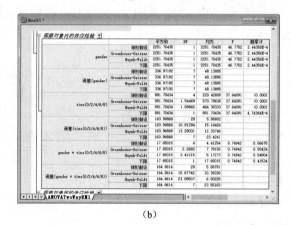

（a）　　　　　　　　　　　　　　　　　　　　　（b）

图 14.35　叙述统计分析报表

（3）在观察对象内的效应检验表中，通过 4 种检验方法（球形假设、Greenhouse-Geisser、Huynh-Feldt 和下限）计算出了每个因子的 F 值和对应的显著性水平。一般以 Greenhouse-Geisser 为准。

本例的校正结论与多变量检验相同，得出结论：性别对血液水平观测数据有显著性影响；时间对血液水平观测数据有显著性影响。

（4）在观察对象间的效应检验表中对因子有无统计学意义进行检验。

4．保存项目文件

单击"标准"工具栏中的"保存项目"按钮 ▣，保存项目文件为"双因素重测血液水平的影响.opju"。

14.2　假　设　检　验

假设检验又称统计假设检验，是用来判断样本与样本、样本与总体的差异是由抽样误差引起的还是由本质差别造成的统计推断方法。

处理参数的假设检验问题的步骤如下：

（1）根据实际问题的要求，提出原假设 H_0 及备择假设 H_1。

（2）给定显著性水平 α 以及样本容量 n。

（3）确定检验统计量以及拒绝域的形式。

（4）按 $P\{$ 当 H_0 为真拒绝 $H_0\} \leqslant \alpha$ 求出拒绝域。

14.2.1　t 检验

在实际检验中，正态总体的方差常为未知，所以我们常用检验法求解关于正态总体均值的检验问题。[当两个正态总体的方差均为已知（不一定相等）时，可用 Z 检验法检验两个正态总体均值差的假设问题。]

t 检验主要用于检验定量数据。无论哪种 t 检验，都有以下的基本前提条件：样本数据符合正态分布，各个样本之间是独立的。t 检验分为单样本 t 检验、双样本 t 检验和配对样本 t 检验。

1．单样本 t 检验

单样本 t 检验用于检验数据是否来自一致均值的总体，t 检验主要是以均值为核心的检验。

设总体 $X \sim N(\mu, \sigma^2)$，其中 μ、σ^2 未知，我们来求检验问题 $H_0: \mu = \mu_0, H_1: \mu \neq \mu_0$ 的拒绝域（显著性水平为 α）。

标准误差：

$$se = \frac{S(\text{样本标准差})}{\sqrt{n}(\text{样本大小})}$$

单样本 t 检验计算公式：

$$t = \frac{\text{样本均值} - \text{总体均值}}{\text{标准误差}}$$

【执行方式】

菜单栏：选择菜单栏中的"统计"→"假设检验"→"单样本 t 检验"命令。

【操作步骤】

执行上述命令，打开如图 14.36 所示的"单样本 t 检验"对话框，该对话框对均值执行单样本 t 检验。

单击"确定"按钮，生成频数统计量工作表 OneSampletTest1。检验结果包括数列的名称、平均值、数列长度、方差，以及 t 值、P 值（观察到的显著性水平）和检验的精度。

【选项说明】

（1）"输入"选项卡。选择指定格式的数据源，包括原始数据和汇总数据。

（2）"均值 t 检验"选项卡（图 14.37）。

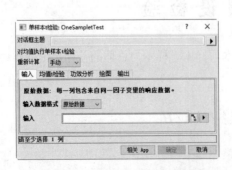

图 14.36　"单样本 t 检验"对话框

图 14.37　"均值 t 检验"选项卡

- 均值检验：设置平均值。
- 零假设：虚假设值。
- 备择假设：用于设定是双边（均值<>0）t 检验还是单边（均值>0 或均值<0）t 检验。
- 显著性水平：设定显著性水平，默认值为 0.05。
- 置信区间：可以选择是否计算 t 检验的实际概率。
- 置信水平在%：设置置信度区间百分比。在指定水平下，样本平均值与指定的检验值之差的置信区间。

★重点 动手练——元件寿命 t 检验

源文件： yuanwenjian\ch_14\元件寿命 t 检验.opju

某种元件的寿命 X（以小时计）服从正态分布 $N(\mu, \sigma^2)$，μ、σ^2 均未知，现测得 16 个元件的寿命如下：

159 280 101 212 224 379 179 264
222 362 168 250 149 260 485 170

本练习利用 t 检验的方法判断元件的平均寿命是否大于 225h，如图 14.38 所示。

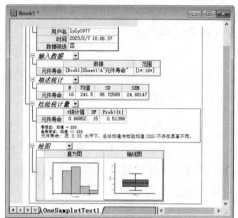

扫一扫，看视频

图 14.38 结果示例

【操作提示】

（1）输入数据，创建工作表数据。

（2）利用"单样本 t 检验"命令在"均值检验"文本框中输入期望平均值 225。

（3）分析结果。

- t 检验的结果给出了元件寿命数列的平均值、方差和数列长度。
- 查表得出，$n=16$，$t_{0.05}(15)=1.7531$，计算出 t 为 0.66852<1.7531，t 没有落在拒绝域中，故接受 H_0。
- 概率为 0.51396>0.05（显著性水平）。
- 得出结论，在 $H_0: \mu \leq \mu_0 = 225$，$H_1: \mu > 225$，单样本双边 t 检验和规定的 0.05 显著性水平上，即认为元件的平均寿命不大于 225h。

2. 双样本 t 检验

Origin 还可以用 t 检验法检验具有相同方差的两正态总体均值差的假设。假设两总体的方差是相等的，现在求检验问题：

$$H_0: \mu_1 - \mu_2 = \delta, H_1: \mu_1 - \mu_2 \neq \delta$$

（δ 为已知常数）的拒绝域，取显著性水平为 α。

【执行方式】

菜单栏：选择菜单栏中的"统计"→"假设检验"→"双样本 t 检验"命令。

3. 配对样本 t 检验

有时为了比较两种产品、两种仪器、两种方法等的差异，常在相同的条件下进行对比实验，得到一批成对的观察值。然后分析观察数据作出推断，这种方法常称为配对样本 t 检验，即逐对比较法。

【执行方式】

菜单栏：选择菜单栏中的"统计"→"假设检验"→"配对样本 t 检验"命令。

扫一扫，看视频

★重点 动手学——两种测量方法 t 检验

源文件： yuanwenjian\ch_14\两种测量方法 t 检验.opju

用两种方法（A 和 B）测定冰自-0.72℃转变为 0℃的水的融化热（以 cal/g 计），测得的数据如下：

方法 A： 79.98　80.04　80.02　80.04　80.03　80.03

　　　　 80.04　79.97　80.05　80.03　80.02　80.00　80.02

方法 B： 80.02　79.94　79.98　79.97　79.97　80.03　79.95　78.97

设这两个样本互相独立且分别来自正态总体 $N(\mu_1, \delta^2)$ 和 $N(\mu_2, \delta^2)$，μ_1、μ_2、δ^2 均未知，检验假设（取显著水平 $\alpha=0.05$）

$$H_0: \mu_1 - \mu_2 \leq 0, \ H_1: \mu_1 - \mu_2 > \delta$$

同时对比两种测量方法测量的结果有无显著差异。

【操作步骤】

1. 导入数据

启动 Origin 2023，项目管理器中自动创建项目文件 UNTITLED，该项目文件下默认创建一个文件夹 Folder1，该文件夹中包含工作簿文件 Book1。

根据表格中的数据在工作簿文件 Book1 中输入数据，如图 14.39 所示。

由于假定各水平搭配下强度的总体服从正态分布且方差相同，各样本独立。因此不需要进行正态检验和方差齐次检验，可以直接进行 t 检验。

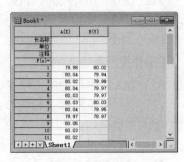

图 14.39　输入数据

2. 配对双样本 t 检验

（1）选择菜单栏中的"统计"→"假设检验"→"双样本 t 检验"命令，打开"双样本 t 检验"对话框，如图 14.40 所示。

➤ 打开"输入"选项卡，在"输入数据格式"下拉列表中选择"原始数据"并选择相应数据列，如图 14.41 所示。

➤ 打开"绘图"选项卡，勾选"直方图""箱线图"复选框，输出直方图、箱线图，如图 14.42 所示。

图 14.40　"双样本 t 检验"对话框

图 14.41　"输入"选项卡

图 14.42　"绘图"选项卡

（2）单击"确定"按钮，生成统计分析报表，如图 14.43 所示。

(a)

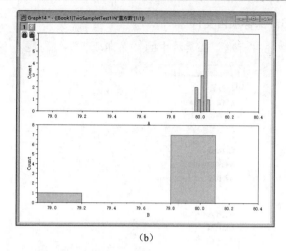

(b)

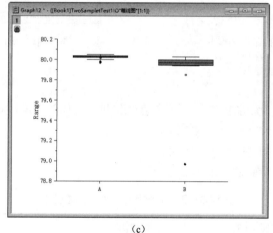

(c)

图14.43 统计分析报表

3. 分析结果

t检验输出结果中，概率>0.05，均值1-均值2与0并非显著不同于0，认为方法A与方法B测得的融化热数据没有明显差别。

4. 双样本 t检验

（1）选择菜单栏中的"统计"→"假设检验"→"双样本 t 检验"命令，打开"双样本 t 检验"对话框。

- ➥ 打开"输入"选项卡，在"输入数据格式"下拉列表中选择"原始数据"并选择相应数据列。
- ➥ 打开"均值 t 检验"选项卡，在"备择假设"选项组中选择单边（均值1-均值2<0）t 检验，如图 14.44 所示。

（2）单击"确定"按钮，生成统计分析报表，如图14.45所示。

5. 分析结果

在 t 检验输出结果中，两组概率>0.05，均值1-均值2并不显著小于0，认为方法A比方法B测得的融化热要大。

6. 保存项目文件

单击"标准"工具栏中的"保存项目"按钮 🖫，保存项目文件为"两种测量方法 t 检验.opju"。

图 14.44 "均值 t 检验"选项卡

图 14.45 统计分析报表

14.2.2 样本方差检验

有关正态总体方差的假设检验问题，分单个总体和两个总体的情况进行讨论。

单个正态总体方差的检验法——χ^2 检验法。

两个正态总体方差的检验法——F 检验法。

正态总体均值、方差的检验法见表 14.3。

表 14.3 正态总体均值、方差的检验法

原假设 H_0	检验统计量	备择假设 H_1	拒 绝 域
$\sigma^2 \leqslant \sigma_0^2$ $\sigma^2 \geqslant \sigma_0^2$ $\sigma^2 = \sigma_0^2$ (μ 未知)	$\chi^2 = \dfrac{(n-1)S^2}{\sigma^2}$	$\sigma^2 > \sigma_0^2$ $\sigma^2 < \sigma_0^2$ $\sigma^2 \neq \sigma_0^2$	$\chi^2 \geqslant \chi_\alpha^2(n-1)$ $\chi^2 \leqslant \chi_{1-\alpha}^2(n-1)$ $\chi^2 \geqslant \chi_{\alpha/z}^2(n-1)$ 或 $\chi^2 \geqslant \chi_{1-\alpha/z}^2(n-1)$
$\sigma_1^2 \leqslant \sigma_2^2$ $\sigma_1^2 \geqslant \sigma_2^2$ $\sigma_1^2 = \sigma_2^2$ (μ_1、μ_2 未知)	$F = \dfrac{S_1^2}{S_2^2}$	$\sigma_1^2 > \sigma_0^2$ $\sigma_1^2 < \sigma_0^2$ $\sigma_1^2 \neq \sigma_0^2$	$F \geqslant F_\alpha(n_1-1,n_2-1)$ $F \leqslant F_{1-\alpha}(n_1-1,n_2-1)$ $F \geqslant F_{\alpha/2}(n_1-1,n_2-1)$ 或 $F \geqslant F_{1-\alpha/2}(n_1-1,n_2-1)$

下面进行单个总体样本方差检验。设总体 $X \sim N(\mu, \sigma^2)$，μ、σ^2 均为未知。$X_1, X_2, \cdots, X_n$ 为来自总体 X 的样本。

要求检验假设，$H_0: \sigma^2 = \sigma_0^2$，$H_1: \sigma^2 \neq \sigma_0^2$，在原假设 H_0 成立的条件下，构造 χ^2 统计量：

$$\chi^2 = \frac{(n-1)s^2}{\sigma^2} \sim \chi_{(n-1)}^2$$

其中，$s^2 = \dfrac{\sum (X - \bar{X})^2}{n-1}$。

【执行方式】

菜单栏：选择菜单栏中的"统计"→"假设检验"→"单样本方差检验"命令。

【操作步骤】

执行上述命令，打开如图 14.46 所示的"单样本方差检验"对话框，该对话框执行单样本方差检验。单击"确定"按钮，生成频数统计量工作表 OneSampleTestVar1。

【选项说明】

1. "输入"文本框

选择指定范围数据源。

2. "方差的卡方检验"选项组

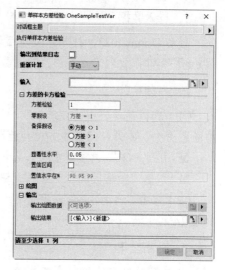

图 14.46 "单样本方差检验"对话框

- ❯ 方差检验：设置总体方差值 σ_0^2。
- ❯ 零假设：$H_0: \sigma^2 = \sigma_0^2$ 方差为 σ^2。
- ❯ 备择假设：用于设定是双边（方差<>1）还是单边（方差>1 或方差<1）方差检验。其中，1 是总体方差值 σ_0^2。
- ❯ 显著性水平：设定显著性水平，默认值为 0.05。
- ❯ 置信区间：可以选择是否计算方差检验的实际概率。
- ❯ 置信水平在%：设置置信度区间。

3. "绘图"选项组

选择输出直方图或箱线图。

4. "输出"选项组

选择输出数据和图形的位置。

（1）两个正态总体方差比的检验。$X_1 \sim N(\mu_1, \sigma_1^2)$，$X_2 \sim N(\mu_2, \sigma_2^2)$，两样本容量分别为 n_1 和 n_2 且相互独立。其中 μ_1、μ_2、σ_1^2、σ_2^2 分别为两正态分布总体的均值和方差。一般情况下，两总体均值 μ_1、μ_2 未知。S_1^2、S_2^2 分别为两样本方差且 $S_1^2 > S_2^2$，用样本方差估计两总体的方差 σ_1^2、σ_2^2。

（2）构造检验 F 统计量：

$$F = \frac{S_1^2 / \sigma_1^2}{S_2^2 / \sigma_2^2} \sim F(n_1 - 1, n_2 - 1)$$

1）在双侧检验下，当样本统计量 $F_0 < F_{1-\alpha/2}(n_1 - 1, n_2 - 1)$ 或 $F_0 > F_{\alpha/2}(n_1 - 1, n_2 - 1)$ 时，拒绝原假设；反之，则不能拒绝。

2）在右侧检验下，判断的临界值为 $F_\alpha(n_1 - 1, n_2 - 1)$。

【执行方式】

菜单栏：选择菜单栏中的"统计"→"假设检验"→"双样本方差检验"命令。

★重点 动手学——两个时间段血液水平方差检验

扫一扫，看视频

源文件： yuanwenjian\ch_14\药物血液水平重复测试.csv、两个时间段血液水平方差检验.opju

为了测试某药物的药效，测定 8 名不同性别实验者在 5 个时间段内的血液水平。通过方差分析，判断两个时间段的测量结果有无显著差异（取 $\alpha = 0.05$）并计算置信水平为 0.90、0.95、0.99 时的置信区间。

【操作步骤】

1. 导入数据

启动 Origin 2023，打开源文件目录，将"药物血液水平重复测试.csv"文件拖放到工作表中，导入数据文件，如图 14.47 所示。

2. 方差检验

（1）选择菜单栏中的"统计"→"假设检验"→"双样本方差检验"命令，打开"双样本方差检验"对话框，如图 14.48 所示。

➥ 在"输入"选项组中选择数据列。

➥ 勾选"置信区间"复选框，激活"置信水平在%"文本框。

（2）单击"确定"按钮，生成统计分析报表 TwoSampleTestVar1，如图 14.49 所示。

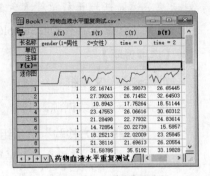

图 14.47　导入数据

3. 分析结果

在 F 检验输出结果中，概率>0.05，在 0.05 水平下，两个总体方差不存在显著不同。认为两个时间段测得的血液数据没有明显差别。

➥ 置信水平为 0.90 的置信区间为[0.36749,2.12282]。

➥ 置信水平为 0.95 的置信区间为[0.3086,2.52791]。

➥ 置信水平为 0.99 的置信区间为[0.21702,3.59459]。

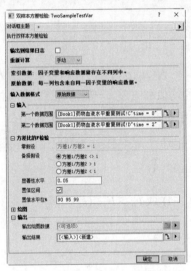

图 14.48　"双样本方差检验"对话框

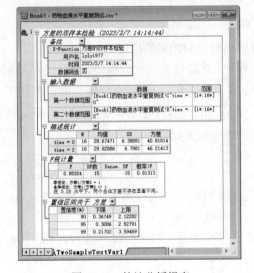

图 14.49　统计分析报表

4. 保存项目文件

单击"标准"工具栏中的"保存项目"按钮，保存项目文件为"两个时间段血液水平方差检验.opju"。

14.2.3　样本比率检验

比率检验也是一种经常用到的假设检验，比率检验有两种应用场景：单样本比率检验和两样本比率检验。

1. 单样本比率检验

单样本比率检验通过比较样本比率和总体比率是否相同来检验样本和总体之间的差异。

当 $np \geqslant 5$ 以及 $n(1-p) \geqslant 5$ 时（大样本的情况下），p 的抽样分布近似正态分布。因此，检验统计量可以选用 z 值：

$$z = \frac{p - \pi_0}{\sqrt{\dfrac{\pi_0(1-\pi_0)}{n}}}$$

原假设：$H_0{:}\pi \geqslant \pi_0$（左尾）、$H_0{:}\pi \leqslant \pi_0$（右尾）、$H_0{:}\pi = \pi_0$（双尾）（样本和总体比率）。

备择假设：$H_a{:}\pi < \pi_0$（左尾）、$H_a{:}\pi > \pi_0$（右尾）、$H_a{:}\pi \neq \pi_0$（双尾）（样本和总体比率）。

拒绝法则（临界值法）：如果 $z \leqslant -z_\alpha$，则拒绝原假设（左尾）；如果 $z \geqslant z_\alpha$，则拒绝原假设（右尾）；如果 $z \leqslant -z_{\alpha/2}$ 或 $z \geqslant z_{\alpha/2}$，则拒绝原假设（双尾）。

拒绝法则（p 值法）：如果 $p \leqslant \alpha$，则拒绝原假设。

【执行方式】

菜单栏：选择菜单栏中的"统计"→"假设检验"→"单样本比率检验"命令。

【操作步骤】

执行上述命令，打开如图 14.50 所示的"单样本比率检验"对话框，该对话框对方差执行单样本比率检验。单击"确定"按钮，生成频数统计量工作表 OneSampletTest1。

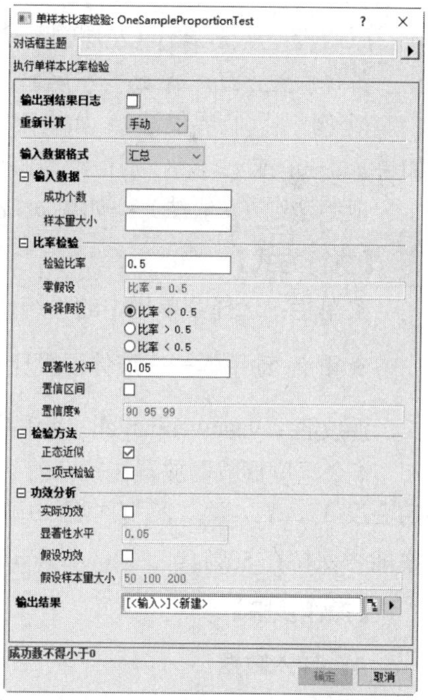

【选项说明】

（1）"输入数据格式"下拉列表。选择指定类型数据源，包括原始数据和汇总。

（2）"输入数据"选项组。选择指定范围数据源。

（3）"比率检验"选项组。

➥ 检验比率：指定的总体比率检验值 π_0。

➥ 零假设：$H_0{:}\pi \geqslant \pi_0$。

➥ 备择假设：用于设定是双边比率检验（比率<>0.5）还是单边（比率>0.5 或比率<0.5）比率检验。其中，0.5 是总体比率值。

➥ 显著性水平：设定显著性水平，默认值为 0.05。

➥ 置信区间：可以选择是否计算 t 检验的实际概率。

➥ 置信度%：设置置信区间。

（4）"检验方法"选项组。选择比率检验的方法，包括正态近似、二项式检验。

（5）"功效分析"选项组。在该选项组下选择不同的功效分析参数。

（6）"输出结果"文本框。选择输出工作表数据的位置。

图 14.50　"单样本比率检验"对话框

2. 两样本比率检验

两样本比率检验通过比较两样本比率是否相同来检验两总体之间的差异（两独立样本比率检验）。

当 $np_1 \geq 5$、$np_2 \geq 5$ 以及 $n(1-p_1) \geq 5$、$n(1-p_2) \geq 5$ 时（大样本的情况下），p_1-p_2 差值的抽样分布近似正态分布。因此，检验统计量可以选用 z 值：

$$z = \frac{(p_1 - p_2) - D_0}{\sqrt{\dfrac{\pi_1(1-\pi_1)}{n_1} + \dfrac{\pi_2(1-\pi_2)}{n_2}}}$$

由于 π_1 和 π_2 未知，就需要用样本比率对总体比率进行估计，这里分为两种情况。

一种情况是原假设 $\pi_1-\pi_2 = D_0 (D_0 = 0)$ 为真，也就是两总体比率相同，那么就可以统一用

$p\left(p = \dfrac{n_1 p_1 + n_2 p_2}{n_1 + n_2}\right)$ 估计总体比率，检验统计量就可以写成：

$$z = \frac{p_1 - p_2}{\sqrt{p(1-p)\left(\dfrac{1}{n_1} + \dfrac{1}{n_2}\right)}}$$

另一种情况是原假设 $\pi_1-\pi_2 = D_0 (D_0 \neq 0)$ 为真，也就是两总体比率不同，分别用 p_1 和 p_2 估计两总体的比率，检验统计量就可以写成：

$$z = \frac{(p_1 - p_2) - D_0}{\sqrt{\dfrac{p_1(1-p_1)}{n_1} + \dfrac{p_2(1-p_2)}{n_2}}}$$

原假设：$H_0:\pi_1 \geq \pi_2$（左尾）、$H_0:\pi_1 \leq \pi_2$（右尾）、$H_0:\pi_1 = \pi_2$（双尾）（样本和总体比率）。

备择假设：$H_\alpha:\pi_1 < \pi_2$（左尾）、$H_\alpha:\pi_1 > \pi_2$（右尾）、$H_\alpha:\pi_1 \neq \pi_2$（双尾）（样本和总体比率）。

拒绝法则（临界值法）：如果 $z \leq -z_\alpha$，则拒绝原假设（左尾）；如果 $z \geq z_\alpha$，则拒绝原假设（右尾）；如果 $z \leq -z_{\alpha/2}$ 或 $z \geq z_{\alpha/2}$，则拒绝原假设（双尾）。

拒绝法则（p 值法）：如果 $p \leq \alpha$，则拒绝原假设。

【执行方式】

菜单栏：选择菜单栏中的"统计"→"假设检验"→"两样本比率检验"命令。

★重点 动手学——液体温度比率检验

源文件：yuanwenjian\ch_14\温度调节器液体温度.xlsx、温度调节器液体温度比率检验.opju

4 个温度调节器放置在贮存着某种液体的容器内，调节器整定在 d℃。根据前面实例的分析，液体的温度 X_1、X_2、X_3、X_4 的均值为 100.03971。本例判断温度调节器 A 测得的液体温度大于平均值的概率能否保持在 50%。

【操作步骤】

1. 导入数据

（1）启动 Origin 2023，打开源文件目录，将"温度调节器液体温度.xlsx"文件拖放到工作表中，导入数据文件。

（2）在工作表区域灰色地区右击，在弹出的快捷菜单中选择"添加新列"命令，在当前工作表末尾添加新列 F(Y)，如图 14.51 所示。

（3）在工作表中选中 F(Y)，选择菜单栏中的"列"→"设置列值"命令，打开"设置值"对话框，在 Col(F)=栏中设置这列的值为 col(B)-100.03971>0:1:0，如图 14.52 所示，表示如果 A 列与平均值差

大于 0，则 Col(F)对应的数据为 1；如果 A 列与平均值差小于 0，则 Col(F)对应的数据等于 0。设置结果如图 14.53 所示。

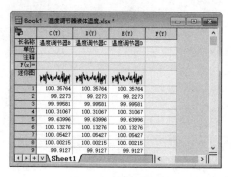

图 14.51　添加新列

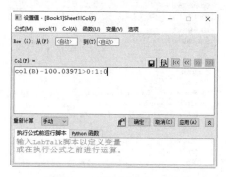

图 14.52　"设置值"对话框

2. 计数统计

在工作表中选中 F(Y)整列，选择菜单栏中的"查看"→"命令窗口"命令，弹出"命令窗口"面板，输入 stats，按 Enter 键，在命令窗口中显示统计结果，如图 14.54 所示。其中，stats.sum 的结果就是大于 0 的个数，即 51；stats.n 是整个数据的个数，即 100。

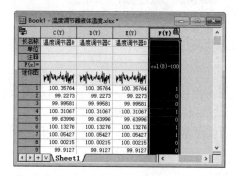

图 14.53　设置列值

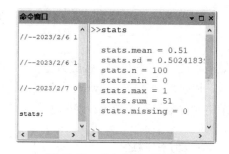

图 14.54　"命令窗口"面板

3. 比率检验

（1）选择菜单栏中的"统计"→"假设检验"→"单样本比率检验"命令，打开"单样本比率检验"对话框，在"输入数据格式"下拉列表中选择"汇总"，在"输入数据"选项组中输入"成功个数"（51）和"样本量大小"（100）。在"比率检验"选项组中指定"检验比率"为 0.5，如图 14.55 所示。

（2）单击"确定"按钮，生成叙述统计分析报表 OneSampleProportionTest1，如图 14.56 所示。

根据上面的分析可知，概率>0.05，拒绝零假设。得出结论：温度调节器 A 测得的液体温度大于平均值的概率不能保持在 50%。

4. 保存项目文件

单击"标准"工具栏中的"保存项目"按钮 ![按钮]，保存项目文件为"温度调节器液体温度比率检验.opju"。

图 14.55　"单样本比率检验"对话框

图 14.56　叙述统计分析报表

14.3　功 效 分 析

功效是指假设 H_0 为假时，接受其犯错误的概率。在假设检验中，根据影响功效的因素改变和控制某些变量，以提高功效值，使研究更有效、更科学，这个过程称为功效分析。

本节将学习如何对多种统计检验进行功效分析，包括单样本 t 检验和单因素方差分析。

14.3.1　功效分析概述

在进行假设检验时，总是根据问题的要求预先给出显著性水平以控制犯第 I 类错误的概率，而犯第 II 类错误的概率则依赖于样本容量的选择。在一些实际问题中，除希望控制犯第 I 类错误的概率外，往往还希望控制犯第 II 类错误的概率。在本小节中，我们将阐明如何选取样本的容量使犯第 II 类错误的概率控制在预先给定的限度之内。为此，引入功效分析参数。第 II 类错误的概率为 β，而 $1-\beta$ 称为功效。

影响功效的 4 个因素如下，这 4 个因素是相互联系、相互制约的，在进行功效分析时要同时考虑。

（1）显著性水平。在假设检验中，α 越小，第 II 类错误就越容易发生，功效值（$1-\beta$）也就越低。

（2）样本容量（N）。样本容量与统计检验中标准误差的大小有关。在其他条件一定的情况下，样本容量增加，可使标准误差下降，而使统计功效值提高。

（3）总体效果量。对虚无假设的否定程度。在其他条件一定的情况下，若总体效果量增长，功效就会提高；若包括功效在内的其他条件一定，总体效果量越大，在一定的显著水平所需样本容量就越小。

（4）功效。功效分析的主体。

14.3.2　单样本 t 检验

单样本 t 检验根据总体呈正态分布的假设推导出来，但是当样本量足够大时，即使数据不呈正态分布，此方法也同样有效。通过功效分析，确定非正态性对检验的Ⅰ类和Ⅱ类错误的影响，以提供有关样本量和正态性。

【执行方式】

菜单栏：选择菜单栏中的"统计"→"非参数检验"→"（PSS）单样本 t 检验"命令。

【操作步骤】

执行上述命令，打开如图 14.57 所示的"（PSS）单样本 t 检验"对话框，该对话框用于执行功效和样本量的单样本 t 检验。

【选项说明】

1. "检验规范"选项组

- 零均值：定义零均值 H_0。
- 备择均值：定义零均值 H_1。
- 标准差：定义在功效和样本数量分析中使用的标准差。
- Alpha：允许犯第Ⅰ类错误的概率，显著性水平 α。其他条件保持不变，显著性水平越小，功效越小。
- 假设样本量：进行假设检验的数据样本量。
- 尾：选择进行双尾检验或单尾检验。

2. "选项"选项组

- 更多假设样本量：当其他条件保持不变时，样本量越大，功效越大。勾选该复选框，增加样本量。
- 假设样本量的列：选择样本量数据。

3. "输出结果"文本框

选择输出工作表和统计分析表数据的位置。

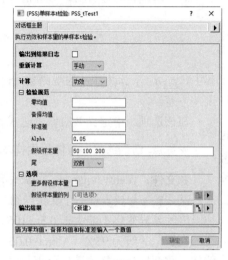

图 14.57 "（PSS）单样本 t 检验"对话框

14.3.3 单因素方差分析

单因素方差分析是一种统计技术，用于检验两组以上的数据样本之间的显著差异以及判断单个因素是否对结果产生显著的影响。本小节利用单因素方差分析进行功效分析或样本数量分析，计算效应值。

【执行方式】

菜单栏：选择菜单栏中的"统计"→"非参数检验"→"（PSS）单因素方差分析"命令。

【操作步骤】

执行上述命令，打开如图 14.58 所示的"（PSS）单因素方差分析"对话框，该对话框用于执行功效和样本量的单因素方差分析。

图 14.58 "（PSS）单因素方差分析"对话框

【选项说明】

1."计算"下拉列表

选择是进行功效分析还是进行样本数量分析。

2."检验规范"选项组

对于单因素方差分析，效应值（在备择或研究假设下效应的量）可以通过 f 衡量。

$$f = \sqrt{\dfrac{\sum\limits_{i-1}^{k} p_i \times (\mu_i - u)^2}{\sigma^2}}$$

其中，$p_i = n_i/N$，n_i 为组 i 的观测数目，N 为总观测数目；μ_i 为组 i 的均值；μ 为总体的均值；σ^2 为组内误差方差。

在该选项组中定义效应值表达式 f 中的参数。

★重点 动手练——液体温度样本检验

源文件：yuanwenjian\ch_14\液体温度样本检验.opju

某实验室想要设计一个实验以确定传感器检测液体温度的平均值是否等于100。在实验设计中，液体温度的差异变化不能大于0.5（105），标准偏差是5。

在置信等级为95%（Alpha=0.05）的情况下，为了使液体温度的估算达到0.7、0.8、0.9的检验效能值，需要选择的样本数量分别是多少？

【操作提示】

（1）通过计算"样本量"进行单样本 t 检验，确定需要抽取多少个样本。

（2）输出结果（图14.59）解释：为达到0.7的检验效能需要收集9个样本，为达到0.8的检验效能需要收集10个样本，为达到0.9的检验效能需要收集13个样本。

图 14.59　结果示例

第 15 章　实验数据分析与处理

内容简介

在实际的工程实验与工程测量中，经常需要对测量出的离散数据进行分析处理，找出测量数据的数学规律。数据非参数检验、聚类分析、相关性分析都属于这个范畴。本章将主要介绍使用 Origin 进行数据分析的方法和技巧。

15.1　非参数检验

在数据分析过程中，由于种种原因，人们往往无法对总体分布形态作简单假定，此时参数检验的方法就不再适用了。非参数检验正是一类基于这种考虑，在总体方差未知或了解甚少的情况下，利用样本数据对总体分布形态等进行推断的方法。由于非参数检验方法在推断过程中不涉及有关总体分布的参数，因而得名非参数检验。非参数检验是统计分析方法的重要组成部分，其与参数检验共同构成统计推断的基本内容。

两配对样本的非参数检验是在对总体分布不甚了解的情况下，通过对两组配对样本的分析，推断样本来自的两个总体的分布是否存在显著差异的方法。

Origin 提供的两配对样本非参数检验的方法主要包括符号检验和 Wilcoxon 符号秩检验等。

15.1.1　符号检验

符号检验是用来检验两配对样本来自的总体的分布是否存在显著差异的非参数方法。其原假设是：两配对样本来自的两总体的分布无显著差异。

【执行方式】

菜单栏：选择菜单栏中的"统计"→"非参数检验"→"配对样本符号检验"命令。

【操作步骤】

执行上述命令，打开如图 15.1 所示的"配对样本符号检验"对话框，该对话框用于执行配对样本符号检验。

【选项说明】

1. "输入"选项组

选择指定一一对应的两个数据范围。

2. "零假设"文本框

两配对样本的中位数相等。

图 15.1　"配对样本符号检验"对话框

3. "备择假设"选项组

用于设定是双边（中位数 1<>中位数 2）还是单边（中位数 1>中位数 2 或中位数 1<中位数 2）检验。

4. "显著性水平"文本框

设定显著性水平，默认值为 0.05。

5. "输出结果"文本框

选择输出工作表和统计分析表数据位置。

扫一扫，看视频

★重点 动手学——血液水平符号检验

源文件：yuanwenjian\ch_15\药物血液水平重复测试_原始数据.csv、血液水平显著性检验_符号检验.opju

为了测试某药物的药效，测定 8 名不同性别实验者在 5 个时间段内的血液水平。通过方差分析，判断在第一个时间段（time=0）中，男、女测量结果是否有显著的差异（取 $\alpha=0.05$）。

【操作步骤】

1. 导入数据

启动 Origin 2023，打开源文件目录，将"药物血液水平重复测试_原始数据.csv"文件拖放到工作表中，导入数据文件，如图 15.2 所示。

2. 符号检验

选择菜单栏中的"统计"→"非参数检验"→"配对样本符号检验"命令，打开"配对样本符号检验"对话框，如图 15.3 所示。在"输入"选项组中选择数据列 A、F，单击"确定"按钮，生成统计分析报表 SignTest1，如图 15.4 所示。

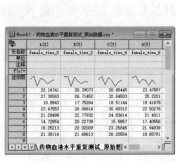

图 15.2　导入数据

图 15.3　"配对样本符号检验"对话框

图 15.4　分析报表

3. 分析结果

在检验统计量表中，概率为 0.00781<0.05。得出结论：在 0.05 水平下，两个分布显著不同。

4. 保存项目文件

单击"标准"工具栏中的"保存项目"按钮 🖫，保存项目文件为"血液水平显著性检验_符号检验.opju"。

15.1.2 Wilcoxon 符号秩检验

Wilcoxon 符号秩检验也是通过分析两配对样本,对样本来自的两总体的分布是否存在差异进行判断。其原假设是:两配对样本来自的两总体的分布无显著差异。

【执行方式】

菜单栏:选择菜单栏中的"统计"→"非参数检验"→"配对样本 Wilcoxon 符号秩检验"命令。

★重点 动手练——血液水平 Wilcoxon 符号秩检验

源文件:yuanwenjian\ch_15\药物血液水平重复测试_原始数据.csv、血液水平显著性检验_Wilcoxon 符号秩检验.opju

为了测试某药物的药效,测定 8 名不同性别实验者在5 个时间段内的血液水平。通过 Wilcoxon 符号秩检验分析,判断在第一个时间段(time=0)中,男、女测量结果是否有显著的差异(取 $\alpha=0.05$),如图 15.5 所示。

扫一扫,看视频

图 15.5 结果示例

【操作提示】

利用"配对样本 Wilcoxon 符号秩检验"命令分析男、女测量结果是否有显著的差异。

15.2 多变量相关性分析

多变量相关性分析主要就是研究多元数据之间的相互依赖关系,比较实用的主要有主成分分析、K-均值聚类分析、系统聚类分析和判别分析等。

15.2.1 主成分分析

主成分分析是将多个指标化为少数指标的一种多元数据处理方法,在工程、农业、数据科学中广泛使用。

设有某个 p 维总体 G,它的每个样品都是一个 p 维随机向量的一个实现,即每个样品都测得 p 个指标,这 p 个指标之间往往互有影响。能否将这 p 个指标综合成很少几个综合性指标,而且这几个综合性指标也能充分反映原有指标的信息,它们彼此之间还相互无关?答案是肯定的,这就是主成分分析要完成的工作。

【执行方式】

菜单栏:选择菜单栏中的"统计"→"多变量分析"→"主成分分析"命令。

【操作步骤】

执行上述命令,打开如图 15.6 所示的"主成分分析"对话框,该对话框用于执行主成分分析。

图 15.6 "主成分分析"对话框

【选项说明】

1. "输入"选项卡

选择变量数据列和观测值标记数据列。

2. "设置"选项卡（图15.7）

- ➤ 分析：选择主成分分析特征值矩阵，包括相关矩阵和协方差矩阵。
- ➤ 提取成分个数：指定提取主成分个数。
- ➤ 标准化分值：在计算近似值之前对数据值进行数据值标准化。
- ➤ 排除缺失值：选择缺失值数据的排除方法，包括按列表排除个案和按对排除数据。

3. "描述性统计"选项卡（图15.8）

选择输出的统计量参数，默认输出简单描述统计和相关矩阵。

4. "要计算的量"选项卡（图15.9）

选择计算特征值、特征向量、分值，根据成分矩阵可以写出主成分的表达式。

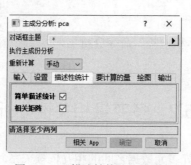

图15.7 "设置"选项卡   图15.8 "描述性统计"选项卡   图15.9 "要计算的量"选项卡

5. "绘图"选项卡（图15.10）

用于输出组成成分图形。

- ➤ 碎石图：勾选该复选框，输出碎石图。碎石图可以辅助判断因子提取个数。当折线由陡峭突然变得平稳时，陡峭到平稳对应的因子个数即为参考提取因子个数。横轴表示指标数，纵轴表示特征根值。碎石图不仅辅助决策因子个数，也可以由此图分析两个因子。
- ➤ 成分图类型：包括2D和3D，选择作为主成分绘图的轴。
- ➤ 载荷图：勾选该复选框，输出载荷图。载荷图指的是通过主成分分析得出的主要主成分之载荷（loading）做出的多维坐标图（loading diagram），作用是观察它们如何解释原变量，显示主成分分析时各变量与主成分之间的关系。
- ➤ 分值图：勾选该复选框，输出主成分分析得分图。
- ➤ 双标图：勾选该复选框，输出主成分分析双标图。横纵坐标是主成分，各个向量代表原特征。向量在主成分上的投影可以代表两者的相关程度。

6. "输出"选项卡（图15.11）

选择输出 PCA 报告和分值数据工作表位置。

图 15.10　"绘图"选项卡

图 15.11　"输出"选项卡

★重点 动手练——血液水平主成分分析

源文件：yuanwenjian\ch_15\药物血液水平重复测试_原始数据.csv、血液水平主成分分析.opju

为了测试某药物的药效，测定 8 名不同性别实验者在 5 个时间段内的血液水平包含 10 个指标列，进行主成分分析，如图 15.12 所示。

（a）

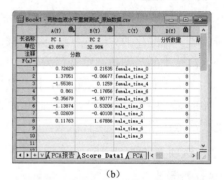

（b）

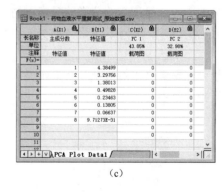

（c）

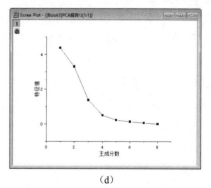

（d）

图 15.12　结果示例

【操作提示】

（1）利用"主成分分析"命令将 10 个指标数据降维，变为 2 个指标数据。

（2）碎石图分析：当提取前 2 个因子时，特征值较大，变化较明显，对解释原有变量的贡献较大；当提取 2 个以后的因子时，特征值较小，变化也很小，对解释原有变量的贡献相对较小，由此可见提取前 2 个因子对解释原变量有显著作用。

15.2.2　K-均值聚类分析

K-均值（快速聚类）是在聚类的类别数已确定的情况下，快速将其他个案归类到相应的类别，适合大样本数据的聚类。快速聚类的特点是处理速度快，占用内存少，适用于大样本的聚类分析。

【执行方式】

菜单栏：选择菜单栏中的"统计"→"多变量分析"→"K-均值聚类分析"命令。

【操作步骤】

执行上述命令，打开如图 15.13 所示的"K-均值聚类分析"对话框，该对话框用于执行 K-均值聚类分析。

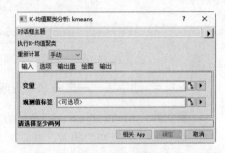

【选项说明】

1. "输入"选项卡

↪ 变量：样本数据。

↪ 观测值标签：对样本进行归类时的依据数据。

2. "选项"选项卡（图 15.14）

图 15.13　"K-均值聚类分析"对话框

↪ 标准化变量：如果数据的数量级有较大差别，则先对数据进行标准化处理，才能针对标准化数据进行聚类。标准化的方法包括无、Z_分数[标准化到区间 N(0, 1)]和归一化到区间[0,1]。

↪ 聚类个数：聚类的类别数，默认值为 2，表示把所有变量中的个案分为两类。

↪ 指定初始聚类中心：勾选该复选框，指定初始聚类中心数据。默认情况下，聚类前计算机随机产生初始的聚类中心，计算各个点到中心的距离，然后计算机迭代新的聚类中心。

↪ 最大迭代次数：指定最大迭代次数，默认值为 10。

3. "输出量"选项卡（图 15.15）

选择输出统计量参数表。

↪ 初始聚类中心：勾选该复选框，输出初始聚类中心表，显示初始分类的凝聚点的具体指标。

↪ 方差分析：勾选该复选框，针对最终分类中的每个变量作为单因素方差分析并输出方差分析表。

↪ 聚类成员：勾选该复选框，输出新变量，用于存储聚类产生的每个个案隶属类别信息。

↪ 聚类间距：勾选该复选框，要求输出聚类成员到本类中心的距离。

图 15.14　"选项"选项卡

图 15.15　"输出量"选项卡

4. "绘图"选项卡

用于输出组成成分图形，如图 15.16 所示。

- 🢒 聚类图：勾选该复选框，输出聚类分析树状图。
- 🢒 附加分组图：勾选该复选框，输出附加分组图。
- 🢒 选择变量绘图：选择图形中的 X 范围和 Y 范围。

5. "输出"选项卡

选择输出 K-平均值报告和聚类成员数据工作表位置，如图 15.17 所示。

图 15.16　"绘图"选项卡

图 15.17　"输出"选项卡

扫一扫，看视频

★重点 动手学——阳起石样品 K-均值聚类分析

源文件：yuanwenjian\ch_15\阳起石岩氧化物含量数据.xlsx、阳起石样品 K-均值聚类分析.opju

收集了铁矿区阳起石岩的 16 个样品，对每个样品测了 11 种氧化物含量，利用 K-均值聚类分析根据这些数据将阳起石样品分类。阳起石岩氧化物含量数据见表 15.1。

表 15.1　阳起石岩氧化物含量数据

编号	SiO_2	Al_3O_6	Fe_3O_2	FeO	MgO	CaO	Na_2O	K_3O	TiO_2	P_2O_8	MnO
1	47.22	15.28	5.98	5.08	8.93	9.17	2.10	0.10	1.20	0.07	0.24
2	54.33	15.06	8.13	6.22	8.95	8.46	3.00	0.12	0.90	0.11	0.26
3	47.45	15.23	6.75	4.35	9.61	10.50	1.00	0.15	1.10	0.13	0.18
4	47.45	15.26	4.60	6.85	9.92	8.25	3.12	0.12	1.00	0.10	0.30
5	48.40	18.02	10.31	2.43	5.66	6.57	1.89	0.22	1.40	0.10	0.19
6	47.88	13.55	4.78	4.19	10.90	9.69	1.40	0.17	0.40	0.08	0.25
7	58.17	12.61	6.16	3.31	8.64	4.75	2.08	0.15	0.62	0.07	0.33
8	47.83	13.28	3.09	7.46	11.31	9.95	1.85	0.50	1.20	0.18	0.29
9	43.12	7.97	0.84	10.33	23.54	6.57	0.12	0.06	0.96	0.17	0.17
10	42.05	8.83	1.07	9.87	22.69	6.64	0.42	0.08	0.92	0.17	0.16
11	47.31	15.76	1.63	7.57	11.16	7.87	8.12	0.18	1.08	0.20	0.14
12	42.50	12.42	1.55	9.62	18.85	7.78	1.05	0.42	1.50	0.24	0.20
13	40.77	10.00	2.01	9.68	22.21	5.08	0.19	0.04	1.18	0.20	0.17
14	41.65	9.53	7.65	6.08	19.89	4.19	0.13	0.04	0.98	0.13	0.21
15	47.74	16.53	0.98	7.72	8.38	9.43	3.46	0.33	1.28	0.25	0.17
16	52.64	12.08	2.07	5.92	10.57	7.22	1.95	1.12	0.84	0.38	0.15

【操作步骤】

1. 导入数据

启动 Origin 2023，打开源文件目录，将"阳起石岩氧化物含量数据.xlsx"文件拖放到工作表中，导入数据文件，如图 15.18 所示。

2. 聚类检验

选择菜单栏中的"统计"→"多变量分析"→"K-均值聚类分析"命令，打开如图 15.19 所示的"K-均值聚类分析"对话框，在"变量"选项中选择数据列 B(Y)~L(Y)，默认将样本数据分为两类。单击"确定"按钮，生成统计分析报表 Cluster1，如图 15.20 所示。

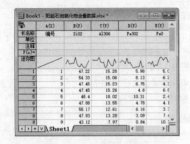

图 15.18　导入数据

图 15.19　"K-均值聚类分析"对话框

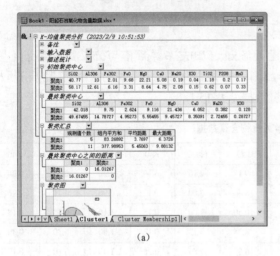

(a)

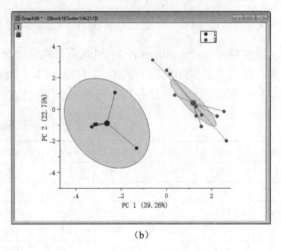

(b)

图 15.20　统计分析报表

3. 分析结果

（1）初始聚类中心表中显示两个凝聚点的具体指标值。

（2）最终聚类中心表中显示迭代结束后两个凝聚点的具体指标值。

（3）聚类汇总表中显示聚类 1、聚类 2 包含的观测值个数、组内平方和、平均距离（聚类成员到本类中心的平均距离）、最大距离（聚类成员到本类中心的最大距离）。

（4）最终聚类中心之间的距离表中以矩阵形式给出了各类中心间的距离。

（5）聚类图：每个点的颜色跟其氧化物含量对应，还可以使用数据读取器读取每个点对应的样本编号。

（6）Cluster Membership1 表中显示每个聚类成员样本属于哪一类。

通过 K-均值聚类分析，可以对不同样本的氧化物含量情况有一个基本的了解。可以将不同样本的氧化物含量指标情况分成 2 类。其中，第 2 类样本包含的成员样本最多，有 11 个。

4. 添加分类数据

（1）选择菜单栏中的"工作表"→"合并工作表"命令，打开"合并工作表"对话框，单击"工作表"选项右侧的三角按钮 ▶，在弹出的菜单中选择"选择工作表"命令，打开"工作表浏览器"对话框，在右侧的"范围"列中选择工作表，如图 15.21 所示。

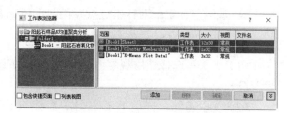

图 15.21　"工作表浏览器"对话框

（2）单击"确定"按钮，返回"合并工作表"对话框，在"工作表"列表中显示需要合并的两个工作表：Sheet1 和 Cluster Membership1，如图 15.22 所示。

（3）单击"确定"按钮即可创建名为 wAppend 的合并工作表，如图 15.23 所示。

图 15.22　"合并工作表"对话框

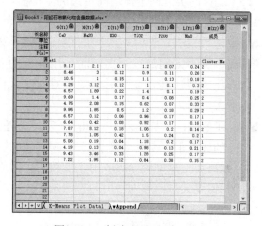

图 15.23　创建 wAppend 工作表

5. 保存项目文件

单击"标准"工具栏中的"保存项目"按钮 💾，保存项目文件为"阳起石样品 K-均值聚类分析.opju"。

15.2.3　系统聚类分析

系统聚类又称分层聚类、层次聚类，是指聚类过程按照一定层次进行，数据分析过程中如果需要按变量（标题）聚类，就应该使用分层聚类，并且结合谱系图进行综合判定分析。系统聚类分析方法适合样本容量不大的数据，一般样本数少于 200 个。

【执行方式】

菜单栏：选择菜单栏中的"统计"→"多变量分析"→"系统聚类分析"命令。

【操作步骤】

执行上述命令，打开如图 15.24 所示的"系统聚类分析"对话框，该对话框用于执行系统聚类分析。

图 15.24　"系统聚类分析"对话框

【选项说明】

1. "输入"选项卡

❧ 变量：样本数据。

❧ 观测值标记：对样本进行归类时的依据数据。

2. "设置"选项卡（图 15.25）

（1）聚类：选择使用观测值（Q 型聚类）或变量（R 型聚类）进行聚类分析。

（2）聚类方法：提供了 6 种计算个体与小类、小类与小类间距离的方法。

图 15.25　"设置"选项卡

❧ 最短距离：两类之间每个个体距离的最小值。

❧ 最长距离：两类之间每个个体距离的最大值。

❧ 平均：两类之间个体之间距离的平均值。

❧ 质心：把两类所有个体之间的距离都考虑在内。

❧ 中位数聚类：计算两类间的距离，既不采用两类间的最近距离，又不采用最远距离，而采用介于两者间的距离。分析图形将出现递转，谱系树状图很难跟踪，因此这个方法几乎不被人们采用。

❧ 瓦尔德法：也称离差平方和法，基于方差分析的思想，同类样品的离差平方和应当较小，类与类之间的离差平方和应当较大。

（3）距离类型：聚类分析多用于度量两个对象之间的相似性，通过衡量对象之间的差异度反映对象之间的相似度关系，最为常用的方法是距离计算。在该下拉列表中选择距离的计算方法，适合于连续型变量。

❧ Euclidean：欧氏距离，系统默认选项，两项之间的距离是每个变量值之差，常用于多元统计分析。

❧ Euclidean 平方：平方欧氏距离，两项之间的距离是每个变量值之差的平方和。

❧ 曼哈顿：两项之间的距离是每个变量值之差的绝对值总和。

❧ 余弦：余弦相似性测度，计算两个向量间夹角的余弦。

❧ Pearson 相关性：皮尔逊相关性，计算皮尔逊相关系数，该系数是线性关系的测度，范围是 $-1 \sim 1$。

❧ Jaccard：计算 Jaccard 相似系数，用于比较有限样本集之间的相似性与差异性。

（4）标准化变量：对数据进行标准化处理。

（5）聚类个数：聚类的类别数，默认值为 1。

（6）找聚类中心点依据：可选项包括距离总和、最大距离、距离平方之和。

3. "输出量"选项卡（图 15.26）

图 15.26　"输出量"选项卡

❧ 相异度矩阵：由于相关矩阵过于庞大，无法在文档中显示，勾选该复选框，输出非相似矩阵，表示输出个体间的距离矩阵。

- ➥ 聚类阶段：勾选该复选框，输出聚类分析的凝聚状态表，显示样品聚类过程。
- ➥ 聚类中心：勾选该复选框，输出聚类分析的聚类中心表，显示分类的凝聚点的具体指标。
- ➥ 聚类中心间距离：勾选该复选框，输出聚类分析聚类成员到本类中心的距离。
- ➥ 观测值和聚类中心间距：勾选该复选框，输出观测值到本类中心的距离。
- ➥ 质心信息：聚类中心是一个簇中所有样本点的均值（质心）。勾选该复选框，输出聚类分析的聚类中心质心的数据。

4．"绘图"选项卡

用于设置谱系图输出参数，如图 15.27 所示。谱系图也称"树状图"，像一棵横着生长的树，直观地展示了聚类的整个过程。该图是从左向右横着生长的，最左侧罗列出所有聚类类别；横轴位于图形的顶部，表示各类别的相对距离，表示类别之间距离的变化。

5．"输出"选项卡

选择输出聚类报告和聚类成员数据工作表位置。

★重点 动手学——阳起石样品系统聚类分析

源文件：yuanwenjian\ch_15\阳起石岩氧化物含量数据.xlsx、阳起石样品系统聚类分析.opju

收集了铁矿区阳起石岩的 16 个样品，对每个样品测了 11 种氧化物含量，利用系统聚类分析根据这些数据将阳起石样品分类。

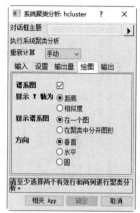

图 15.27 "绘图"选项卡

【操作步骤】

1．导入数据

启动 Origin 2023，打开源文件目录，将"阳起石岩氧化物含量数据.xlsx"文件拖放到工作表中，导入数据文件，如图 15.28 所示。

2．距离分类

（1）选择菜单栏中的"统计"→"多变量分析"→"系统聚类分析"命令，打开"系统聚类分析"对话框，在"变量"选项中选择数据列 B(Y)~L(Y)，默认将样本数据分为两类。

（2）打开"输出量"选项卡，勾选"聚类阶段""聚类中心""聚类中心间距离"等复选框，如图 15.29 所示，输出聚类阶段表、聚类中心表和聚类中心之间的距离表等。

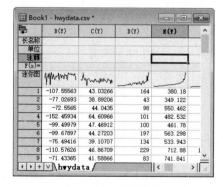

图 15.28 导入数据

图 15.29 "系统聚类分析"对话框

（3）单击"确定"按钮，生成统计分析报表 Cluster1，如图 15.30 所示。

3. 分析结果

（1）聚类阶段表中显示样品聚类过程，显示每类聚类距离变化情况。在第一步时，样品 9 和样品 10 合并为一类，它们之间的距离最小。

（2）通过谱系图观察整个聚类过程和聚类效果，Y 轴表示聚类成员距离。显示当分 n 类时，是把哪些样本分到一类的。

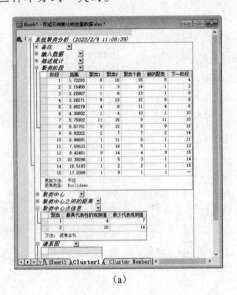

（a）

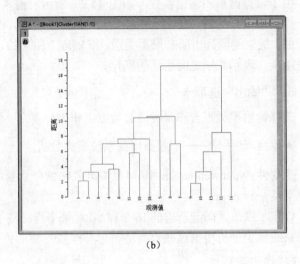

（b）

图 15.30　统计分析报表

4. 相似度分类

（1）单击谱系图窗口左上角的 按钮，在弹出的菜单中选择"更改参数"命令，打开"系统聚类分析"对话框，打开"绘图"选项卡，在"显示 Y 轴为"选项组中选中"相似度"单选按钮；在"方向"选项组中选中"圆"单选按钮，如图 15.31 所示。单击"确定"按钮，更新谱系图，如图 15.32 所示。

图 15.31　"绘图"选项卡

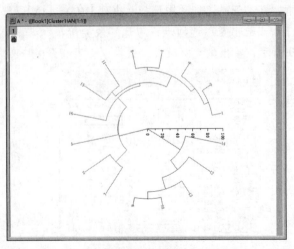

图 15.32　谱系图

（2）根据聚类成员相似度绘制谱系图，展示聚类的整个过程，展示类的成员隶属关系（不同颜色），从可视化的层面了解哪些样本被归聚为一类。

5. 保存项目文件

单击"标准"工具栏中的"保存项目"按钮 ，保存项目文件为"阳起石样品系统聚类分析.opju"。

15.2.4 判别分析

判别分析就是根据所研究的个体的某些指标的观测值推断该个体所属类型的一种数据分析方法，其处理的问题一般都是机理不甚清楚或者基本不了解的复杂问题。

判别分析则是事先已对某些已知样本进行分类，再根据一定的准则建立判别函数并利用判别函数将被研究对象归属到已知的类别。

【执行方式】

菜单栏：选择菜单栏中的"统计"→"多变量分析"→"判别分析"命令。

【操作步骤】

执行上述命令，打开如图 15.33 所示的"判别分析"对话框，该对话框用于执行判别分析。

（a）"输入数据"选项卡

（b）"设置"选项卡

（c）"统计"选项卡

（d）"输出量"选项卡

（e）"绘图"选项卡

（f）"输出"选项卡

图 15.33 "判别分析"对话框

【选项说明】

1. "输入数据"选项卡

判别分析是一种统计判别和分组技术，就一定数量样本的一个分组变量和相应的其他多元变量的已知信息确定分组与其他多元变量信息所属的样本进行判别分组。

判别分析样本量应超过变量的数量。通常，每个变量最好至少有 20 个，每个变量至少应有 5 个观测值。判别分析要求观察结果彼此独立，即无重复测量或配对数据。

- ↳ 训练样本分组：选择已知样本的分组变量。
- ↳ 训练样本：选择已知样本的数据变量。
- ↳ 预测检验数据：勾选该复选框，根据判别分析的分类结果预测多元变量分类的结果。

2. "设置"选项卡

- ↳ 先验概率：根据以往经验和分析得到的概率。选择先验概率的计算方法。
- ↳ 判别函数：判别分析通常需要设法建立一个判别函数，然后利用此函数进行评判，判别函数主要有两种，即线性判别函数（LDA）和二次判别函数（QDA）。
- ↳ 典型判别分析：使用典型判别函数进行分析。典型判别函数是原始自变量的线性组合，通过建立少量的典型变量可以比较方便地描述各类之间的关系，如可以用画散点图和平面区域图直观地表示各类之间的相对关系等。
- ↳ 交叉验证：用来验证分类结果的一种统计分析方法，将训练数据生成多个小的训练测试分割，使用这些分割调整模型。

3. "统计"选项卡

设置在分析结果中数据的统计结果，包括描述统计、描述性矩阵、单变量方差分析、协方差矩阵齐性检验、联合的组内协方差/相关矩阵、组内协方差矩阵。

4. "输出量"选项卡

- ↳ 判别函数系数：勾选该复选框，输出判别函数系数。
- ↳ 典型判别分析：在该选项组中可设置输出典型结构矩阵、典型系数、典型分值。
- ↳ 分类结果：在该选项组中可设置输出判别分类结果，包括后验概率、Mahalanobis 平方距离、非典型指标。
- ↳ 分类汇总：勾选该复选框，输出分类汇总的结果。

5. "绘图"选项卡

用于设置输出分类汇总图、分类拟合图、典型分值图。

6. "输出"选项卡

选择输出分析报告和分类结果数据工作表的位置。

扫一扫，看视频

★重点 动手学——盐泉钾性判别分析

源文件：yuanwenjian\ch_15\盐泉数据.xlsx、盐泉钾性判别分析.opju

某地区经勘探证明，A 盆地是一个钾盐矿区，B 盆地是一个钠盐（不含钾）矿区，其他盆地是否含钾盐有待判断。今从 A 和 B 两盆地各取 5 个盐泉样本，从其他盆地抽取 8 个盐泉样本。试对后 8 个待判盐泉进行钾性判别。

【操作步骤】

1. 导入数据

启动 Origin 2023，打开源文件目录，将"盐泉数据.xlsx"文件拖放到工作表中，导入数据文件，如图 15.34 所示。

2. 判别分析

（1）选择菜单栏中的"统计"→"多变量分析"→"判别分析"命令，打开"判别分析"对话框，如图 15.35 所示。

（2）在"训练样本分组"文本框右侧单击"从工作表中选择"按钮，选择 A1:A10 数据。

（3）在"训练样本"文本框右侧单击"从工作表中选择"按钮，选择 C1:F10 数据。

（4）勾选"预测检验数据"复选框，激活"检验数据"文本框，单击"从工作表中选择"按钮，选择 C11:F18 数据。

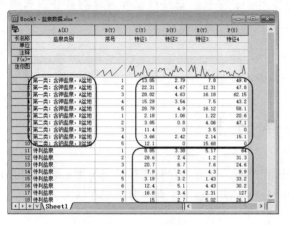

图 15.34　导入数据

图 15.35　"判别分析"对话框

（5）打开"输出量"选项卡，勾选"判别函数系数""典型系数"复选框。

（6）单击"确定"按钮，生成统计分析报表，如图 15.36 所示。

（a）

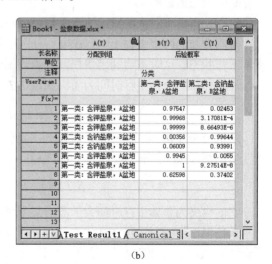

（b）

图 15.36　统计分析报表

3. 分析结果

（1）典型判别分析用于创建判别函数模型。使用非标准化典型系数表可以建立典型判别方程组：

$$0.11817X1 + 0.52474X2 - 0.0437X3 + 0.02955 - 3.62041$$

（2）特征值表反映了以上每个典型判别方程的特征值和解释方差的比例。

（3）Wilks' Lambda 检验表说明了这两个判别方程显著解释了每个组的类别，可以看到 Sig 列中的值小于 0.05。说明判别函数是显著的，模型拟合较好。

（4）分类结果。

1）训练数据分类汇总表可以用于评估判别模型。从表中可以看出，两类组中的分类是 100%正确的，错误率为 0.00%。对两个盆地的盐泉都判别正确，误判率为 0。

2）检验数据分类汇总表可以用于判别待判盐泉样本，在 8 个盐泉样本中，6 个属于第一类，2 个属于第二类。

3）在 Test Result1 工作表中可以看到从判别模型计算得到的后验概率和该样品被分配到哪个组别。

4. 保存项目文件

单击"标准"工具栏中的"保存项目"按钮 ▉，保存项目文件为"盐泉钾性判别分析.opju"。

15.3 生 存 分 析

生存分析是指对某给定事件发生的时间进行分析和推断，研究生存时间和结局与预后因子间的关系及其程度大小的方法，是一种处理删失数据的数据分析方法，也称生存率分析或存活率分析。

15.3.1 生存分析概述

生存分析的目的是：刻画生存时间的分布，生存时间分布的组间比较以及评价不同的影响因子对生存时间分布的影响。

生存分析中有三大函数：生存函数、风险函数和累积风险函数。生存函数和风险函数是用来描述生存时间分布的两个主要工具。在一些非医学问题中，生存函数不一定描述生存状态，也可能是机器正常工作状态。这时需要利用累积风险函数刻画生存时间不超过某个时间点的概率。

设总体中的个体生存时间为随机变量 $T(T \geq 0)$，随机变量 T 的概率分布函数为

$$F(T) = p(T \leq t) = \int_0^t f(u)\mathrm{d}u$$

随机变量 T 的概率分布函数含义为：总体中生存时间小于等于某个时间 t 的概率，该函数又称累积发生函数（cumulative incidence function）。生存函数（survivor function）的定义为

$$S(T) = 1 - F(T) = p(T \geq t) = \int_t^\infty f(u)\mathrm{d}u \tag{1}$$

它的含义为总体生存时间大于等于某个时间 t 的概率。

条件概率为 $p(t \leq T < t + \delta t | T \geq t)$，该表达式的含义为：当生存时间大于等于 t 时，生存时间 T 落在区间 $[t, t + \delta t)$ 上的概率。当 δt 趋向于无穷小时，有

$$h(t) = \lim_{\delta t \to 0} \frac{p(t \leq T < t + \delta t | T \geq t)}{\delta t} \tag{2}$$

则上式可以理解为单位时间的概率。例如，当随机变量 T 为死亡时间时，式（2）可以理解为死亡时间 t 时单位时间死亡的概率。因此，式（2）中 $h(t)$ 称为风险函数（hazard function）。由式（1）可得

$$h(t) = \frac{f(t)}{S(t)} = \frac{\mathrm{d}}{\mathrm{d}t} \log S(t)$$

$$S(t) = e^{-H(t)}, H(t) = \int_0^t h(u)\mathrm{d}u \tag{3}$$

其中，式（3）称为累积风险函数。

15.3.2　Kaplan-Meier 估计

Kaplan-Meier 估计也称为乘积限制估计，是一种非参数统计量，用于根据生命周期数据估计生存函数。在医学研究中，它通常用于衡量患者在治疗后存活一定时间的比例。

【执行方式】

菜单栏：选择菜单栏中的"统计"→"生存分析"→"Kaplan-Meier 估计"命令。

【操作步骤】

执行上述命令，打开如图 15.37 所示的"Kaplan-Meier 估计"对话框，该对话框用于执行 Kaplan-Meier（乘积限）估计分析。

（a）"输入"选项卡

（b）"存活率表"选项卡

（c）"生存函数图"选项卡

（d）"相等检验"选项卡

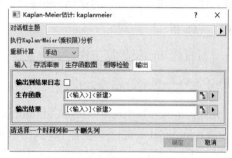
（e）"输出"选项卡

图 15.37　"Kaplan-Meier 估计"对话框

【选项说明】

1."输入"选项卡

在生存分析中，所需分析的数据的形式通常是从一个被定义的起点到特定事件发生时的时间，称为时间-事件（time to event，TTE）。

↘ 时间范围：选择存活时间范围。

↘ 删失范围：选择数据列。研究对象在观察时间内没有发生事件称为删失，删失数据是一种不完整数据，是生成分析独有的重要组成部分。

- ➥ 分组范围（可选）：选择索引列。
- ➥ 删失值：输入要删除的值。

2. "存活率表"选项卡

- ➥ 事件和删失值汇总：勾选该复选框，输出完全数据和截断数据的汇总表。
- ➥ 生存估计：勾选该复选框，输出生存估计值。
- ➥ 四分位数估计：勾选该复选框，输出四分位数估计值。
- ➥ 平均值估计：勾选该复选框，输出平均值估计。
- ➥ 四分位数/平均值估计置信度%：在该文本框中设置置信度。

3. "生存函数图"选项卡

- ➥ 生存函数：勾选该复选框，输出生存曲线，以时间 t 为横坐标，$S(t)$ 为纵坐标。$S(t)$ 是个体生存超过时间 t 的概率。在观察开始的时候，所有个体都是存活的，所以 $S(t=0)=1$；时间越长，生存的概率越小，所以 $S(t)$ 是递减的。
- ➥ 添加置信区间：勾选该复选框，添加置信区间。
- ➥ 1 减去生存函数：勾选该复选框，输出分布函数曲线。
- ➥ 风险函数：勾选该复选框，输出风险曲线。风险函数具有变量 X，且生存时间 t 已达到 t 时刻的观察对象在时间 t 的瞬时死亡率。
- ➥ 对数生存：勾选该复选框，输出对数函数曲线。
- ➥ 标记删失值数据点：勾选该复选框，在曲线图形中标记删失值数据点。
- ➥ 在同一幅图中绘制所有生存函数曲线：勾选该复选框，在同一幅图中绘制所有生存函数曲线。

4. "相等检验"选项卡

选择检验方法，检测各组数据的存活分布是否相同。

5. "输出"选项卡

选择输出分析报告和结果数据工作表的位置。

★重点 动手学——患者存活率分析

扫一扫，看视频

源文件：yuanwenjian\ch_15\ColorectalCarcinoma.dat、患者存活率分析.opju
ColorectalCarcinoma.dat 文件中包含 66 例结直肠癌患者的研究信息。A(X)列为 time（时间），即诊断后的生存时间（天）；B(Y)列为 status（患者状态），由两个值组成：0 和 1，表示患者是否被检查或死亡；G(Y)列为 platelet（诊断时血小板），0 表示异常，1 表示正常。试对患者进行存活率分析。

【操作步骤】

1. 导入数据

启动 Origin 2023，打开源文件目录，将 ColorectalCarcinoma.dat 文件拖放到工作表中，导入数据文件，如图 15.38 所示。

2. 生存率分析

（1）选择菜单栏中的"统计"→"生存分析"→"Kaplan-Meier 估计"命令，打开"Kaplan-Meier 估计"对话框，如图 15.39 所示。

> ↘ 在"时间范围"文本框右侧单击 ▶ 按钮，在弹出的菜单中选择"A(X)：time"列。
>
> ↘ 在"删失范围"文本框右侧单击 ▶ 按钮，在弹出的菜单中选择"B(Y)：status"列。

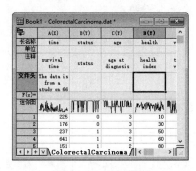

图 15.38 导入数据

图 15.39 "Kaplan-Meier 估计"对话框

（2）单击"确定"按钮，生成分析报表 KaplanMeier1，如图 15.40 所示。

3. 分析结果

双击生存函数图表，在弹出的图形窗口中显示生存曲线，如图 15.41 所示。生存函数表示每小时存活的个体的比例，并且直观地把预测模型显示出来。横轴表示事件时间，纵轴表示存活概率。

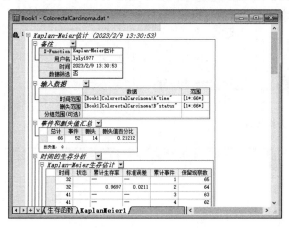

图 15.40 分析报表

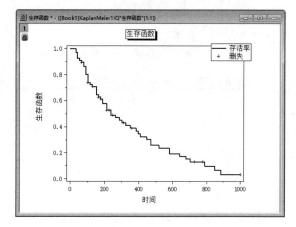

图 15.41 生存曲线

该图直观地表示了患者寿命，生存函数的 K-M 估计图为一系列的下降水平阶梯。图中，曲线下降得越快，存活率越小。

4. 多组数据生存率分析

（1）单击分析报表 KaplanMeier1 左上角的 按钮，在弹出的菜单中选择"更改参数"命令，打开"Kaplan-Meier 估计"对话框。

> ↘ 在"分组范围（可选）"文本框中选择"G(Y)：platelet"列，如图 15.42（a）所示。
>
> ↘ 在"生存函数图"选项卡下勾选"生存函数""1 减去生存函数""风险函数""对数生存"等复选框，如图 15.42（b）所示。

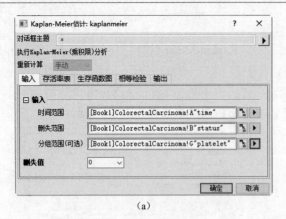

$$（a） \qquad\qquad （b）$$

图 15.42　"输入""生存函数图"选项卡

（2）单击"确定"按钮，更新分析报表 KaplanMeier1，如图 15.43 所示。

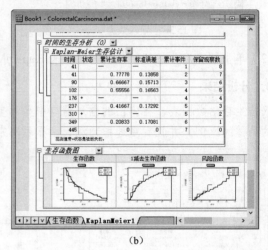

$$（a） \qquad\qquad （b）$$

图 15.43　分析报表

5. 分析结果

本测试显示了两组患者（根据诊断时血小板分类）每天的个体存活率比例。

双击生存函数图表，在弹出的图形窗口中显示两组患者的生存曲线，如图 15.44 所示。可以看出，诊断时血小板异常的曲线下降得更快，即诊断时血小板正常的患者抗癌能力更强。

6. 保存项目文件

单击"标准"工具栏中的"保存项目"按钮 🖫，保存项目文件为"患者存活率分析.opju"。

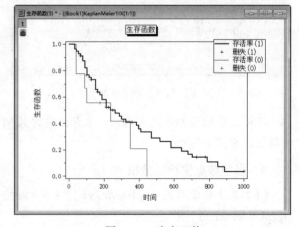

图 15.44　生存函数

15.3.3　Cox 模型估计

Cox 回归模型又称比例风险回归模型，简称 Cox 模型，是一种半参数回归模型。该模型以生存结局和生存时间为因变量，可同时分析众多因素对生存期的影响，能分析带有截尾生存时间的资料，并且不要求估计资料的生存分布类型。

【执行方式】

菜单栏：选择菜单栏中的"统计"→"生存分析"→"Cox 模型估计"命令。

【操作步骤】

执行上述命令，打开如图 15.45 所示的"Cox 模型估计"对话框，该对话框用于执行 Cox 风险比模型分析。

【选项说明】

1. "输入"选项组

选择时间范围、删失范围和协变量范围，还可以定义删失值。

2. "选项"选项组

选择要输出的数据。

3. "生存函数图"选项组

选择要绘制的函数图，包括生存函数和风险函数。

4. "输出"选项组

选择输出分析报告和图形的位置。

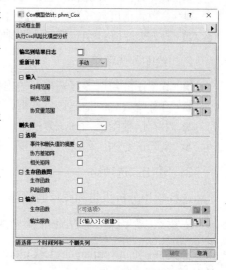

图 15.45　"Cox 模型估计"对话框

15.3.4　Weibull 模型估计

Weibull（威布尔）拟合是一种用于确定生存方程和生存时间之间的关系的参数分析法。通过该法可以得到生存函数和风险函数的 Weibull 分布。Weibull 拟合可以允许某因素的死亡风险随时间变化，因此在实际生活中更为常用。

【执行方式】

菜单栏：选择菜单栏中的"统计"→"生存分析"→"Weibull 拟合"命令。

【操作步骤】

执行上述命令，打开如图 15.46 所示的"Weibull 拟合"对话框，该对话框用于对生存数据执行 Weibull 拟合。

【选项说明】

1. "输入"选项组

➦ 时间范围：选择存活时间范围。

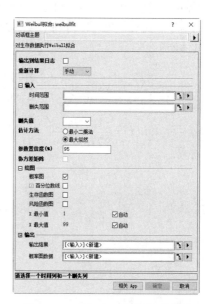

图 15.46　"Weibull 拟合"对话框

- 删失范围：选择数据列。
- 删失值：输入要删除的值。
- 估计方法：计算估计值的方法。
- 参数置信度（%）：定义置信度。
- 协方差矩阵：当选择最小二乘法进行估计时，选择输出协方差矩阵。

2. "绘图"选项组

- 概率图：勾选该复选框，输出概率图。
- 百分位数线：勾选该复选框，在概率图中添加百分位数线。
- 生存函数图：勾选该复选框，输出生存函数图。
- 风险函数图：勾选该复选框，输出风险函数图。

3. "输出"选项组

选择输出分析报告和图形的位置。

★重点 动手练——Weibull 拟合生存分析

扫一扫，看视频

源文件：yuanwenjian\ch_15\ColorectalCarcinoma.dat、Weibull 拟合生存分析.opju

ColorectalCarcinoma.dat 文件中包含 66 例结直肠癌患者的研究信息。本练习演示如何利用 Weibull 拟合进行生存分析，结果如图 15.47 所示。

【操作提示】

（1）导入数据文件。

（2）利用"Weibull 拟合"命令输出概率图、生存函数图和风险函数图。

（3）通过参数估计值分析表可以得到 Weibull 分布的近似参数值。由于 $c>1$，可以得出风险随时间增加而增大的结论。此外，也可以得到生存函数和风险函数的估算，具体如下：

$$S(x) = \exp\left(-\left(\frac{x - 5.91793}{371.64189}\right)^{1.19741}\right)$$

$$h(x) = \frac{1.19741}{371.64189}\left(\frac{x - 5.91793}{371.64189}\right)^{0.19741}$$

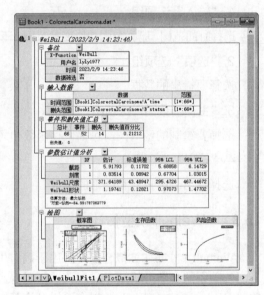

图 15.47　结果示例

第 16 章　回归拟合分析

内容简介

一般我们在进行社会调研或科学研究时，会得到很多实验数据。许多实际问题中都用函数表示某种内在联系或规律,而不少函数都只能通过实验和观测来了解。为了对实践中的某个物理量进行观测，在若干个不同的地方得到大量观测值，采用回归拟合分析，利用一个拟合函数逼近所给的物理量观测值，使拟合函数曲线最逼近所有点。

Origin 提供了强大的线性回归和函数拟合功能，其中最有代表性的是线性回归和非线性最小平方拟合。Origin 中约 200 多个内置数学函数用于曲线拟合，这些函数表达式满足绝大多数科技工程中的曲线拟合要求。

16.1　回　归　分　析

回归分析是回归模型建模和分析数据的重要工具。通常，使用曲线/直线拟合这些数据点，计算数据点到曲线/直线的距离偏差最小。

一般来说，回归分析通过规定因变量和自变量确定变量之间的因果关系，建立回归模型，根据实测数据求解模型的各个参数,然后评价回归模型是否能够很好地拟合实测数据;如果能够很好地拟合，则可以根据自变量进行进一步预测。

16.1.1　回归分析预测法

回归分析预测法是通过研究分析一个因变量对一个或多个自变量的依赖关系，从而通过自变量的已知或设定值估计和预测因变量均值的一种预测方法。回归分析预测的步骤如下。

1. 根据预测目标确定自变量和因变量

明确预测的具体目标，也就确定了因变量。如果预测的具体目标是下一年度的销售量，那么销售量 y 就是因变量。通过市场调查和查阅资料寻找与预测目标的相关影响因素，即自变量，并从中选出主要的影响因素。

2. 进行相关分析

相关关系可以分为确定关系和不确定关系。但是不论是确定关系还是不确定关系，只要有相关关系，都可以选择适当的数学关系式，用以说明一个或几个变量变动时，另一个变量或几个变量平均变动的情况。

3. 建立回归模型

依据自变量和因变量的历史统计资料进行计算，在此基础上建立回归方程，即回归模型。建立回归模型的基本步骤如下：

（1）确定研究对象，明确因变量和自变量。

（2）绘制自变量和因变量的散点图，观察它们之间的关系（如是否存在线性关系等）。

（3）由经验确定回归方程的类型（若观察到数据呈线性关系，则选用线性回归方程 $y = bx+a$）。

（4）按一定规则估计回归方程中的参数（如最小二乘法拟合）。

（5）得出结果后分析残差图是否有异常（个别数据对应残差过大，或残差呈现不随机的规律性等）；若存在异常，则检查数据是否有误或模型是否合适等。

4．检验回归模型，计算预测误差

回归模型是否可用于实际预测，取决于对回归模型的检验和对预测误差的计算。回归方程只有通过各种检验且预测误差较小，才能将回归方程作为预测模型进行预测。

5．计算并确定预测值

利用回归模型计算预测值并对预测值进行综合分析，确定最后的预测值。

16.1.2 估计的回归方程

回归模型是对统计关系进行定量描述的一种数学模型。回归方程是描述因变量 y 的期望值如何依赖于自变量 x 的方程，也是对变量之间的统计关系进行定量描述的一种数学表达式。

线性回归方程的公式如下：

$$y = \beta_0 + \beta_1 x + \varepsilon$$

其中，ε 表示误差项。由于大多数预测—响应变量之间的关系是不确定的，因此对实际关系的所有线性近似都需要增加误差项，所以需要引入随机变量建模的误差项。

有关误差项的假设如下：

（1）零均值假设。误差项 ε 是一个随机变量，其均值（期望值）等于 0，符号表示为 $E(\varepsilon)=0$。则回归方程有

$$E(y) = E(\beta_0 + \beta_1 x + \varepsilon) = E(\beta_0) + E(\beta_1 x) + E(\varepsilon) = \beta_0 + \beta_1 x$$

（2）常数方差假设。ε 的方差用 σ^2 表示，无论 x 取何值，σ^2 都是一个常数。

（3）独立性假设。假设 ε 的值是独立的。

（4）正态假设。假设误差项 ε 满足正态分布。

β_0、β_1 表示模型参数，分别对应截距和斜率。这些值是常量，其真实值未知，需要从数据集中估计得到。

用样本统计量 $\hat{\beta}_0$、$\hat{\beta}_1$ 代替回归方程中的未知参数 β_0、β_1，就得到了估计的回归方程：

$$\hat{y} = \hat{\beta}_0 + \hat{\beta}_1 x$$

其中，$\hat{y}$ 表示因变量的估计值（回归理论值）；$\hat{\beta}_0$ 表示回归直线的起始值（截距）；$\hat{\beta}_1$ 表示回归直线的回归系数（直线的斜率）。

16.1.3 拟合回归统计量参数

回归模型中包含用于模型检验的统计量参数，下面简单介绍线性拟合回归中常用的概念。

1. 回归估计标准误差

回归方程的一个重要作用在于根据自变量的已知值估计因变量的理论值（估计值）。而理论值 $\hat{y}$ 与实际值 y 存在差距，这就产生了推算结果的准确性问题。如果差距小，说明推算结果的准确性高；反之，则低。为此，分析理论值与实际值的差距很有意义。

为了度量 y 的实际水平和估计值离差的一般水平，可以计算估计标准误差。估计标准误差是衡量回归直线代表性大小的统计分析指标，其说明观察值围绕着回归直线的变化程度或分散程度，通常用 S_e 代表估计标准误差，其计算公式为

$$S_e = \sqrt{\frac{\sum(y-\hat{y})^2}{n-2}}$$

2. 判定系数

判定系数 R^2（coefficient of determination）又称可决系数或决定系数，是指在线性回归中，回归平方和与总离差平方和之比值，其数值等于相关系数的平方。

回归分析表明，因变量 y 的实际值（观察值）有大有小、上下波动，对每一个观察值来说，波动的大小可以用离差 $(y_i - \bar{y})$ 表示。离差产生的原因有两个：一是受自变量 x 变动的影响；二是受其他因素的影响（包括观察或实验中产生的误差的影响）。

总离差平方和（total sum of squares of deviation，TSS）表示 n 个观测值总的波动值，公式如下：

$$\text{TSS} = \sum_{i=1}^{n}(y_i - \bar{y})^2$$

误差平方和（sum of squares due to error，SSE）又称残差平方和，它反映了自变量 x 对因变量 y 的线性影响之外的一切因素（包括 x 对 y 的非线性影响和测量误差等）对因变量 y 的作用，公式如下：

$$\text{SSE} = \sum_{i=1}^{n}(y_i - \hat{y}_i)^2$$

回归平方和（sum of squares of the regression，SSR）表示在总离差平方和中，由于 x 与 y 的线性关系而引起因变量 y 变化的部分，公式如下：

$$\text{SSR} = \sum_{i=1}^{n}(\hat{y}_i - \bar{y})^2$$

可以证明 TSS=SSE+SSR（要用到求导得到的两个等式）。

得出判定系数 $R^2 = \dfrac{\text{SSR}}{\text{TSS}} = \dfrac{\text{TSS} - \text{SSE}}{\text{TSS}} = 1 - \dfrac{\text{SSE}}{\text{TSS}}$。

判定系数 R^2 是对估计的回归方程拟合优度的度量值。R^2 取值范围为 $0 \sim 1$，越接近 1，表明方程中 x 对 y 的解释能力越强。通常将 R^2 乘以 100% 表示回归方程解释 y 变化的百分比。若要对建立的回归方程能否代表实际问题作一个判断，可用是否趋近于 1 来判断回归方程的回归效果好坏。

3. 拟合优度

对于多元线性回归模型来说，假设、求解、显著性检验的推断过程和逻辑是一致的，但是对于多元回归模型，拟合优度需要修正，随预测变量的增加，拟合优度至少不会变差。

引入调整后的拟合优度 $\bar{R}^2$ 的公式如下：

$$\bar{R}^2 = 1 - (1 - R^2)\frac{n-1}{n-k}$$

其中，k 为包括截距项的估计参数的个数；n 为样本个数。

16.2 线性回归拟合

线性回归拟合是一种统计学工具，它可以用来根据一组观测值（称为自变量）产生一条拟合线（称为回归线）并用以预测与其他自变量相关的响应变量（称为因变量）。它可以用来获得一组变量之间的线性关系，可以用来预测变化以及进行预测性分析。这是一种非常有用的技术，可以用来确定已知变量与未知变量之间的关系，以便作出更好的决策。

16.2.1 一元线性回归分析

现有一组数据 $[x_1, x_2, \cdots, x_n]$ 和 $[y_1, y_2, \cdots, y_n]$，已知 x 和 y 呈线性关系，即 $y = kx + b$，对该直线进行拟合，就是求出待定系数 k 和 b 的过程。

如果在总体中，因变量 y 与自变量 x 的统计关系符合一元线性的正态误差模型，即对给定的 x_i 有 $y_i = b_0 + b_1 x_i + \varepsilon_i$，其中，$b_0$ 是拟合直线的截距，b_1 是拟合直线的斜率，ε 是随机误差，$E(\varepsilon) = 0$。

【执行方式】

菜单栏：选择菜单栏中的"分析"→"拟合"→"线性拟合"命令。

【操作步骤】

执行上述命令，打开如图 16.1 所示的"线性拟合"对话框，该对话框用于进行线性拟合分析。

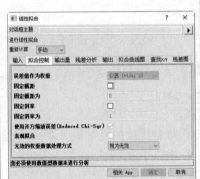
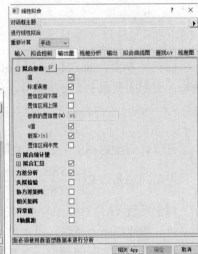

（a）"输入"选项卡　　　　　（b）"拟合控制"选项卡　　　　　（c）"输出量"选项卡

图 16.1 "线性拟合"对话框

（d）"残差分析"选项卡

（e）"输出"选项卡

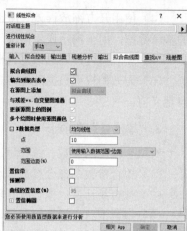

（f）"拟合曲线图"选项卡

（g）"查找 X/Y"选项卡

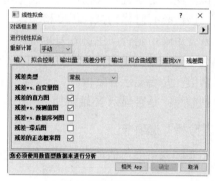

（h）"残差图"选项卡

图 16.1（续）

【选项说明】

1. "输入"选项卡

（1）多数据拟合模式：当选择多组数据进行拟合时，拟合结果分析报告的显示模式。

（2）输入数据：选择进行分析的数据范围。

（3）范围 1：选择进行分析的第一组数据范围。

（4）X：选择进行分析的自变量 X 数据列。

（5）Y：选择进行分析的因变量 Y 数据列。

（6）Y 误差：选择进行分析的 Y 误差数据列，用于绘制误差棒型 Y 误差图；若需要绘制误差棒型 X 误差图，则选择"带 X 误差的线性拟合"命令进行线性拟合。

（7）行：选择进行分析的数据行范围，默认情况下选择整列（所有行）数据。

2. "拟合控制"选项卡

（1）误差值作为权重：指定误差权重。

（2）固定截距：勾选该复选框，在"固定截距为"文本框中输入指定的截距 b_0，默认截距为 0，表示拟合曲线通过原点。

（3）固定斜率：勾选该复选框，在"固定斜率为"文本框中输入指定的斜率 b_1，默认斜率为 1。

（4）使用开方缩放误差（Reduced Chi-Sqr）：勾选该复选框，将随机误差进行开方计算，作为新的参考数据，用于揭示误差情况。

（5）表观拟合：勾选该复选框，先将数据转换为对数坐标，再进行拟合。

（6）无效的权重数据处理方式：当权重数据无效时，系统的处理方式有两种：视为无效和替换为自定义值。

3."输出量"选项卡

对拟合输出的参数、统计量进行选择和设置。

（1）拟合参数：拟合参数项。

（2）拟合统计量：拟合统计项。

（3）拟合汇总：拟合摘要项。

（4）方差分析：是否进行方差分析。

（5）失拟检验：是否进行失拟检验。失拟检验解决当前模型中是否有足够信息或是否需要更复杂的项的问题。该检验有时称为拟合优度检验。

（6）协方差矩阵：是否产生协方差矩阵。

（7）相关矩阵：是否显示相关性矩阵。

（8）异常值：是否显示异常值。

（9）X 轴截距：是否显示 X 轴截距。

4."残差分析"选项卡

残差是指实际观察值与估计值（拟合值）之间的差，残差表中包含 4 列数据，包含下面 4 类残差 Raw。

（1）常规：普通残差，$r_i = y_i - \hat{y}_i$。

（2）标准化：标准化残差，$\mathrm{st}_i = \dfrac{r_i}{\sqrt{\mathrm{MSE}(1-h_{ii})}}$，其中，$h_{ii}$ 是高杠杆值。

（3）学生化：学生化内残差，$\mathrm{sr}_i = \dfrac{r_i}{\mathrm{MSE}_{(i)}\sqrt{(1-h_{ii})}}$，其中，$\mathrm{MSE}_{(i)}$ 是删除观测值后的均方误差。

（4）学生化删除后：学生化外残差，$\mathrm{st}_i = \dfrac{r_i}{\mathrm{MSE}_{(i)}\sqrt{(1-h_{ii})}}$。

5."输出"选项卡

在"图形"选项组中选择输出分析报告表，还可以设置拟合曲线、拟合残差图形位置。

- 结果表：选择是否在拟合的图形上显示拟合结果表格。
- 排列图形成列：选择是否将输出图形成列。
- 整合同类图形于同一图中：选择是否将同类图形在同一图中显示。
- 整合残差图于同一图中：选择是否将所有残差图在同一图中显示。

6."拟合曲线图"选项卡

设置关于拟合曲线的显示相关参数。

- 拟合曲线图：选择是否绘制拟合曲线。
- 输出到报告表中：选择在报告表中绘制拟合曲线。

- 在源图上添加：在源图上作拟合曲线的方式。
- 与残差 vs.自变量图堆叠：在同一张图中绘制叠加显示的残差图和自变量图。
- 更新源图上的图例：更新源图上的图例。
- 多个绘图时使用源图颜色：使用源图颜色绘制多层曲线。
- X 数据类型：设置 X 列的数据类型，包括数据点数目和数据显示范围。
- 置信带：显示置信区间。
- 预测带：显示预计区间。
- 曲线的置信度（%）：设置置信度。

7. "查找 X/Y" 选项卡

设置是否产生一个表格，显示 Y 列或 X 列中寻找另一列对应的数据。只有在 X 和 Y 建立了一定函数关系之后，才可以使用这种方式。

8. "残差图" 选项卡

在"残差类型"下拉列表中有 4 种残差类型。选择是否绘制下面的叠加残差图：残差 vs.自变量图、残差的直方图、残差 vs.预测值图、残差 vs.数据序列图、残差-滞后图、残差的正态概率图。

扫一扫，看视频

★重点　动手学——人口普查线性拟合

源文件：yuanwenjian\ch_16\census.csv、人口普查线性拟合.opju

census.csv 中显示人口普查数据，包含 1790—1990 年的某地区人口数据，以 10 年为间隔。本例利用某地区人口数据进行线性拟合。

【操作步骤】

1. 导入数据

启动 Origin 2023，打开源文件目录，将 census.csv 文件拖放到工作表中，导入数据文件，如图 16.2 所示。

2. 线性拟合分析

（1）选择菜单栏中的"分析"→"拟合"→"线性拟合"命令，打开"线性拟合"对话框，如图 16.3 所示。

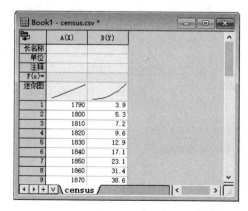

图 16.2　导入数据

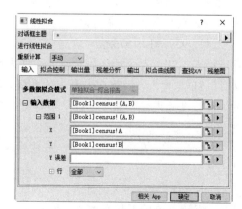

图 16.3　"线性拟合"对话框

（2）在 X 文本框右侧单击▶按钮，在弹出的菜单中选择 A(X)列。

（3）在 Y 文本框右侧单击▶按钮，在弹出的菜单中选择 B(Y)列。

（4）单击"确定"按钮，Origin 会自动创建一个拟合参数分析报表 FitLinear1，在图形窗口中显示拟合曲线和残差图，如图 16.4 所示；创建一个工作表 FitLinearCurve1，用于存放输出回归参数的结果，如图 16.5 所示。

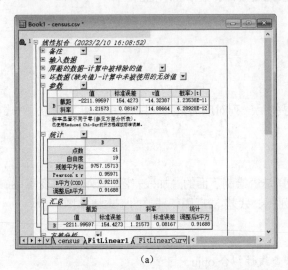

(a)

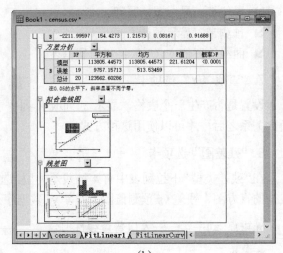

(b)

图 16.4 拟合参数分析报表

3. 拟合参数分析报表 FitLinear1 分析结果

（1）备注：主要记录一些信息，如用户、使用时间、拟合方程式等。

（2）输入数据：显示输入数据的来源。

（3）屏蔽的数据——计算中被排除的值：屏蔽数据，输出的计算数值。

（4）坏数据（缺失值）——计算中未被使用的无效值：缺失数据，在绘图过程中丢失的数据，输出图表。

（5）参数表：显示截距、斜率和标准误差等。

➷ 值：根据截距和斜率得到拟合直线方程，即 $y=-2211.99597+1.21573x$。

➷ 标准误差：SE，表示对参数精确性和可靠性的估计。SE 越大，表示回归方程中的系数 k 和 b 的波动程度越大，即回归方程越不稳定。

图 16.5 拟合数据工作表

➷ t 值：每个系数的 t 统计量，$t = \dfrac{回归系数}{系数标准误差} = \dfrac{\text{Estimate}}{\text{SE}}$，假设检验时用于与临界值相比，越大越好。

➷ 概率>|t|：假设检验的 t 统计量的 p 值，首先判断该假设检验验证对应系数是否等于 0。x 的 t 检验 p 值小于 0.05，该项在 5%显著性水平上不显著。

（6）统计表：显示一些统计数据，如数据点个数等。

- 点数：观测值数目，观测值中剔除缺失值的行数。
- 自由度：误差自由度，n（观测值数目）$-p$（模型中系数的数目，包括截距）=21-2=19。
- 残差平方和：误差平方和 SSE，用于估计误差分布的标准差，反映出测量的精度。
- Pearson's r：皮尔逊确定性系数 R^2，值越接近 1，变量的线性相关性越强。通常将 R^2 乘以 100% 表示回归方程解释 Y 变化的百分比。
- R 平方（COD）：判定系数（拟合优度），值越接近 ± 1，数据相关度越高，拟合效果越好，可以反映试验数据的离散程度。本例为 0.92103。
- 调整后 R 平方：调整后的判定系数。

（7）汇总表：显示一些摘要信息，按照分组（截距、斜率和统计）整合了上面几张表格中的数据。

（8）方差分析表：显示方差分析的结果，检验回归模型和误差的统计量，包括 DF（自由度）、平方和以及均方等。

- F 值：F 检验统计量（需要查表进行比较），用于检验该模型是否有显著的线性关系。
- 概率>F：F 检验 p 值，$p < 0.0001$，小于 0.05，表示该回归模型在 5% 显著性水平上是显著的。

（9）拟合曲线图：显示图形的拟合结果缩略图。双击拟合曲线，在图形窗口中显示拟合曲线，在数据散点图中添加拟合的直线，如图 16.6 所示（为方便显示，可以调整图例中文字的大小）。

（10）残差图：不同的残差分析图形可以给用户提供模型假设是否正确及如何改善模型等有用信息。在"残差图"选项卡下可以设置显示的残差图参数，如图 16.7 所示。

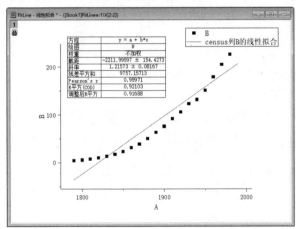

图 16.6　拟合曲线

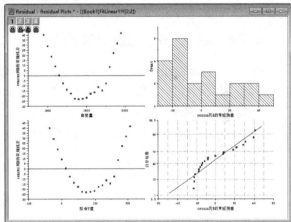

图 16.7　残差图

4. 保存项目文件

单击"标准"工具栏中的"保存项目"按钮 🖫，保存项目文件为"人口普查线性拟合.opju"。

★重点 动手练——带误差线性拟合回归分析

源文件：yuanwenjian\ch_16\人口普查线性拟合.opju、带误差线性拟合回归分析.opju
本练习利用美国人口数据进行带误差数据的线性拟合，如图 16.8 所示。

扫一扫，看视频

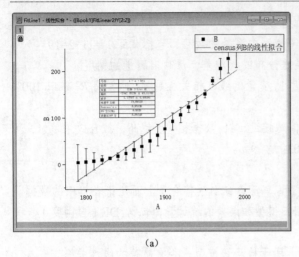
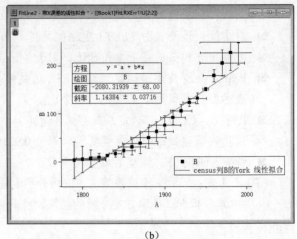

（a）   （b）

图 16.8 结果示例

【操作提示】

（1）利用"线性拟合"命令将 FitLinearCurve1 工作表中的常规残差 D(Y2)作为 Y 误差列，进行人口普查线性拟合。

（2）利用"带 X 误差的线性拟合"命令将 FitLinearCurve1 工作表中的常规残差 D(Y2)作为 X 误差列、Y 误差列，进行人口普查线性拟合。

★重点 动手练——多组线性回归分析

源文件：yuanwenjian\ch_16\Multiple Linear Regression.dat、多组线性回归分析.opju

本练习演示多组一元线性回归分析方法，结果如图 16.9 所示。

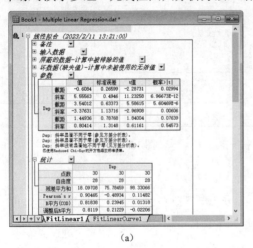
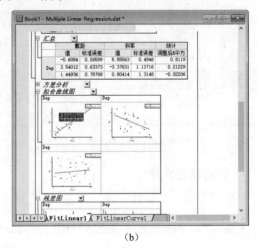

（a）   （b）

图 16.9 结果示例

【操作提示】

（1）将数据文件 Multiple Linear Regression.dat 导入工作表。

（2）选择"线性拟合"命令，在"多数据拟合模式"中选择"单独拟合综合报告"。

↘ 范围 1：Indep1 列为自变量，Dep 列为因变量。

- ➥ 范围 2：Indep2 列为自变量，Dep 列为因变量。
- ➥ 范围 3：Indep3 列为自变量，Dep 列为因变量。

（3）结果分析。

- ➥ 在参数表中根据截距和斜率得到 3 个拟合直线方程：

$$y_1 = -0.6081 + 5.55563x_1$$
$$y_2 = 3.54012 - 3.37631x_2$$
$$y_3 = -1.44936 + 0.80414x_3$$

- ➥ 在汇总表中显示 3 组数据：第一组调整后 R 平方为 0.8119，数据相关度最高，拟合效果最好。

16.2.2　多项式回归

多项式的一般形式：$y = a_n x^n + a_{n-1}x^{n-1} + \cdots + a_1 x + a_0$，多项式拟合的目的是找到一组系数向量 $\boldsymbol{p} = [a_0, a_1, \cdots, a_{n-1}, a_n]$，使拟合预测值尽可能地与实际样本数据相符合。

【执行方式】

菜单栏：选择菜单栏中的"分析"→"拟合"→"多项式拟合"命令。

【操作步骤】

执行上述命令，打开如图 16.10 所示的"多项式拟合"对话框，该对话框用于执行多项式拟合分析。

（a）"输入"选项卡　　　　　　（b）"拟合控制"选项卡

图 16.10　"多项式拟合"对话框

【选项说明】

在"多项式阶"下拉列表中选择多项式阶数，多项式阶数及公式见表 16.1。

表 16.1　多项式阶数及公式

阶　数	公　式
1	Y = p1*x+截距
2	Y = p1*x+p2*x^2+截距
3	Y = p1*x+p2*x^2+ p3*x^3+截距
9	Y = p1*x+p2*x^2+…+p9*x^9+截距

★重点 动手学——人口普查多项式拟合

源文件：yuanwenjian\ch_16\census.csv、人口普查多项式拟合.opju

census.csv 中显示人口普查数据，包含 1790—1990 年的某地区人口数据，以 10 年为间隔。本例利

扫一扫，看视频

用某地区人口数据进行多项式拟合。

【操作步骤】

1．导入数据

启动 Origin 2023，打开源文件目录，将 census.csv 文件拖放到工作表中，导入数据文件。

2．多项式拟合分析

（1）选择菜单栏中的"分析"→"拟合"→"多项式拟合"命令，打开"多项式拟合"对话框，如图 16.11 所示。

➥ 在 X 文本框右侧单击 ▶ 按钮，选择 A(X)列。

➥ 在 Y 文本框右侧单击 ▶ 按钮，选择 B(Y)列。

➥ 在"多项式阶"下拉列表中选择 2，表示拟合多项式为二阶，公式为 Y = B1*x+B2*x^2+截距。

（2）单击"确定"按钮，Origin 会自动创建一个多项式拟合参数分析报表 FitPolynomial1 和回归参数工作表 FitPolynomialCurve1，如图 16.12 所示。

3．拟合分析结果

（1）在参数表中显示多项式 Y = B1*x+B2*x^2+截距的系数：斜率（B1、B2）、截距 B 和系数的标准误差。

图 16.11 "多项式拟合"对话框

图 16.12 拟合参数分析报表

➥ 根据截距和斜率得到拟合多项式方程：Y = -23.50975*x^2+0.00654*x+21129.59212。

➥ 概率>|t|：所有系数 t 检验 p 值小于 0.05，该项在 5%显著性水平上不显著。

（2）在统计表中根据 R 平方（COD）和调整后 R 平方进行分析。

R 平方(COD)（即拟合多项式相关系数）为 0.99871，拟合直线相关系数为 0.92103（图 16.6）。拟合多项式相关系数更接近 1，表示数据相关度更高，拟合效果更好，可以反映检验数据的离散程度。

（3）双击拟合曲线，在图形窗口中显示拟合曲线，对比线性拟合直线，多项式拟合曲线更调和原始数据点，

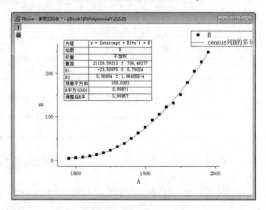

图 16.13 拟合曲线

如图 16.13 所示。

4. 保存项目文件

单击"标准"工具栏中的"保存项目"按钮 ，保存项目文件为"人口普查多项式拟合.opju"。

16.2.3　多元线性回归

在大量的社会、经济、工程问题中，对于因变量 y 的全面解释往往需要多个自变量的共同作用。当有 p 个自变量 $x_1, x_2, \cdots, x_p$ 时，多元线性回归的理论模型为

$$y = \beta_0 + \beta_1 x_1 + \cdots + \beta_p x_p + \varepsilon$$

其中，ε 是随机误差，$E(\varepsilon) = 0$。

【执行方式】

菜单栏：选择菜单栏中的"分析"→"拟合"→"多元线性回归"命令。

【操作步骤】

执行上述命令，打开如图 16.14 所示的"多元回归"对话框，该对话框用于进行多元线性回归分析。

★重点　动手练——多元线性回归分析

源文件：yuanwenjian\ch_16\Multiple Linear Regression.dat、多元线性回归分析.opju

本练习演示多元线性回归分析方法，结果如图 16.15 所示。

扫一扫，看视频

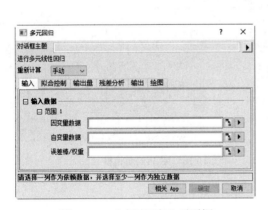

图 16.14　"多元回归"对话框

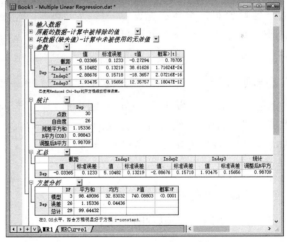

图 16.15　结果示例

【操作提示】

（1）将数据文件 Multiple Linear Regression.dat 导入工作表。

（2）选择"多元线性回归"命令，选择 Indep1、Indep2、Indep3 列为自变量，Dep 列为因变量。

（3）结果分析。

➥ 在参数表根据截距和斜率得到多元拟合直线方程：

$$y = -0.03365 + 5.10482 x_1 - 2.88676 x_2 + 1.93475 x_3$$

➥ 在统计表中显示数据 R 平方为 0.98843，数据相关度较高，拟合效果较好。

16.3 非线性拟合工具

在许多实际问题中，回归函数往往是较复杂的非线性函数，回归规律在图形上表现为形态各异的各种曲线。在 Origin 非线性拟合工具中，为曲线拟合和曲面拟合提供了特定的模型，定义了拟合函数类型和指定的参数。

16.3.1 非线性曲线拟合工具

曲线拟合就是计算出两组数据之间的一种函数关系，由此可以描绘其变化曲线（拟合曲线）及估计非采集数据对应的变量信息。曲面拟合是计算出 3 组数据之间的一种函数关系，曲面拟合过程与曲线拟合相同，本节通过曲线拟合进行介绍。

【执行方式】

➤ 菜单栏：选择菜单栏中的"分析"→"拟合"→"非线性曲线拟合"命令。

➤ 快捷键：Ctrl+Y 组合键。

【操作步骤】

执行上述命令，打开如图 16.16 所示的 NLFit()（非线性拟合工具）对话框，该对话框用于执行非线性拟合分析。

选择函数种类，再在函数种类下选择拟合函数，根据具体情况设置一些初始参数，再单击"拟合"按钮进行拟合分析，输出拟合图形和拟合结果报表。

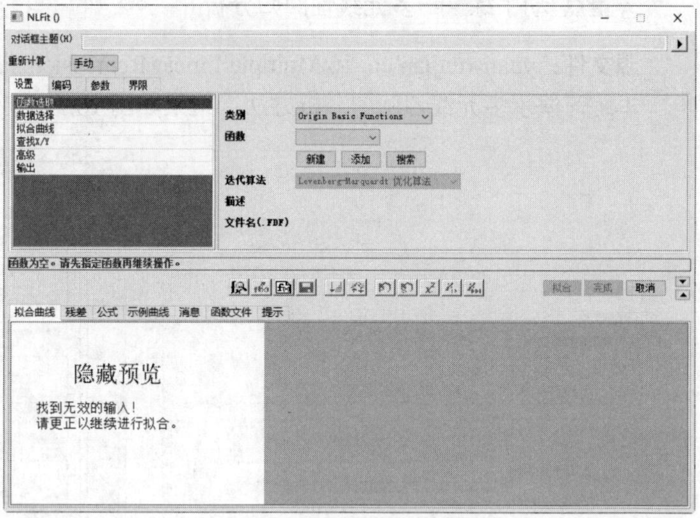

【选项说明】

NLFit 对话框主要由 3 部分组成，分别是左上部分的一组参数设置选项、中间的控制选项以及下半部分的信息显示选项。

1. 参数设置选项

主要包括用来设置拟合的参数。

图 16.16 NLFit()对话框

2. 控制按钮组

NLFit()对话框中间部分有一行按钮组，用于对拟合函数进行编辑和修改。

（1）"搜索和插入函数"按钮 ：单击该按钮，打开"搜索拟合函数"对话框，选择拟合函数，如图 16.17 所示。双击函数名后将函数插入到对话框中，函数中的参数自动在单元格列表中显示，如图 16.18 所示。

（2）"编辑拟合函数"按钮 ：单击该按钮，打开"拟合函数管理器"对话框，编辑拟合函数中的参数，如图 16.19 所示。

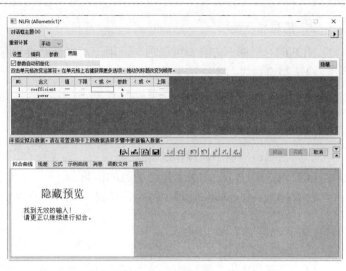

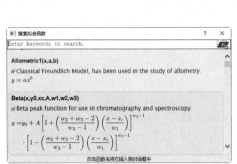

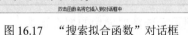

图 16.17 "搜索拟合函数"对话框　　　　　图 16.18 添加函数中的参数

所有内置拟合函数和自定义拟合函数都由拟合函数管理器进行管理。每一个拟合函数都以.fdf 文件的形式存放。内置拟合函数存放在 Origin2023\fitfunc 子目录下，用户自定义拟合函数存放在 Origin 用户子目录下的 fitfunc 子目录中。

（3）"创建新的拟合函数"按钮 ：单击该按钮，打开"拟合函数生成器-名称和类型"对话框，如图 16.20 所示，新建拟合函数。

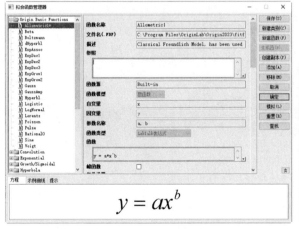

$$y = ax^b$$

图 16.19 "拟合函数管理器"对话框

图 16.20 "拟合函数生成器-名称和类型"对话框

（4）"保存 FDF 文件"按钮 ■：保存拟合函数。

（5）"重新对峰值排序"按钮 ：对峰值参数进行排序。

（6）"峰排序"按钮 ：按照升序或降序对峰值参数进行排序。

（7）"初始化参数"按钮 ：初始化参数。

（8）"单纯形"按钮 ：给参数赋予近似值。

（9）"计算卡方"按钮 ：计算 Chi-Square 值。

（10）"1 次迭代"按钮 ：使当前函数每次运行时只执行一次。

（11）"拟合直到收敛"按钮 ：使当前函数每次运行时不断循环执行直到结果在规定范围内。

3. 信息显示选项

NLFit()对话框下方有一组选项卡，用于对拟合结果进行预览。

（1）拟合曲线：拟合结果的预览图。

（2）残差：残差分析图形预览。

（3）公式：显示拟合函数的数学公式。

（4）示例曲线：显示拟合函数实例曲线图形。

（5）消息：显示用户操作过程。

（6）函数文件：显示关于拟合函数的信息。

（7）提示：显示操作过程中的提示信息。

16.3.2 "设置"选项卡

（1）"函数选取"选项组。该选项组对应的中间的控制选项用于选择要使用的拟合函数。

1）类别：选择函数所属种类；默认显示 Origin Basic Functions。

➘ Origin Basic Functions：基本函数类型。

➘ Convolution：卷积函数类型。

➘ Exponential：指数函数类型。

➘ Growth/Signoidal：生长/S 曲线函数类型。

➘ Hyperbola：双曲线函数类型。

➘ Logarithm：对数函数类型。

➘ Peak Functions：峰值函数类型。

➘ Piecewise：分段函数类型。

➘ Polynomial：多项式函数类型。

➘ Power：幂函数类型。

➘ Rational：有理数函数类型。

➘ Waveform：波形函数类型。

➘ Chromatography：色谱学函数类型。

➘ Electrophysiology：电生理学函数类型。

➘ Enzyme Kinetics：酶动力学函数类型。

➘ Pharmacology：药理学函数类型。

➘ Rheology：流场力学函数类型。

➘ Spectroscopy：光谱学函数类型。

➘ Statistics：统计学函数类型。

➘ Quick Fit：快速拟合函数类型。

➘ Multiple Variables：多变量分析函数类型。

➘ User Defined：用户自定义函数类型。

➘ <新建…>：新建函数类型。

2）函数：指定函数种类下的具体的函数。每一函数种类下通常有十几个具体的函数，所有函数总量为 200 多个。

3）迭代算法：非线性拟合函数使用的优化算法。

4）描述：函数的描述。

5）文件名：函数的来源和名称。

（2）"数据选择"选项组：输入数据的设置。

（3）"拟合曲线"选项组：拟合图形的一些参数设置。

（4）"查找 X/Y"选项组：设置是否产生一张表格，显示 Y 列或 X 列中寻找另一列对应的数据。

（5）"高级"选项组：一些高级设置，参考线性拟合部分。

（6）"输出"选项组：输出设置。

16.3.3 "编码"选项卡

该选项卡用于显示拟合函数的代码、初始化参数和限制条件，如图 16.21 所示。

16.3.4 "参数"选项卡

在表格中对参数列进行编辑，如图 16.22 所示。表格中包括如下参数。

（1）参数：定义参数名。

（2）含义：输入参数的意义。

（3）固定：是否为固定值。

（4）值：参数值。

（5）误差：误差值。

（6）相关性：置信值。

（7）置信区间下限：参数值的下限。

（8）置信区间上限：参数值的上限。

（9）有效数字：有效数字个数。

16.3.5 "界限"选项卡

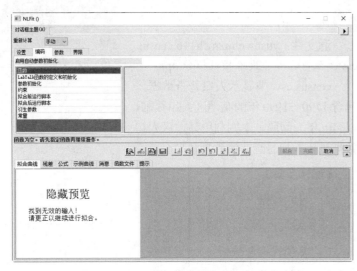

图 16.21 "编码"选项卡

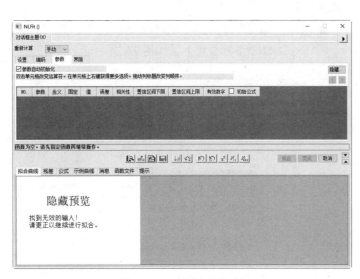

图 16.22 "参数"选项卡

在该选项卡中可以设置参数的上下限，如图 16.23 所示。表格中包括如下参数。

（1）含义：输入参数的意义。

（2）值：参数值。

（3）下限：下限值。

（4）<或<=：下限值与参数的关系，一般有<=、<和（空）3 个选项。

（5）参数：参数名。

（6）上限：上限值。

（7）<或<=：上限值与参数的关系，一般有<=、<和（空）3个选项。

扫一扫，看视频

★重点 动手学——人口普查非线性拟合

源文件：yuanwenjian\ch_16\census.csv、人口普查非线性指数拟合.opju

census.csv 中显示人口普查数据，包含1790—1990年的某地区人口数据，以 10 年为间隔。本例利用某地区人口数据进行人口普查非线性指数拟合。

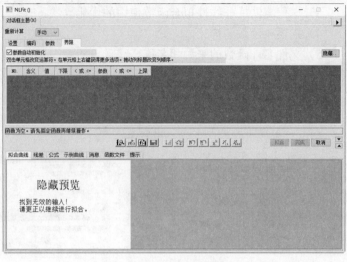

图16.23　"界限"选项卡

【操作步骤】

1. 导入数据

启动 Origin 2023，打开源文件目录，将 census.csv 文件拖放到工作表中，导入数据文件。

2. 多项式拟合分析

（1）选择菜单栏中的"分析"→"拟合"→"非线性曲线拟合"命令，打开如图16.16所示的 NLFit( ) 对话框。

➥ 打开"设置"选项卡，在下方的列表中选择"函数选取"选项，在"函数"下拉列表中选择 ExpDec1（指数函数），如图16.24所示。

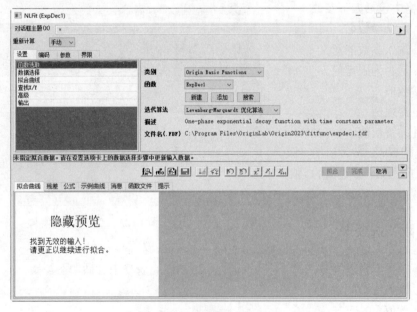

图16.24　"函数选取"选项

➥ 选择"数据选择"选项，在"范围 1"文本框右侧单击 ▶ 按钮，选择"在工作表中选择"命令，切换到工作表，选择 A(X)、B(Y)列，如图16.25所示。

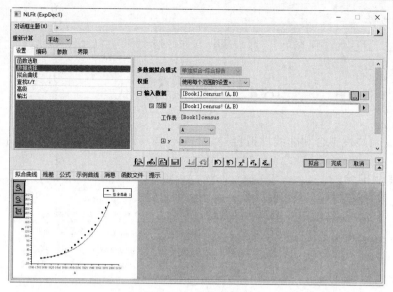

图 16.25 "数据选择"选项

（2）单击"拟合"按钮，Origin 会自动创建一个非线性曲线拟合参数分析报表 FitNL1 和回归参数工作表 FitNLCurve1，如图 16.26 所示。

3. 拟合分析结果

（1）在参数表中显示多项式 y=A1*exp(-x/t1) + y0 的系数，得到指数拟合方程：

$$y = 2.33666\text{E} - 7e^{\frac{x}{94.97.077}} - 39.11241$$

（2）在统计表中根据 R 平方（COD）和调整后 R 平方进行分析。

R 平方（COD）（即指数拟合相关系数）为 0.99706，拟合多项式相关系数为 0.99871（图 16.13），拟合直线相关系数为 0.92103（图 16.6）。拟合多项式相关系数更接近 1，表示数据相关度更高，拟合效果更好，可以反映实验数据的离散程度。

（3）双击拟合曲线，在图形窗口中显示拟合曲线，如图 16.27 所示。

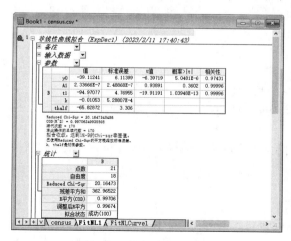

图 16.26 拟合参数分析报表

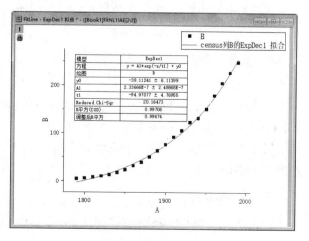

图 16.27 拟合曲线

4．保存项目文件

单击"标准"工具栏中的"保存项目"按钮 ，保存项目文件为"人口普查非线性指数拟合.opju"。

16.4　其他拟合方式

在 Origin 中，除线性拟合和非线性拟合外，还有一些其他的拟合方法，针对特殊的场合使用。

16.4.1　最优模型拟合

在 Origin 中，可以一次性使用多个拟合函数进行拟合，对拟合结果进行对比，得出最优的拟合效果，这个过程是最优模型拟合。

【执行方式】

菜单栏：选择菜单栏中的"分析"→"拟合"→"最优模型"命令。

【操作步骤】

执行上述命令，打开如图 16.28 所示的"最优模型"对话框，该对话框用于对多个拟合函数进行拟合分析。

★重点 动手学——信号幅值最优模型拟合

扫一扫，看视频

源文件：yuanwenjian\ch_16\Gaussian.dat、信号幅值最优模型拟合.opju

本例对 50 组信号幅值数据进行拟合分析，通过对比，得出最优的回归模型。

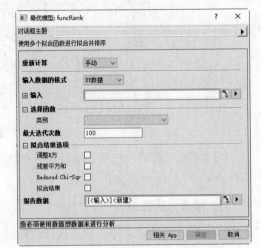

图 16.28　"最优模型"对话框

【操作步骤】

1．导入数据

启动 Origin 2023，打开源文件目录，将 Gaussian.dat 文件拖放到工作表中，导入数据文件，如图 16.29 所示。

2．拟合工具分析

（1）选择菜单栏中的"分析"→"拟合"→"最优模型"命令，打开"最优模型"对话框，在"选择函数"选项组的"类别"下拉列表中选择 Origin Basic Functions，在"函数列表"列表框中选择 Allometric1、Gauss、GaussAmp，如图 16.30 所示。

（2）单击"确定"按钮，Origin 会自动创建一个拟合结果分析表 RankResults1 和一个拟合回归分析报表 FitNL1，如图 16.31 所示。

3．拟合分析结果

（1）根据 RankResults1 得出结论：高斯拟合模型 Gauss、GaussAmp 的拟合效果更好。

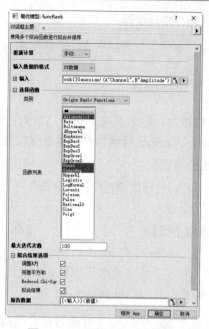

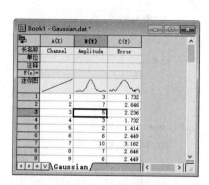

图 16.29　导入数据文件

图 16.30　"最优模型"对话框

（a）拟合结果分析表

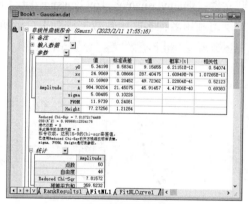

（b）拟合回归分析报表

图 16.31　拟合回归结果

➥ Gauss 拟合模型表达式为

$$y = y_0 + \frac{A}{w\sqrt{\dfrac{\pi}{2}}} e^{\dfrac{2(x-x_c)^2}{w^2}}$$

➥ GaussAmp 拟合模型表达式为

$$y = y_0 + A e^{-\dfrac{(x-x_c)^2}{2w^2}}$$

（2）双击拟合回归分析报表 FitNL1 中的拟合曲线，在图形窗口中显示最优模型 GaussAmp 的拟合曲线和拟合方程，如图 16.32 所示。

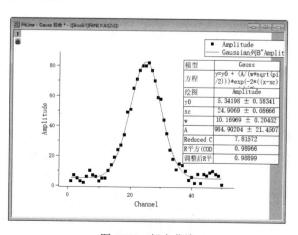

图 16.32　拟合曲线

4. 保存项目文件

单击"标准"工具栏中的"保存项目"按钮 ，保存项目文件为"信号幅值最优模型拟合.opju"。

16.4.2 多峰拟合

多峰拟合，顾名思义，是专门针对出现单个或多个"峰值"的数据进行拟合的方法。一般采用 Gaussian 或 Lorentz 峰函数对数据进行拟合。

【执行方式】

菜单栏：选择菜单栏中的"分析"→"峰值及基线"→"多峰拟合"命令。

【操作步骤】

执行上述命令，打开"多峰拟合"对话框，如图 16.33 所示，在"峰函数"下拉列表中显示拟合函数，通过函数指定中心和自定义峰值参数进行拟合分析。

图 16.33 "多峰拟合"对话框

★重点 动手练——多峰函数拟合回归分析

扫一扫，看视频

源文件：yuanwenjian\ch_16\Gaussian.dat、多峰函数拟合回归分析.opju
本练习利用多种多峰函数数据进行拟合分析，结果如图 16.34 所示。

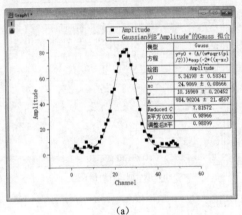
（a）

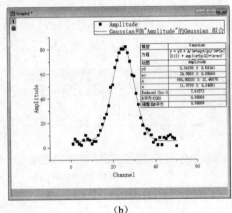
（b）

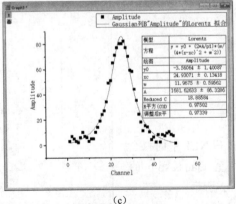
（c）

图 16.34 结果示例

Gaussian 函数表达式为

$$y = \frac{A}{w\sqrt{\dfrac{\pi}{4\ln 2}}} e^{-4\ln 2\frac{(x-x_c)^2}{w^2}}$$

其中，x_c 为峰中心；A 为峰面积；w 为半高宽。

Lorentz（洛伦兹函数）表达式为

$$y = y_0 + \frac{2Aw}{\pi[4(x-x_c)^2 + w^2]}$$

其中，x_c 为峰中心；A 为峰面积；w 为半高宽。

LabTalk 脚本命令为 $\mathrm{Lorentz}(x_c, w, A)$。

【操作提示】

（1）选择 Gauss 函数，单击 打开NLFit 按钮，弹出拟合分析报表 nlfitpeaks1 和拟合曲线 Graph1，进行拟合分析。

（2）选择 Gaussian 函数，单击 打开NLFit 按钮，弹出拟合分析报表 nlfitpeaks2 和拟合曲线 Graph2，进行拟合分析。

（3）选择 Lorentz 函数，单击 打开NLFit 按钮，弹出拟合分析报表 nlfitpeaks3 和拟合曲线 Graph3，进行拟合分析。

16.5　拟合后处理

拟合后处理是指分析数据的拟合是否准确。在创建一个拟合曲线之后，可以通过应用各种后处理方法绘制、插值和外推，估计置信区间，确定拟合的异常值以及计算积分和导数确定最佳拟合。

16.5.1　异常值处理

异常值是指样本中的个别值，其数值明显偏离其余的数据。异常值通常也称为离群点，所以异常值分析也叫作离群点分析。

★重点 动手学——人口普查异常值处理 1

源文件：yuanwenjian\ch_16\人口普查线性拟合.opju、人口普查异常值处理 1.opju

本例对某地区人口数据线性拟合曲线进行分析，进行异常值处理。

扫一扫，看视频

【操作步骤】

1．导入数据

启动 Origin 2023，打开源文件目录，将"人口普查线性拟合.opju"文件拖放到工作表中，导入项目文件。

2．数据点屏蔽

（1）打开拟合参数分析报表 FitLinear1，双击拟合曲线，弹出曲线拟合图形窗口。

（2）由拟合曲线图可以看出，测量数据中首尾几点离拟合直线偏差较大，是可疑数据点，判断可疑数据点是否为异常值并进行剔除。

（3）选择菜单栏中的"数据"→"屏蔽数据点"命令，在拟合曲线图中选择数据点，数据点变为红色，如图 16.35 所示。

（4）单击"标准"工具栏中的"重新计算"按钮 ，对屏蔽后的数据点进行线性拟合计算，更新拟合曲线，结果如图 16.36 所示。

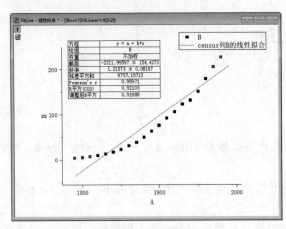

图 16.35　屏蔽数据点　　　　　　　　图 16.36　更新拟合曲线

（5）数据屏蔽前，R 平方（COD）为 0.92103；数据屏蔽后，R 平方（COD）为 0.94632。剔除异常值后，R 平方值明显增大，拟合效果显著提高，输出的拟合线相对理想。

读者若不满意，可继续执行操作，屏蔽偏离拟合曲线的数据点，直到得到满意的 R 平方值。

3. 保存项目文件

选择菜单栏中的"文件"→"项目另存为"命令，将当前项目文件保存为"人口普查异常值处理 1.opju"。

★重点 动手学——人口普查异常值处理 2

源文件： yuanwenjian\ch_16\人口普查线性拟合.opju、人口普查异常值处理 2.opju

本例对某地区人口数据线性拟合结果进行分析，进行异常值处理。

【操作步骤】

1. 导入数据

启动 Origin 2023，打开源文件目录，将"人口普查线性拟合.opju"文件拖放到工作表中，导入项目文件。

2. 异常值分析

打开拟合参数分析报表 FitLinear1，单击左上角的 按钮，在弹出的菜单中选择"更改参数"命令，打开"线性拟合"对话框，打开"输出量"选项卡，勾选"异常值"复选框，如图 16.37 所示。单击"确定"按钮，更新拟合参数分析报表 FitLinear1，如图 16.38 所示。

拟合参数分析报表中添加了异常值表，显示异常值为第 21 行数据。

3. 数据点屏蔽

打开工作表 census，选择第 21 行数据，选择菜单栏中的"数据"→"屏蔽数据点"命令，工作表中的数据点变为红色，如图 16.39 所示。

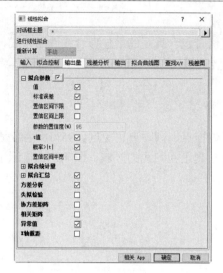

图 16.37　"输出量"选项卡

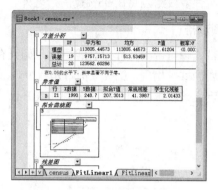

图 16.38　拟合参数分析报表

4．线性拟合分析

选择菜单栏中的"分析"→"拟合"→"线性拟合"命令，打开"线性拟合"对话框，选择 A(X)、B(Y) 列，单击"确定"按钮，Origin 会自动创建一个拟合参数分析报表 FitLinear2 和工作表 FitLinearCurve2，如图 16.40 所示。

5．拟合分析

统计表中显示，屏蔽数据后，数据点数为 20。

6．保存项目文件

选择菜单栏中的"文件"→"项目另存为"命令，将当前项目文件保存为"人口普查异常值处理 2.opju"。

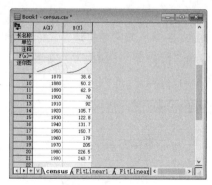

图 16.39　屏蔽数据点

图 16.40　拟合参数分析报表

16.5.2　置信带与预测带

置信带以直观的方式结合了斜率和截距的置信区间，使用置信带了解数据如何精确定义最佳拟合线；预测带范围更广，包括数据的分散性。显示数据的变化时，一般使用预测带。

1．置信带

围绕最佳拟合线的两个置信带（呈弯曲状虚线置信带）定义了最佳拟合线的置信区间，如图 16.41

所示。

根据线性回归的假设，可 95%确信两个弯曲的置信带包含真正的最佳拟合线性回归线，而真正的回归线在这些边界之外的概率为 5%。置信带 95%确定包含最佳拟合回归线，这不等于说其将包含 95%的数据点，许多数据点将在 95%置信带之外。

2. 预测带

预测带比置信带离最佳拟合线更远，如果有许多数据点，则距离也更远。95%预测带是预计 95%数据点所属区域。相反，95%置信带是有 95%概率包含真正回归线的区域。图 16.42 显示了预测和置信区间（定义预测带离回归线更远的曲线）。

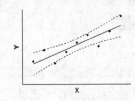

图 16.41　置信带

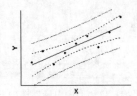

图 16.42　预测带

扫一扫，看视频

★重点　动手学——人口普查拟合曲线图

源文件：yuanwenjian\ch_16\人口普查线性拟合.opju、人口普查拟合曲线图.opju
本例演示如何在某地区人口数据线性拟合图中添加置信带和预测带。

【操作步骤】

1. 导入数据

启动 Origin 2023，打开源文件目录，将"人口普查线性拟合.opju"文件拖放到工作表中，导入项目文件。

2. 异常值分析

打开拟合参数分析报表 FitLinear1，单击左上角的 🔒 按钮，在弹出的菜单中选择"更改参数"命令，打开"线性拟合"对话框，打开"拟合曲线图"选项卡，勾选"置信带""预测带"复选框，如图 16.43 所示。单击"确定"按钮，更新拟合曲线图，如图 16.44 所示。

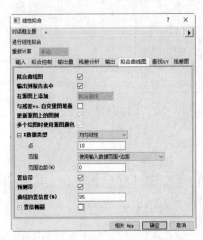

图 16.43　"拟合曲线图"选项卡

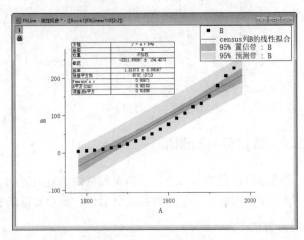

图 16.44　拟合曲线图

3. 保存项目文件

选择菜单栏中的"文件"→"项目另存为"命令，将当前项目文件保存为"人口普查拟合曲线图.opju"。

16.5.3 残差图分析

在"残差分析"选项卡的"残差类型"下拉列表中选择一种残差类型。选择是否绘制下面的叠加残差图：残差 vs.自变量图、残差的直方图、残差 vs.预测值图、残差 vs.数据序列图、残差-滞后图、残差的正态概率图。

★重点 动手学——人口普查残差分析

源文件：yuanwenjian\ch_16\人口普查线性拟合.opju、人口普查残差分析.opju
本例对某地区人口数据线性拟合结果进行残差分析。

【操作步骤】

1. 导入数据

启动 Origin 2023，打开源文件目录，将"人口普查线性拟合.opju"文件拖放到工作表中，导入项目文件。

（1）残差散点图可以提供很多有用的信息。

➥ 残差散点图显示残差值随自变量变化具有升高或降低的趋势，则表明随自变量变化拟合模型的误差增大或减小；误差增大或减小都表明该模型不稳定，可能还有其他因素影响模型。图中残差值不随自变量变化，这表明模型还是稳定的。

➥ 残差散点图可以提供改善模型信息。例如，拟合得到的具有一定曲率的残差-自变量散点图。该残差散点图表明，如果采用更高次数的模型进行拟合，可能会获得更好的拟合效果。当然，这里只是说明了一般情况，在分析过程中，还要根据具体情况和专业知识进行分析。

（2）残差-数据时序图形可以用于检验与实践有关的变量在实验过程中是否漂移。当残差在 0 周围随机分布时，表明该变量在实验过程中没有漂移；反之，则表明该变量在实验过程中有漂移。

2. 拟合数据工作

双击数据点，打开"绘图细节-绘图属性"对话框。

（1）打开"标签"选项卡，勾选"启用"复选框，修改"标签样式"为 C 列，勾选"指引线"复选框。

（2）单击两次标签，单独对某个标签进行拖放布置，避免遮挡。

第 17 章　数字信号处理

内容简介

现实中，数字信号无处不在。因为数字信号具有高保真、低噪声和便于处理的优点，所以得到了广泛的应用。学习信号处理的理论、方法与应用已成为通信、电子、自动化、生物医学、地球物理等众多学科或专业工作人员的迫切需要。

数字信号处理课程涉及较深的数学功底，本章内容以滤波器变换、傅里叶变换为数学基础，介绍数据的平滑与滤波、傅里叶变换和小波变换。这些内容对数学基础比较薄弱的读者来说，有一定的难度。

17.1　数据平滑和滤波

从现实环境采集到的数据中经常混叠有微弱噪声，其中包括由于系统不稳定产生的噪声，也有周围环境引入的毛刺，这些微弱噪声都需要在处理信号之前尽可能地消除或减弱，这个过程是数据预处理的一部分。在 Origin 中，数据平滑和滤波是最基本的信号数据预处理操作。

17.1.1　数据平滑

信号在实际测量中难免会混入各种噪声。将去除高频的随机噪声，或者是偏离正常测量太大的离群误差，以获得低频的测量数据的方法称作信号平滑去噪。平滑处理的目标是呈现值的缓慢变化情况，以便更容易看到数据的趋势。

【执行方式】

菜单栏：选择菜单栏中的"分析"→"信号处理"→"平滑"命令。

【操作步骤】

执行上述命令，打开如图 17.1 所示的"平滑"对话框，该对话框用于执行平滑操作，处理不规则和噪声数据。

【选项说明】

"平滑"对话框的"方法"下拉列表中共有 7 种数据平滑处理的方法。

（1）相邻平均法。选择该选项，使用信号滑动平均法进行数据平滑，消除随机波动。该方法是一种时间域思想上的信号平滑方

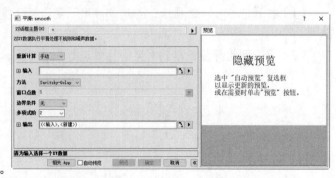

图 17.1　"平滑"对话框

法，将该点附近的采样点进行算数平均，作为这个点平滑后的值。

（2）Savitzky-Golay。选择该选项，使用 Savitzky-Golay 平滑滤波器对信号数据进行平滑滤波。该方法实际上拟合了信号中的低频成分，而将高频成分"平滑"。如果噪声在高频端，那么拟合的结果是去除了噪声；反之，如果噪声在低频端，信号在高频端，那么滤波的结果是留下了噪声。

（3）百分位滤波器。选择该选项，用于处理浮动的异常值。

（4）FFT 滤波器。选择该选项，用于处理高频噪声。

（5）LOWESS。选择该选项，使用局部加权回归散点平滑法进行数据平滑。

（6）Loess。选择该选项，使用局部的最小二元法进行数据平滑，适用于具有多个散点的图。

（7）二项式。选择该选项，使用二项式平滑法进行数据平滑。

★重点 动手学——离散信号相邻平均法平滑处理

扫一扫，看视频

源文件：yuanwenjian\ch_17\离散信号.xlsx、离散信号相邻平均法平滑处理.opju
本例对一组离散信号数据进行离散信号平滑处理，清除噪声信号。

【操作步骤】

1. 导入数据

启动 Origin 2023，打开源文件目录，将"离散信号.xlsx"文件拖放到工作表中，导入数据文件，如图 17.2 所示。

2. 相邻平均法平滑处理 1

（1）选择菜单栏中的"分析"→"信号处理"→"平滑"命令，打开"平滑"对话框。

↘ 在"方法"下拉列表中选择"相邻平均法"，勾选"自动预览"复选框，如图 17.3 所示。

↘ 在"窗口点数"下拉列表中默认选择 5，设置平滑曲线点数。窗口点数越大，平滑效果越差，数据失真越严重，一般设置为 5～11。

↘ 在"边界条件"下拉列表中默认选择"外推法"。

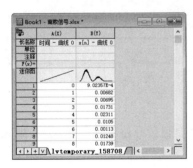

图 17.2 导入数据文件

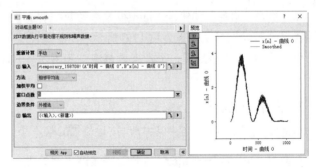

图 17.3 "平滑"对话框

（2）单击"确定"按钮，Origin 在原始工作表中自动添加平滑数据 C(Y) 列，修改 C(Y) 列长名称为 x[n]-曲线 1，结果如图 17.4 所示。

3. 相邻平均法平滑处理 2

（1）选择菜单栏中的"分析"→"信号处理"→"平滑"命令，打开"平滑"对话框。

↘ 在"方法"下拉列表中选择"相邻平均法"，勾选"自动预览"复选框。

↘ 勾选"加权平均"复选框，在相邻平均法中使用加权平均。

↘ 在"窗口点数"下拉列表中选择 100。

➡ 在"边界条件"下拉列表中默认选择"外推法"。

（2）单击"确定"按钮，Origin 在原始工作表中自动添加平滑数据 D(Y)列，修改 D(Y)列长名称为 x[n]-曲线 2，结果如图 17.5 所示。

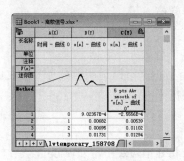

图 17.4 添加平滑数据 1

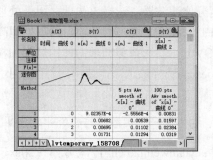

图 17.5 添加平滑数据 2

4．图形绘制

（1）在工作表中单击左上角的空白单元格，选中所有数据列。选择菜单栏中的"绘图"→"多面板/多轴"→"根据标签划分多窗格"命令，打开"根据标签划分多窗格"对话框，选择参数，勾选"自动预览"复选框。

➡ 分组按照：选择"长名称"，根据"长名称"划分图形。

➡ 做图类型：默认选择折线图。

➡ 行数：取消勾选"自动"复选框，设置图形为 3 行。

➡ 列数：取消勾选"自动"复选框，设置图形为 1 列。

（2）单击"确定"按钮，Origin 根据原始数据和平滑数据绘制对比图，结果如图 17.6 所示。

根据第 3 个图形发现，平滑点数越多，失真越严重。

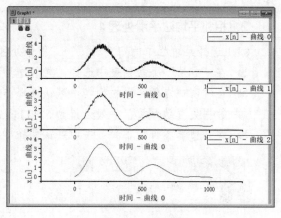

图 17.6 对比图

5．保存项目文件

单击"标准"工具栏中的"保存项目"按钮 🔲，保存项目文件为"离散信号相邻平均法平滑处理.opju"。

★重点 动手学——离散信号 SG 滤波器平滑处理

扫一扫，看视频

源文件：yuanwenjian\ch_17\离散信号.xlsx、离散信号 SG 滤波器平滑处理.opju

Savitzky-Golay 滤波器用于平滑具有较大频率跨度的噪声信号，该滤波器比标准平均 FIR 滤波器更容易滤除信号的高频内容，但当噪声水平特别高时，该滤波器在抑制噪声方面却不太成功。

本例使用 Savitzky-Golay 滤波器对离散信号数据进行平滑处理，滤除信号的高频内容。

【操作步骤】

1．导入数据

启动 Origin 2023，打开源文件目录，将"离散信号.xlsx"文件拖放到工作表中，导入数据文件。

2. 二阶 Savitzky-Golay 滤波器平滑处理

（1）选择菜单栏中的"分析"→"信号处理"→"平滑"命令，打开"平滑"对话框。

❧ 在"方法"下拉列表中选择 Savitzky-Golay，勾选"自动预览"复选框，如图 17.7 所示。

❧ 在"窗口点数"下拉列表中默认选择 5。

❧ 在"多项式阶"下拉列表中设置滤波器多项式阶数，默认选择 2。

（2）单击"确定"按钮，Origin 在原始工作表中自动添加平滑数据 C(Y) 列，修改 C(Y) 列长名称为 x[n]-曲线 1，结果如图 17.8 所示。

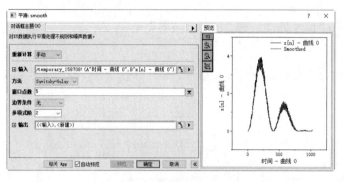

图 17.7 "平滑"对话框

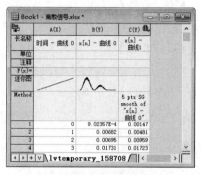

图 17.8 添加平滑数据 1

3. 四阶 Savitzky-Golay 滤波器平滑处理

（1）选择菜单栏中的"分析"→"信号处理"→"平滑"命令，打开"平滑"对话框，在"方法"下拉列表中选择 Savitzky-Golay，勾选"自动预览"复选框，在"多项式阶"下拉列表中设置滤波器多项式阶数为 4。

（2）单击"确定"按钮，Origin 在原始工作表中自动添加平滑数据 D(Y) 列，修改 D(Y) 列长名称为 x[n]-曲线 2，结果如图 17.9 所示。

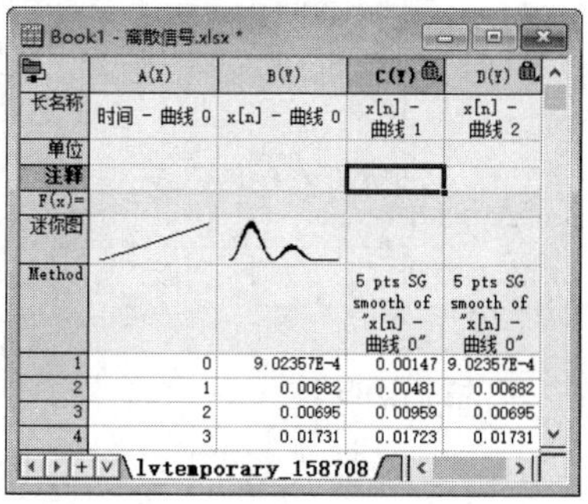

4. 图形绘制

（1）在工作表中单击左上角的空白单元格，选中所有数据列。选择菜单栏中的"绘图"→"多面板/多轴"→"根据标签划分多窗格"命令，打开"根据标签划分多窗格"对话框，选择参数，勾选"自动预览"复选框。

❧ 分组按照：选择"长名称"，根据"长名称"划分图形。

❧ 行数：取消勾选"自动"复选框，设置图形为 3 行。

❧ 列数：取消勾选"自动"复选框，设置图形为 1 列。

（2）单击"确定"按钮，Origin 根据原始数据和平滑数据绘制对比图，结果如图 17.10 所示。

图 17.9 添加平滑数据 2

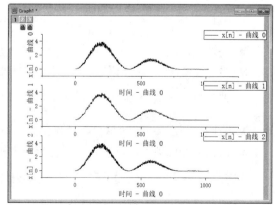

图 17.10 对比图

5. 保存项目文件

单击"标准"工具栏中的"保存项目"按钮 ![icon]，保存项目文件为"离散信号 SG 滤波器平滑处理.opju"。

17.1.2　FFT 滤波器

在 Origin 中，还可以使用 FFT 滤波器进行数据处理，滤掉数据中的高频波动部分或从数据中删除特定频率的周期，使波形平滑。

【执行方式】

菜单栏：选择菜单栏中的"分析"→"信号处理"→"FFT 滤波器"命令。

【操作步骤】

执行上述命令，打开如图 17.11 所示的"FFT 滤波器"对话框，该对话框采用傅里叶变换的 FFT 数字滤波器进行数据滤波分析。

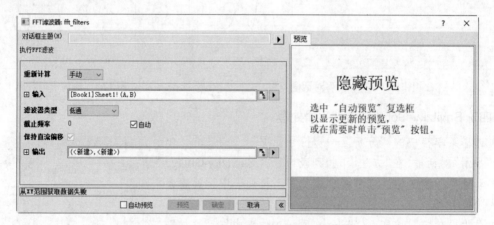

图 17.11　"FFT 滤波器"对话框

【选项说明】

在"滤波器类型"下拉列表中选择 FFT 数字滤波器类型，FFT 数字滤波器分为低通（Low Pass）、高通（High Pass）、带通（Band Pass）、带阻（Band Block）和阈值（Threshold）5 种。

- 低通（滤波器）：允许信号中的低频或直流分量通过，抑制高频分量或干扰和噪声。需要计算截止频率：$F_c = 10 \times \dfrac{1}{\text{Period}}$，式中，Period 是 X 列的长度。

- 高通（滤波器）：允许信号中的高频分量通过，抑制低频或直流分量。

- 带通（滤波器）：允许一定频段的信号通过，抑制低于或高于该频段的信号、干扰和噪声。需要计算下限截止频率 $F_l = 10 \times \dfrac{1}{\text{Period}}$ 和上限截止频率 $F_h = 20 \times \dfrac{1}{\text{Period}}$。

- 带阻（滤波器）：抑制一定频段内的信号，允许该频段以外的信号通过，又称为陷波滤波器。

- 阈值（滤波器）：消除特定阈值以下的噪声频率成分。

★重点　动手学——信号 FFT 滤波器滤波处理

源文件：yuanwenjian\ch_17\时域数据.xlsx、FFT 滤波器高低通滤波.opju

任何连续的波形都可以分解为不同频率的正弦波形的叠加。FFT 将转化采样得到的原始信号包含

扫一扫，看视频

的正弦波信号的频率、幅度、相位，为信号分析提供一个创新视角。

本例使用 FFT 滤波器对时域信号数据进行滤波处理，要消除高频或低频噪声的频率成分，就要用低通滤波器和高通滤波器。

【操作步骤】

1. 导入数据

启动 Origin 2023，打开源文件目录，将"时域数据.xlsx"文件拖放到工作表中，导入数据文件，如图 17.12 所示。

2. 低通滤波器滤波

（1）选择菜单栏中的"分析"→"信号处理"→"FFT 滤波器"命令，打开"FFT 滤波器"对话框，勾选"自动预览"复选框，在右侧的"预览"选项卡中显示图形预览。

> ↘ 在"滤波器类型"下拉列表中选择"低通"，如图 17.13 所示。
> ↘ 在"截止频率"选项中设置截止频率，默认值为 0.125。

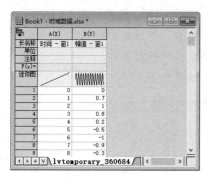

图 17.12　导入数据文件

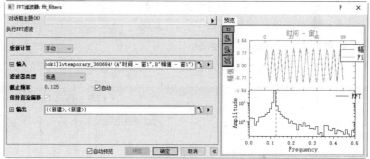

图 17.13　"FFT 滤波器"对话框

（2）单击"确定"按钮，Origin 在原始工作表中自动添加一组滤波后数据 C(X2)、D(Y2)列，结果如图 17.14 所示。

3. 高通滤波器滤波

（1）选择菜单栏中的"分析"→"信号处理"→"FFT 滤波器"命令，打开"FFT 滤波器"对话框，勾选"自动预览"复选框，在右侧的"预览"选项卡中显示图形预览。

> ↘ 在"滤波器类型"下拉列表中选择"高通"。
> ↘ 在"截止频率"选项中设置截止频率，默认值为 0.125。
> ↘ 保持直流偏移：信号在变频过程中经常产生直流偏移，容易造成信号失真。勾选该复选框，消除滤波器的直流偏移。

（2）单击"确定"按钮，Origin 在原始工作表中自动添加一组滤波后数据 E(X3)、F(Y3)列，结果如图 17.15 所示。

4. 图形绘制

（1）在工作表中单击左上角的空白单元格，选中所有数据列。选择菜单栏中的"绘图"→"多面板/多轴"→"根据标签划分多窗格"命令，打开"根据标签划分多窗格"对话框，选择参数，勾选"自动预览"复选框。

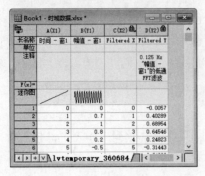

图 17.14 添加低通滤波后数据

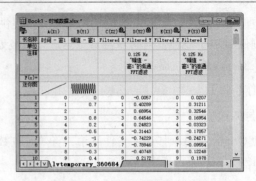

图 17.15 添加高通滤波后数据

❧ 分组按照：选择"长名称"，根据"长名称"划分图形。

❧ 行数：取消勾选"自动"复选框，设置图形为 3 行。

❧ 列数：取消勾选"自动"复选框，设置图形为 1 列。

❧ 纵向间隔：设置为 10。

（2）单击"确定"按钮，Origin 根据原始数据和两组滤波数据绘制对比图，结果如图 17.16 所示。

（3）选择菜单栏中的"图"→"图例"→"更新图例"命令，打开"更新数据图图例"对话框。在"更新模式"下拉列表中选择"重构"；在"图例"下拉列表中选择"整页只添加一个总图例"。单击"确定"按钮，关闭该对话框，完成多图层图形图例的合并，结果如图 17.17 所示。

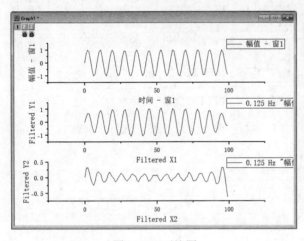

图 17.16 对比图

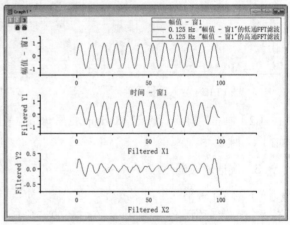

图 17.17 显示总图例

5. 保存项目文件

单击"标准"工具栏中的"保存项目"按钮 🔲，保存项目文件为"FFT 滤波器高低通滤波.opju"。

17.2 傅里叶变换

傅里叶变换的实质是将一个信号分离为无穷多个正弦/复指数信号的加成，傅里叶变换之后，横坐标即为分离出的正弦信号的频率，纵坐标对应的是加权密度。利用傅里叶变换把信号从时域映射到频域内，可以看频域上的频率和相位信息，提取信号的频谱，用信号的频谱特性分析时域内难以看清的问题。

傅里叶变换在物理学、数论、组合数学、信号处理、概率、统计、密码学、声学、光学等领域都有着广泛的应用。在不同的研究领域，傅里叶变换具有多种不同的变体形式，如连续傅里叶变换和离散傅里叶变换。

17.2.1　快速傅里叶变换

快速傅里叶变换（fast Fourier transform，FFT）是离散傅里叶变换的快速算法，它是根据离散傅里叶变换的奇、偶、虚、实等特性对离散傅里叶变换的算法进行改进获得的。

对于信号 $f(x) \to \{x_0, x_1, x_2, \cdots, x_{N-1}\}$，经过离散傅里叶变换后为

$$x_i = \frac{a_0}{2} + \sum_{k=1}^{m}\left(a_k \cos\frac{2\pi ki}{N} + b_k \sin\frac{2\pi ki}{N}\right)$$

其中，a_k、b_k 为信号经离散傅里叶变换后分解成的 k 次谐波余弦和正弦函数的振幅，表示为一个复数实部和虚部的某种函数的组合，并且将余弦和正弦函数也表示为一个复数的实部和虚部的某种组合。

【执行方式】

菜单栏：选择菜单栏中的"分析"→"信号处理"→FFT→FFT 命令。

【操作步骤】

执行上述命令，打开如图 17.18 所示的 FFT 对话框，该对话框采用傅里叶变换进行数据滤波分析。

（a）"输入"选项卡

（b）"选项"选项卡

（c）"绘图"选项卡

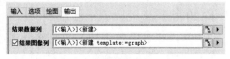

（d）"输出"选项卡

图 17.18　FFT 对话框

【选项说明】

1. "输入"选项卡

选择信号数据经过 k 次谐波余弦和正弦函数的相位和振幅。幅度和相位结合在一起，就能完全表示傅里叶变换的结果；实部和虚部结合在一起也能完全表示，但是并不是说相位等于虚部。

2. "选项"选项卡

（1）取样间隔：自动设置采样间隔为 1。
（2）窗口：设置窗函数类型，窗函数是一种截断函数或加权函数。
（3）窗口修正：使用窗函数可以修正振幅或功率。
（4）归一化实部，虚部和幅度：显示实部、虚部和幅度。
（5）偏移：是否重新排列结果以使频率低的数据出现在中间。
（6）展开相位：是否打开相位图。
（7）因子：设置该分析的规格是 −1（电气工程惯例）还是 +1（科学惯例）类型。
（8）波谱类型：设置波谱类型。
（9）归一化功率为：指定分析的幂。
（10）预览：设置预览信息。

3. "绘图"选项卡

设置是否显示相应类型的计算结果。

4. "输出"选项卡

选择输出结果和图形位置。

★重点 动手学——叠加信号 FFT 分析

源文件：yuanwenjian\ch_17\叠加信号 FFT 分析.opju
将振幅为 1 的 1Hz 正弦波和振幅为 0.5 的 5Hz 正弦波相加后进行傅里叶分析，本例研究能否从叠加信号中分析出含有这两种频率的信号。

【操作步骤】

1. 准备数据

（1）启动 Origin 2023，单击"标准"工具栏中的"新建工作簿"按钮，创建一个新的工作簿，其中默认包含 A(X)、B(Y)两列。单击"标准"工具栏中的"添加新列"按钮，在新建的工作簿中增加两列 C(Y)、D(Y)。

（2）在工作表中选择 A(X)列，选择菜单栏中的"列"→"设置列值"命令，打开"设置值"对话框，选择菜单栏中的"函数"→"数据生成"命令，选择 Data(x1, x2, inc)函数，在 Col(A)=文本框内自动添加 Data(x1, x2, inc)，修改参数值，如图 17.19 所示。

（3）单击"确定"按钮，在工作表 A(X)列添加时间序列，在长名称文本框内输入"时间序列 t"，如图 17.20 所示。

（4）在工作表中选择 B(Y)列，选择菜单栏中的"列"→"设置列值"命令，打开"设置值"对话框，在 Col(B)=文本框内输入 sin(2*pi*A)。

（5）在工作表中选择 C(Y)列，选择菜单栏中的"列"→"设置列值"命令，打开"设置值"对话框，在 Col(C)=文本框内输入 0.5*sin(2*pi*5*A)。

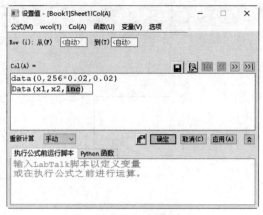

图 17.19 "设置列值"命令

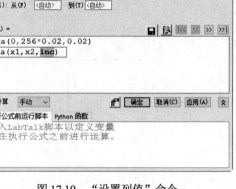

图 17.20 添加时间序列

（6）在工作表中选择 D(Y)列，选择菜单栏中的"列"→"设置列值"命令，打开"设置值"对话框，在 Col(D)=文本框内输入 B+C。

（7）在工作表中添加要合成的两个信号 B(Y)、C(Y)和 D(Y)，在长名称文本框内输入"信号 1""信号 2""信号 1+信号 2"，如图 17.21 所示。

2. 图形绘制

在工作表中单击左上角的空白单元格，选中所有数据列。选择菜单栏中的"绘图"→"基础 2D 图"→"Y 偏移堆积图"命令，绘制信号 1+信号 2、信号 2、信号 1 的"时间-振幅"图，修改 Y 轴标签为"幅值 Amplitude"，结果如图 17.22 所示。

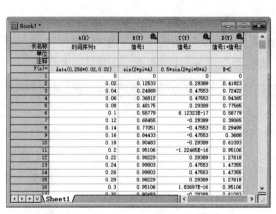

图 17.21 合成信号

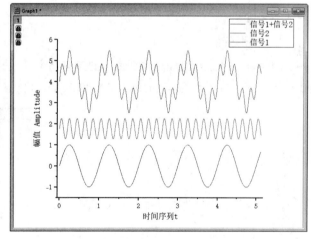

图 17.22 对比图

3. 低通滤波器滤波

（1）选择菜单栏中的"分析"→"信号处理"→"FFT 滤波器"→FFT 命令，打开 FFT 对话框，勾选"自动预览"复选框，在右侧的"预览"选项卡中显示图形预览，在"输入"文本框右侧选择 D(Y)列，其余选项为默认设置，如图 17.23 所示。

（2）单击"确定"按钮，叠加信号进行傅里叶变换，绘制 FFT 计算结果，如图 17.24 所示。

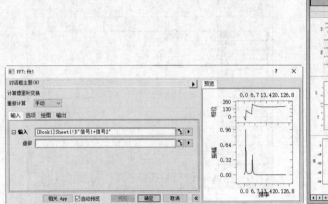

图 17.23　FFT 对话框

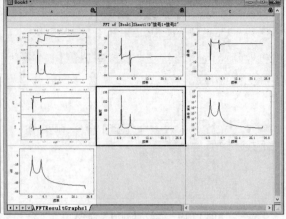

图 17.24　傅里叶变换结果

4. 分析结果

（1）FFTResultGraphs1（FFT 计算结果图）共有 7 张图。

➥ 最重要的是第 1 张，为相谱图，包含振幅谱和相位谱。振幅谱通常用频率作为横坐标，用振幅作为纵坐标，用来研究频率和振幅的关系。与振幅谱对应的称为相位谱，用谐波的各分量的初相作为纵坐标。

➥ 下方的均为幅度谱。第 2 张为实分量（Real）图，第 3 张为虚分量（Imag）图，第 4 张为实分量和虚分量图，其余为幅度（r）、相位（Ph）和功率图（Power，dB）。

（2）在 FFTResultData1（FFT 计算结果数据工作表）中给出了实际进行 FFT 计算的数据，如图 17.25 所示。

5. 图形分析

（1）在 FFTResultData1 中选择 A(X)、F(Y)列，选择菜单栏中的"绘图"→"基础 2D 图"→"折线图"命令，在图形窗口 Graph9 中绘制 A(X)、F(Y)列数据对应的频率-振幅图，如图 17.26 所示。

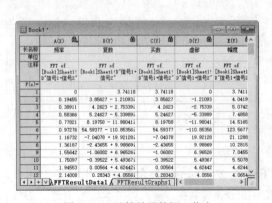

图 17.25　计算结果数据工作表

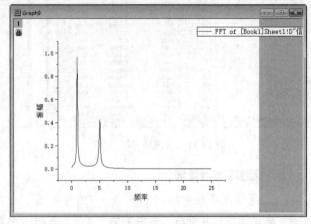

图 17.26　频率-振幅图

（2）选择菜单栏中的"图"→"合并图表"命令，合并 Graph1 和 Graph9，排列为上下两行。设置上方 FFT 变换后的频率-振幅图 X 轴刻度为 0～25，如图 17.27 所示。

由图中可以清楚地看出，从下方初始信号中明确地识别出了信号 1（1Hz）和信号 2（5Hz）的波形。频谱中的峰表示信号中出现频率最高的频率。峰值越大越尖锐，信号中的频率就越普遍。

这里 1Hz 和 5Hz 的振幅与原来信号的振幅并不完全一致，这是数据采样点较少造成的。数据采样点越多，傅里叶分析得到的结果与原始振幅越接近。

6. 保存项目文件

单击"标准"工具栏中的"保存项目"按钮 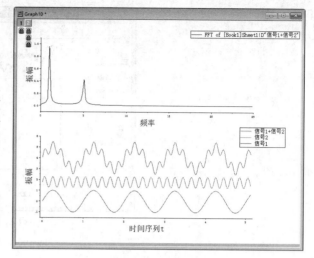，保存项目文件为"叠加信号 FFT 分析.opju"。

图 17.27　合并图表

◈ **知识拓展：**

> 傅里叶变换在处理平稳信号时效果很好。所谓平稳信号，是指信号中出现的频率和时间无关，如果一个信号中包含一个 XHz 的频率，那么它应该在信号的任何地方都相等。
>
> 但是傅里叶变换在处理非平稳/动态的信号时，效果也不太好。而在真实生活中大多数的信号都是非平稳的信号，如生物电信号、股票市场的波动、传感器数据等。在处理这样的非平稳信号时，小波变换就可以起到很好的作用。

★重点 动手练——地震时建筑物楼层的位移信号 FFT 变换

源文件： yuanwenjian\ch_17\earthquake.csv、地震时建筑物楼层的位移信号 FFT 变换.opju

earthquake.csv 文件中包含两列数据：t 表示时间（以秒为单位进行测量），drif 表示地震时建筑物楼层的位移（以厘米为单位进行测量）。

本练习利用上面的数据选择不同的窗函数进行 FFT 变换，如图 17.28 所示。

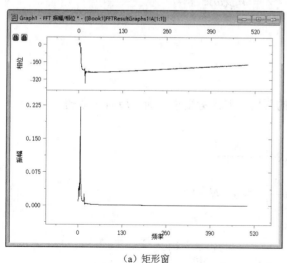

（a）矩形窗　　　　　　　　　　　　　（b）三角形窗

图 17.28　结果示例

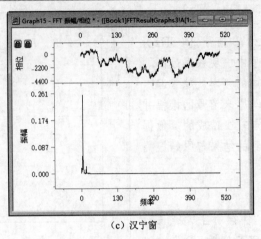

（c）汉宁窗

图 17.28（续）

【操作提示】

利用 FFT 命令在"窗口"下拉列表中选择矩形、三角形、Hanning（汉宁），分别进行快速傅里叶变换。

1．矩形窗

矩形窗使用最多，一般情况下，不加窗就是使信号通过了矩形窗。这种窗的优点是主瓣比较集中，缺点是旁瓣较高并有负旁瓣，导致变换中带进了高频干扰和泄露，甚至出现负谱现象。频率识别精度最高，幅值识别精度最低。如果仅要求精确读出主瓣频率，而不考虑幅值精度，可以选用矩形窗。

其表达式为

$$w(n) = R_N(n) = 1, \quad n = 0, 1, \cdots, N-1$$

矩形窗的窗谱为

$$W(e^{j\omega}) = \frac{\sin\left(\dfrac{N\omega}{2}\right)}{\sin\left(\dfrac{\omega}{2}\right)} e^{-j\left(\frac{N-1}{2}\right)\omega} = W_R(\omega) e^{-j\left(\frac{N-1}{2}\right)\omega}$$

式中，$W_R(\omega)$ 为矩形窗函数的窗谱。

2．三角形窗

三角形窗与矩形窗比较，主瓣宽约等于矩形窗的两倍，但是旁瓣小，而且没有负旁瓣。

其表达式为

$$w(n) = \begin{cases} \dfrac{2n}{N-1}, 0 \leqslant n \leqslant \dfrac{N-1}{2} \\ 2 - \dfrac{2n}{N-1}, \dfrac{N-1}{2} \leqslant n \leqslant N-1 \end{cases}$$

三角形窗的窗谱为

$$W(e^{i\omega}) = \frac{2}{N-1}\left\{\frac{\sin\left[\left(\dfrac{N-1}{4}\right)\omega\right]}{\sin\left(\dfrac{\omega}{2}\right)}\right\}^2 e^{-j\left(\frac{N-1}{2}\right)\omega} \approx \frac{2}{N}\left[\frac{\sin\left(\dfrac{N\omega}{4}\right)}{\sin\left(\dfrac{\omega}{2}\right)}\right]^2 e^{-j\left(\frac{N-1}{2}\right)\omega}$$

3. 汉宁窗

汉宁窗主瓣加宽并降低，旁瓣则显著减小，从减小泄露观点出发，汉宁窗优于矩形窗。但是汉宁窗主瓣加宽，相当于分析带宽加宽，频率分辨率下降。与矩形窗相比，泄露、波动都减小了，选择性提高了。如果信号有多个频率分量，频谱表现得十分复杂，且测试的目的更多地关注频率点而非能量的大小，则需要选择汉宁窗。

汉宁窗的时域表达式为

$$w(n) = \left[0.54 - 0.46\cos\left(\frac{2\pi n}{N-1} \right) \right] R_N(n)$$

同理可得，当 $N \geq 1$ 时，汉宁窗的窗谱为

$$W(\omega) \approx 0.54 W_R(\omega) + 0.23 \left[W_R\left(\omega - \frac{2\pi}{N} \right) + W_R\left(\omega + \frac{2\pi}{N} \right) \right]$$

17.2.2 反向快速傅里叶变换

傅里叶变换就是信号的分解过程，即把时域（空域）信号分解成一系列频域下的正弦信号 X。傅里叶变换之后的正弦信号每个点都是复数，如 $a+bi$。反向快速傅里叶变换（inverse fast Fourier transform，IFFT）事实上是将频域信号 X 反变换回原本的时域信号。

【执行方式】

菜单栏：选择菜单栏中的"分析"→"信号处理"→FFT→IFFT 命令。

★重点 动手学——时域信号 FFT 和 IFFT 变换

扫一扫，看视频

源文件：yuanwenjian\ch_17\时域信号.xlsx、时域信号 FFT 和 IFFT 变换.opju
本例对时域信号进行 FFT 和 IFFT 变换。

【操作步骤】

1. 导入数据

启动 Origin 2023，打开源文件目录，将"时域数据.xlsx"文件拖放到工作表中，导入数据文件。

2. FFT 变换

（1）在工作表中单击左上角的空白单元格，选中所有数据列。选择菜单栏中的"分析"→"信号处理"→FFT→FFT 命令，打开 FFT 对话框，在"输入"选项中自动显示输入数据，勾选"自动预览"复选框，在右侧的"预览"选项卡中显示图形预览，其余选项为默认选择。

（2）单击"确定"按钮，对时域信号进行傅里叶变换，在 FFTResultData1（FFT 计算结果数据工作表）中显示 FFT 计算结果，如图 17.29 所示。

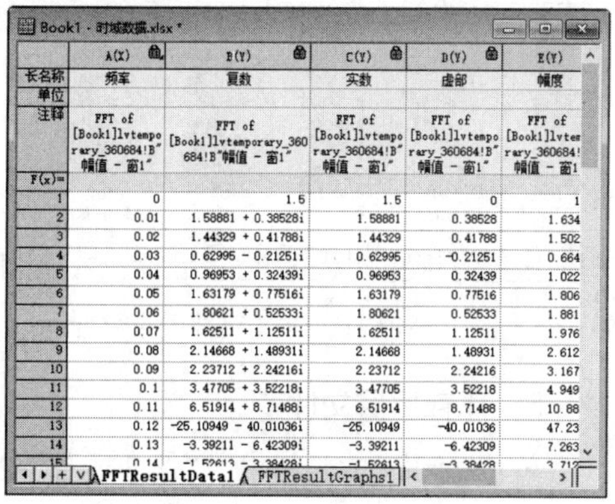

图 17.29 傅里叶变换结果

3. IFFT 变换

（1）在 FFTResultData1 工作表中单击 B(Y)列，选择 FFT 变换后的复数数据。选择菜单栏中的"分析"→"信号处理"→FFT→IFFT 命令，打开 IFFT 对话框，勾选"自动预览"复选框，在右侧的"预

览"选项卡中显示图形预览，在"绘图"下拉列表中选择"振幅"，其余选项为默认设置，如图 17.30 所示。

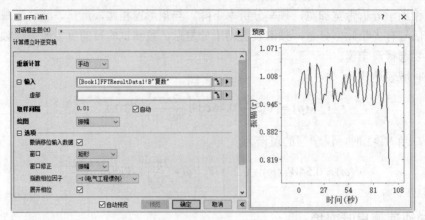

图 17.30　IFFT 对话框

（2）单击"确定"按钮，对时域信号进行逆傅里叶变换，在 IFFTResultData（IFFT 计算结果数据工作表）中显示 IFFT 计算结果。

4. 分析结果

（1）在 IFFTResultData1（IFFT 计算结果数据工作表）中给出了实际进行 IFFT 计算的数据，如图 17.31 所示。

（2）在 IFFTResultGraphs1（IFFT 计算结果图）中显示时间-振幅图，如图 17.32 所示。

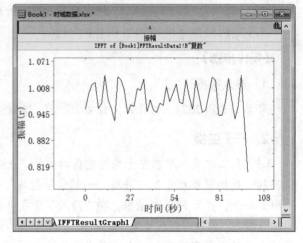

图 17.31　IFFT 计算结果数据　　　　　　　　图 17.32　时间-振幅图

5. 保存项目文件

单击"标准"工具栏中的"保存项目"按钮 🖫，保存项目文件为"时域信号 FFT 和 IFFT 变换.opju"。

★重点 动手练——分析地震时建筑物楼层的位移信号

源文件：yuanwenjian\ch_17\earthquake.csv、分析地震时建筑物楼层的位移信号.opju

earthquake.csv 文件中包含两列数据：t 表示时间（以秒为单位进行测量），drif 表示地震时建筑物楼层的位移（以厘米为单位进行测量）。

本练习利用上面的数据进行 FFT 和 IFFT 变换，对比IFFT变换后的信号与原始信号，如图 17.33 所示。

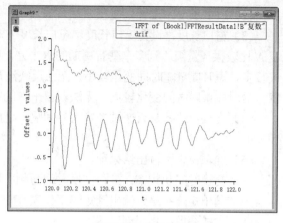

【操作提示】

（1）选择 FFT 命令，进行快速傅里叶变换。

（2）利用 FFTResultData1 工作表中的 B(Y)列（复数），选择 IFFT 命令，进行快速傅里叶逆变换。

（3）复制 IFFTResultDatal 工作表中的 D(Y)列（振幅）到原始数据工作表。

（4）利用"Y 偏移堆积线图"命令绘制对比图。

图 17.33　结果示例

17.2.3　短时傅里叶变换

短时傅里叶变换（short-time Fourier transform，STFT）把信号划分成许多较小的（时间）间隔，并且假定信号在短时间间隔内是平稳（伪平稳）的，用傅里叶变换（加窗操作，减轻频谱泄露）分析每一个（时间）间隔，以确定该间隔存在的频率，以达到时频局部化的目的。

比起傅里叶变换，STFT 更能观察出信号瞬时频率的信息，在一定程度上，克服了傅里叶变换全局变换的缺点。STFT 虽然有着分辨率不高等明显缺陷，但是由于其算法简单，实现容易，所以在很长一段时间里成为非平稳信号分析标准和有力的工具，它已经在语音信号分析和处理中得到了广泛的应用。

【执行方式】

菜单栏：选择菜单栏中的"分析"→"信号处理"→STFT 命令。

【操作步骤】

执行上述命令，打开如图 17.34 所示的 STFT 对话框，该对话框用于计算信号的短时傅里叶变换。

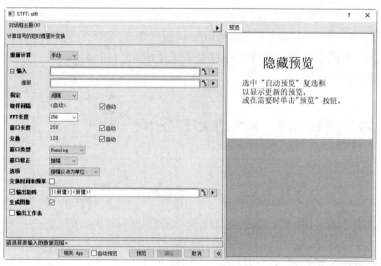

图 17.34　STFT 对话框

【选项说明】

（1）指定：选择信号划分的标准，包括间隔（时间）和频率。

（2）FFT 长度：设置 FFT 变换采样长度。

（3）窗口长度：设置窗口长度。窗口长度 N 对能否反映信号变化幅度起决定性作用。如果窗口长度 N 比较大（量级达到多个基音周期的水平），则窗函数等效于带宽很窄的低通滤波器，高频成分损失较多，短时能量随时间变化较小，无法反映波形细节；如果窗口长度 N 比较小，则滤波器的通带变宽，短时能量随时间变化较大，无法获得平滑的短时信息。

（4）交叠：选择是否通过帧（信号间隔）之间相互重叠的方式弥补帧移（相邻两帧起始位置的时间差）。

（5）选项：设置输出结果项。

（6）交换时间和频率：是否交换时间与频率的坐标轴。

（7）输出矩阵：是否输出到矩阵工作表 STFT1。

（8）生成图像：是否创建图表。

（9）输出工作表：是否创建包含 STFT 结果的工作表 STFT1。

扫一扫，看视频

★重点 动手练——建筑物楼层的位移信号 STFT 变换

源文件：yuanwenjian\ch_17\earthquake.csv、建筑物楼层的位移信号 STFT 变换.opju

本练习利用地震时建筑物楼层的位移信号进行 STFT 变换，如图 17.35 所示。

【操作提示】

选择 STFT 命令，进行短时傅里叶变换。

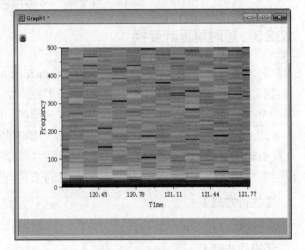

图 17.35　结果示例

17.2.4　信号卷积

信号卷积运算是将一个信号与另一个信号混合，后一个信号通常是响应信号。对两个数列进行卷积运算是数据平滑、信号处理和边沿检测的常用过程。

【执行方式】

菜单栏：选择菜单栏中的"分析"→"信号处理"→"卷积"命令。

【操作步骤】

执行上述命令，打开如图 17.36 所示的"卷积"对话框，在该对话框中计算两个信号的卷积。

【选项说明】

对于线性时不变系统，如果知道该系统的单位响应 $g(t)$，将单位响应和输入信号 $f(t)$ 求卷积，相当于把输入信号的各个时间点的单位响应加权叠加，就直接得到了输出信号。

卷积公式为

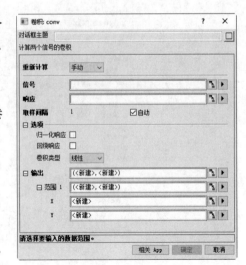

图 17.36　"卷积"对话框

$$f(t) \bullet g(t) = \int_{-\infty}^{\infty} g(t - \tau)\, \mathrm{d}\tau$$

（1）信号：输入信号数据 $f(t)$。

（2）响应：输入响应信号数据 $g(t)$。

（3）取样间隔：定义信号采样间隔，默认值为 1。

（4）选项。

1）归一化响应：是否将输出结果格式化，将数值的绝对值变成某种相对值关系。归一化处理是缩小量值的有效办法。

2）回绕响应：选择是否计算零响应。

3）卷积类型：选择卷积类型，包括线性卷积和圆（周）卷积。

↪ 线性卷积：在时域描述线性系统输入和输出之间的关系的一种运算。这种运算在线性系统分析和信号处理中应用很多，通常简称卷积。

↪ 圆（周）卷积：由两个函数的周期延伸定义，把原本的函数平移某个周期 T 的整数倍后再全部加起来产生的新函数。

（5）输出：输出计算结果的位置。

★重点　动手学——正弦信号线性卷积运算

扫一扫，看视频

源文件：yuanwenjian\ch_17\正弦信号.csv、正弦信号线性卷积运算.opju

本例对两组正弦信号 $y_1 = \sin 10x$，$y_2 = \sin \dfrac{x}{4}$ 进行线性卷积运算，若两个序列的长度分别为 N_1 和 N_2，则卷积结果的总长度应为 $L = N_1 + N_2 - 1$。

【操作步骤】

1．导入数据

启动 Origin 2023，打开源文件目录，将"正弦信号.csv"文件拖放到工作表中，导入数据文件，如图 17.37 所示。

2．线性卷积运算

（1）选择菜单栏中的"分析"→"信号处理"→"卷积"命令，打开"卷积"对话框，在"信号"文本框中选择 B(Y)数据，在"响应"文本框中选择 C(Y)数据，其余选项为默认选择，如图 17.38 所示。

（2）单击"确定"按钮，对信号进行卷积运算。在原工作表中增加两列卷积运算结果数据，如图 17.39 所示。

图 17.37　导入数据

图 17.38　"卷积"对话框

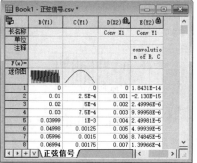

图 17.39　卷积运算结果

➥ 第 1 列是数据点序号 D(X2)。
➥ 第 2 列是卷积值 E(Y2)。

3. 图形绘制

（1）在工作表中单击选中 B(Y1)、C(Y1)和 E(Y2)列数据。选择菜单栏中的"绘图"→"多面板/多轴"→"堆积图"命令，打开"堆叠"对话框，选择默认参数，勾选"自动预览"复选框，如图 17.40 所示。

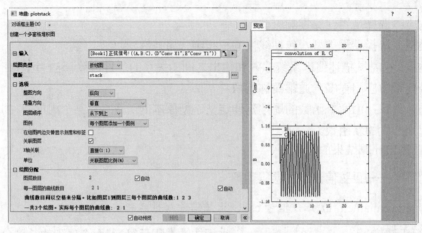

图 17.40　"堆叠"对话框

（2）单击"确定"按钮，Origin 根据原始信号和卷积信号绘制堆积图，结果如图 17.41 所示。

4. 保存项目文件

单击"标准"工具栏中的"保存项目"按钮 ，保存项目文件为"正弦信号线性卷积运算.opju"。

★重点 动手练——正弦信号圆周卷积运算

源文件：yuanwenjian\ch_17\正弦信号.csv、正弦信号圆周卷积运算.opju

本练习对两组正弦信号 $y_1 = \sin 10x, y_2 = \sin \dfrac{x}{4}$ 进行圆周卷积运算，如图 17.42 所示。

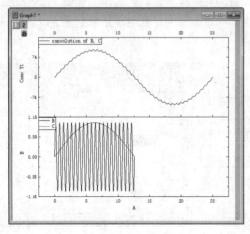

图 17.41　堆积图

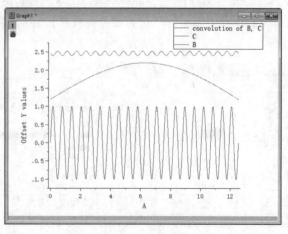

图 17.42　结果示例

【操作提示】

（1）选择"卷积"命令，在"卷积类型"下拉列表中选择"圆卷积"，进行圆周卷积运算。

（2）利用"Y 偏移堆积线图"命令绘制 B(Y1)、C(Y1) 和 E(Y2) 列数据。

17.2.5　希尔伯特变换

希尔伯特（Hilbert）变换是信号处理中的一种常用手段，实际上就是将原始信号和一个信号进行卷积的结果。

【执行方式】

菜单栏：选择菜单栏中的"分析"→"信号处理"→"希尔伯特变换"命令。

【操作步骤】

执行上述命令，打开如图 17.43 所示的"希尔伯特变换"对话框，该对话框用于计算希尔伯特变换和解析信号。

【选项说明】

（1）"输入"文本框：选择信号数据。

（2）希尔伯特：勾选该复选框，输出希尔伯特变换结果。

（3）解析信号：勾选该复选框，输出解析信号结果。

（4）结果数据表：选择输出数据工作表的位置。

★重点　动手练——离散信号希尔伯特变换

扫一扫，看视频

源文件：yuanwenjian\ch_17\离散信号.xlsx、离散信号希尔伯特变换.opju

本练习对离散信号进行希尔伯特变换，结果如图 17.44 所示。

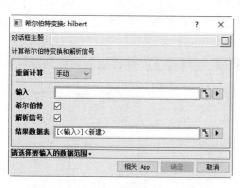

图 17.43　"希尔伯特变换"对话框

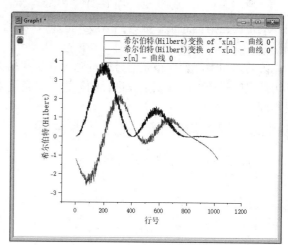

图 17.44　结果示例

【操作提示】

（1）利用"希尔伯特变换"命令输出希尔伯特变换和解析信号。

（2）绘制输出希尔伯特变换信号和解析信号折线图。

（3）在图形窗口中添加原始信号的折线图。

17.2.6 相关性

在信号分析中，相关性（correlation）是表征两个信号之间（互相关）或者一个信号相隔一定时间的两点之间（自相关）相互关联的程度。

【执行方式】

菜单栏：选择菜单栏中的"分析"→"信号处理"→"相关性"命令。

【操作步骤】

执行上述命令，打开如图 17.45 所示的"相关性"对话框，在该对话框中计算两个信号的相关性。

图 17.45　"相关性"对话框

★重点 动手练——周期性正弦信号卷积和相关性运算

源文件：yuanwenjian\ch_17\周期性正弦信号.csv、周期性正弦信号卷积和相关性运算.opju

狄利克雷（Dirichlet）函数有时也被称为周期性正弦函数，对于输入向量或矩阵 $\boldsymbol{x}$，狄利克雷函数 $D(\boldsymbol{x})$ 为

$$D(\boldsymbol{x}) = \begin{cases} \dfrac{\sin\left(\dfrac{N\boldsymbol{x}}{2}\right)}{N\sin\left(\dfrac{\boldsymbol{x}}{2}\right)}, \boldsymbol{x} \neq 2\pi k, & k = 0, \pm 1, \pm 2, \pm 3, \cdots \\ (-1)^{k(N-1)}, \boldsymbol{x} = 2\pi k, \end{cases}$$

其中，N 是用户指定的正整数。当 N 为奇数时，狄利克雷函数的周期为 2π；当 N 为偶数时，其周期为 4π。

本练习对两组周期性正弦信号进行圆周卷积和相关性运算，如图 17.46 所示。计算自相关事实上是利用傅里叶变换中的卷积定理进行的，也可以直接采用卷积进行计算，但是结果会与自相关计算的结果不同。

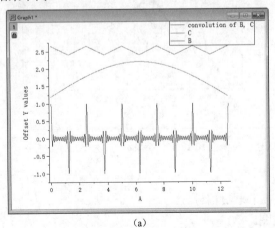

(a)

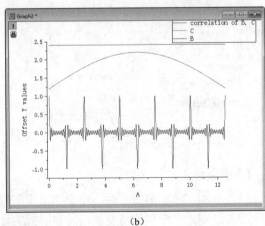

(b)

图 17.46　结果示例

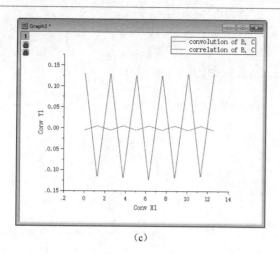

（c）

图 17.46（续）

【操作提示】

（1）利用 A(X)、B(Y)信号，选择"卷积"命令，在"卷积类型"下拉列表中选择"圆卷积"，得到圆周卷积运算结果 D(X2)、E(Y2)。

（2）利用 A(X)、B(Y)信号，选择"相关性"命令，在"类型"下拉列表中选择"圆卷积"，得到相关性运算结果 F(X3)、G(Y3)。

（3）利用"Y 偏移堆积线图"命令，绘制 B(Y1)、C(Y1)和 E(Y2)列数据对应的图形。

（4）利用"Y 偏移堆积线图"命令，绘制 B(Y1)、C(Y1)和 G(Y3)列数据对应的图形。

（5）利用"Y 偏移堆积线图"命令，绘制 E(Y2)和 G(Y3)列数据对应的图形。

17.2.7 相干性

相干性（coherence）与相关性计算得到的信息非常相似，都是衡量两个变量之间的相关程度。不同的是，相干性受到频率因素的影响，相干性多用于频域计算，可以基于频率给出更多的信息。

【执行方式】

菜单栏：选择菜单栏中的"分析"→"信号处理"→"相干性"命令。

【操作步骤】

执行上述命令，打开如图 17.47 所示的"相干性"对话框，该对话框用于计算两个信号之间的相干性。

★重点 动手练——周期性正弦信号相干性运算

源文件：yuanwenjian\ch_17\周期性正弦信号.csv、周期性正弦信号相干性运算.opju

本练习对两组周期性正弦信号进行相干性运算，结果如图 17.48 所示。

扫一扫，看视频

【操作提示】

（1）利用 A(X)、B(Y)信号，选择"相干性"命令，在"窗口类型"下拉列表中选择"矩形"，得到相关性运算结果 D(X2)、E(Y2)。

（2）利用 A(X)、B(Y)信号，选择"相干性"命令，在"窗口类型"下拉列表中选择"高斯"，得到相关性运算结果 F(X3)、G(Y3)。

（3）利用"Y 偏移堆积线图"命令，绘制 E(Y2)和 G(Y3)列数据对应的图形。

图 17.47 "相干性"对话框

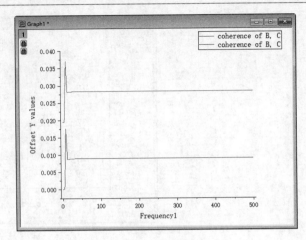

图 17.48 结果示例

17.3 小波变换

小波变换是一种窗口的大小固定、形状可变、时间窗和频率窗都可以改变的时频局部化信号分析方法，即在低频部分具有较高的频率分辨率和较低的时间分辨率；在高频部分具有较高的时间分辨率和较低的频率分辨率。小波变换很适合分析非平稳信号和提取信号的局部特征。

小波变换具有能够根据分析对象自动调整有关参数的"自适应性"和能够根据观测对象自动"调焦"的特性。时域和频域同时具有良好的局部性质，因而能有效地从信号中提取信息，能够较准确地检测出信号的奇异性及其出现位置。

17.3.1 连续小波变换

连续小波变换定义为

$$\text{CWT} \quad f(a,b) \leqslant x(t), \psi_{a,b}(t) \geqslant \int_R x(t)\psi_{a,b}^*(t)\mathrm{d}t$$

$$\text{CWT} \quad f(a,b) \leqslant x(t), \psi_{a,b}(t) \geqslant \int_R x(t)\psi_{a,b}(t)\mathrm{d}t = \int_R x(t)|a|^{\frac{1}{2}}\psi\left(\frac{t-b}{a}\right)\mathrm{d}t$$

可见，连续小波变换的结果可以表示为尺度因子 a 和时移因子 b 的函数。

【执行方式】

菜单栏：选择菜单栏中的"分析"→"信号处理"→"小波变换"→"连续小波"命令。

【操作步骤】

执行上述命令，打开如图 17.49 所示的"连续小波"对话框，在该对话框中计算一维连续小波变换的系数。

【选项说明】

1."离散信号"文本框

选择进行变换的离散信号。

图 17.49 "连续小波"对话框

2. "尺度矢量"文本框

选择尺度因子数据，一般定义为[1,2,5,10,20,50,100,200, 500,1000]。

3. "小波类型"下拉列表

在该下拉列表中选择小波类型。

（1）Morlet。Morlet 小波不是正交的，也不是双正交的，可以用于连续小波变换。该小波是对称的，是应用较为广泛的一种小波。

Morlet 小波定义为 $\psi(t) = e^{-\frac{t^2}{2}}e^{j\omega t}$，其傅里叶变换为 $\psi(\omega) = \sqrt{2\pi}e^{-\frac{(\omega-\omega_0)^2}{2}}$，是一个具有高斯包络的单频率复正弦函数。这里的 ω_0 表示中心频率。

（2）DGauss。Daubechies（多贝西小波）构造的高斯小波。高斯小波是由基本高斯函数分别求导而得到的，定义为 $\psi(t) = c\dfrac{\mathrm{d}^k}{\mathrm{d}t^k}e^{-\frac{t^2}{2}}(k = 1, 2, \cdots, 8)$，式中定标常数用于保证 $\|\psi(t)\|_2 = 1$。

该小波不是正交的，也不是双正交的，更不是紧支撑的。当 k 取偶数时，$\psi(t)$ 正对称；当 k 取奇数时，$\psi(t)$ 反对称。

（3）MexHat。该小波的中文名字为"墨西哥草帽"小波，又称 Marr 小波。该小波不是正交的，也不是双正交的，但是该小波是对称的，在 $\omega = 0$ 处有二阶零点。

Marr 小波定义为 $\psi(t) = c(1 - t^2)e^{-\frac{t^2}{2}}$，式中 $c = \dfrac{2}{\sqrt{3}}\pi^{\frac{1}{4}}$，其傅里叶变换为 $\psi(\omega) = \sqrt{2\pi}c\,e^{-\frac{\omega^2}{2}}$。

4. "波数"下拉列表

在该下拉列表中选择小波变换中导数的阶数。

5. "使用伪频率"复选框

勾选该复选框，使用伪频率。尺度图的两个维度是时间和尺度，如果频率比尺度更加直观，则可以使用公式 $f_a = \dfrac{f_b}{a}$ 将频率转换成伪频率（pseudo-frequency）。其中，f_a 是最后的伪频率，f_b 是母小波的中心频率，a 是缩放因子。

6. "系数"复选框

勾选该复选框，输出小波变换系数。小波变换有两个因子：一个是时移因子，另一个是尺度因子。尺度因子 $a>1$ 表示伸展，$a<1$ 表示收缩。一般去根号 a，目的是保证能量守恒。得到的小波信号是细节信号，小波变换被誉为显微镜。

7. "系数矩阵"复选框

勾选该复选框，激活"创建图像"选项，输出尺度图。尺度图是时间和频率函数绘制的 CWT 图，横坐标是频率对数，纵坐标是 CWT 的绝对值。

★重点 动手学——建筑物楼层的位移信号小波变换

扫一扫，看视频

源文件：yuanwenjian\ch_17\earthquake.csv、建筑物楼层的位移信号小波变换.opju

小波变换可以用于分析信号的相位和频率的突然变化，分析局部极大值和极小值或其相关参数。本例利用地震时建筑物楼层的位移信号进行小波变换。

【操作步骤】

1. 导入数据

启动 Origin 2023，打开源文件目录，将 earthquake.csv 文件拖放到工作表中，导入数据文件。在工作表中添加 C(Y)列，输入尺度因子数据，结果如图 17.50 所示。

2. 连续小波变换

（1）选择菜单栏中的"分析"→"信号处理"→"小波变换"→"连续小波"命令，打开"连续小波"对话框，在"离散信号"文本框中选择离散信号 B(Y)列，在"尺度矢量"文本框中选择尺度数据 C(Y)列，在"小波类型"下拉列表中默认选择 Morlet，如图 17.51 所示。

（2）单击"确定"按钮，Origin 在原始工作簿中自动添加系数工作表 CWTResults1、系数矩阵 MSheet1 和热力图 Graph1，结果如图 17.52~图 17.54 所示。其中，Graph1 是系数矩阵 MBook1 的热力图，该图反映了所给尺度的各个位移的连续小波系数。

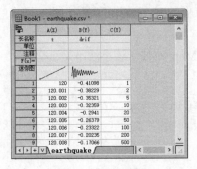

图 17.50　整理数据

图 17.51　"连续小波"对话框

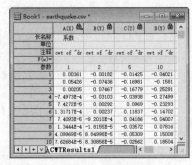

图 17.52　系数工作表

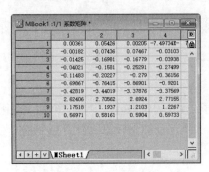

图 17.53　系数矩阵

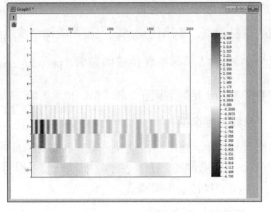

图 17.54　热力图

3. 图形绘制

（1）选中系数工作表 CWTResults1 中的 A(X)列，单击"列"工具栏中的"设置为 Y"按钮×，将 A(X)列变为 A(Y)列。

（2）在系数工作表 CWTResults1 中单击选中所有列数据。选择菜单栏中的"绘图"→"多面板/多轴"→"堆积图"命令，打开"堆叠"对话框，在"图例"下拉列表中选择"没有图例"，其余选项选择默认参数，勾选"自动预览"复选框。单击"确定"按钮，Origin 根据系数工作表绘制堆叠图，结果如图 17.55 所示。

（3）Graph2 是 CWTResults1 工作表的堆叠图，其中每列对应一个尺度，每行对应一个位置。双击 Graph2 每个 Y 轴标签为尺度因子，如图 17.56 所示。其清楚地显示，在 35 左右的位置，原始信号仅在大尺度上具有频率响应。

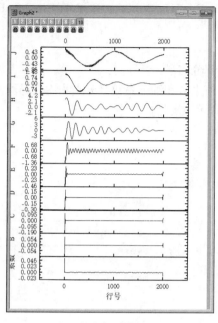

图 17.55　堆叠图

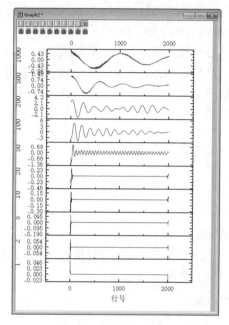

图 17.56　修改 Y 轴标签

4. 保存项目文件

单击"标准"工具栏中的"保存项目"按钮 ⊞，保存项目文件为"建筑物楼层的位移信号小波变换.opju"。

17.3.2　小波分解

连续小波变换用于提取特定频率下的信号之后对其进行分析，小波分解用于提取不同层的小波分解系数对信号进行分析。

【执行方式】

菜单栏：选择菜单栏中的"分析"→"信号处理"→"小波变换"→"分解"命令。

【操作步骤】

执行上述命令，打开如图 17.57 所示的"分解"对话框，在该对话框中对一维连续小波进行分解。

【选项说明】

（1）输入：选择要分解的信号。

（2）小波类型和阶：选择小波类型，小波变换有许多不同类型的小波。

➥ Haar：哈尔小波变换，其是小波变换中最简单的一种。

图 17.57　"分解"对话框

> ➥ Daubechies：多贝西小波，根据阶数（表示消失力矩的个数）进行分类，分为 DB2、DB3、DB4、DB5、DB6、DB7、DB8、DB9 和 DB10。随着消失力矩数的增加，小波的多项式阶数增加，小波变得更加平滑。

> ➥ Biorthogonal：双正交小波，分为 Bior1.1、Bior1.3、Bior1.5、Bior2.2、Bior2.4、Bior2.6、Bior2.8、Bior3.1、Bior3.3、Bior3.5 和 Bior3.7。

（3）扩展模式：选择边界扩展模式。

（4）近似值系数：表征了信号小波分解重构的低频部分信息。

（5）细节系数：表征了信号的高频部分信息。近似值系数和细节系数是分别利用低通滤波器或高通滤波器对输入信号进行卷积并对卷积结果进行压缩采样而得到的。

17.3.3　小波重建

利用一维信号的小波分解信号以及根据指定的小波变换类型可以重构一维信号。

【执行方式】

菜单栏：选择菜单栏中的"分析"→"信号处理"→"小波变换"→"重建"命令。

【操作步骤】

执行上述命令，打开如图 17.58 所示的"重建"对话框，在该对话框中对小波变换进行重建。

图 17.58　"重建"对话框

★重点　动手练——建筑物楼层的位移信号小波分解和重建

源文件：yuanwenjian\ch_17\earthquake.csv、建筑物楼层的位移信号小波分解和重建.opju

本练习对地震时建筑物楼层的位移信号进行小波分解和重建，输出源信号、近似值系数、细节系数和重建信号，结果如图 17.59 所示。

【操作提示】

（1）利用 B(Y)信号，选择"分解"命令，在"扩展模式"下拉列表中选择"零填充"，得到近似值系数 C(Y)和细节系数 D(Y)。

（2）利用近似值系数 C(Y)和细节系数 D(Y)，选择"重建"命令，在"边界"下拉列表中选择"零填充"，得到重建信号 E(Y)。

（3）利用"Y 偏移堆积线图"命令绘制 B(Y)、C(Y)、D(Y)和 E(Y)列数据对应的图形。

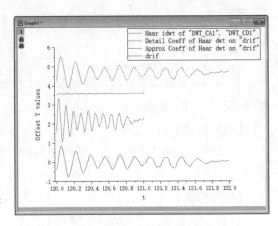

图 17.59　结果示例

17.3.4　多尺度离散小波变换

在高维情况下，小波变换分析并不能充分利用数据本身特有的几何特征，并不是最优的或者"最稀疏"的函数表示方法。为了检测、表示、处理某些高维空间数据，发展一种新的高维函数的最优表示方法——多尺度几何分析（multiscale geometric analysis，MGA）。多尺度离散小波变换是应用尺度系数与平移系数都可变的小波处理信号的一种变换。

【执行方式】

菜单栏：选择菜单栏中的"分析"→"信号处理"→"小波变换"→"多尺度离散小波变换"命令。

【操作步骤】

执行上述命令，打开如图 17.60 所示的"多尺度离散小波变换"对话框，在该对话框中对多尺度离散小波进行分解。

【选项说明】

（1）输入：选择要分解的信号。

（2）小波类型：选择小波函数类型。

（3）扩展模式：选择边界扩展模式。

（4）分解次数：对细节系数进行阈值处理的次数。

（5）多系数数据：多尺度小波分解实际上包括了一系列一维小波分解。输出近似算法和每次分解得到的细节系数。

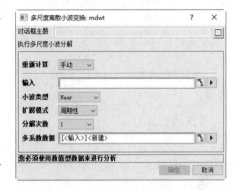

图 17.60　"多尺度离散小波变换"对话框

★重点　动手练——带噪声的方波信号小波分解

源文件：yuanwenjian\ch_17\带噪声的方波信号.csv、方波信号小波分解.opju

本练习对带噪声的方波信号进行小波分解和多尺度离散小波变换，输出分解信号，结果如图 17.61 所示。

扫一扫，看视频

【操作提示】

（1）利用 A(Y)信号，选择"分解"命令，使用 Haar 小波进行"周期性"扩展，得到小波分解结果：近似值系数 C(Y)和细节系数 D(Y)。

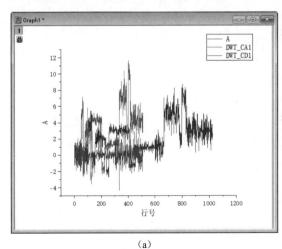
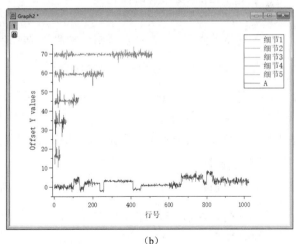

（a）　　　　　　　　　　　　　　　　（b）

图 17.61　结果示例

（2）利用 A(Y)信号，选择"多尺度离散小波变换"命令，使用 Haar 小波进行"周期性"扩展，在"多系数数据"文本框中选择"[<输入>]<输入>"，得到一系列小波分解结果：近似值系数 E(Y)和细节系数 F(Y)～J(Y)。

（3）利用"折线图"命令绘制 A(Y)、C(Y)和 D(Y)列数据对应的小波分解图形 Graph1，转换图例模式为"长名称"。

（4）利用"Y 偏移堆积线图"命令绘制 A(Y)、F(Y)～J(Y)列数据对应的多尺度离散小波分解图形 Graph2，转换图例模式为"长名称"。

当进行多尺度离散小波分解时，分解次数越大，噪声将被移除越多。然而，与较小的分解次数相比，有用信号失真的概率将会更大。

17.3.5 小波降噪

在降噪领域中，小波理论同样受到了许多学者的重视，他们应用小波进行降噪并获得了非常好的效果。

【执行方式】

菜单栏：选择菜单栏中的"分析"→"信号处理"→"小波变换"→"降噪"命令。

【操作步骤】

执行上述命令，打开如图 17.62 所示的"降噪"对话框，在该对话框中利用小波变换达到降噪的目的。

【选项说明】

（1）阈值类型：小波分析利用阈值进行降噪，包括自定义（指定阈值）和 sgtwolog（根据计算）。

（2）降噪次数：选择指定阈值类型时，定义对细节系数进行阈值处理的次数。

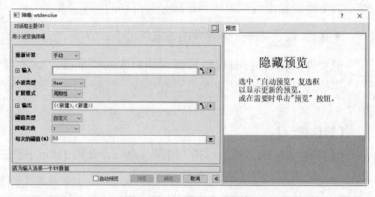

图 17.62 "降噪"对话框

（3）每次的阈值（%）：选择指定阈值类型时定义的阈值。

扫一扫，看视频

★**重点 动手学——心电图信号降噪处理**

源文件：yuanwenjian\ch_17\心电图信号.csv、心电图信号降噪处理.opju

本例利用心电图信号进行小波变换。相比以往的其他降噪方法，小波变换在低信噪比情况下的降噪效果较好，降噪后的信号识别率较高，同时小波降噪方法对时变信号和突变信号的降噪效果尤其明显。

【操作步骤】

1. 导入数据

启动 Origin 2023，打开源文件目录，将"心电图信号.csv"文件拖放到工作表中，导入数据文件，如图 17.63 所示。

2. 小波变换

（1）选择菜单栏中的"分析"→"信号处理"→"小波变换"→"降噪"命令，打开"降噪"对话框，如图 17.64 所示。

➥ 在"输入"文本框中选择信号 B(Y)列。

- 在"小波类型"下拉列表中默认选择 Haar 小波。
- 在"扩展模式"下拉列表中选择"周期性"。
- 在"降噪次数"下拉列表中选择 2。

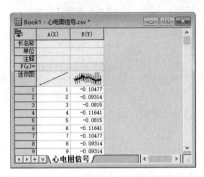

图 17.63　导入数据

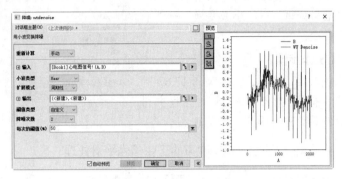

图 17.64　"降噪"对话框

（2）单击"确定"按钮，Origin 在原始工作簿中自动添加 2 次降噪后的列数据 C(X2) 和 D(Y2)。

（3）使用同样的方法执行"降噪"命令，打开"降噪"对话框，在"降噪次数"下拉列表中选择 6，Origin 在原始工作簿中自动添加 6 次降噪后的列数据 E(X3) 和 F(Y3)，如图 17.65 所示。

3．图形绘制

在工作表中单击选中所有列数据。选择菜单栏中的"绘图"→"基础 2D"→"Y 偏移堆积线图"命令，Origin 根据原始信号和降噪后的数据（2 次降噪和 6 次降噪）绘制堆叠图，结果如图 17.66 所示。

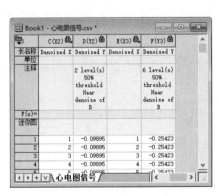

图 17.65　添加降噪后的列数据

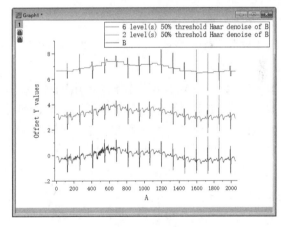

图 17.66　堆叠图

从图中可以看出，降噪次数越多，噪声将被移除越多，但是同时有用信号失真的概率也将增加。

4．保存项目文件

单击"标准"工具栏中的"保存项目"按钮 ▣，保存项目文件为"心电图信号降噪处理.opju"。

17.3.6　小波平滑

对采集的信号进行小波分解，由于噪声信号一般处于高频率细节中，采用门限阈值等方法可以对不同分解层的小波系数进行处理；将噪声信号平滑滤除后对小波进行重建即可达到平滑降噪的目的，实现在受噪声污染的信号中提取有效信号。

【执行方式】

菜单栏：选择菜单栏中的"分析"→"信号处理"→"小波变换"→"平滑"命令。

【操作步骤】

执行上述命令，打开如图 17.67 所示的"平滑"对话框，在该对话框中利用截断系数进行噪声平滑处理。

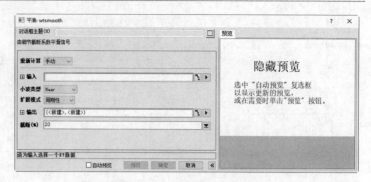

图 17.67 "平滑"对话框

扫一扫，看视频

★重点 动手学——带噪声的正弦信号平滑处理

源文件：yuanwenjian\ch_17\随机噪声正弦信号.csv、随机噪声正弦信号平滑处理.opju

本例利用添加随机噪声的正弦信号对以下函数进行小波变换，提取平滑信号。

$$x = \sin(2\pi f i) + \xi$$

其中，正弦波频率 f 为 50Hz；ξ 是随机信号，随机信号采样率为 100Hz。

【操作步骤】

1. 导入数据

启动 Origin 2023，打开源文件目录，将"随机噪声正弦信号.csv"文件拖放到工作表中，导入数据文件，如图 17.68 所示。

2. 小波变换 1

（1）选择菜单栏中的"分析"→"信号处理"→"小波变换"→"平滑"命令，打开"平滑"对话框，如图 17.69 所示。

➜ 在"输入"文本框中选择信号 B(Y)列。

➜ 在"小波类型"下拉列表中默认选择 DB2 小波。

➜ 在"扩展模式"下拉列表中选择"周期性"。

➜ 在"截断"文本框中输入 20。

（2）单击"确定"按钮，Origin 在原始工作簿中自动添加平滑列数据 C(X2)和 D(Y2)。

图 17.68 导入数据

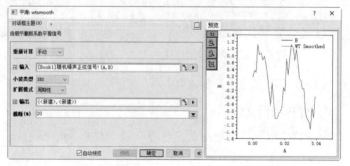

图 17.69 "平滑"对话框 1

3. 小波变换 2

（1）选择菜单栏中的"分析"→"信号处理"→"小波变换"→"平滑"命令，打开"平滑"对话框，如图 17.70 所示。

- ↳ 在"输入"文本框中选择信号 B(Y)列。
- ↳ 在"小波类型"下拉列表中默认选择 DB2 小波。
- ↳ 在"扩展模式"下拉列表中选择"周期性"。
- ↳ 在"截断"文本框中输入 80。

（2）单击"确定"按钮，Origin 在原始工作簿中自动添加平滑列数据 E(X3)和 F(Y3)，如图 17.71 所示。

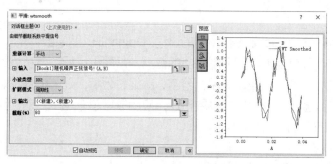

图 17.70 "平滑"对话框 2

图 17.71 添加平滑数据

（3）在工作表中单击选中所有列数据。选择菜单栏中的"绘图"→"基础 2D"→"Y 偏移堆积线图"命令，Origin 根据原始信号和平滑后的数据（截断 20%、截断 80%）绘制堆叠图，结果如图 17.72 所示。

从图中可以看出，截断系数越大，信号平滑得越多，但是同时有用信号失真的概率也将增加。

4．保存项目文件

单击"标准"工具栏中的"保存项目"按钮，保存项目文件为"随机噪声正弦信号平滑处理.opju"。

★重点 动手练——高斯白噪声信号平滑降噪处理

源文件：yuanwenjian\ch_17\高斯白噪声信号.csv、高斯白噪声信号平滑降噪处理.opju

本练习对高斯白噪声信号进行平滑降噪处理，结果如图 17.73 所示。

【操作提示】

（1）利用 B(Y)信号，选择"平滑"命令，进行 FFT 滤波器平滑滤波。

（2）利用 B(Y)信号，选择小波变换"平滑"命令，进行 DB10（80%）平滑处理。

（3）利用 B(Y)信号，选择小波变换"降噪"命令，进行 DB10（50%）降噪处理。

（4）利用"Y 偏移堆积线图"命令绘制数据对应的图形。

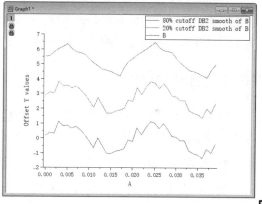

图 17.72 堆叠图

扫一扫，看视频

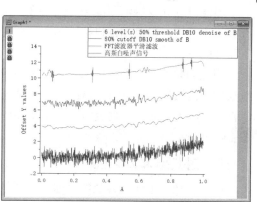

图 17.73 结果示例

第 18 章　数字图像处理

内容简介

图像数字化是将线画图像的连续模拟量转换成离散的数字量的过程，Origin 提供图像数字化工具，对数字化的图片数据进行计算机处理，可以非常简单地提取图片中的数据，从而进行后续分析处理。

数字图像处理是利用计算机对图像进行变换、增强、复原、分割、压缩、分析、理解的理论、方法和技术，是现代信息处理的研究热点。数字图像处理技术发展迅速，应用领域越来越广，对国民经济、社会生活和科学技术等都产生了巨大的影响。

18.1　图像的输入

图像是视觉信息的重要表现方式，是对客观事物的相似、生动的描述。图像信号是人类重要的信息来源，是数字图像处理的目标信号。本节简要介绍图像文件的输入。

18.1.1　图像的分类

所谓图像的分类，是指根据图像在图像信息中反映的不同特征把不同类别的目标区分开的图像处理方法。利用计算机对图像进行定量分析，可以把图像或图像中的每个像元或区域划归于若干个类别中。

1. 按灰度分类

图像按灰度分类有二值图像和多灰度图像。前者是由黑色与白色两种像素组成的图像，后者含有从白逐步过渡到黑的中间级灰度。

2. 按色彩分类

图像可以分为单色图像和彩色图像，单色图像只有某一段频谱。彩色图像包括真彩色、假彩色、伪彩色和合成彩色。

图像的颜色数据是由向量、矩阵或 RGB 三元组组成的三维数组，在 MATLAB 中一般使用颜色数据 C 表示，C 为不同的数据类型，表示不同的含义，如图 18.1 所示。

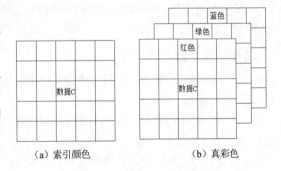

（a）索引颜色　　　　（b）真彩色

图 18.1　图像的颜色数据

3. 模拟图像和数字图像

模拟图像是指通过客观的物理量表现颜色的图像，如照片、底片、印刷品、画等，其空间坐标值 x 和 y 连续，在每个空间点(x,y)的光强也连续，无法用计算机处理。对模拟图像进行数字化得到数字图像，才可以用计算机存储和处理。

数字图像由有限的元素组成，每一个元素的空间位置(x, y)和强度值 f 都被量化成离散的数值，这些元素称为像素。因此，数字图像是具有离散值的二维像素矩阵，能够存储在计算机存储器中。

18.1.2　图像文件的格式

图像文件格式即一幅图像或一个平面设计作品在计算机上的存储方式。Origin 支持 9 种图像文件类型的输入，见表 18.1。用户可以将图像文件输入到 Origin 矩阵工作簿或工作表单元格中。

表 18.1　Origin 支持的图像文件类型

图像文件类型	扩 展 名
bitmap（位图）	.bmp
graphics interchange format（图像交换格式，GIF）	.gif
joint photographic experts group（联合图像专家小组，JPEG）	.jpg、.jpeg
Zsoft PC Paintbrush bitmap（抠图图片矢量位图）	.pcx
portable network graphics（便携式网络图片，PNG）	.png
Truevision Targa	.tga
Adobe Photoshop	.psd
tag image file（标签图像文件，TIF）	.tif
Windows metafile（Windows 图元文件，WMF）	.wmf、.emf

1．BMP 格式

BMP 是微软 Paint 的格式，可以被多种软件支持，也可以在计算机和苹果机上通用。BMP 格式颜色多达 16 位真彩色，质量上没有损失，但是这种格式的文件比较大。

2．GIF 格式

GIF 格式是一种小型的文件格式，其最多只用 256 色，即索引色彩，但是支持动画，多用在网络传输上。

3．JPG 和 JPEG 格式

JPG 和 JPEG 是一种压缩图像存储格式。用这种格式存储的图像会有一定的信息损失，但是用 Photoshop 存储时可以通过选择"最佳""高""中"和"低" 4 种等级决定存储 JPG、JPEG 图像的质量。由于它可以把图片压缩得很小，中等压缩比大约是原 PSD 格式文件的 1/20。一般一幅分辨率为 300dpi 的 5in 图片，用 TIF 格式存储要用 10MB 左右的空间，而 JPG、JPEG 只需要 100KB 左右的空间就可以了。现在几乎所有的数码照相机用的就是这种存储格式。

4．PCX 文件

PCX 是在计算机上成为位图文件存储标准的第一种图像文件格式。PCX 文件分为 3 部分，依次为 PCX 文件头、位图数据和一个可选的色表。文件头长达 128 字节，分为几个域，包括图像的尺寸和每个像素颜色的编码位数。

5．PNG 文件

PNG 文件格式是作为 GIF 的替代品开发的，从 GIF 那里继承了许多特征，而且支持真彩色图像。

6. TGA 文件

TGA 是由美国 Truevision 公司为其显示开发的一种图像文件格式，已被国际上的图形、图像工业所接受，现已成为数字化图像以及运用光线跟踪算法产生的高质量图像的常用格式。TGA 文件的扩展名为.tga，该格式支持压缩，使用不失真的压缩算法，可以带通道图，另外还支持行程编码压缩。

7. PSD 文件

PSD 是 Adobe 公司的图形设计软件 Photoshop 的专用格式。PSD 文件可以存储成 RGB 或 CMYK 模式，还能够自定义颜色数并加以存储，还可以保存 Photoshop 的图层、通道、路径等信息，是唯一能够支持全部图像色彩模式的格式。

8. TIF 格式

TIF 是一种最佳质量的图像存储方式，它可以存储多达 24 个通道的信息。它所包含的有关的图像信息最全，而且几乎所有的专业图形软件都支持这种格式。

9. WMF 文件

WMF 是指*.wmf 格式文件，即图元文件。图元文件的扩展名包括.wmf 和.emf 两种。它是微软公司定义的一种 Windows 平台下的图形文件格式。

18.1.3　图像文件的导入与导出

在 Origin 中，图像文件中可以导入各种格式图像（包括视频和音频）文件，还可以将图像以不同格式的图像文件的形式导出。

1. 图像文件的导入

【执行方式】

菜单栏：选择菜单栏中的"文件"→"新建"→"图像"命令。

【操作步骤】

执行上述命令，弹出如图 18.2 所示的子菜单。

【选项说明】

（1）空白窗口：选择该命令，创建空白模板图像文件。

（2）图像/视频：选择该命令，打开各种图像文件和音频、视频文件。

图 18.2　"图像"子菜单

（3）多个图像文件：选择该命令，打开指定文件夹下的多个图像文件。

（4）网络图片：选择该命令，打开指定链接下的图像文件。

2. 图像文件的导出

【执行方式】

菜单栏：选择菜单栏中的"文件"→"导出图像"命令。

【操作步骤】

执行上述命令，打开如图 18.3 所示的"导出图像"对话框，可以输出 BMP、GIF、JPG、PNG、TIF 和 AVI 等格式的文件。

图 18.3　"导出图像"对话框

动手学——导入视频文件

源文件：yuanwenjian\ch_18\rhinos.avi、rhinos.tif

在 Origin 中，要读取视频文件，一般通过任何应用程序都必须能够识别容器格式（如 AVI），可以访问能够对文件中存储的视频数据进行解码的编解码器。AVI 视频文件格式是指视频保存的一种格式，视频是现在计算机多媒体系统中的重要一环。

【操作步骤】

1．设置工作环境

启动 Origin 2023，单击"标准"工具栏中的"新建项目"按钮，创建一个新的项目，默认包含一个工作簿文件 Book1。

2．导入视频文件

（1）选择菜单栏中的"文件"→"新建"→"图像"→"图像/视频"命令，打开 Images 对话框，打开视频文件 rhinos.avi，如图 18.4 所示。

（2）单击"打开"按钮，Origin 自动创建图像文件 Image1，在该窗口中显示视频文件，如图 18.5 所示。

图 18.4　Images 对话框

图 18.5　图像窗口

（3）单击 `>` 按钮，播放视频文件；单击 `[O]` 按钮，停止视频文件的播放，如图 18.6 所示。单击 `<<` 按钮，从当前帧倒退，直到指定的播放画面，如图 18.7 所示。

3．输出图像文件

（1）选择菜单栏中的"文件"→"导出图像"命令，打开"导出图像"对话框，在"文件类型"下拉列表中选择 TIF 格式的图像文件，如图 18.8 所示。

（2）单击"确定"按钮，输出包含所有视频的 TIF 图像文件，如图 18.9 所示。

图 18.6 停止播放

图 18.7 倒退画面

图 18.8 "导出图像"对话框

图 18.9 TIF 图像文件

18.2 数字化图像

图像数字化是利用计算机图形学和图像处理技术将图形或图像转换成矩阵数据，再进行交互处理的理论、方法和技术。

18.2.1 导入图像矩阵

在 Origin 中，可以在直接读入各种格式的图像文件后，将图像以矩阵的形式存储。图像运算一般是通过矩阵表进行的。

【执行方式】

菜单栏：选择菜单栏中的"数据"→"从文件导入"→"图像到矩阵"命令。

【操作步骤】

执行上述命令，打开 Images 对话框，添加要读入的图像文件，单击"确定"按钮，关闭该对话框，打开如图 18.10 所示的"图像到矩阵"对话框，在该对话框中设

图 18.10 "图像到矩阵"对话框

置要读入的图像文件选项。单击"确定"按钮，关闭该对话框。自动新建一个当前矩阵窗口，打开选中的图像文件。

动手学——极坐标图像的数字化

源文件：yuanwenjian\ch_18\极坐标图像.tif、极坐标图像.opju
本例演示如何将 TIFF 格式的图像文件转换为数字图像矩阵的过程。

扫一扫，看视频

【操作步骤】

1. 设置工作环境

启动 Origin 2023，单击"标准"工具栏中的"新建项目"按钮 📄，创建一个新的项目，默认包含一个工作簿文件 Book1。

2. 导入文件

（1）选择菜单栏中的"数据"→"从文件导入"→"图像到矩阵"命令，打开 Images 对话框，添加要读入的图像文件"极坐标图像.tif"，单击"确定"按钮，关闭该对话框，打开"图像到矩阵"对话框，勾选"输出到结果日志"复选框，如图 18.11 所示。

（2）单击"确定"按钮，关闭该对话框。自动新建一个当前矩阵窗口，打开选中的图像文件，如图 18.12 所示。打开"结果日志"窗口，显示图像文件的基本导入信息，如图 18.13 所示。

图 18.11　"图像到矩阵"对话框

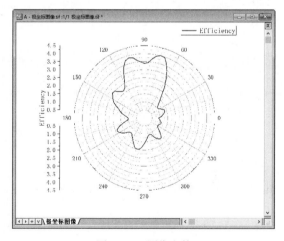

图 18.12　图像文件

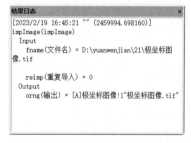

图 18.13　"结果日志"窗口

3. 保存项目文件

单击"标准"工具栏中的"保存项目"按钮 💾，保存项目文件为"极坐标图像.opju"。

18.2.2　图像的数字化处理

所谓数字图像，是指经过数字化处理后的图像。对模拟图像进行数字化处理后即为数字图像。

【执行方式】

菜单栏：选择菜单栏中的"图像"命令。

【操作步骤】

执行上述命令，弹出如图 18.14 所示的子菜单，可以对导入的图像文件进行各种处理。

【选项说明】

（1）转换为列：选择该命令，将图像窗口转化为工作表列。

（2）转换为矩阵：选择该命令，将图像窗口转化为矩阵窗口。数字图像矩阵包含两种显示模式：图像模式和数据模式。

（3）灰度直方图：选择该命令，在新工作表中生成像素强度分布图。

（4）调整大小：选择该命令，调整图像大小。

（5）合并为彩色图像：选择该命令，合并多个单通道图像。

（6）分离彩色图像：选择该命令，将彩色图像分离成单通道的灰度图像。在 RGB 模型中，如果 R=G=B，则彩色表示一种灰度颜色，其中 R=G=B 的值称为灰度值。

（7）设置灰度显示范围：选择该命令，设置显示图像的像素值范围。灰度显示范围为 0～255。

（8）设置比例：选择该命令，设置图像比例。

（9）设置坐标：选择该命令，设置用于图的 XY 映射值。

（10）绘制图像：选择该命令，创建一个新的图形窗口，设置图像为背景。

图 18.14　"图像"子菜单

动手学——图像文件转换

源文件：yuanwenjian\ch_18\cock.jpg、cock.opju
本例将导入的图像文件转换为不同格式的文件。

扫一扫，看视频

【操作步骤】

1．设置工作环境

启动 Origin 2023，单击"标准"工具栏中的"新建项目"按钮 📄，创建一个新的项目，默认包含一个工作簿文件 Book1。

2．导入文件

选择菜单栏中的"文件"→"新建"→"图像"→"图像/视频"命令，打开 Images 对话框，打开图像文件 cock.jpg。单击"打开"按钮，Origin 自动创建图像窗口 Image1，在该窗口中显示图像文件，如图 18.15 所示。

3．图像转换

（1）选择菜单栏中的"图像"→"绘制图像"命令，在图形窗口中显示图像文件，如图 18.16 所示。

（2）选择菜单栏中的"图像"→"转换为矩阵"命令，打开"转换为矩阵"对话框，将图像文件转换为矩阵工作表，如图 18.17 所示。

➤ 在"数据类型"下拉列表中选择显示矩阵数据的格式，包括自动、Byte、UShort、UInt、Float 和 Double，默认选择"自动"选项。

➤ 勾选"图像模式"复选框，在矩阵工作表中显示图像矩阵的图像模式。

图 18.15　图像窗口

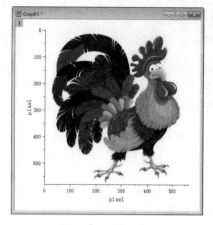

图 18.16　图形窗口

（3）单击"确定"按钮，在输出矩阵 MBook1 中显示图像矩阵的图像模式，如图 18.18 所示。

（4）使用同样的方法取消勾选"图像模式"复选框，在输出矩阵 MBook2 中显示图像矩阵的数据模式，如图 18.19 所示。

图 18.17　"转换为矩阵"对话框

图 18.18　输出矩阵图像

图 18.19　数据图像矩阵

4．保存项目

（1）选择菜单栏中的"文件"→"项目另存为"命令，将当前项目文件保存为 cock.opju。

（2）将矩阵表 MBook2 置为当前，选择菜单栏中的"文件"→"保存窗口为"命令，将矩阵 MBook2 保存为 cock.ogmu。

（3）将矩阵表 MBook2 置为当前，选择菜单栏中的"文件"→"导出"→ASCII 命令，将当前矩阵 MBook2 保存为 cock.dat。

18.2.3　图像剖面图

剖面图可以对图像数据进行分析，创建图像的水平图形剖面、图像的垂直图形剖面和图像的任意直线的图形剖面。

剖面图用于对灰度图或 8 位彩色图像进行分析，若图像不能满足要求，则用户可以先进行图像转换处理。

【执行方式】

菜单栏：选择菜单栏中"绘图"→"等高线图"→"图像剖图"命令。

【操作步骤】

执行上述命令，打开"图像/等高线剖面图"对话框，如图 18.20 所示，对当前图像进行剖面图分析。

【选项说明】

1. 工具栏

（1）：添加垂直辅助线，绘制根据辅助线截取的某波段的剖面图。

（2）：添加水平辅助线。

（3）：添加任意辅助线。

（4）：复制当前剖面。

（5）：删除当前剖面。

（6）：显示综合图。

（7）：显示单个的图形窗口。

（8）：转到剖面图。

（9）：转到轮廓数据。

（10）：默认设置。

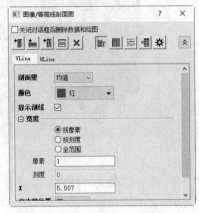

图 18.20　"图像/等高线剖面图"对话框

2. VLine（垂直辅助线）选项卡

设置垂直辅助线的剖面量、宽度、X（辅助线坐标值）和文本的位置等。

3. HLine（水平辅助线）选项卡

设置水平辅助线的剖面量、宽度、Y（辅助线坐标值）和文本的位置等。

扫一扫，看视频

动手学——矩阵图像剖面图分析

源文件：yuanwenjian\ch_18\极坐标图像.opju、极坐标图像剖面图分析.opju
本例演示通过不同方法分析数字图像的过程。

【操作步骤】

（1）启动 Origin 2023，打开源文件目录，将"极坐标图像.opju"文件拖放到工作区中，导入项目文件。

（2）选择菜单栏中的"绘图"→"等高线图"→"图像剖面"命令，弹出图形窗口 Graph2，如图 18.21 所示。

（3）在中间的等高线图上方和右侧分别显示水平图形剖面图和垂直图形剖面图，用于分析图像沿线变化情况。

（4）在等高线图中移动垂直辅助线的位置，右侧垂直辅助线的像素轮廓图即时进行改变，如图 18.22 所示。

（5）在"图像/等高线剖面图"对话框中自动显示 X（辅助线坐标值），如图 18.23 所示。单击"独立图形"按钮，将数字图像与两个剖面图分别显示在单独的图形窗口中，如图 18.24 所示。

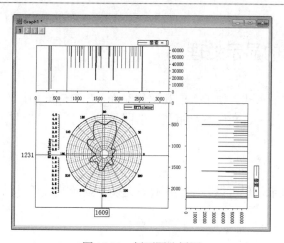

图 18.21 剖面图分析图　　　　　　　　图 18.22 移动辅助线剖面图

（6）单击"综合图"按钮 ，在同一图形窗口中显示数字图像与两个剖面图，如图 18.21 所示。

（7）单击"转到轮廓数据"按钮 ，将轮廓图的工作簿 ProfileData 置为当前。该工作簿中包含两张工作表，存储两个剖面图中的像素值，如图 18.25 和图 18.26 所示。

图 18.23 "图像/等高线剖面图"对话框

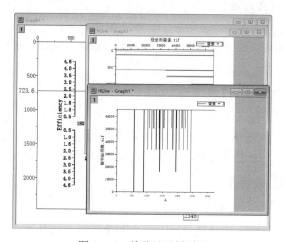

图 18.24 单独显示剖面图

图 18.25 轮廓图数据 1　　　　　　　　图 18.26 轮廓图数据 2

（8）选择菜单栏中的"文件"→"项目另存为"命令，将当前项目文件保存为"极坐标图像剖面图分析.opju"。

18.3　图像的显示处理

图像的显示是将数字图像转化为适合人们使用的形式，便于人们观察和理解。在 Origin 中，为了更好地显示图像，可以设置图像的显示模式、显示通道、灰度图显示或二值图显示。

18.3.1　图像的显示形式

在 Origin 中，数字图像可以以数据（矩阵）显示，也可以显示为图像，这两种显示模式还可以互相进行转换。

1．图像显示

【执行方式】

菜单栏：选择菜单栏中的"图像"→"转换"→"转换为图像"命令。

【操作步骤】

执行上述命令，打开"转换为图像"对话框，如图 18.27 所示，该对话框用于将矩阵数据（数据矩阵）转换为数字图像，一般显示为灰度图像。

图 18.27　"转换为图像"对话框

【选项说明】

（1）输入矩阵：选择图像的矩阵数据。

（2）输出图像：选择生成灰度图像的位置。

（3）位/像素：灰度图像根据像素分为 8 位（$2^8 = 256$）或 16 位（$2^{16} = 64K$）或 32 位（$2^{32} = 4G$）。

2．数据显示

【执行方式】

菜单栏：选择菜单栏中的"图像"→"转换"→"转换为数据"命令。

【操作步骤】

执行上述命令，打开"转换为数据"对话框，如图 18.28 所示，将图像转换为矩阵数据。

图 18.28　"转换为数据"对话框

【选项说明】

（1）输入图像：选择矩阵图像的位置。

（2）输出矩阵：选择矩阵工作表的位置。

（3）类型：图像按灰度分类有 byte(1)（二值图像）和 short(2)（多灰度图像）两种，二值图像是由黑色与白色两种像素组成的图像；多灰度图像含有从白逐步过渡到黑的中间级灰度。

18.3.2　图像的灰度化处理

在 RGB 模型中，如果 R=G=B，则彩色表示一种灰度颜色。灰度图像是每个像素只有一种采样颜色的图像，这类图像通常显示为从最暗黑色到最亮白色的灰度。

本小节实现将 RGB 图像或彩色图像转换为灰度图像，即灰度化处理。

【执行方式】

菜单栏：选择菜单栏中的"图像"→"转换"→"彩色转换为灰阶"命令。

【操作步骤】

执行上述命令，打开"彩色转换为灰阶"对话框，如图 18.29 所示，将彩色图像转换为灰度图像。在"灰阶"下拉列表中设置转换后的灰度图像的位数。

动手学——创建图像灰度图

源文件： yuanwenjian\ch_18\cock.jpg、cock_gray.opju
本例演示图像文件真彩色、灰度图的显示过程。

图 18.29 "彩色转换为灰阶"对话框

扫一扫，看视频

【操作步骤】

1．设置工作环境

启动 Origin 2023，单击"标准"工具栏中的"新建项目"按钮 [ ]，创建一个新的项目，默认包含一个工作簿文件 Book1。

2．导入图像矩阵

（1）选择菜单栏中的"数据"→"从文件导入"→"图像到矩阵"命令，打开 Images 对话框，添加要读入的图像文件 cock.jpg，单击"确定"按钮，关闭该对话框，打开"图像到矩阵"对话框。

（2）单击"确定"按钮，关闭该对话框。自动新建一个当前矩阵窗口 MBook1，显示矩阵图像模式，如图 18.30 所示。

3．转换显示模式

选择菜单栏中的"图像"→"转换"→"转换为数据"命令，打开"转换为数据"对话框，单击"确定"按钮，将图像转换为矩阵数据 MBook2，如图 18.31 所示。

图 18.30 图像文件

图 18.31 矩阵数据

4. 转换为图像

（1）将矩阵数据 MBook2 置为当前，选择菜单栏中的"图像"→"转换"→"转换为图像"命令，将矩阵数据转换为灰度图像 MBook3，如图 18.32 所示。

（2）将矩阵图像 MBook1 置为当前，选择菜单栏中的"图像"→"转换"→"彩色转换为灰阶"命令，打开"彩色转换为灰阶"对话框，选择默认设置，将彩色图像转换为灰度图像，如图 18.33 所示。

图 18.32　灰度图像 1　　　　　　　　　图 18.33　灰度图像 2

（3）单击"标准"工具栏中的"保存项目"按钮 ，保存项目文件为 cock_gray.opju。

18.3.3　图像颜色通道的转换

RGB 模式又称真彩色模式，将 24 位 RGB 图像看作由 3 个颜色信息通道组成：红色通道、绿色通道和蓝色通道。其中每个通道使用 8 位颜色信息，每种颜色信息由 0~255 的亮度值表示。这 3 个通道通过组合可以产生 1670 多万种不同的颜色。

1. 合并 RGB 通道

合并 RGB 通道可以将多个图像的 R、G、B 通道合并到一个图像中。

【执行方式】

菜单栏：选择菜单栏中的"图像"→"转换"→"合并 RGB"命令。

【操作步骤】

执行上述命令，打开"合并 RGB"对话框，如图 18.34 所示，合并 RGB 通道矩阵以形成彩色图像。

2. 分离 RGB 通道

分离 RGB 通道可以将图像的 R、G、B 通道分别输出为图像。

【执行方式】

菜单栏：选择菜单栏中的"图像"→"转换"→"分离 RGB 通道"命令。

【操作步骤】

执行上述命令，打开"分离 RGB 通道"对话框，如图 18.35 所示，将彩色图像分离为 RGB 通道。

图 18.34 "合并 RGB"对话框   图 18.35 "分离 RGB 通道"对话框

扫一扫，看视频

动手练——图像颜色通道转换

源文件：yuanwenjian\ch_18\cock.jpg、cock_RGB.opju

本例演示 JPG 图像 RGB 彩色多通道图的显示和单通道图的显示，结果如图 18.36 所示。

(a)   (b)

图 18.36 结果示例

【操作提示】

（1）利用"数据"→"从文件导入"→"图像到矩阵"命令导入 JPG 图像。

（2）利用"分离 RGB 通道"命令将图像转换为单独通道的上色图。

（3）保存项目文件。

18.3.4 图像的二值化处理

在数字图像处理中，二值图像占有非常重要的地位，图像的二值化处理使图像中数据量大为减少，从而能凸显出目标的轮廓。图像的二值化处理是将图像上的像素点的灰度值设置为 0 或 255，也就是将整个图像呈现出明显的黑白效果的过程。

根据阈值选取的不同，图像二值化的算法分为固定阈值和自适应阈值（动态阈值）。

1．图像二值化

图像二值化是指使用固定阈值算法将图像转换为二值图像。

【执行方式】

菜单栏：选择菜单栏中的"图像"→"转换"→"二值化"命令。

【操作步骤】

执行上述命令，打开"二值化"对话框，如图 18.37 所示，将图像转换为二值图像。

【选项说明】

（1）输入图像：选择要转换的图像。

（2）低阈值、高阈值：使用阈值从图像创建二值图像，阈值指定范围为[低阈值,高阈值]。

（3）通道：选择指定通道图像。

（4）输出图像：选择要输出的二值图像。

2. 动态二值化

动态二值化是指使用自适应阈值（动态阈值）算法将图像转换为动态二值图像。

【执行方式】

菜单栏：选择菜单栏中的"图像"→"转换"→"动态二值化"命令。

【操作步骤】

执行上述命令，打开"动态二值化"对话框，如图 18.38 所示，将图像转换为二值图像。

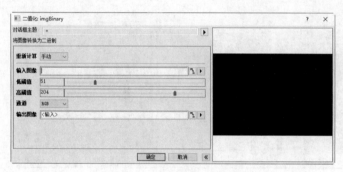

图 18.37　"二值化"对话框

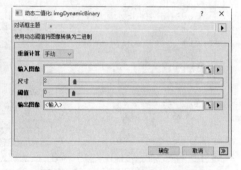

图 18.38　"动态二值化"对话框

扫一扫，看视频

动手练——创建二值图像

源文件：yuanwenjian\ch_18\cock.jpg、cock_imbinarize.opju

本例演示如何使用不同算法将图像转换为二值图像，结果如图 18.39 所示。

（a）

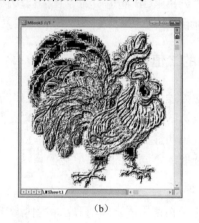

（b）

图 18.39　结果示例

【操作提示】

（1）导入图像矩阵。

（2）将图像转换为二值图像。

（3）将图像转换为动态二值图像。

（4）保存项目文件。

18.4　图像可视化效果

图像可视化是利用计算机图形学和图像处理技术将数据转换成图形或图像并在屏幕上显示出来后，再进行交互处理的理论、方法和技术。

在 Origin 中，图像可视化效果包括图像灰度色阶、图像对比度、伽马、色调、饱和度和亮度等的调整，能修复曝光过度问题，能校正颜色和改进亮度，可以作为其他图像处理工具的预处理工具。

18.4.1　图像明度

图像明度（亮度）是指画面的明亮程度，是从白色表面到黑色表面的感觉连续体。如果是灰度图像，则跟灰度值有关，灰度值越高图像越亮。明度调整是数字图像处理的基本操作之一。

【执行方式】

菜单栏：选择菜单栏中的"图像"→"调整"→"明度"命令。

【操作步骤】

执行上述命令，打开"明度"对话框，如图 18.40 所示，通过"调节强度"滑块调整图像的明度。

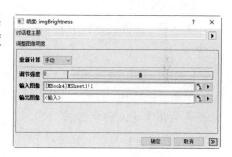

图 18.40　"明度"对话框

18.4.2　图像对比度

图像对比度是指一张图像中，各种不同颜色最亮处和最暗处之间的差别，差别越大对比度越高。对比度跟分辨率没有太大关系，只跟最暗和最亮有关。对比度越高，一张图像给人的感觉就越刺眼，就更加鲜亮和突出；对比度越低，则给人感觉变化不明显，反差就越小。这个概念只存在于给定的图像中，与图像中颜色亮度的变化有关。

【执行方式】

菜单栏：选择菜单栏中的"图像"→"调整"→"对比度"命令。

【操作步骤】

执行上述命令，打开"对比度"对话框，如图 18.41 所示，通过"调整"滑块调整图像的对比度。

18.4.3　图像饱和度

图像饱和度是关于彩色图像的概念，饱和度为 0，图像表现为灰度图像；饱和度越高，颜色表现出的种类越多，颜色表现更丰富，反之亦然。

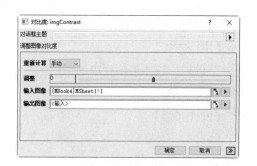

图 18.41　"对比度"对话框

【执行方式】

菜单栏：选择菜单栏中的"图像"→"调整"→"饱和度"命令。

【操作步骤】

执行上述命令，打开"饱和度"对话框，如图 18.42 所示，通过"调整饱和度"滑块调整图像的饱和度。

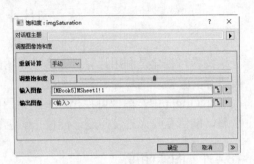

图 18.42　"饱和度"对话框

18.4.4　图像色阶

图像的色阶是表示图像亮度强弱的指数标准，也就是色彩指数。它可以通过调节图像的暗部、中间色调及高光区域的色阶调整图像的色调范围及色彩平衡。

【执行方式】

菜单栏：选择菜单栏中的"图像"→"调整"→"色阶"命令。

【操作步骤】

执行上述命令，打开"色阶"对话框，如图 18.43 所示，对图像应用自定义的色阶。

【选项说明】

（1）"通道"下拉列表：选择要调整的通道，对复合通道的调节会影响所有通道。

（2）"高光修剪（%）"滑块：基于高光中的周围像素（局部相邻像素）增亮或变暗。

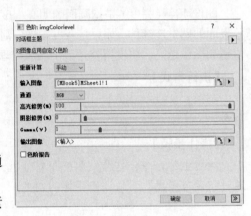

图 18.43　"色阶"对话框

（3）"阴影修剪（%）"滑块：基于阴影中的周围像素（局部相邻像素）增亮或变暗。

（4）"Gamma（γ）"滑块：调整该滑块可以控制图像中间值的亮度。

（5）"色阶报告"复选框：勾选该复选框，输出包含色阶值的报告。

18.4.5　图像色彩平衡

彩色图像由各种单色组合而成，每种单色的变化都会影响图像的色彩平衡。"色彩平衡"调整命令允许用户对单色进行调整以改变图像的显示效果。

【执行方式】

菜单栏：选择菜单栏中的"图像"→"调整"→"色彩平衡"命令。

【操作步骤】

执行上述命令，打开"色彩平衡"对话框，如图 18.44 所示，调整图像色彩平衡。

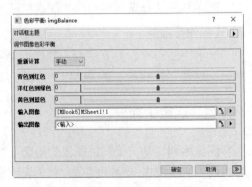

图 18.44　"色彩平衡"对话框

18.4.6　图像色相

色彩的不同是由光的波长决定的。图像色相是指这些不同波长的色彩的情况,波长最长的是红色,最短的是紫色。

图像反相即反转图像的颜色,如黑变白、白变黑等,是唯一不丢失颜色信息的命令,也就是说,用户可再次执行该命令来恢复原图像。

动手练——图像明度和对比度调整

源文件:yuanwenjian\ch_18\cock.jpg、cock_adjust.opju
本例演示调整图像明度和对比度后的效果,结果如图 18.45 所示。

（a）调整色相的效果　　　　（b）调整明度的效果　　　　（c）反相的效果

图 18.45　结果示例

【操作提示】
（1）导入图像数据。
（2）调整图像明度为 44。
（3）调整 RGB 图像色相为 222。
（4）显示图像反相效果。
（5）保存项目文件。

18.5　图 像 运 算

图像运算是指通过改变像素的值得到图像增强的效果,以图像为单位进行的操作。具体的运算主要包括算术运算、逻辑运算和几何运算。

18.5.1　图像的数学变换

图像的数学变换是采用紧邻像素的算法对图像进行操作,包括透明度（Alpha）混合、图像合并和图像数学运算等。

1. 透明度混合

【执行方式】

菜单栏：选择菜单栏中的"图像"→"算术变换"→"α 混合"命令。

【操作步骤】

执行上述命令，打开"α 混合"对话框，混合两个图像以形成合成图像，如图 18.46 所示。

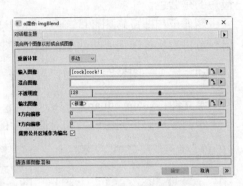

【选项说明】

（1）输入图像：选择原始图像。

（2）混合图像：选择要叠加的图像。

（3）不透明度：设置不透明度。

（4）输出图像：输出混合图像。

（5）X 方向偏移：设置要叠加的图像 X 方向的偏移位置。

（6）Y 方向偏移：设置要叠加的图像 Y 方向的偏移位置。

图 18.46 "α 混合"对话框

（7）裁剪公共区域作为输出：是否裁切输出的图像到公共部分。

2. 简单数学运算

【执行方式】

菜单栏：选择菜单栏中的"图像"→"算术变换"→"简单数学运算"命令。

【操作步骤】

执行上述命令，打开"简单数学运算"对话框，在两个图像之间执行简单的数学运算形成合成图像，如图 18.47 所示。

【选项说明】

❯ 图像 1 的通道：选择要进行数学运算的色彩通道，包括 RGB 通道或红、绿、蓝通道。

❯ 因子*图像 1：图像计算的权重因子。

❯ 图像 1 的 Z 偏移：权重因子偏移量。

❯ 数学运算：选择进行图像运算的数学函数，包含逻辑运算（与或非）、四则运算（加减乘除）和平均值、最大/小值、绝对值等简单函数。

3. 数学函数运算

【执行方式】

菜单栏：选择菜单栏中的"图像"→"算术变换"→"数学函数"命令。

【操作步骤】

执行上述命令，打开"数学函数"对话框，在两个图像之间执行简单的数学运算形成合成图像，如图 18.48 所示。

【选项说明】

❯ 函数：选择数学函数，包括 Square（平方根和函数）、Log（对数函数）、Square root（平方根函数）、Sin（正弦函数）、Cos（余弦函数）。

❯ 因子：选择权重因子。

图 18.47　"简单数学运算"对话框

图 18.48　"数学函数"对话框

4. 背景运算

对图像背景的变换包括减去背景、替换背景、减除插值背景等操作。

动手学——图像叠加显示

扫一扫，看视频

源文件：yuanwenjian\ch_18\cock.jpg、huabian.jpg、cock_mixing.opju
本例演示如何利用不同的图像运算命令对两个图像文件进行叠加显示。

【操作步骤】

1. 设置工作环境

启动 Origin 2023，单击"标准"工具栏中的"新建项目"按钮 📄，创建一个新的项目，默认包含
一个工作簿文件 Book1。

2. 导入图像矩阵

选择菜单栏中的"数据"→"从文件导入"→"图像到矩阵"命令，添加要读入的图像文件 cock.jpg，
新建一个当前矩阵窗口 MBook1，显示矩阵图像模式，如图 18.49 所示。

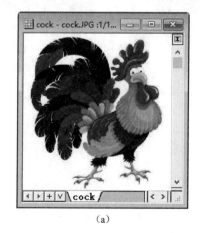
（a）

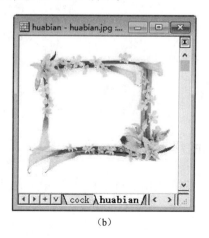
（b）

图 18.49　图像矩阵

3. 设置叠加图像

（1）选择菜单栏中的"图像"→"算术变换"→"α 混合"命令，打开"α 混合"对话框，调整叠加图形的位置和透明度，如图 18.50 所示。单击"确定"按钮，输出混合图，如图 18.51 所示。

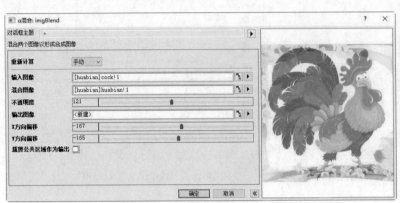

图 18.50　"α 混合"对话框　　　　　　图 18.51　混合图 1

（2）选择菜单栏中的"图像"→"算术变换"→"简单数学运算"命令，打开"简单数学运算"对话框，调整叠加图形位置，如图 18.52 所示。单击"确定"按钮，输出混合图，如图 18.53 所示。

4. 保存项目文件

单击"标准"工具栏中的"保存项目"按钮，保存项目文件为 cock_mixing.opju。

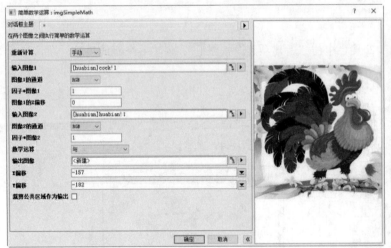
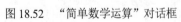

图 18.52　"简单数学运算"对话框　　　　图 18.53　混合图 2

18.5.2　图像的几何变换

图像的几何变换是指改变图像中物体对象之间的空间关系，从变换性质来分，几何变换可以分为图像位置变换、形状变换和复合变换。

【执行方式】

菜单栏：选择菜单栏中的"图像"→"几何变换"命令。

【操作步骤】

执行上述命令，弹出如图 18.54 所示的子菜单。

图 18.54 子菜单

【选项说明】

图像几何变换的命令包括以下几项。

（1）翻转：图像的翻转包括水平翻转和垂直翻转。

（2）旋转变换：按一定角度旋转，主要用于修正倾斜图像。

（3）错切变换：裁切图像。

（4）调整大小：设置图像大小。

（5）自动修剪：修整图像，根据图像 4 个边角的像素点自动剪切图像。

（6）偏移：设置图像位置的偏移量。

扫一扫，看视频

动手练——图像位置调整

源文件：yuanwenjian\ch_18\cock.jpg、cock_position.opju

本练习演示调整图像明度和对比度后的效果，结果如图 18.55 所示。

（a）原图

（b）水平翻转

（c）垂直翻转

图 18.55 结果示例

【操作提示】

将导入图像数据进行水平翻转和垂直翻转。

18.6 图像的空间滤波

图像的空间滤波是指在图像空间中借助模板对图像领域进行操作，以处理图像每一个像素值，是图像模式识别中非常重要的图像预处理过程。

根据功能，空间滤波可以分为平滑滤波和锐化滤波。Origin 提供了高斯、均值、中值、加噪、锐化、净化、钝化修饰和边缘检测等空间滤波方法。

18.6.1 噪点滤波

滤波是信号处理的一个概念，是将信号中特定波段频率过滤和去除。为了完成多种图像处理的操作和实验，需要对图片添加噪点。

【执行方式】

菜单栏：选择菜单栏中的"图像"→"空间滤波"→"噪点"命令。

【操作步骤】

执行上述命令，打开"噪点"对话框，为图像添加随机噪点，如图 18.56 所示。

【选项说明】

（1）覆盖范围：设置噪点的覆盖率。

（2）通道：选择图像应用的通道。

图 18.56　"噪点"对话框

18.6.2　平滑滤波

平滑滤波是低频增强的空间域滤波技术。它的目的有两类：一类是模糊；另一类是消除噪声，是一项简单且使用频率很高的图像处理方法。

均值滤波、高斯滤波、中值滤波不仅可以用于降噪处理，还可以用于对图像进行模糊处理。

【执行方式】

菜单栏：选择菜单栏中的"图像"→"空间滤波"→"均值化"命令。

【操作步骤】

执行上述命令，打开"均值化"对话框，为图像应用均值滤波，如图 18.57 所示。

【选项说明】

邻域尺寸：输出像素包含输入图像中相应像素周围的 $m \times n$ 邻域中的中值。

图 18.57　"均值化"对话框

18.6.3　锐化滤波

通常在图像中，图像的主要能量集中在低频部分，噪声和边缘往往集中在高频部分。所以平滑滤波不仅使噪声减少，图像的边缘信息也会损失，图像的边缘也会变得模糊。为了减少这种不利的效果，通常利用图像锐化使边缘变得清晰。锐化处理的主要目的是突出图像中的细节或增强被模糊了的细节。

【执行方式】

菜单栏：选择菜单栏中的"图像"→"空间滤波"→"锐化"命令。

【操作步骤】

执行上述命令，打开"锐化"对话框，增加或减少图像的锐度，如图 18.58 所示。

在 Origin 中，锐化通过调整锐度提高图像的边缘和细节，钝化修饰（USM 钝化）通过调整锐度和阈值抑制图像中的

图 18.58　"锐化"对话框

跳变部分,使图像变得更平滑;边缘检测通过不同的滤波器设置阈值,确定对象中的对象测量与分类,以及图像分割等。

动手学——图像滤波

扫一扫,看视频

源文件:yuanwenjian\ch_18\cock.jpg、cock_smooth.opju
本例演示图像文件真彩色、灰度图的显示过程。

【操作步骤】

1. 设置工作环境

启动 Origin 2023,单击"标准"工具栏中的"新建项目"按钮,创建一个新的项目,默认包含一个工作簿文件 Book1。

2. 导入图像矩阵

(1)选择菜单栏中的"数据"→"从文件导入"→"图像到矩阵"命令,添加要读入的图像文件 cock.jpg。

(2)选择菜单栏中的"图像"→"空间滤波"→"噪点"命令,打开"噪点"对话框,为图像添加随机噪点(覆盖范围为 52),结果如图 18.59 所示。

(3)选择菜单栏中的"图像"→"空间滤波"→"均值化"命令,打开"均值化"对话框,为图像应用均值滤波(邻域尺寸为 14),结果如图 18.60 所示。

(4)选择菜单栏中的"图像"→"空间滤波"→"高斯模糊"命令,打开"高斯模糊"对话框,为图像应用高斯滤波(邻域半径为 20),结果如图 18.61 所示。

(5)选择菜单栏中的"图像"→"空间滤波"→"中值滤波"命令,打开"中值滤波"对话框,为图像应用中值滤波(邻域尺寸为 8),结果如图 18.62 所示。

3. 保存项目文件

单击"标准"工具栏中的"保存项目"按钮,保存项目文件为 cock_smooth.opju。

图 18.59 添加随机噪点

图 18.60 均值滤波

图 18.61 高斯滤波

图 18.62 中值滤波

18.7 图像数字化工具

在 Origin 中,使用图像数字化工具可以读入各种格式的图像文件,将图片以矩阵的形式存储,进行各种分析操作。

【执行方式】

- 菜单栏：选择菜单栏中的"工具"→"图像数字化工具"命令。
- 工具栏：单击"标准"工具栏中的"图像数字化"按钮 📷。

【操作步骤】

执行上述命令，打开如图 18.63 所示的"图像数字化工具"图形窗口，在该图形窗口中对图像进行分析处理。

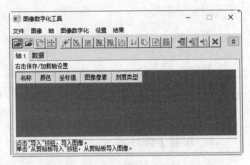

图 18.63　"图像数字化工具"图形窗口

扫一扫，看视频

★重点 动手学——图像数字化工具的应用

源文件：yuanwenjian\ch_18\三角函数曲线.gif、三角函数曲线的数字化处理.opju

本例利用图像数字化工具对图像进行数据提取，快速生成拟合数据。

【操作步骤】

1. 导入文件

（1）启动 Origin 2023，单击"标准"工具栏中的"图像数字化"按钮 📷，添加要读入的图像文件"三角函数曲线.gif"，打开如图 18.64 所示的"图像数字化工具"对话框，显示读入的图像文件的基本信息，包含颜色、坐标值和图像像素等。

（2）同时，自动弹出工作表窗口，显示图像文件，如图 18.65 所示。在图中出现的 4 条直线用来定义数据的尺度，与原图像坐标轴有对应关系。

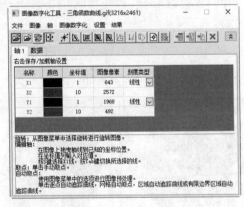

图 18.64　添加文件后的"图像数字化工具"对话框

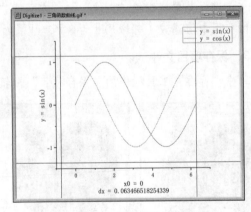

图 18.65　显示数字化图像文件

2. 编辑坐标轴

在"图像数字化工具"图形窗口中单击工具栏中的"编辑轴"按钮 📷，激活"轴 1"列表。

- 在"颜色"列表中设置坐标轴直线的颜色，如图 18.66 所示。
- 在"坐标值"列中填入原图像的对应坐标值，也可以在图像文件中单击直线，拖动其到坐标轴的对应位置。
- 在"刻度类型"下拉列表中选择"线性"或 log10，本例选择默认值"线性"。

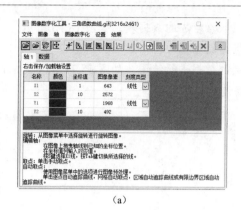
(a)

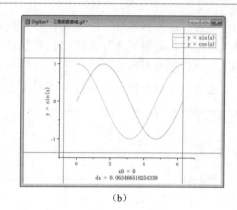
(b)

图 18.66 图像坐标轴调整

3. 数据抓取

（1）选择菜单栏中的"图像数字化"命令，显示几种不同的抓取数据的方法。图像中包含两条曲线，选择菜单栏中的"图像数字化"→"新线条"命令，添加线条，如图 18.67 所示。

（2）选择线条 1，选择"手动取点"命令，双击添加数据点；选择线条 2，选择"手动取点"命令，双击添加数据点，如图 18.68 所示。

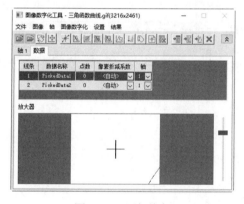

图 18.67 添加线条

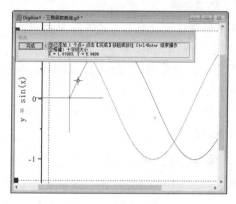

图 18.68 添加数据点

（3）在"数据"选项卡中显示线条抓取的数据结果。每根线条抓取 20 个点，如图 18.69 所示。

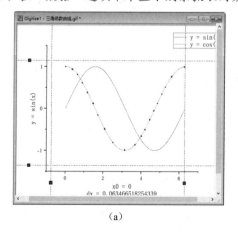
(a)

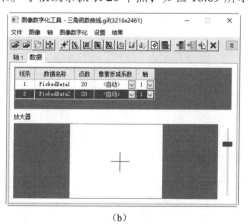
(b)

图 18.69 抓取结果

（4）单击"跳转到数据"按钮▦，可以进入利用抓取点生成的数据表，如图 18.70 所示。

（5）单击"跳转到图像"按钮▣，可以返回抓取点的数据图像窗口。

（6）单击"跳转到图形"按钮⬓，可以利用抓取点的数据进行绘图，如图 18.71 所示。从图中可以看出，自动选取的数据点绘制的曲线不够平滑，需要进行分析处理。

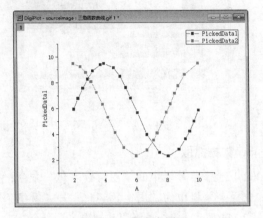

图 18.70　抓取点数据表　　　　　　　　图 18.71　抓取点图形

4. 曲线平滑

将图形窗口置为当前，选择菜单栏中的"分析"→"信号处理"→"平滑"命令，打开"平滑"对话框。在"方法"下拉列表中选择 Savitzky-Golay，勾选"自动预览"复选框，其余参数选择默认设置。单击"确定"按钮，在图形窗口中为曲线 PickedData1 添加平滑曲线，结果如图 18.72 所示。

5. 保存项目文件

单击"标准"工具栏中的"保存项目"按钮🖫，保存项目文件为"三角函数曲线的数字化处理.opju"。

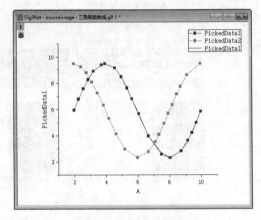

图 18.72　添加平滑曲线

第 19 章　Origin 编程

内容简介

Origin 支持通过编程执行批处理任务以拓展 Origin 的功能，包括 LabTalk 和 Origin C 两种编程语言。在 Origin 的基础上，用户可以通过编写 X-Function 建立自己需要的特殊工具，X-Function 可以调用 Origin C 和 NAG 函数。

19.1　LabTalk 脚本语言

LabTalk 是 Origin 的原生脚本语言，通过 LabTalk，用户可以方便地进行自定义操作，如列值计算、自定义拟合函数、批量处理等。

LabTalk 是一种功能完整的编程语言，它能够实现 Origin 软件中的所有操作。它的语法结构类似于 C，但是和 C 并不完全相同。LabTalk 包含了带有功能选择和参数的 DOS 类型的命令，并且具有和 VB 相似的对象属性和方法。

19.1.1　命令窗口

LabTalk 脚本是 Origin 内置的一个编程语言，其具有解释型脚本语言的简便性。用户可以在命令窗口中直接输入命令运行，无须其他任何复杂操作，具有良好的交互性。

1．打开命令窗口

【执行方式】

↳ 菜单栏：选择菜单栏中的"查看"→"命令窗口"命令。

↳ 快捷键：Alt+3 组合键。

【操作步骤】

执行上述操作，打开如图 19.1 所示的命令窗口，在该窗口中可以进行各种计算操作。

【选项说明】

命令窗口包含左侧和右侧两个窗口。

（1）右侧窗口。右侧窗口指令行"头首"的">>"是指令输入提示符，它是自动生成的。在提示符后输入一条命令或一段程序后按 Enter 键，Origin 将给出相应的结果并将结果保存在左侧窗口中，然后再次显示一个指令输入提示符，为下一段程序的输入做准备。

图 19.1　命令窗口

当输入多行程序时，按 Shift+Enter 组合键，在该行末添加分号（;），换行输入，不执行程序。

当输入多行程序时，按 Ctrl+Enter 组合键，换行输入，但是不执行程序。

```
>>for(i=1;i<11;i++);          //按 Shift+Enter 组合键，添加分号（;）并换行
{
  col(C)[i]=i;
}
>>for(i=1;i<11;i++)           //按 Ctrl+Enter 组合键，换行
{
  col(C)[i]=i;
}
```

（2）左侧窗口。左侧窗口是命令历史记录窗口，主要用于记录所有执行过的命令。在默认条件下，它会保存自安装以来所有运行过的命令的历史记录并记录运行时间，以方便查询。

2. 命令窗口代码

命令窗口中的代码一般不宜太长，并且要注意符合语法规定，因为在命令窗口中，代码是即时检验的，一旦发生语法错误，显示#Command Error!，程序会因为报错而终止运行。

用户也可以在其他的文本编辑器里面先写好代码，再粘贴到命令窗口中执行，这样能够大大提高编程效率，如图 19.2 所示。

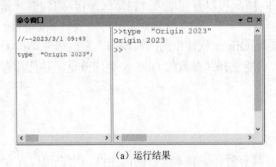 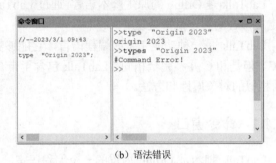

（a）运行结果　　　　　　　　　　　　　　　（b）语法错误

图 19.2　输入代码

在命令窗口中输入下面的文本。

```
>>type -a"In %H,there are $(wks.ncols)columns."
```

按 Enter 键，Origin 将会在同一个窗口中输出下面的语句：

```
Book1,there are 2columns."
```

%H 是一个保存当前活动窗口（可以是 worksheet、Graph 等）的字符串寄存器；wks 是一个指向当前活动的 worksheet 的 labtalk 目标；ncols 是目标项目的属性，wks.ncols 的值就是当前活动的 worksheet 的列数；$是代替符号，用来计算表达式的值并且在下面返回这个值。

3. 基本操作

在命令窗口中右击，弹出如图 19.3 所示的快捷菜单。

（1）选择"清除"命令，清除当前窗口中的命令。

（2）选择"另存为"命令，打开"另存为"对话框，将程序保存到.txt 文件中。

图 19.3　快捷菜单

19.1.2 数据类型

1. 常量和字符常量

在 LabTalk 中，其值不能被改变的量称为常量。常量主要是数字常量，如 1、2、1.25 和 PI 等，不能定义字符串常量。

2. 变量

变量是程序设计语言的基本元素之一。变量用来标识变量名、函数名、数组、文件名等，称为标识符，更为简单地说，就是一个名字。

LabTalk 规定变量名只能由字母、数字和下划线 3 种字符组成，且第 1 个字符必须为字母或下划线，如_test、test4、test、TEST、test_、_1 和_2 等。

变量名的定义有下面的规定。

（1）在 LabTalk 中，大写字母与小写字母被认为是两个不同的字符。因此，test 与 TEST 是不同的变量名。

（2）在变量的使用过程中，不必"先定义，后使用"。

（3）数字常量名用大写，变量名用小写，以示区别。

（4）在 LabTalk 中，声明一个字符串变量必须以"$"符号结尾，这一点与大部分高级语言有所不同，如 Str$、test$等。

根据变量的作用范围，可以分为全部变量（Global）、会话变量（Session）和局部变量（Local）。一般情况下，在没有声明变量时（即用即取）得到的变量为全部变量；而用变量声明语句定义的变量则为会话变量.@global 强制将会话变量变为全部变量。它有 0 和 1 两个值，表示是否将声明的变量作为全部变量，0 表示否，1 表示是。

3. 其他常用数据类型

在 Origin 中，LabTalk 的常用数据类型如下：

（1）Constant：常量。

（2）Double：双精度浮点数。

（3）Integer：整型。

（4）Dataset：数组。

（5）String：字符串。

（6）StringArray：字符串数组。

（7）Range：区域。

（8）Tree：树结构。

（9）Graphic Object：图形化对象。

定义一个变量的方法如下：

```
>> Double x                    //定义双精度浮点数变量 x
```

19.1.3 变量赋值

LabTalk 赋值语句格式：变量=表达式。

定义一个数字常量的方法如下：

```
>> const x=0.5          //为变量 x 定义值，在程序中所有 x 代表的量就会全部自动改为 0.5
```

在 LabTalk 中，变量的赋值应遵循以下规则。

（1）字符串变量不能用于运算，数据变量可以用于运算。

（2）变量名只能以英文开头，而且完全由英文和数字组成。

（3）如果对象不存在，则生成对象并赋值。

（4）当变量名前面不带任何标识符时，表示该变量是一个数据变量并把表达式的值赋予该变量。

当变量名前添加特殊符号时，表达的意义略有不同，见表 19.1。

表 19.1　特殊符号

符　号	说　明
%带大写的 A～Z 中的一个字母	若表达式为一个字符串，表示该变量是一个数据表，把表达式的值赋予该变量。例如，输入%A="Origin"，则%A 的值为字符串 Origin；若表达式为一个数据表名，则表示该对象是一个数据集，把表达式的值赋予该对象
$	将数据转换成字符串
"#" 或 "//"	添加注释

表 19.2 中显示了不同类型变量的定义及赋值。

表 19.2　不同类型变量的定义及赋值

数　据　类　型	定　义　方　法
双精度浮点数	double 变量名 double 变量名=值
整型	int 变量名 int 变量名=值
数组（一维数组）	dataset 数组名 dataset 数组名={初始值:步长:终值} 当未指定步长时，默认步长为 1
字符串	string 变量名$ string 变量名$=字符/"字符串" %A = "字符串"
字符串数组	stringarray 字符串数组名 stringarray 字符串数组名= {"字符串","字符串"}
区间	range 变量名 range 变量名=[窗口名]层名!数据区
树结构	tree 树名 tree 树名=其他已定义树名 　　:= "字符串"
图形对象	Gobject 变量名 Gobject 变量名=[图像页]图像层!对象名

扫一扫，看视频

★重点 动手学——定义数值变量

本例在 Origin 中演示如何利用 LabTalk 语法在命令窗口中定义数值变量。

【操作步骤】

```
>>double Fl                //定义一个双精度浮点数 Fl 变量,其值为 0
>>Fl=
Fl=0
>>Fl=0.5                   //将 0.5 赋给变量 Fl
>>Fl=                      //显示变量的值
Fl=0.5
```

通过区间变量可以在不激活窗口的情况下,随时随地访问工作表中的数据。在 Origin 中,有 Book1、Book2、Book3,每个 Book 中只有一个 Sheet 且只有 3 列,当前窗口为 Book1,可以使用 range 访问 Book2 和 Book3 里面的数据。

```
>>range cc=[Book1]Sheet1!col(2)
>>range gg=[Graph1]layer2!2
>>range mm=[MBook1]MSheet1!2
>>range xx=[??]!tmpdata_a
```

★重点 动手学——设置多个列的值

扫一扫,看视频

源文件:yuanwenjian\ch_19\设置多列值.opju
本例通过数学表达式输出多个列的值。

【操作步骤】

(1)启动 Origin 2023,单击"标准"工具栏中的"新建项目"按钮□,创建一个新的项目,默认包含一个工作簿文件 Book1。

(2)单击"导入"工具栏中的"导入多个 ASCII 文件"按钮▦,打开 ASCII 对话框,导入<Origin Folder>\Samples\Import and Export\路径下的 F1.dat 和 F2.dat 文件,如图 19.4 所示。

(3)单击"确定"按钮,打开 ASCII: impASC 对话框,在"多文件(第一个除外)导入模式"下拉列表中选择"新建簿"选项,如图 19.5 所示。

图 19.4 ASCII 对话框

图 19.5 设置多文件导入模式

(4)单击"确定"按钮即可创建命名为 F1 和 F2 的两个工作簿,如图 19.6 所示。

（5）单击"标准"工具栏中的"新建工作簿"按钮 ▦，创建一个新的工作簿，其中默认包含 A(X) 和 B(Y)两列。单击"标准"工具栏中的"添加新列"按钮 ▣ ，在新建的工作簿中添加一列 C(Y)。

（6）全选所有列，选择菜单栏中的"列"→"设置多列值"命令，打开"设置值-多列"对话框。

（7）单击"显示脚本"按钮 ✓，展开"执行公式前运行脚本"编辑框，输入如下脚本：

```
range r1=[F1]F1!wcol(j);          //"j"是列索引
range r2=[F2]F2!wcol(j);
```

（8）在列公式编辑框中输入(r1+r2)/2，如图 19.7 所示。

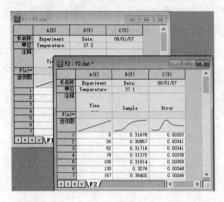

图 19.6　导入的两个 ASCII 文件的数据

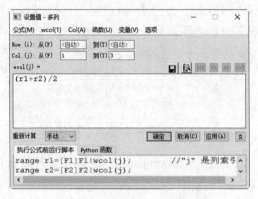

图 19.7　"设置值-多列"对话框

（9）在对话框的菜单栏中选择"选项"→"F(x)单元格可编辑"命令，取消选中"F(x)单元格可编辑"选项，激活"公式文本"，如图 19.8 所示。

（10）在对话框的菜单栏中选择"选项"→"公式文本"命令，在打开的"公式文本"对话框中输入(F1+F2)/2，如图 19.9 所示。 然后单击"确定"按钮，关闭对话框。

（11）在"设置值-多列"对话框中单击"确定"按钮，关闭对话框。此时，在新建的工作表 Sheet1 中可以看到输出的列值，F(x)=列标签行中显示的是公式文本(F1+F2)/2，而不是公式，如图 19.10 所示。

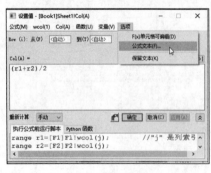

图 19.8　取消命令

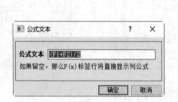

图 19.9　输入公式文本

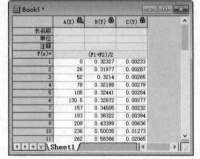

图 19.10　输出列值

（12）保存项目文件。选择菜单栏中的"文件"→"项目另存为"命令，打开"另存为"对话框，在"文件名"文本框内输入"设置多列值"，单击"保存"按钮，保存项目文件。

19.1.4　基本数学函数

命令窗口中除了使用基本语句之外，还可以在语句中使用函数。为了更好地学习和掌握 LabTalk 语法的运算，首先对基本函数作简单介绍。

常用的基本数学函数及三角函数见表 19.3。

表 19.3　基本数学函数与三角函数

名　称	说　明	名　称	说　明
+、-、*、/	加、减、乘、除基本运算	^	平方运算
abs(x)	数量的绝对值或向量的长度	sqrt	平方根运算
sin(x)	正弦函数	sign(x)	符号函数（signum function）。当 $x<0$ 时，sign(x)=-1；当 x=0 时，sign(x)=0；当 $x>0$ 时，sign(x)=1
cos(x)	余弦函数	asin(x)	反正弦函数
tan(x)	正切函数	acos(x)	反余弦函数
atan2(x,y)	四象限的反正切函数	atan(x)	反正切函数
sinh(x)	超越正弦函数	asinh(x)	反超越正弦函数
cosh(x)	超越余弦函数	acosh(x)	反超越余弦函数
tanh(x)	超越正切函数	atanh(x)	反超越正切函数
round(x)	四舍五入至最近整数	rats(x)	将实数 x 化为多项分数展开
rem(x,y)	求两整数相除的余数	rat(x)	将实数 x 化为分数表示
fix(x)	无论正负，舍去小数至最近整数	ceil(x)	向正无穷大方向取整
floor(x)	向负无穷大方向取整	Prec(x,n)	数值精度的控制
Distance($x1,y1,x2,y2$)	两点之间的距离		

命令窗口能够作为计算器并且输出结果，输入下面的程序并按 Enter 键。

```
>> 3+5=
```

Origin 自动计算并且在等号后面输出结果。

```
3+5=8
```

★重点　动手学——变量计算

本例在 Origin 中演示如何利用 LabTalk 语法在命令窗口中计算变量。

扫一扫，看视频

【操作步骤】

```
>>A = 2                    //产生了一个变量 A 并且赋予其值为 2
>>A = A*PI                 //将 A 乘以 PI（Origin 里的常量 π）并将结果赋予变量 A
>>A=                       //输出 A 的值
A=6.2831853071796
>>type "$(A)"              //以字符串形式输出 A 的值
"6.2831853071796"
```

19.1.5　工作表操作

要对 Origin 进行编程，除了抽象意义上的变量概念外，主要是要操作各种对象，包括工作簿对象、图形窗口对象、层、表、数据集等。表 19.4 中介绍了工作表的创建、编辑等相关操作。

表 19.4　工作表操作

格　　式	说　　明
newbook	创建空白工作表
create 工作表名 工作表大小	创建工作表
edit 工作表名	编辑工作表
"表名_列名"	引用要操作的列
工作表名=data(初始数字,结尾数字,间隔数字)	直接创建工作表并以"初始数字"开始，以"结尾数字"结尾，按照"间隔数字"把数字填入工作表
工作表名={表达式 1,表达式 2,…}	输入指定值的数据
工作表名"下标"=表达式	为特定数据赋值
col(列号)=表达式	为特定元素赋值
col(列号)"行号"$=表达式	为工作表中的文本赋值
变量=表名_列名(表达式)	搜索表达式在工作表中的位置
% (工作表名,列号,行号)	返回特定单元格的值
% (列号,@L)	返回列名

在 Origin 中，每一张工作表中的每一列或每一行都是一个数组，因此，可以直接对每一列或每一行进行赋值。例如：

```
>> col(1)={1:0.2:10}
>> col(A)={1:0.2:10}
>> col(1)=data(1,10,0.2)
```

上面的程序均表示对 A 列进行赋值，输入 1～10 的数组，元素间隔为 0.2。

在 LabTalk 中，列数是从左往右按 1、2、3、4、…、n 数的，然而每一列不一定是按字母序号排列的。

📢 提示：

> 在 LabTalk 中，操作字符串数组的方法还有很多，如 add、append、copy、find、copyto、getsize 等。

扫一扫，看视频

★重点 动手学——读取工作表数据

源文件：yuanwenjian\ch_19\物理实验测试数据.dat

在 Origin 中，LabTalk 语言提供了最便捷、最好的 ASCII 码导入的方法。

```
>>//定义字符串变量path，其中包含了导入的文件路径
>>string path$="Z:\D\yuanwenjian\ch_19\物理实验测试数据.dat"
>>//把这个字符串变量作为一个参数传递给导入函数
>>impasc fname:=path$ options.ImpMode:=3

 impASC.输出 = [A]物理实验测试数据
>>plotxy iy:=(col(1),col(2):col(5)) plot:=200;  //绘制多曲线图
```

导入的数据文件如图 19.11 所示，程序运行结果如图 19.12 所示。

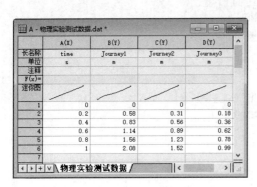

图 19.11　导入的数据文件

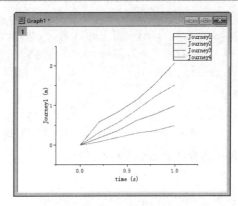

图 19.12　绘制多条曲线

19.1.6　程序结构

LabTalk 支持循环语句，对于批处理操作来说具有极大的优势，可以节省大量花费在作图上的时间，集中精力于实验与数据分析。

1．程序结构

对于一般的程序设计语言来说，程序结构大致可以分为顺序结构、循环结构与分支结构 3 种，LabTalk 程序设计语言也不例外，下面展开讲解顺序结构和循环结构。

（1）顺序结构。

```
程序段 1;程序段 2;…;程序段 N
```

程序段之间用分号隔开，直到程序段后不带分号，按 Enter 键时，程序就会执行（写完整之前不要换行）。

（2）循环结构。在进行数值实验或工程计算时，用得最多的是循环结构。在循环结构中，被重复执行的语句组称为循环体，常用的循环结构有 for 循环。

在 for 循环中，循环次数一般情况下是已知的，除非用其他语句提前终止循环。

```
col(A)={1:10}          //定义当前工作表中 A 列数据为 1～10
for(i=1;i<11;i++)      //定义当前工作表中 A 列数据为 1～10
{
 col(A)[i]=i;
}
```

2．宏语句

```
"define 宏名(内容)"
```

创建宏后，可以直接用名字代替执行宏的内容，而且宏比一般程序段的优先级高。

★重点　动手学——输入零件测量数据

源文件：yuanwenjian\ch_19\YBTest.ogwu

使用游标卡尺 A、B 对同一零件（每 2h 一次）测量，记录 24h 内进行 12 次（测得次数 t）的独立测量数据 L1、L2，测量结果 L1、L2 的数据符合正态分布。本例通过编程的方法定义测量数据。

【操作步骤】

```
>>create YBTest 10          //创建名为 YBTest 的工作表文件
```

扫一扫，看视频

```
>>edit YBTest                    //打开名为 YBTest 的工作表文件
>>YBTest_A=data(1,12,1)          //为工作表 A 列赋值
>>for(i=1;i<=12;i++)             //为工作表第 2 列赋值随机变量
  {
    col(2)[i]=ran();
  }
>>col(3)=uniform(12)             //为工作表第 3 列赋值正态随机变量，如图 19.13 所示
>> plotxy(col(B))                //绘制 B 列随机数的散点图
```

程序运行结果如图 19.14 所示。

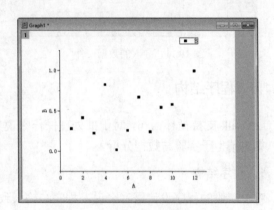

图 19.13　输入测量数据　　　　　　　　　图 19.14　绘制图形

19.2　Origin 程序语言

Origin 程序语言称为 Origin C，Origin C 支持几乎所有 ANSI C 语言以及 C++内部子集和 DLL 外部类。Origin C 的综合开发环境称为代码编译器，设置到 Origin C 中的工作表或图表允许直接操作这些项目以及属性。

19.2.1　代码编译器

由于脚本语言（如 LabTalk）是没有经过编译的，所以在处理大量程序时，速度比较慢。而在 Origin 中，运算量是比较大的。所以开发者在 Origin 中添加了一种称为 Origin C 的语言，其是建立在 C/C++ 的基础上的，Origin C 的编译器是在 ANSI C 的基础上扩充的。

【执行方式】

❑ 菜单栏：选择菜单栏中的"查看"→"代码编译器"命令。

❑ 工具栏：单击"标准"工具栏中的"代码编译器"按钮🖼。

❑ 快捷键：Alt+4 组合键。

【操作步骤】

执行上述操作，打开如图 19.15 所示的 Untitled-Code Builder（代码编译器）窗口，在该窗口中可以进行程序编码、编译等操作。

右下角是"命令&结果"窗口，用来测试写好的程序；左下角的"输出"窗口用来显示编译器的运行情况。

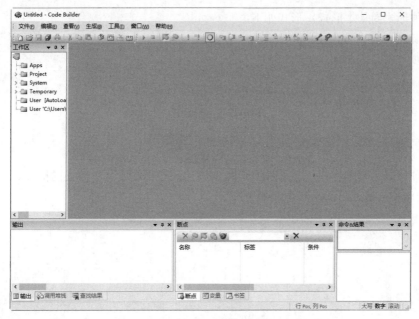

图 19.15　代码编译器窗口

单击"生成"按钮 ▦，创建程序文件链接；单击"编译"按钮 ▨，可以编译当前的程序文件。

19.2.2　Origin C 的综合开发环境

可以把代码编译器窗口看作一个文本编辑器，在文件目录树中可以选择打开程序。

【执行方式】

➥ 菜单栏：选择菜单栏中的"文件"→"新建"命令。

➥ 工具栏：单击"标准"工具栏中的"新建"按钮 ▯。

➥ 快捷键：Ctrl+N 组合键。

【操作步骤】

执行上述操作，打开如图 19.16 所示的"新文件"对话框，在该窗口中选择代码文件类型。默认选择 C File 选项，单击"确定"按钮，关闭该对话框，进入 C 代码编译环境。

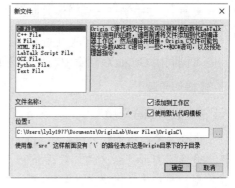

图 19.16　"新文件"对话框

19.2.3　循环结构

Origin C 语言中，if 语句用来判定给定的条件是否满足并根据判定的结果（真或假）决定执行给出的 2 种操作中的哪一种。

Origin C 语言的 if 语句有 3 种基本形式。

（1）第 1 种形式为基本形式，形式如下：

```
if (表达式) 语句
```

🔊 说明：

如果表达式的值为真，则执行其后的语句；否则不执行该语句。

（2）第2种形式为基本形式，形式如下：

```
 if   (表达式)
语句1
else
语句2
```

📢 说明：

若表达式的值非零，则执行语句1；否则执行语句2。

（3）第3种形式为基本形式。前两种形式的 if 语句一般都用于两个分支的情况。当有多个分支选择时，可采用 if-elseif-else 语句，其形式如下：

```
if 表达式1
   语句1
elseif 表达式2
       语句2
elseif 表达式3
       语句3
   ...
else
       语句 n
```

📢 说明：

依次判断表达式的值，当出现某个值为真时，执行其对应的语句，然后跳到整个 if 语句之外继续执行程序。如果所有的表达式均为假，则执行语句 n，然后继续执行后续程序。

扫一扫，看视频

★重点 动手学——编辑最大值函数

源文件：yuanwenjian\ch_19\new.c
本例利用 Origin C 语言编写自定义函数，用于计算输入的两个数值的最大值。

【操作步骤】

1. 设置编程环境

选择菜单栏中的"文件"→"新建"命令，打开"新文件"对话框，在该对话框中选择代码文件类型。默认选择 C File 选项，单击"确定"按钮，关闭该对话框，进入 Origin C 代码编译器窗口，如图 19.17 所示。

该窗口的右边是一个文本编辑框，用于书写程序；像所有 C 语言程序一样，Origin C 在原程序中须含有一个头文件。Origin C 的头文件主要有：

```
#include<origin.h>
```

图 19.17　代码编译器窗口

2. 函数代码编辑

在系统自动建立的 Origin C 代码文件中输入如下代码:

```
int text_xy(int x,int y)
{
  if  (x>y)
    printf("max=%d",x);
  else
      printf("max=%d",y);
  return 0;
}
```

选择菜单栏中的 "生成" → "生成" 命令, 或按 Shift+F8 组合键, 检查程序是否存在错误并进行数据连接, 在 "输出" 窗口中显示连接完成的结果, 如图 19.18 所示。

在 "命令&结果" 窗口（LabTalk 控制台）中输入 text_xy(2,3)并按 Enter 键即可看到运行结果, 如图 19.19 所示。通过这种方法, 可以检验编译的 text_xy()函数是否正确。

图 19.18　 "输出" 窗口

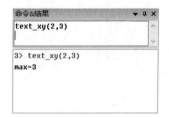

图 19.19　 "命令&结果" 窗口